国家出版基金资助项目/“十三五”国家重点出版物

绿色再制造工程著作

总主编 徐滨士

# 再制造设计基础

# THE FUNDAMENTAL OF REMANUFACTURING DESIGN

朱胜 姚巨坤 著

哈爾濱工業大學出版社
HARBIN INSTITUTE OF TECHNOLOGY PRESS

## 内容简介

本书以作者在再制造设计领域的研究成果为基础，同时参考国内外相关再制造产品设计理论的研究及应用进展情况，系统地介绍了再制造设计的内涵及其发展基础，再制造性的定义、设计及评价方法，再制造设计分析，再制造过程中的生产资源设计、技术工艺设计和工程管理设计等先进的再制造思想及先进技术等内容。本书内容是绿色再制造工程的基础理论和工程实践的衔接与结合，可以帮助读者理解绿色再制造工程实践的总体思路；在推广已有的再制造设计基础方法的同时，为促进我国再制造设计领域的理论、技术发展和实践应用提供支撑。

本书可供从事机械产品设计、制造、使用、维修、再制造、资源化的工程技术人员、管理人员和研究人员参考，并可供高等学校机械类专业师生选用。

**图书在版编目(CIP)数据**

再制造设计基础/朱胜，姚巨坤著. —哈尔滨：哈尔滨工业大学出版社，2019.6

绿色再制造工程著作

ISBN 978 - 7 - 5603 - 6539 - 8

Ⅰ. ①再… Ⅱ. ①朱…②姚… Ⅲ. ①制造工业-工业设计 Ⅳ. ①TB47

中国版本图书馆 CIP 数据核字(2017)第 059809 号

材料科学与工程
图书工作室

策划编辑 张秀华 杨 桦 许雅莹
责任编辑 刘 瑶 庞 雪 孙连嵩 范业婷
封面设计 卞秉利
出版发行 哈尔滨工业大学出版社
社　　址 哈尔滨市南岗区复华四道街 10 号 邮编 150006
传　　真 0451 - 86414749
网　　址 http://hitpress.hit.edu.cn
印　　刷 哈尔滨市石桥印务有限公司
开　　本 660mm×980mm 1/16 印张 27.25 字数 490 千字
版　　次 2019 年 6 月第 1 版 2019 年 6 月第 1 次印刷
书　　号 ISBN 978 - 7 - 5603 - 6539 - 8
定　　价 138.00 元

---

# 《绿色再制造工程著作》

# 《绿色再制造工程著作》

## 丛 书 书 目

1. 绿色再制造工程导论　　徐滨士　等编著
2. 再制造设计基础　　朱　胜　等著
3. 装备再制造拆解与清洗技术　　张　伟　等编著
4. 再制造零件无损评价技术及应用　　董丽虹　等编著
5. 纳米颗粒复合电刷镀技术及应用　　徐滨士　等著
6. 热喷涂技术及其在再制造中的应用　　魏世丞　等编著
7. 轻质合金表面功能化技术及应用　　吴晓宏　等著
8. 等离子弧熔覆再制造技术及应用　　吕耀辉　等编著
9. 激光增材再制造技术　　董世运　等编著
10. 再制造零件与产品的疲劳寿命评估技术　　王海斗　等著
11. 再制造效益分析理论与方法　　徐滨士　等编著
12. 再制造工程管理与实践　　徐滨士　等编著

# 序　言

推进绿色发展,保护生态环境,事关经济社会的可持续发展,事关国家的长治久安。习近平总书记提出"创新、协调、绿色、开放、共享"五大发展理念,党的十八大报告也明确了中国特色社会主义事业的"五位一体"的总体布局,强调"把生态文明建设放在突出地位,融入经济建设、政治建设、文化建设、社会建设各方面和全过程,努力建设美丽中国,实现中华民族永续发展",并将绿色发展阐述为关系我国发展全局的重要理念。党的十九大报告继续强调推进绿色发展、牢固树立社会主义生态文明观。建设生态文明是关系人民福祉、关乎民族未来的大计,生态环境保护是功在当代、利在千秋的事业。推进生态文明建设是解决新时代我国社会主要矛盾的重要战略突破,是把我国建设成社会主义现代化强国的需要。发展再制造产业正是促进制造业绿色发展、建设生态文明的有效途径,而《绿色再制造工程著作》丛书正是树立和践行绿色发展理念、切实推进绿色发展的思想自觉和行动自觉。

再制造是制造产业链的延伸,也是先进制造和绿色制造的重要组成部分。国家标准《再制造　术语》(GB/T 28619—2012)对"再制造"的定义为:"对再制造毛坯进行专业化修复或升级改造,使其质量特性(包括产品功能、技术性能、绿色性、经济性等)不低于原型新品水平的过程。"并且再制造产品的成本仅是新品的50%左右,可实现节能60%、节材70%、污染物排放量降低80%,经济效益、社会效益和生态效益显著。

我国的再制造工程是在维修工程、表面工程基础上发展起来的,采取了不同于欧美的以"尺寸恢复和性能提升"为主要特征的再制造模式,大量应用了零件寿命评估、表面工程、增材制造等先进技术,使旧件尺寸精度恢复到原设计要求,并提升其质量和性能,同时还可以大幅度提高旧件的再制造率。

我国的再制造产业经过将近20年的发展,历经了产业萌生、科学论证和政府推进三个阶段,取得了一系列成绩。其持续稳定的发展,离不开国家政策的支撑与法律法规的有效规范。我国再制造政策、法律法规经历了一个从无到有、不断完善、不断优化的过程。《循环经济促进法》《中共中央关于制定国民经济和社会发展第十三个五年规划的建议》《战略性新兴产业重点产品和服务指导目录(2016 版)》《关于加快推进生态文明建设的意见》和《高端智能再制造行动计划(2018—2020 年)》等明确提出支持再制造产业的发展,再制造被列入国家“十三五”战略性新兴产业,《中国制造 2025》也提出:“大力发展再制造产业,实施高端再制造、智能再制造、在役再制造,推进产品认定,促进再制造产业持续健康发展。”

再制造作为战略性新兴产业,已成为国家发展循环经济、建设生态文明社会的最有活力的技术途径,从事再制造工程与理论研究的科技人员队伍不断壮大,再制造企业数量不断增多,再制造理念和技术成果已推广应用到国民经济和国防建设各个领域。同时,再制造工程已成为重要的学科方向,国内一些高校已开始招收再制造工程专业的本科生和研究生,培养的年轻人才和从业人员数量增长迅速。但是,再制造工程作为新兴学科和产业领域,国内外均缺乏系统的关于再制造工程的著作丛书。

我们清楚编撰再制造工程著作丛书的重大意义,也感到应为国家再制造产业发展和人才培养承担一份责任,适逢哈尔滨工业大学出版社的邀请,我们组织科研团队成员及国内一些年轻学者共同撰写了《绿色再制造工程著作》丛书。丛书的撰写,一方面可以系统梳理和总结团队多年来在绿色再制造工程领域的研究成果,同时进一步深入学习和吸纳相关领域的知识与新成果,为我们的进一步发展夯实基础;另一方面,希望能够吸引更多的人更系统地了解再制造,为学科人才培养和领域从业人员业务水平的提高做出贡献。

本丛书由 12 部著作组成,综合考虑了再制造工程学科体系构成、再制造生产流程和再制造产业发展的需要。各著作内容主要是基于作者及其团队多年来取得的科研与教学成果。在丛书构架等方面,力求体现丛书内容的系统性、基础性、创新性、前沿性和实用性,涵盖了绿色再制造生产流程中的绿色清洗、无损检测评价、再制造工程设计、再制造成形技术、再制造零件与产品的寿命评估、再制造工程管理以及再制造经济效益分析等方面。

在丛书撰写过程中,我们注意突出以下几方面的特色:

1. 紧密结合国家循环经济、生态文明和制造强国等国家战略和发展规划,系统归纳、总结和提炼绿色再制造工程的理论、技术、工程实践等方面的研究成果，同时突出重点，体现丛书整体内容的体系完整性及各著作的相对独立性。

2. 注重内容的先进性和新颖性。丛书内容主要基于作者完成的国家、部委、企业等的科研项目，且其成果已获得多项国家级科技成果奖和部委级科技成果奖，所以著作内容先进，其中多部著作填补领域空白，例如《纳米颗粒复合电刷镀技术及应用》《再制造零件与产品的疲劳寿命评估技术》和《再制造工程管理与实践》等。同时，各著作兼顾了再制造工程领域国内外的最新研究进展和成果。

3. 体现以下几方面的“融合”：(1) 再制造与环境保护、生态文明建设相融合，力求突出再制造工艺流程和关键技术的“绿色”特性；(2) 再制造与先进制造相融合，力求从再制造基础理论、关键技术和应用实现等多方面系统阐述再制造技术及其产品性能和效益的优越性；(3) 再制造与现代服务相融合，力求体现再制造物流、再制造标准、再制造效益等现代装备服务业及装备后市场特色。

在此，感谢国家发展改革委、科技部、工信部等国家部委和中国工程院、国家自然科学基金委员会及国内多家企业在科研项目方面的大力支持，这些科研项目的成果构成了丛书的主体内容，也正是基于这些项目成果，我们才能够撰写本丛书。同时，感谢国家出版基金管理委员会对本丛书出版的大力支持。

本丛书适于再制造领域的科研人员、技术人员、企业管理人员参考，也可供政府相关部门领导参阅；同时，本丛书可以作为材料科学与工程、机械工程、装备维修等相关专业的研究生和高年级本科生的教材。

中国工程院院士

徐滨士

2019 年 5 月 18 日

# 前　言

进入 21 世纪,我国可持续发展面临着资源匮乏和环境污染两大突出问题,而再制造是解决这两大问题的有效途径之一,符合我国发展循环经济、建设资源节约型社会和环境友好型社会的科学发展观。

再制造是指以废旧产品作为生产毛坯,通过专业化修复或升级改造的方法来使其质量特性不低于原有新品水平的制造过程,属于先进制造和绿色制造,是对废旧产品进行资源化利用的高级方式,是实现节能减排的重要技术途径。再制造工程是多学科综合、交叉、复合并系统化后形成的一个新兴学科,包含内容十分广泛,涉及机械工程、材料科学与工程、信息科学与工程、环境科学与工程等多学科的知识和研究成果,主要分为再制造基础理论、再制造关键技术、再制造质量控制、再制造工程应用、装备应急再制造及装备再制造管理等内容,而再制造设计是贯穿于装备再制造全过程的重要内容,是再制造领域研究的重要方向。

近年来,作者在承担自然科学基金"再制造设计基础与方法"以及其他领域相关再制造设计的科研项目中,对再制造设计的基础理论、内容体系及应用进行了研究,建立了再制造性的概念,探讨了产品设计中的再制造性设计方法以及废旧产品的再制造性评价方法,并对再制造工程中的保障资源、工程管理及工艺技术等领域的设计问题进行了系统研究,为面向再制造全过程的系统化再制造设计提供了支撑。

本书以介绍作者再制造设计领域研究成果为主,同时注重国内外相关产品设计理论的研究及应用进展情况的介绍。全书共分 9 章,第 1 章介绍了再制造设计的内涵及其发展背景;第 2 章介绍了产品再制造性的概念、设计技术及评价方法;第 3 章介绍了面向再制造的常用设计方法;第 4 章介绍了面向再制造工程的再制造设计分析的相关要素;第 5 章介绍了再制造过程中的保障资源设计;第 6 章介绍了再制造生产过程中的工艺技术设计方法;第 7 章介绍了再制造过程中的管理设计;第 8 章介绍了绿色智能再制造设计思想及方法；第 9 章对再制造设计的部分典型应用进行了分析。

撰写本书既是为了宣传和推广已有的再制造设计研究成果和内容体系，又是为了与读者携手促进我国再制造工程领域的应用效益提高和发展。全书主要由朱胜和姚巨坤撰写，崔培枝、杜文博、周克兵、韩国峰、周新远等参与了部分章节的撰写，博士研究生刘玉项、周超极等参与了资料整理及校对等工作。

特别感谢国家自然科学基金委员会、国家出版基金管理委员会以及再制造技术国家重点实验室等单位给予作者的资助及大力支持。本书的部分内容参考了同行的著作、论文或研究报告，在此谨向他们致以诚挚的谢意。

本书主要为从事机械产品设计、制造、使用、维修、再制造、资源化的工程技术人员、管理人员和研究人员提供参考，并可供高等学校机械类专业师生选用。

限于作者水平，且书中涉及的理论和方法发展迅速，不足之处在所难免，谨祈专家和读者斧正。

作　者

2019 年 3 月

# 目　录

# 第1章　绪　　论

进入21世纪,保护地球环境、构建循环经济、保持社会可持续发展已成为世界各国共同关心的话题。目前大力提倡的循环经济发展模式是追求更大经济效益、更少资源消耗、更低环境污染和更多劳动就业的一种先进经济模式。再制造工程能使产品得到多寿命周期循环使用,实现产品自身的可持续发展,达到了节能节材、降低污染、创造经济和社会效益的目的,是实现循环经济发展模式的重要技术途径。

## 1.1　再制造及再制造设计

### 1.1.1　再制造概述

#### 1.1.1.1　再制造的基本概念

再制造于第二次世界大战期间发展起来后,各国都对其给予了很多关注。国外学者将再制造定义为将废旧产品制造成"如新品一样好"的再循环过程,并且认为再制造是再循环的最佳形式。再制造在英文中有多种名词表示,如 Rebuilding、Refurbishing、Reconditioning、Overhauling,这些都是常用的再制造术语。然而,在越来越多的关于再制造的文献中,Remanufacturing 已逐渐成为一个国际标准的再制造学术名词,用以描述将废旧的但还可再用的产品恢复到如新品一样状态的工艺过程。

自20世纪90年代以来,中国工程院徐滨士院士对再制造进行了深入研究,结合产品全寿命周期内容,将再制造工程定义为:"是以产品全寿命周期设计和管理为指导,以优质、高效、节能、节材、环保为目标,以先进技术和产业化生产为手段,来恢复或改造废旧产品的一系列技术措施或工程活动的总称。"简言之,绿色再制造工程就是废旧机电产品高科技维修的产业化。再制造的重要特征是再制造产品的质量和性能达到甚至超过新品,成本只为新品的50%左右,节能60%左右,节材70%以上,对环境的不良影响与制造新品相比显著降低。

再制造工程包括对废旧(报废或过时)产品的修复或升级改造,是产品全寿命周期中的重要内容,存在于产品全寿命周期中的每一个阶段,如

图1.1所示。

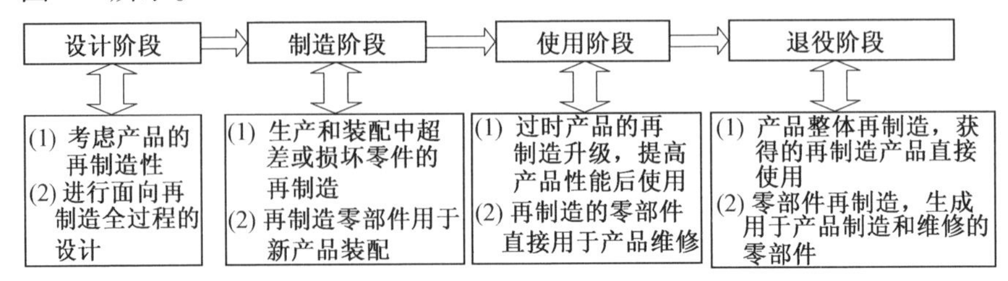


图1.1 再制造在产品全寿命周期中的活动内容

设计阶段主要是指将产品的再制造性(Remanufacturability)考虑到产品设计中,以使产品有利于再制造。

在产品制造阶段主要是保证再制造性的实现,另外还可利用产品末端再制造获得的零部件参与新产品的装配制造,也可将产品加工和装配过程中出现的超差或损坏零部件通过表面工程等再制造技术,恢复到零部件的设计标准后重新使用。

在产品使用阶段的再制造既包括对产品及其零部件的批量化修复和升级,又包括将再制造的零部件应用于维修,以恢复或提高产品的性能,实现产品寿命及性能的不断提升。

产品退役阶段主要是对有剩余价值的产品或零部件进行再制造,直接生产出再制造产品以重新使用,或者生产出再制造零部件用于新产品或再制造产品的生产。

由此可见,再制造工程贯穿于产品全寿命周期的每一个阶段,并都占据了重要地位,发挥着重要作用。

#### 1.1.1.2 国外再制造的发展状况

美国的再制造工业起源可以被追溯到20世纪二三十年代,再制造产品随着生产社会化和工业标准化而开始大量出现。经济萧条导致的资源匮乏极大地刺激了再制造业的发展,尤其第二次世界大战是促进其发展的主要因素,战争消耗导致钢铁等一些原材料严重不足,无法支撑巨大数量武器装备的制造,需要重新利用诸如报废装备及汽车上耐用零部件来迅速再制造出新的装备。在过去的50年里,技术和制造工艺的快速进步也大大地扩充了再制造工业的范围,汽车、医学设备、工程机械、航空航天设备、电子设备及办公家具等领域的产品都开展了一定规模的再制造。

20世纪70年代,美国政府意识到传统制造业快速发展带来的诸如固体废弃物处理、能源保护、资源枯竭、环境污染及资源浪费等问题对国家的可持续发展构成了巨大威胁,开始积极探索优质高效地利用已有资源的解决方案。随着研究的深入,越来越多的领域和政府部门将低消耗、高效益的再制造业作为既能减少环境污染又不影响自身利益的方式而大力推行,这进一步促进了再制造业的发展。再制造业的日益扩展,也使其能够在减少资源消耗、环境污染的情况下,不断向社会提供环保、经济、满足生活和工业需求的产品及设备,促进社会的健康和谐发展。

最初再制造企业由一些面向特殊市场需求的公司组成,并由贸易协会来维护它们的利益,如1941年创立的汽车零部件再制造协会等。近年来随着全球经济形势的变化,许多不同领域的协会开始联合,共同提高全体再制造企业的目标和利益,在1997年1月成立了国际再制造企业联合会,该联合会的任务是通过制定政府公共关系条款、对国家政策的影响以及提供网络服务来联合和促进再制造企业的发展。工业联合会也对再制造的研究与发展起到了促进作用。1997年5月,在罗切斯特技术学院建立了美国的再制造与资源保护中心,该中心研究与发展再制造及资源保护技术,并为再制造企业及资源保护企业提供技术支持。

再制造业在很多发达国家受到高度重视,并且已经形成规模庞大的再制造产业群。1996年美国波士顿大学罗伯特教授对美国的再制造业进行了分析评估,见表1.1,美国再制造公司有73 315个,拥有近530亿美元的年销售额和超过48万个直接就业机会,其中汽车领域的再制造零部件年销售额约为360亿美元,汽车修理市场中再制造零部件占配件的70%到90%。在这份分析报告中并不包括全球最大的再制造商——美国国防部,其通过再制造武器系统和军用装备(从飞机到步枪)的零部件节省了大量的军费开支。

**表1.1　1996年美国再制造业基本情况评估**

| 行业领域 | 公司总数/个 | 销售额/百万美元 | 雇员人数/人 |
|---|---|---|---|
| 汽车零部件 | 50 538 | 36 546 | 337 571 |
| 压缩机 | 155 | 249 | 2 878 |
| 电子仪器 | 13 231 | 4 633 | 47 280 |
| 机械 | 120 | 434 | 3 155 |
| 办公用具 | 720 | 1 663 | 12 148 |
| 轮胎 | 1 390 | 4 308 | 27 907 |
| 墨盒 | 6 501 | 2 475 | 31 872 |
| 阀门 | 410 | 589 | 4 577 |
| 其他 | 250 | 2 009 | 14 372 |
| 总计 | 73 315 | 52 906 | 481 760 |

2003 年美国再制造业年产值达 400 亿美元，约占其当年 GDP 的 0.4%。美国的再制造商数据库中有 84 种不同种类的再制造产品，包括汽车配件、医疗诊断用核磁共振图像设备、复印机等。

受经济和环境利益的驱动，一些大公司也加入到再制造企业的行列中，并逐渐成为主要力量，如 Xerox、Saturn、Kodak 等公司均把产品再制造作为降低成本、保护环境、避免废旧产品成为垃圾的手段，它们鼓励消费者将废旧产品回收以用于再制造，并且公司在产品设计中开展再制造性或环境性设计，以达到零废品的目的。

再制造工程的研究也引起了美国国防决策部门的重视，美国国家科学研究委员会制定了 2010 年国防工业制造技术的框架，提出未来所需制造能力的发展战略。目前美国军队是全世界最大的再制造受益者，其武器装备大量使用了再制造部件。例如，美军 B-52H 型轰炸机于 1948 年开始设计，1961 ~ 1962 年生产，于 1980 年、1996 年两次进行再制造升级，到 1997 年平均自然寿命还有 13 000 飞行小时，预计服役期可延长到 2030 年，比一般飞机的服役期(20 ~ 30 年)延长约 1 倍以上。美军 UH-1“休伊”通用直升机是 20 世纪 50 年代中期研制的，AH-1 反坦克武装直升机是 20 世纪 60 年代中期研制的，美海军计划把 100 架 UH-1“休伊”通过直升机再制造成 UH-Y 运输直升机，把 180 ~ 200 架 AH-W 改装成 AH-1Z“眼镜蛇”4 桨叶的武装直升机。再制造使两种直升机约有 85% 的相同部件，使其性能大大提高，维修费用显著降低。

#### 1.1.1.3 国内再制造的发展状况

自 20 世纪 90 年代起，我国再制造业也随着资源紧张、环境污染的紧迫形势而逐渐被提上日程，并在徐滨士院士等知名专家学者的呼吁下，得到了快速发展。再制造工程领域的研究受到了政府部门、科研单位、企业界的共同重视，中国工程院、国家自然科学基金委员会等先后支持开展再制造理论、技术及实践的研究和活动。2003 年，再制造技术国家重点实验室的建立，为我国再制造工程理论和技术的研究奠定了坚实基础，目前已经构建了较为完备的再制造理论体系及技术框架，建立了稳定的再制造领域研究方向，正推动再制造理论与技术向纵深发展。2006 年，机械装备的再制造与自修复作为制造领域的优先发展主题和关键技术列入《国家中长期科学和技术发展规划纲要(2006—2020 年)》，表明再制造已经在我国长期发展战略中得到了足够的重视和支持。

从 20 世纪 90 年代中期起，我国不断有企业加入到再制造的实践探索中来,越来越多的再制造企业开始涌现。2006 年,《国民经济和社会发展第十一个五年规划纲要》提出"十一五"期间要形成一批循环经济示范企业,建设若干汽车发动机、变速箱、电机和轮胎翻新等再制造示范企业。上海大众联合发展有限公司对桑塔纳轿车发动机进行了再制造,其研发、生产与销售都已初具规模;沈阳大陆激光技术有限公司利用激光再制造技术对大型轧辊与涡轮叶片进行了再制造,解决了堆焊等传统工艺无法解决的维修难题。

为推进再制造产业规模化、规范化和专业化发展,充分发挥试点示范引领作用,结合再制造产业发展形势,国家发展和改革委员会及工业和信息化部先后发布了再制造试点企业,截至 2016 年 3 月,我国再制造试点企业已有 153 家,涵盖汽车零部件、工程机械、工业机电设备、机床、矿采机械、铁路机车设备、船舶及办公信息设备等。同时,为平台式推进我国再制造产业的发展,按照"技术产业化、产业积聚化、积聚规模化、规模园区化"的发展模式,我国已批复建设湖南长沙、江苏张家港、上海临港、四川彭州、安徽合肥、安徽马鞍山、河北河间等国家再制造产业示范基地,探索加强产学研合作,集社会效益、经济效益、环保效益为一体的再制造产业链群发展模式。

随着公众对再制造认识的加深、企业的不断参与及政府的大力支持,再制造业必将在我国建设循环经济和实现社会可持续发展中发挥更大的作用。

#### 1.1.1.4　再制造与维修的关系

维修是指在产品的使用阶段为了保持其良好技术状况及正常运行而采用的技术措施,常具有随机性、原位性及应急性。维修的对象是有故障的产品,多以换件为主,辅以单个或小批量的零部件修复。维修的设备和技术一般相对落后,且难以批量生产。维修后的产品多数在质量和性能上难以达到新品水平。

再制造是将大量同类的报废产品回收到工厂,全部拆解后,按零部件的类型进行收集和检测,将有剩余寿命的报废零部件(包含修理时更替下来的失效零部件)作为再制造毛坯,利用高新技术对其进行批量化修复和性能升级,所获得的再制造产品在技术性能和质量上都能达到甚至超过新品的水平。此外,再制造是规模化的生产模式,它有利于实现自动化和产品的在线质量监控,有利于降低生产成本、减少资源和能源消耗、降低环境污染,能以最小的投入获得最大的经济效益。显然,再制造使维修和报废处理得到了跨越式发展,使高科技维修得以产业化。

机电产品再制造的工艺流程与维修流程有相似之处，但是两者有明显的区别：

(1)再制造是规模化、批量化、专业化的生产，不同于一些作坊式的维修。

(2)再制造必须采用先进技术和现代生产管理，包括现代表面工程技术、先进的加工技术、先进的检测及寿命评估技术，这是维修难以全面做到的。

(3)再制造不仅能恢复原机的性能，还兼有对原机的技术升级，而维修一般不包含技术改造的内容。

(4)再制造后的产品性能要达到新品或超过新品，这是最主要的不同点，是前3点的出发点和归宿点。而维修后的产品在性能和质量上达不到新品的要求，更无法超越新品。

**1.1.1.5 再制造与再循环的关系**

再循环是指将废旧产品回收并成为重新利用资源的过程，其工艺过程主要包括拆解、粉碎、分离等。根据所回收资源的形式、性能及用途的不同，再循环可分为原态再循环和易态再循环，前者是指回收与废弃件具有相同性能的材料，后者是指将废弃品回收成其他低级用途材料或者能量资源。再循环一般应用于可消费品（如报纸、玻璃瓶、铝制易拉罐等），也可用于耐用品（如汽车发动机、机电产品等）。再循环有效地减少了废弃垃圾的数量，增加了可用原材料的资源数量，减少了对原生矿藏的开采。但无论采用哪种再循环方式，都将破坏原零部件的形状和性能，销毁原产品在第一次制造过程中赋予产品的全部附加价值，仅仅回收部分材料或能量，同时在回收过程中注入大量的新能量，而且在再循环过程中的粉碎、分离等环节要产生大量的废水、废气、固体废弃物等新的污染物，所以再循环是废旧机电产品资源化的一种低效益形式。

而再制造是以废旧成型零部件为毛坯，通过高新技术加工获得高品质、高附加值的产品，实现产品级的回收重用，消耗能源少，最大限度地获得了废旧零部件中蕴含的附加值。大量零部件的直接或再制造后的重用，使得再制造产品性能在达到或超过新品的情况下，生产成本可以远远低于新品。因此，再制造是废旧机电产品资源化的最佳形式和首选途径。

**1.1.1.6 再制造与制造的关系**

再制造属于制造学科的重要内容，也属于先进制造、绿色制造的有机组成部分，两者有很多共同点，例如，都是通过规模化和专业化生产制造出满足市场需求产品的过程，两者也都要求采用清洁生产工艺，生产绿色产品，尽量减少生产过程中的资源消耗和环境污染等。但两者也具有明显的不同点。

制造是生产新产品的过程,其对象是不同材料及其制成的毛坯,主要通过机械加工的方法来完成新零部件的生产,并最终通过零部件的装配完成产品的生产过程,以满足市场对产品的需求。而再制造所面对的对象是退役的废旧产品,是在报废或过时的产品上进行的一系列修复或升级活动,要恢复、保持甚至提高产品的技术性能,有很大的技术难度和特殊约束条件,所采用的技术手段不但包括传统的机械加工方法,还包括表面工程技术、拆解技术、清洗技术等大量制造过程没有采用的工艺技术。这就要求在再制造过程中必须采用比原始产品制造更先进的高新技术。而且再制造采用的毛坯的来源、品质、数量、时间等具有明显的不确定性,对再制造过程的管理和规划提出了不同于制造过程的难题。

综上所述,再制造与制造、维修、再循环的关系见表1.2。

**表1.2　再制造与制造、维修、再循环的关系**

| 类别 | 再制造 | 制造 | 维修 | 再循环 |
|---|---|---|---|---|
| 加工对象 | 退役且可再制造的产品 | 原材料及毛坯 | 故障产品 | 报废且有回收价值的废品 |
| 生产类型 | 批量 | 批量 | 单件 | 批量 |
| 生产目标 | 性能不低于新品性能的再制造产品 | 新产品 | 恢复故障前产品的性能 | 废品所含材料或能量 |
| 生产方式 | 产品制造+零部件维修 | 产品制造 | 零部件维修 | 破碎、分离、冶炼等 |
| 附加值 | 高品质恢复附加值 | 创造附加值 | 恢复附加值 | 破坏附加值 |
| 能量消耗 | 中等 | 多 | 较少 | 较多 |
| 污染量 | 少 | 多 | 少 | 多 |
| 效费比 | 高 | 中 | 中 | 低 |

## 1.1.2　再制造设计的内涵

### 1.1.2.1　再制造设计的基本概念

再制造设计是指根据再制造产品要求,通过运用科学的决策方法和先进的技术,对再制造工程中的废旧产品回收、再制造生产及再制造产品市场营销等所有生产环节、技术单元和资源利用进行全面规划,最终形成最优化的再制造方案的过程。再制造设计主要研究对废旧产品再制造系统

(包括技术、设备、人员)的功能、组成、建立及其运行规律的设计,以及研究产品设计阶段的再制造性等。其主要目的是应用全系统、全寿命过程的观点,采用现代科学技术的方法和手段,使设计产品具有良好的再制造性,并优化再制造保障的总体设计、宏观管理及工程应用,促进再制造保障各系统之间达到最佳匹配与协调,以实现及时、高效、经济和环保的再制造生产。再制造设计是实现废旧产品再制造保障的重要内容。

根据对再制造3个主要阶段(废旧产品回收、再制造生产加工和再制造产品营销)的划分,可以将再制造设计分为废旧产品回收设计、再制造生产设计和再制造产品市场设计,其中获取再制造毛坯的废旧产品回收设计是再制造工程的基础,形成再制造产品的再制造加工设计是再制造工程的关键,获得利润的再制造产品市场设计则是再制造工业发展的动力。图1.2为面向再制造全过程的再制造设计所包含的内容,其中面向再制造生产阶段的再制造生产设计是再制造设计的核心内容,直接关系到再制造产品的质量和企业效益。

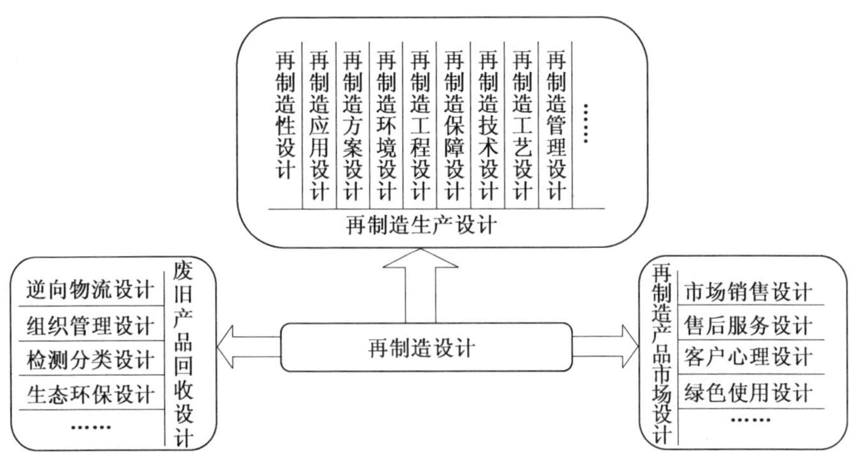


图1.2　面向再制造全过程的再制造设计

由以上内容可知,再制造设计的内涵包括以下要点:

(1)研究范围。再制造设计的研究范围包括面向再制造的全系统(功能、组成要素及其相互关系)、与再制造有关的产品设计特性(如再制造性、可靠性、维修性、测试性、保障性等)和要求。

(2)研究对象。再制造设计的研究对象包括再制造全系统的综合设计、再制造决策及管理、与再制造有关的产品特性要求。

(3)研究目的。再制造设计的研究目的是优化产品有关设计特性和再制造保障系统,使再制造及时、高效、经济、环保。

(4)主要研究手段。再制造设计的主要研究手段包括系统工程的理论与方法、产品设计的理论与方法及其他有关的技术与手段。

(5)研究时域。再制造设计的研究时域为面向产品的全寿命过程,包括产品设计、制造和使用,尤其是面向产品退役后的再制造周期全过程。

由此可见,再制造设计既包括对具体生产过程的再制造工艺技术、生产设备、人员等资源及管理方法的设计,又包括研究具体产品设计验证方法的再制造性设计,是进行再制造系统分析、综合规划、设计生产的工程技术方法。

#### 1.1.2.2 再制造设计的任务

再制造设计作为一项综合的工程技术方法,其基本任务是以全系统、全寿命、全费用、绿色化观点为指导,对再制造全过程实施科学的管理和工程设计。具体来说,其主要任务是:

(1)论证并确定有关再制造的产品设计特性要求,使产品退役后易于进行再制造。

(2)进行再制造工程设计内容分析,确定并优化产品再制造方案。

(3)进行再制造保障系统的总体设计,确定与优化再制造工作及再制造保障资源。

(4)进行再制造生产工艺及技术设计,实现再制造的综合效益最大化。

(5)对再制造活动各项管理工作进行综合设计,不断提高再制造工程管理科学化水平。

(6)进行再制造应用实例分析,收集与分析产品的再制造信息,为面向再制造全过程的综合再制造设计提供依据。

#### 1.1.2.3 再制造设计的目标

再制造设计的总目标是:通过影响产品设计和制造,在产品使用过程中正确维护产品的再制造性,使得产品在退役后具备良好的再制造能力,便于再制造时获取最大的经济效益和环境效益;及时提供并不断改进和完善再制造保障系统,使其与产品再制造相匹配,有效而经济地生产运行;不断根据需要设计并优化再制造技术,增加再制造产品的种类及效益。再制造设计的根本目的是生产高品质的产品,实现退役产品的多寿命周期使用,减少产品全生命周期的资源消耗和环境污染,提供产品最大化的社会效益和经济效益,为社会的可持续发展提供有效的技术保障。

#### 1.1.2.4 再制造设计的研究内容

再制造工程是在制造工程、装备维修工程、表面工程以及环境工程等学科交叉、综合的基础上建立和发展的新兴学科。按照新兴学科的建设和发展规律,再制造工程以其特定的研究对象、坚实的理论基础、独立的研究内容、具有特色的研究方法与关键技术、国家级重点实验室的建立及其广阔的应用前景和潜在的巨大效益,构成了相对完整的学科体系,体现了先进生产力的发展要求,这也是再制造工程形成新兴学科的重要标志。

再制造设计是以产品的全寿命、全系统、全费用、绿色化理论为基础,以退役产品作为主要研究对象,以如何恢复或提升装备性能为研究内容,从而保障产品“后半生”的高性能、低投入、环境友好,为产品多寿命周期使用提供可能并注入新的活力。再制造设计的内容框架如图 1.3 所示。

#### 1.1.2.5 再制造设计的基本观点

采用全系统、全寿命、全费用、绿色化的观点来进行再制造全过程的设计分析,是再制造设计研究的基本观点,也是再制造工程建设与发展中的重要观点。

1. 产品全系统观点

产品全系统(Total System)的观点就是要在再制造设计分析中,把使用产品和再制造保障设备作为一个整体系统来加以研究,清楚它们之间的相互联系和外界的约束条件,通过综合权衡,使它们互相匹配,同步、协调地发展,谋求产品及其再制造系统的整体优化。

2. 产品全寿命观点

产品全寿命(过程)又称产品寿命周期(Life Cycle,LC),指产品从论证开始到退役为止所经历的全部时期。寿命周期一般分为论证、方案制定、工程研制与定型、生产与部署、使用(包括储存、维修)及退役(再制造)6 个阶段。再制造的发展拓展了产品的寿命周期,将原来的退役报废改变为高品质的再制造利用,也就是将“前半生”的研制生产和“后半生”的使用保障两个阶段,延伸为 3 个阶段,即研制生产、使用保障和再制造利用。每个阶段各有其规定的活动和目标,而各个阶段又互相联系、互相影响。

产品全寿命观点就是要统筹把握产品的全寿命过程,使其各个阶段互相衔接、密切配合、相辅相成,以达到产品资源“优生、优育、优用”的目的,特别是论证、研制中要充分考虑使用、维修、再制造、储存等因素。同时,在使用、维修及再制造中要充分利用研制生产中形成的特性和数据,合理、正确地使用、维修及再制造,并在使用保障中积累有关数据和反馈信息,为再制造过程提供信息支撑。

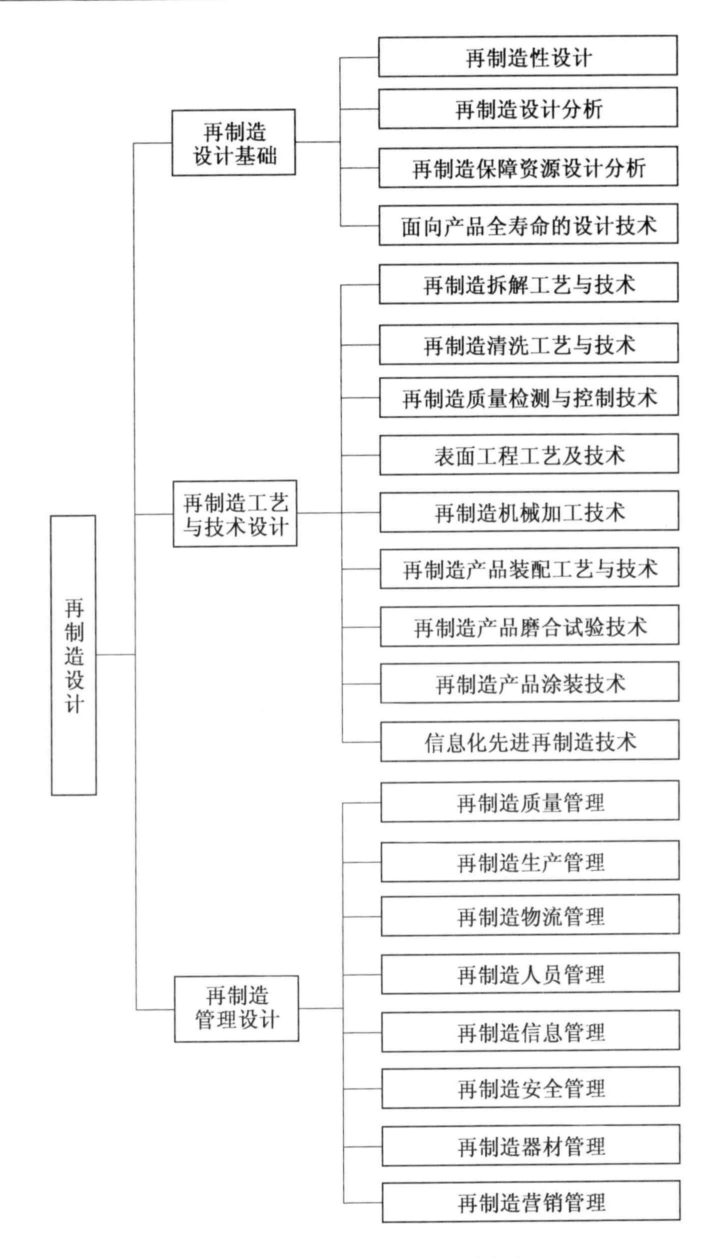


图1.3　再制造设计的内容框架

3. 产品全费用观点

除产品使用性能外，还应当重视经济性，即产品的购买、使用、再制造应当在经济上是可承担的，这就要考虑产品的全寿命费用。全寿命费用

(或称寿命周期费用,Life Cycle Cost,LCC)是一种产品从论证、方案、研制、生产、使用,直到退役、再制造的全部费用,其中包括:产品的研制和生产费用,合称为获取费用,也称采购费用,这项费用是一次性投资,非再现的;使用与保障费用,需每年开支,在全寿命过程的使用阶段是不断付出的。这两项费用的总和就是产品的传统寿命周期费用。每种产品的这两项费用的比例不尽相同,一般来说,使用与保障费用往往占 LCC 的大部分(占 60% ~80%)。

再制造是产品全寿命中新的阶段,也是产品全费用过程中和制造费用相同的部分,虽然其投入费用小于新品制造,但可以达到与新品相同的价值。因此,退役产品再制造要采用全费用的观点,将再制造作为产品全寿命周期费用的重要内容,对不同方案的再制造周期费用及再制造产品的新寿命周期费用要进行估算、比较,以提高产品整体的效能费用比。因此,退役产品的再制造虽然增加了再制造保障资源,需要增加一些投资,但却可以取得节省大量制造费用的效果。

4. 产品绿色化观点

资源匮乏与环境污染对社会的可持续发展提出了严峻的挑战,传统的产品生产、使用、退役方式已经给人类生存环境带来了巨大的威胁,因此,要采用产品绿色化的观点对产品的全生命周期进行评价。产品绿色化是指产品进行绿色设计、清洁生产、绿色使用和退役后高品质地再制造,减少全生命周期的资源消耗和环境污染。产品绿色化的观点在材料选用、资源消耗、产品设计、清洁生产、污染排放等方面提出了具体的要求和限制,是贯穿于产品全寿命周期的重要内容。退役产品再制造也要始终将绿色化贯穿于整个工作过程中,最大化地采用清洁生产和绿色技术,减少生产过程中的环境污染,使再制造产品成为绿色产品。

## 1.2 再制造的发展基础

### 1.2.1 再制造发展的哲学基础

马克思主义认为,事物的发展变化都由其自身的矛盾运动所决定。再制造工程作为当今全球可持续发展战略的重要组成部分,符合确保人类生活质量的提高和促进经济可持续健康发展的要求,理当植根于研究自然界一般规律的自然哲学原理。

#### 1.2.1.1 再制造实现了产品的循环发展观点

循环是自然界的普遍原理，良好的产品系统也应该是一个循环系统。老子说："周行而不殆，可以为天地母。"恩格斯也在《自然辩证法》中指出："整个自然界被证明是在永恒的流动和循环中运动着。"实现产品综合系统中物质、能量及性能的良性循环，是产品最好的发展基石。但目前对产品来说，大部分实行的是单寿命周期降阶开环使用模式，即"原料—产品—老旧失效产品—废料"的断裂链条，而且随着技术进步速度的加快及产品寿命周期的不断缩短，新产品的过量生产造成了大量的资源浪费和环境污染，这与我国资源利用原则和经济发展形势不相适应。因此，产品的发展也应该遵循自然系统的循环原理，形成"原料—产品—落后产品—再制造产品"的高级闭合循环周期，从而在保证产品性能的前提下，减少生产能耗和污染，将产品系统整合到生态系统的大循环之中。而再制造工程要求在产品的全寿命过程中考虑产品(零部件)的再制造，实现产品系统资源(包括性能、材料、能量、生产力及费用等)的充分利用，形成良性循环，实现产品系统内物质、能量及效能的高效循环利用。可见，再制造工程的发展是产品循环发展哲学思想的必然要求。

#### 1.2.1.2 再制造符合自然界层次结合度的递减原理

美国系统理论专家欧文·拉兹洛指出："当我们从初级组织层次的微观系统走进较高层次的宏观系统，我们就是从被强有力地、牢固地结合在一起的系统走向具有较微弱和较灵活的结合能量的系统。"在一个产品中，系统是由元件、零部件到部件这样由局部到整体、由低层到高层的层次结构，在这个层次结构中，随着层次由低到高地推进，即由元件到产品的生成过程中，系统的结合度呈现出递减的趋势。再制造技术要求产品在设计与制造时，就要充分考虑产品整体或部分再制造时的利用方式，以充分发挥产品的价值。若产品零部件性能在产品全寿命周期中没有改变，且零部件没有磨损，就可以直接再利用到同类再制造产品上，有的也可以直接作为备用零部件在其他产品中再使用；若零部件的性能没有改变，但零部件有磨损或其他形状的差异，则可以在各项技术与经济指标合乎要求的情况下，进行小型化机械加工，制造成小型号零部件再加以利用，这些零部件又可结合成或纳入到新的高层系统。实际上，当自然界的高层系统解体时，低层系统(即零部件)仍然保持相对的稳定性，具有可重用性，遵循自然系统的结合度递减原理。所以，再制造实际上遵循的是系统层次结合度递减的自然哲学思想。

#### 1.2.1.3 再制造符合产品发展中量变到质变的观点

根据人类物质生活和文化生活的需要，产品在研制及发展过程中经历了从无到有、从低级到高级的发展过程，体现了产品的不断运动发展，这是马克思主义关于事物矛盾运动的看法。但一切产品的进步发展，都是制造业随着新技术的进步，不断地根据用户需求进行的局部再制造升级，部分地增加产品功能，使之适应不同时间或者工况下的用户要求，实现原产品在自身基础上的不断发展进步。每一次的再制造升级均可以作为产品发展中的量变过程。经过若干次量变后，产品发展到一定阶段，所有的量变信息反馈到研制阶段，结合最新技术信息，可以实现产品换代型号的研制及生产，这是产品发展的质变阶段。因此，产品发展过程中再制造的量变过程促进了产品型号发展的质变发展。由此可见，再制造工程在产品中的升级应用，符合了产品发展过程中局部量变到换代质变的哲学思想。

#### 1.2.1.4 再制造实现了产品的可持续发展观点

再制造工程可以解决产品性能下降与用户对产品性能要求提高这一产品自身固有的矛盾，实现产品的动态可持续发展。在传统观念中，产品的出现是根据用户需要而在一定历史条件下设计并生产形成的静态产品。一旦人类最初的需要得到满足，就会提出更高的要求，而产品只会因使用中的磨损、技术进步等原因而导致性能劣化和落后，呈现出静态产品的降阶使用。但在实际使用时，随着新技术、新方法、新概念的不断出现，用户对产品性能的需求是动态递增的趋势，这导致了产品的静态降阶使用与用户对产品动态升阶需求之间这一产品本身所具有的固有矛盾，过程为“历史条件下用户的需求→依据一定条件的产品设计→生产后固定静态产品与技术进步、用户需求增长间的矛盾→产品的淘汰”，也正是这一产品的固定状态与人们不断提高的需要这一对矛盾的相互作用，才使得再制造业得到了巨大的发展。同时，产品作为人类生产、制造并应用的一种实际客观存在，其静态消极的存在状况显然不符合事物普遍发展的观点。而通过对落后产品的再制造升级，可以使再制造升级后的产品比原产品具有更高的性能或功能，是原产品的新生或发展。再制造升级能够有效地解决产品的内部固有矛盾，促进产品由静态降阶使用发展到动态升阶使用的可持续发展模式，使产品具备“与时俱进”的能力。因此，通过使用再制造升级技术，实现产品本身的可持续增长，这符合产品自身发展的哲学观点。

### 1.2.2 再制造发展的现实基础

#### 1.2.2.1 退役产品零部件寿命的不平衡性和分散性为再制造提供了物质基础

虽然产品设计时要求采用等寿命设计，即产品报废时要求各个零部件都达到相同的使用寿命，但实际上这种理想状态是无法达到的。实际制造后的产品，其零部件寿命有两个特点，即异名零部件寿命的不平衡性和同名零部件寿命的分散性。在机械设备中，每个零部件的设计、材料、结构和工作条件各不相同，这使其实际使用寿命相差很大，形成了异名零部件寿命的不平衡性，提高了一部分零部件的寿命，而其他零部件的寿命又相对缩短了，因此异名零部件寿命的不平衡是绝对的，平衡只是暂时的和相对的。对于同名零部件，客观上的材质差异、加工与装配的误差、使用与维修的差别、工作环境的不同，也会造成其使用寿命的不同，分布呈正态曲线，形成同名零部件寿命的分散性。这种分散性可设法减小，但不能消除，因此，它是绝对的。同名零部件寿命的分散性又扩大了异名零部件寿命的不平衡性。零部件寿命的这两个特性完全适用于部件、总成和机械设备。

产品零部件寿命的不平衡性和分散性是废旧产品再制造开展的物质基础。退役产品零部件并不是所有的都达到了使用寿命极限，实际上大部分零部件都可以继续使用，只是剩余寿命不同，有的可以继续使用一个寿命周期，有的不足一个寿命周期。例如，通常退役设备中固定件的使用寿命长，如箱体、支架、轴承座等，而运转件的使用寿命短，如活塞环、轴瓦等。在运转件中，承担转矩传递的主体部分使用寿命长，而摩擦表面使用寿命短；不与腐蚀介质接触的表面使用寿命长，而与腐蚀介质直接接触的表面使用寿命短。这种退役产品各零部件的不等寿命性和零部件各工作表面的不等寿命性，造成了产品中因部分零部件及零部件上局部表面失效，从而使整个产品性能劣化、可靠性降低。通过再制造加工，可对达到寿命极限可以再制造的废旧件进行再制造加工，恢复其配合尺寸和性能，并对部分剩余寿命不足产品下一个寿命周期的进行再制造，恢复其原制造中的配合尺寸和性能，延长其寿命超过下一个寿命周期，满足再制造产品的性能要求。

#### 1.2.2.2 产品性能劣化的木桶理论为再制造提供了理论基础

产品的性能符合木桶理论，即一只木桶如果要盛满水，必须每块木板都平齐且无破损，如果这只桶的木板中有一块不齐或者某块木板下面有破洞，这只桶就无法盛满水。也就是说，一只水桶能盛多少水并不取决于最长的那块木板，而是取决于最短的那块木板，这种现象也可称为短板效应。

产品的性能劣化是导致废旧产品报废的主要原因，而产品性能的劣化符合水桶理论，即退役产品并不是所有零部件的性能都劣化，而往往是关键零部件的磨损等失效原因导致了产品总体性能的下降，使产品无法满足使用要求而退役。这些关键零部件就成为影响产品性能中的最短木板，那么只要将影响产品性能的这些关键“短板”修复，就可能提高产品的整体性能。再制造就是基于这样的理念,着力修复退役产品中的核心关键件,通过恢复其性能来恢复产品的综合性能。

#### 1.2.2.3 再制造过程的后发优势为再制造提供了技术基础

再制造时间滞后于制造时间的客观特性决定了在再制造生产中能不断吸纳最先进的各种科学技术,恢复或提升再制造产品性能,降低再制造成本,节约资源和保护环境。通常机电产品设计定型以后,制造技术、工艺则相对固定,很少吸纳新材料、新技术、新工艺等方面的成果,生产的产品要若干时间后才退役报废,而这期间科学技术的迅速发展,新材料、新技术、新工艺的不断涌现,使得对废旧产品进行再制造时可以吸纳最新的技术成果,既可以提高易损零部件、易损表面的使用寿命,又可以解决产品使用过程中暴露出的问题,即对原产品进行技术改造,提升产品整体性能。这种原始制造与再制造的技术差别,成为再制造产品的性能可以达到甚至超过新品的主要原因。

现在表面工程技术发展非常迅速,已在传统的单一表面工程技术基础上发展了复合表面工程技术,进而又发展到以微纳米材料、纳米技术与传统表面工程技术相结合的纳米表面工程技术阶段,纳米表面工程中的纳米电刷镀、纳米等离子喷涂、纳米减摩自修复添加剂、纳米固体润滑膜、纳米粘涂技术等在再制造产品中的应用使零部件表面的耐磨性、耐蚀性、抗高温氧化性、减摩性、抗疲劳损伤性等力学性能大幅度提高,这些技术为退役产品再制造提供了技术基础。废旧产品再制造中采用了大量的先进表面工程技术,而这些技术大多在新品制造过程中没有使用过。通过这些先进的表面工程技术,恢复并强化产品关键零部件配合表面的理化性能,增强其耐磨、耐蚀性能,从而使再制造后零部件的使用寿命达到或超过原新品的使用寿命,满足再制造产品的性能要求。

#### 1.2.2.4 废旧产品蕴含的高附加值为再制造提供了经济基础

产品及其零部件制造时的成本主要由原材料成本、制造活动中的劳动力成本、能源消耗成本和设备工具损耗成本构成。其中,后 3 项成本称为相对于原材料成本的产品附加值(图 1.4)。产品附加值是指在产品的制造过程中加入到原材料成本中的劳动力、能源和加工设备损耗等成本。除了最简单的耐用品外,蕴含在已制造后的产品中的附加值都远远高于原材料的成本。例如,玻璃瓶基本原材料的成本不超过产品成本的 5%,另外的 95% 则是产品的附加值;汽车发动机原材料的价值只占 15%,而产品附加值却高达 85%。发动机再制造过程中由于充分利用了废旧产品中的附加值,因而能源消耗不到新品制造的 50%,劳动力消耗只是新品制造中的

67%，原材料消耗只占新品制造中的11%～20%。因此，达到新机性能的再制造发动机，相当于新机50%的销售价格，这为其赢得了巨大的市场和利润空间。

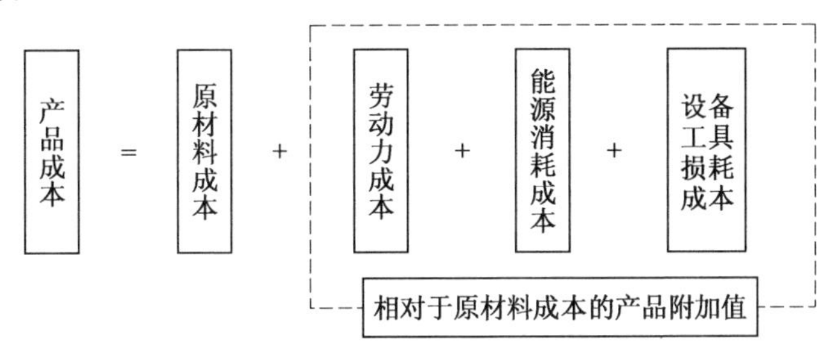


图1.4　制造后产品成本分析

#### 1.2.2.5　产品需求的多样性为再制造发展提供了市场基础

任何国家都存在着区域发展水平的不平衡，即发展水平的高低是相对的，这种地区的不平衡和人们的经济能力造成了产品需求的多样性。再制造产品在性能不低于新品的情况下，价格一般约为新品价格的一半，这为其销售提供了巨大的市场空间。而且在某地因性能而淘汰的产品，经过再制造后完全可以到另一地区继续使用。即使在同一地区，因人们消费能力的不同，也为物美价廉的再制造产品提供了广阔的市场空间。而且从市场趋势发展来看，人们更愿意花更少的费用来享用同样的产品性能，更支持绿色产品的生产销售。这些现状和发展趋势都为再制造产品的营销提供了市场基础。

#### 1.2.2.6　再制造的环保效益为再制造发展提供了社会基础

再制造过程能够显著地回收废旧资源，节约产品生产的能源消耗，降低污染物排放对人体健康构成的威胁，增加社会就业岗位和经济收入，提高再制造产品使用者的生活水平，进而提高人们的生活质量，促进社会的可持续发展，因此其具有重大的社会效益，是支撑和谐社会建设的有效手段。2008年8月29日审议通过并于2009年1月1日施行的《中华人民共和国循环经济促进法》中第四十条指出："国家支持企业开展机动车零部件、工程机械、机床等产品的再制造和轮胎翻新。销售的再制造产品和翻新产品的质量必须符合国家规定的标准，并在显著位置标识为再制造产品或者翻新产品。"可见，绿色再制造的发展受到了诸多政策法规的支持，为其进一步的深入发展提供了坚实的社会基础。

# 1.3 再制造设计效益分析

通过再制造设计,可以显著提升再制造能力和效益,在资源效益、环保效益、经济收益、社会效益等方面具有重要作用。

## 1.3.1 资源效益

### 1.3.1.1 节约大量的原生资源开采

再制造工程能够节约大量的材料和能源。由于再制造是直接利用产品的零部件进行生产,所以原产品第一次制造中的大部分材料(占85%~95%)和能源(约85%)得到了保存,而且减少了因产品零部件生产所需材料和能源对原生资源的开采。据测算,每回收利用1 t废旧物资,可以节约4.12 t自然资源,节约1.4 t标准煤,减少6~10 t垃圾处理量。复印机再制造中每利用1 t铜,可以节约200 t铜矿石,1 t用于采矿的炸药,0.5 t用于浮选的化学制剂,1 t用于熔化的焦炭或油。每年全世界再制造业节省的各种材料达到1 400万t,可以装满23万个火车车厢(排列起来长约2 656 km)。据工业专家称,每1 t材料用于再制造,就可以节省5~9 t原材料。

### 1.3.1.2 减少大量的能量消耗

再制造产品生产所需能源是新产品所需的20%~25%。据Argonne国家实验室研究估计,全世界每年再制造节省400万亿BTU的能量,相当于8个平均规模核电站的年发电量,或者1 600万桶原油,能够维持600万辆客车运行1年。据估计,如果固定设备制造商和汽车制造商能够分别对其产品的20%和10%进行再制造,则美国再制造业的产值可以增长200%,等于减少全美国产品制造所需要能量的5%~10%。

再制造已经成为节约材料和能源的一颗“新星”。例如,再制造的汽车部件保存了原产品85%的能源,制造一台新汽车发动机的能源需求超过再制造一台汽车发动机能源需求的11倍;再制造汽车起动器消耗的能量是新品生产所消耗能量的9%,再制造交流发电机所用的能量是新品生产所用能量的14%,再制造汽车起动器和再制造交流发电机生产消耗材料分别是新品消耗材料的11%和12%(图1.5);翻新一个客车轮胎仅需要26升石油,而制造新轮胎需要83升石油,美国1996年仅翻新轮胎节约14.7亿升石油;再制造一个墨鼓可以节省2.3升石油。

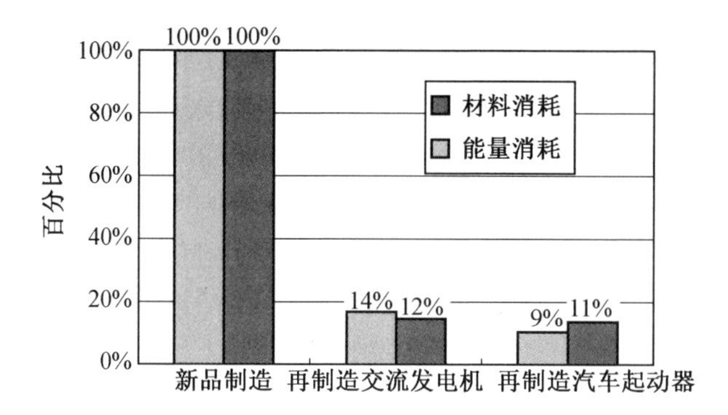


图 1.5　交流发电机及汽车起动器的制造与再制造所消耗的能量和材料对比

## 1.3.2　环保效益

### 1.3.2.1　减少废品掩埋量和污染排放量

再制造使大量的废旧产品得到了再生，减少了掩埋土地使用量和直接掩埋对环境造成的污染，而且再制造加工避免了采用再循环等效益低的回收方式处理对环境的二次污染。例如，一个墨鼓一般有 3 lb（1 lb ≈ 0.454 592 3 kg）塑料，塑料掩埋后需要 100 多年才能生物降解，2001 年美国再制造了约 200 万个墨鼓，减少了 600 万 lb 的掩埋量。

### 1.3.2.2　减少温室气体排放量，改善气候质量

再制造已被看作减少温室气体排放量、改善气候的一个重要因素。据统计，造成全球环境污染的 70% 以上的排放物来自制造业，它们每年约产生 55 亿 t 无害废物和 7 亿 t 有害废物。由于再制造生产是从零部件开始的，减少了零部件本身的加工，从而大大减少了产品生产过程中对环境的污染和危害。再制造生产每利用 1 t 铜，不但节省了大量固体有害废物的产生，而且减少了 3 t $CO_2$和 2 t $SO_2$的产生。据估计，每年再制造节约的能源可以减少 2 800 万 t $CO_2$气体的产生，相当于 10 个 500 MW 燃煤发电站 $CO_2$ 的产生量。美国国家环境保护局估计，如果美国汽车回收业的成果能被充分利用，大气污染水平将比目前降低 85%，水污染处理量将比目前减少 76%。美国还曾对钢铁材料的废旧产品再生产的环境效益进行分析，分析表明，其能够减少大气污染 86%、水污染 76%、固体废物 97%，节约用水量 40%。如图 1.6 所示，施乐实行的 5100 型复印机的再制造相对制造过程排放的废水量为新品制造的 18%，固体废物总量为新品制造的 38%，$CO_2$等废气量为新品制造的 23%；施乐 DC265 型复印机再制造排放的废水量为新品制造的 37%，固体废物总量为新品制造的 47%，$CO_2$等废气量为新品

制造的65%。

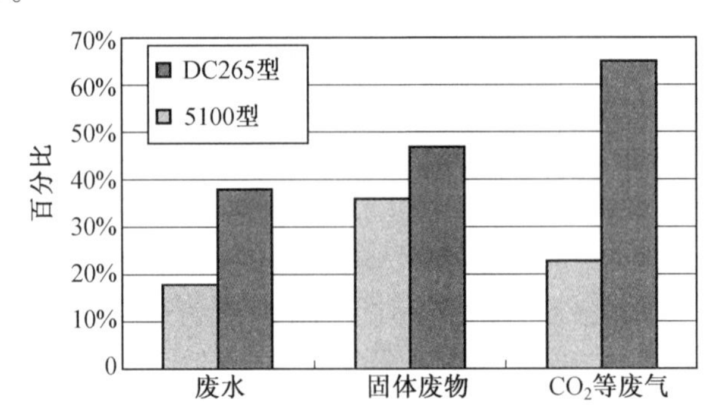


图1.6 施乐5100型和DC265型复印机再制造相对制造过程的污染物排放量对比

## 1.3.3 经济效益

### 1.3.3.1 直接创造产业利润

再制造是一个巨大的产业,能够创造可观的经济利润。美国2011年再制造销售额超过430亿美元,仅在打印机墨鼓的再制造领域,年销售额就达到30亿美元。据欧洲再制造联盟估计,当前欧洲再制造产值约为170亿欧元,提供了19万个就业岗位,预计到2030年,这两个数值将分别达到300亿欧元和60万个就业岗位,再制造成为欧盟未来制造业发展的重要部分。我国"十二五"期间再制造产业规模达到500亿元,预计"十三五"期间产值将达到2 000亿元,目前再制造已经形成了规模化产业,创造了可观的产业价值。当前每年可再制造领域生产的新产品价值约为1.4万亿元,为实际再制造产品价值的26倍,再制造业未来发展潜力巨大。据报道,20世纪末发达国家再制造业规模为2 500亿美元,而21世纪初已增至6 000亿美元。我国再制造产业还处于起步阶段,再制造产业也将必定创造出超过千亿元人民币的巨大商机。

### 1.3.3.2 减少企业生产支出

再制造可以节约企业生产成本,减少费用支出。再制造首先可以节约大量的资源与能源成本,再制造产品的生产通常会比新产品生产节约50%左右的成本。一方面,这种由成本节约所带来的竞争优势可以使企业以更低的价格向顾客提供产品,提高本企业产品的市场竞争力;另一方面,通过将生产成本降低的收益部分让渡给消费者,降低产品价格能够使一些原本没有能力消费本企业产品的群体成为企业新的顾客群,扩大市场份额。如欧洲的施乐公司1995年节约了原材料费用6 940万美元,1997年再制造复印机需求量超过总生产量的50%；美国的施乐公司再制造收益每年大约是2.5亿元。

其次，再制造减少了废旧产品的环保处理量和新品的生产量，减少了环境污染，避免了国家或公司处理固体废弃物所耗费的巨额开支。例如，1995年欧洲施乐公司约节约掩埋费用20万美元；美国因再利用每年约节约环保处理费用50亿美元。在德国，墨盒、汽车、冰箱的处理费用分别占直接生产费用的2%、3%、12.5%。

#### 1.3.3.3 提升产品品牌和国际竞争力

再制造产品属于绿色产品，再制造工程能够为企业树立良好的“绿色形象”，提升企业环保形象和品牌价值。通过调查统计，79%的美国人认为自己是环境保护主义者，而67%的美国人愿意为消费与环境相容的产品多支付5%～10%的费用，90%的人愿意采购那些采用与环境相容技术的产品。根据联合国统计司的统计数字，1999年全球绿色消费总量达3 000亿美元，80%的荷兰人、90%的德国人、89%的美国人在购物时首先考虑消费品的环境标准；85%的瑞典人愿意为环境清洁支付较高的价格；80%的加拿大人愿意多付出10%的成本购买对环境有益的产品；77%的日本人只购买有环境标志的产品。因此，随着公众环保意识的提高，通过产品再制造，可以为企业积累良好的声誉。

同时，许多国家相继立法支持废旧机电产品资源化，强化了对进口机电产品废弃时的资源回收利用评价。如果企业能积极开展面向再制造回收的产品设计，就可以为进入这些国家的市场提供技术基础。

### 1.3.4 社会效益

#### 1.3.4.1 提供就业机会，减轻社会矛盾

再制造是一个劳动密集型产业，能够创造大量的就业机会。据2018年最新报告显示，生产相同的产品，再制造需要雇员人数约为新品制造雇员人数的1.5倍。同时，再制造产品的使用会减少资源开采、产品制造领域的人员就业，但美国研究资料表明，再制造与再循环产业每100个就业岗位，就可减少采矿业和固体废弃物处理业的13个就业岗位。两者相比，可以看出再制造与再循环产业创造的就业机会要远大于其减少的就业机会。

#### 1.3.4.2 提高低收入人员的生活水平，促进社会和谐发展

由于再制造生产的起点是原产品的零部件，保存了大量原制造过程中注入的材料、能源、设备磨损、劳动力等附加值，而再制造产品一般能够直接再用原产品中50%～90%的零部件，所以在保证性能与新品相当的情

况下,再制造产品成本约为新品50%,其销售价格一般是新品的40%~70%。价廉物美的再制造产品可以极大地促进人们生活水平的提高。例如,再制造发动机的质量、使用寿命达到或超过新品发动机,并拥有完善的售后服务,而价格仅为新机的50%左右。

#### 1.3.4.3 减少废弃产品土地占用量和污染引发的各种疾病,提高生活质量

由于缺少有效处理废旧机电产品的办法,当前多是进行低效益的材料回收,或混同于一般生活垃圾填埋,或直接暴露于自然环境中风吹日晒,其中对人体有害的化学物质会造成空气、土壤和水质的严重污染,对生态环境产生负面影响,进而可能通过呼吸、食物链甚至皮肤等进入人体,严重威胁人们的身体健康。同时,废旧产品的堆积还侵占了大量土地,破坏了环境的美观。

#### 1.3.4.4 减少资源浪费和安全隐患

当前我国缺乏二手产品质量检测标准和有效的控制措施,这使一些本应报废的机电产品从经济发达地区流向不发达地区继续使用,不但造成了能源过度消耗、噪声干扰、环境污染等,而且很容易引发直接危及人身安全的触电、火灾、车祸等事故。通过再制造,可以避免末端设备的"带病"运行,减少安全隐患和资源的过度消耗。

## 1.4 再制造设计的创新理论与方法

### 1.4.1 再制造设计的特征

再制造设计面向产品寿命周期的全系统工程,开展产品属性和工程设计,具有以下特征:

(1)再制造设计是实现产品再制造能力提升的一种有效方式,追求获得最大化的再制造效益。

(2)再制造设计在产品设计和再制造工程中具有对象的系统性和可操作性。

(3)再制造设计具有毛坯性能的个体性和毛坯数量、质量的不确定性等特点。

(4)再制造设计具有产品再制造性能的可认知性和再制造目标的多样性。

(5)再制造设计具有面向资源、环境的再制造工程需求性和产品性能可持续发展的规律性。

### 1.4.2 再制造设计的理论创新

再制造在产品寿命周期中的应用,给产品的自身发展模式和内容带来了深刻的变化和影响:一是改变了传统的产品单寿命周期服役模式;二是新增加了产品设计阶段的再制造属性的设计;三是再制造生产过程是一个全新的过程。三者都需要通过再制造设计的理论创新来进行系统的考虑。

#### 1.4.2.1 基于再制造的产品多寿命周期设计理论

传统的产品至报废后,就终止了它的寿命周期,属于单寿命周期的产品使用。通过对废旧产品的再制造,可以从总体上实现产品整体的再次循环使用,进而通过产品的多次再制造来实现产品的多寿命服役周期使用。产品的多寿命周期使用是一种全新的产品服役模式,相对于传统的单寿命周期服役模式,存在着许多不同的设计要求。因此,再制造设计需要在产品研发的初次设计中就考虑产品的多次再制造能力,建立基于再制造的产品多寿命周期理论,综合考虑产品功能属性的可持续发展性、关键零部件的多寿命服役性或损伤形式的可恢复性,解决产品多寿命周期中的综合评价问题,形成基于再制造的产品最优化服役策略。

#### 1.4.2.2 产品再制造性设计与评价理论

传统的产品设计主要考虑产品的可靠性、维修性、测试性等设计属性,而为了提高产品末端时易于再制造的能力,需要综合设计产品的再制造性,即在产品设计阶段就需要面向再制造的全过程进行产品属性设计,并及时对设计指标进行评价和验证,提升产品的再制造能力和再制造效率。因此,需要基于产品属性设计的相关理论与方法,建立新产品设计时其再制造性设计与评价理论,形成提升新产品再制造性的设计准则、流程步骤与应用方法。

#### 1.4.2.3 产品再制造工程设计理论

传统产品的寿命周期包括“设计—制造—使用—报废”,是一个开环的服役过程,而再制造实现了废旧产品个体的再利用,是传统产品寿命周期中未有的全新内容,需要对其生产过程进行系统的考虑。废旧产品的再制造过程包括废旧产品的回收、再制造产品的生产和销售使用 3 个阶段,是一项系统工程,需要采用工程设计的理论方法,综合设计优化废旧产品的逆向物流、生产方案、产品销售及售后服务模式等,形成最佳的再制造生产保障资源配置方案和再制造生产模式。因此,需要从产品再制造的全系统工程角度进行考虑,综合采用工程设计相关理论与方法,建立面向产品再制造的工程设计理论,形成再制造工程优化设计的方法与步骤。

### 1.4.3 再制造设计的创新方法

#### 1.4.3.1 面向再制造的产品材料创新设计方法

再制造要求能够实现产品的多寿命周期使用,而产品零部件材料在服役过程中保持性能稳定性是产品实现多寿命周期使用的基础。因此,产品材料的创新设计是面向再制造时需要重点考虑的内容,包括以下几个方面。

1. 面向再制造的材料长寿命设计

传统的产品材料设计以满足产品的单寿命使用要求为准则,而再制造要实现产品的多寿命周期,需要设计时根据产品的功能属性、零部件服役环境及失效形式,综合设计关键核心件的使用寿命,选用满足多寿命周期服役性能的材料,或者选用的零部件材料在单寿命周期服役失效后便于进行失效恢复。

2. 面向再制造的绿色材料设计

再制造目标是实现资源的最大化利用和环境保护,要求在面向再制造进行材料设计时,综合考虑选用绿色材料,即在产品多寿命服役过程中或者在再制造过程中,尽量选用对环境无污染、易于资源化再利用或无害化环保处理的材料,促进产品与社会、资源、生态的协调发展。

3. 面向再制造的材料反演设计

传统的产品材料设计是由材料性能决定产品功能的正向设计模式,而再制造加工主要是针对失效零部件开展的修复工作,首先是根据产品服役性能要求进行材料失效分析,推演出应具有的材料组织结构和成分,然后是选用合适的加工工艺修复失效零部件。在由服役性能向组织结构、材料成分和再制造加工工艺的反演过程中可以通过材料的选择来改进原产品设计上的材料选择缺陷,实现产品零部件材料性能的改进和服役性能的提升。

4. 面向再制造的材料智能化设计

针对产品服役全过程零部件的多模式损伤形式及其损伤时间的不确定性,可以采用材料的智能化设计技术(例如,在材料中通过添加微胶囊来自动感知零部件运行过程中产生的微裂纹,并通过释放相应元素来实现裂纹的自愈合),实现零部件损伤的原位不解体恢复,实现面向产品服役过程中的在线再制造。

5. 面向再制造的材料个性化设计

产品服役过程中环境条件的变化决定了再制造产品及其零部件损伤的多样化,因此,针对相同零部件的不同损伤及服役状况,对其材料需要进行个性化设计,减少产品末端时零部件的损伤率。例如,采用个性化的材料可避免不同服役环境下的零部件失效;通过个性化的再制造材料选用,可以满足不同形式损伤件服役性能的个性化修复需求。

### 1.4.3.2　面向再制造的产品结构创新设计方法

产品再制造生产能力的提高依赖于其结构的诸多特有要求,包括生产过程中的拆解、清洗、恢复、升级、物流等要求,重点包括以下几个方面。

1. 产品结构的易拆解性设计

废旧产品的拆解是产品再制造的首要步骤,通过设计产品的拆解性,可以实现产品的无损和自动化拆解,显著提高老旧产品零部件的再利用率和生产效益。而产品的易拆解性与产品的结构密切相关,因此,在新产品设计时,尽量采用可实现无损拆解的产品结构,进行模块化和标准化设计,并在拆解时设计支撑和定位的结构,使产品具有易于拆解的能力,便于进行由"产品→部件→组件→零部件"的拆解过程。

2. 产品结构的易清洗性设计

废旧零部件清洗是再制造的重要步骤,也是决定再制造产品质量的重要因素,但通常设计的一些异型面或管路等复杂结构,易发生清洗难度大、费用高、清洁度低等问题。因此,在产品设计时,需要进行易于清洗的产品结构和材料设计,要尽量减少不利于清洗的异型面,如减少不易于清洗的管状结构、复杂曲面结构等,有效保证再制造产品的质量。

3. 产品结构的易恢复性设计

产品零部件在服役过程中可能存在着各种形式的损伤,其结构的损伤能否恢复决定着产品的再制造率和再制造能力,因此在进行产品结构设计时,需要预测其结构损伤失效模式,并不断地改进结构形式,尽量避免产品零部件的结构性损伤,并在形成损伤的情况下,能够提供便于恢复加工的定位支撑结构,实现零部件结构损伤的可恢复。

4. 产品结构的易升级性设计

当前技术发展速度快,出现了越来越多因功能落后而退役的产品,实现功能退役的产品再制造需要采用再制造升级的方式,即在恢复性能的同时,通过结构改造增加新的功能模块。因此,在产品设计时,需要预测产品处于末端时的功能发展,采用易于改造的结构设计,便于在末端进行结构改造,嵌入新模块而提升性能。

5. 产品结构的易运输性设计

产品再制造的前提是实现老旧产品的收集,并便于运输到再制造生产地点及在生产过程中能够方便地在各工位进行转换。因此,在产品结构设计时,要尽量减少产品体积,提供产品或零部件易于运输的支撑结构,避免在运输过程中有易于损坏的突出部位等。同时还要考虑产品零部件在再制造加工中各工位转换及储存时的运输性。

#### 1.4.3.3　面向再制造的产品生产创新设计方法

再制造生产包括拆解、清洗、检测、分类、加工、装配、测试等诸多工艺过程,需要综合考虑全生产的工程要素来提升再制造效益。主要包括以下内容。

1. 再制造零部件的分类设计

再制造分类是指对拆解后的废旧零部件进行快速检测分类,先按照可直接利用、再制造利用、废弃进行分类,再将同类的零部件进行存放或处理。快速简易的再制造分类能够显著提升再制造的生产效率,所以在产品设计中,需要增加零部件结构外形等易于辨识的特征或标识,例如,在产品零部件上设计永久性标识或条码,以实现产品零部件材料类别、服役时间、规格要求等信息的全寿命监控,便于对零部件快速分类和性能检测。

2. 绿色化再制造的生产设计

产品再制造过程属于绿色制造过程,需要减少再制造过程中的环境影响和资源消耗。因此,在再制造生产过程的设计中,要尽量采用清洁能源和可再生材料,选用节能节材和环保的技术产品,优化应用高效绿色的再制造生产工艺,采用更加宜人的生产环境,从而使再制造生产过程使用更少的能源、产生更少的污染、节约更多资源,促进再制造生产过程成为绿色生产过程。

3. 标准化再制造的生产设计

再制造产品质量是再制造发展的核心,而保证再制造产品质量的管理基础是实现再制造生产的标准化。因此,通过完善再制造标准体系,设计实现再制造的标准化生产工艺流程,实现精益化的再制造生产过程,可以形成标准化的质量保证机制。

4. 智能化再制造的生产设计

当前制造业向着数字化、网络化、智能化的方向发展,再制造属于先进制造的内容,因此需要不断地推进数字化、网络化的技术设备应用,在再制造生产过程中采用更多的智能化、信息化、自动化的生产和管理技术,设计实现智能化再制造生产,促进再制造效益的最大化。

### 1.4.4 再制造设计创新发展的技术方向

在个性化、信息化和全球化的市场压力下，多品种、小批量的生产方式已成为必然趋势，这就对以大批量产品作为生产基础的传统再制造模式提出了巨大挑战，迫使要给再制造系统规划设计领域提供更多的技术方法，以适应未来再制造生产的多变需求。在产品再制造设计领域，国外发达国家自20世纪90年代就开始了一定的研究，并在实际工程中得到了初步应用。我国当前在该领域开展了一定的研究，但再制造性设计与评价的应用水平仍然较低，再制造生产系统的规划设计研究少，再制造逆向物流体系不健全，这将会造成未来产品再制造困难大、成本高、效益低，无法适应再制造作为我国战略型新兴产业的发展需求。因此，为了促进再制造工程的发展，需要在再制造设计的关键领域明确应用现状和发展目标，以指导再制造设计的研究和工程实践。

#### 1.4.4.1 产品再制造性的设计与评价

产品再制造性是表征产品再制造能力的属性，但设计与再制造的时间跨度以及设计指标的不确定性及技术的发展进步快等特性，都给再制造性设计与量化评价带来了难题，使得目前产品设计中大多没有考虑产品的再制造性，造成了产品末端时的再制造效益较低、再制造生产难度大。因此，迫切需要通过研究装备的再制造性特征，构建设计与评价手段，来促进再制造性设计与评价的工程应用。一是要研究产品设计中的再制造性指标论证、再制造性指标解析与分配、再制造性指标验证等技术方法，为提高产品再制造性设计与验证技术的应用水平及应用方法提供技术和手段支撑，构建产品再制造性设计的标准化程序；二是要研究废旧产品的再制造性的不确定性，并根据再制造技术、生产设备及废旧产品本身服役性能特征来建立多因素的废旧产品再制造性评价的技术方法与手段，从而为废旧产品的再制造生产决策提供直接依据，提高再制造效益。

#### 1.4.4.2 再制造生产系统的规划设计

再制造生产在物流及生产方式上面临着与制造不同的特殊问题，对其进行系统规划和优化设计可以显著提升再制造的实施效益。但目前再制造生产大多规模较小，而且往往只是制造企业的一部分生产内容，多采用制造系统的生产规划模式，从而影响了再制造生产系统效能的发挥。因此，考虑如何能够借助再制造的信息流，规划设计建立质量可靠、资源节约的高效再制造生产系统，已经成为完善再制造系统设计的重要因素。一是针对未来小批量的再制造生产方式，需要研究利用模块化、信息化等技术方法，实现再制造生产系统的柔性化，加强再制造生产资源保障的配置效益、人员、技术等保障资源利用的方式，提供集约化再制造生产系统的规划技术方法，提高再制造生产的综合效益；二是面向未来再制造系统的综合生产需求，借鉴吸收先进的制造技术的思想和方法，重点研究再制造成组技术、精益再制造生产技术、清洁再制造生产技术等工程应用，形成先进的再制造生产系统设计的技术方法，来提高再制造生产系统的综合应用效益。

#### 1.4.4.3　再制造逆向物流的优化设计

再制造逆向物流是再制造生产的基础保证，但目前关于再制造逆向物流的研究大多停留在理论阶段，还没有形成系统的再制造逆向物流综合体系，在实践中主要还是依靠再制造企业自身的物流体系来完成废旧产品的回流。因此，需要进一步研究再制造逆向物流在废旧产品数量、质量、时间等方面的不确定性影响因素，加强再制造逆向物流的研究，为再制造生产提供可靠的保证。一是要通过运筹学等方法，构建基于不同条件下的再制造逆向物流选址的数学模型和技术方法，为再制造逆向物流的科学布址提供方法手段；二是研究不同技术方法来设计构建用于再制造的废旧产品的高品质逆向物流体系，满足不确定废旧产品物流信息条件下废旧产品稳定回收的要求，并实时根据废旧产品的物流信息进行优化调控。

#### 1.4.4.4　再制造信息的管理与应用设计

对再制造信息进行有效管理是提高再制造效益和规划设计的基础前提，但因为目前对再制造信息研究比较缺乏，且再制造产业还处于初步发展阶段，尚没有建立有效的信息管理系统，无法实现再制造信息的有效挖掘与应用。因此，需要采用系统工程的研究方法，研究认识再制造信息的复杂性、不确定性等特点，设计构建健全的再制造信息管理架构和应用系统，促进再制造业的发展。一是利用信息管理系统开发的基本要求，结合再制造工程中信息的特征，规划设计并开发面向再制造全过程的再制造信息管理系统，实现再制造信息的全域采集与管理控制，为再制造生产决策规划提供依据；二是以面向再制造全过程的信息管理系统为基础，并充分利用再制造生产系统及物流系统中的传感器及信息处理传输设备等硬件设备，建立面向再制造全域的再制造物联网，为面向再制造的科学设计、规划与工程应用提供支撑。

# 本章参考文献

[1] STEINHILPER R. Remanufacturing:the ultimate form of recycling [M]. Stuttgart: Fraunhofer IRB Verlag,1998.

[2] 徐滨士. 装备再制造工程[M]. 北京:国防工业出版社,2013.

[3] 姚巨坤,朱胜,崔培枝. 再制造管理——产品多寿命周期管理的重要环节[J]. 科学技术与工程,2003,3(4):374-378.

[4] 朱胜,姚巨坤. 装备再制造设计及其内容体系[J]. 中国表面工程,2011,24(4):1-6.

[5] 朱胜,姚巨坤. 再制造设计理论及应用[M]. 北京:机械工业出版社,2009.

[6] 姚巨坤,向永华,朱胜. 再制造工程的内涵及哲学意义[J]. 中国资源综合利用,2003(8):7-9.

[7] GIUNTINI R,GAUDETTE K. Remanufacturing: the next great opportunity for improving U. S. productivity[J]. Business Horizons,2003,46(6):41-48.

[8] KERR W,RYAN C. Remanufacturing and eco-efficiency: a case study of photocopier remanufacturing at Fuji Xerox Australia[J]. Journal of Cleaner Production,2001(9):75-81.

[9] 朱胜,姚巨坤. 再制造工程的巨大效益[J]. 新技术新工艺,2004(1):15-16.

[10] 姚巨坤,朱胜,时小军,等. 再制造设计的创新理论与方法[J]. 中国表面工程,2014,27(2):1-5.

[11] 朱胜. 再制造技术创新发展的思考[J]. 中国表面工程,2013,26(5):1-5.

[12] United States International Trade Commission. Remanufactured goods: an overview of the U. S. and global industries, markets, and trade[R]. Washington: United States International Trade Commission, 2012.

# 第2章　再制造性设计基础

产品本身的属性除了包括可靠性、维修性、保障性及安全性、可拆解性、装配性等外，还包括再制造性。再制造性是与产品再制造最为密切的特性，是直接表征产品再制造能力大小的本质属性。再制造性由产品设计所赋予，可以进行定量和定性描述。若产品的再制造性好，则再制造费用就低、时间就少，再制造产品性能就好，对节能、节材、保护环境贡献就大。因此，增强产品的再制造性设计和提高产品的再制造性，已经成为新产品设计的重要内容。

本章所涉及的常用符号如下：

$R(a)$——再制造性；

$C$——实际的再制造费用；

$c$——规定的再制造费用；

$N$——用于再制造的产品总数；

$n(c)$——$c$ 费用内完成再制造的产品数；

$R(c)$——再制造度函数；

$r(c)$——再制造费用概率密度函数；

$\mu(c)$——再制造速率函数；

$R(f)$——再制造率函数；

$N_s$——$c$ 费用时尚未完成再制造的产品数（正在再制造的产品数量）；

$\bar{R}_{m,c}$——平均再制造费用；

$\bar{R}_{mc,i}$——第 $i$ 项目的平均再制造费用；

$\lambda_i$——第 $i$ 项目的失效率；

$R_{max,c}$——最大再制造费用；

$\tilde{R}_{m,c}$——再制造费用中值；

$V_{rp}$——再制造产品价值；

$V_{re}$——再制造环保价值；

$R_t$——再制造时间；

$\bar{R}_t$——平均再制造时间；

$R_{max,ct}$——最大再制造时间；

$R_{RH}$——在规定的使用期间内的再制造工时数；

$T_{OH}$——在规定的使用期间内的服役小时数；

$R_W$——材料质量回收率；

$R_V$——零部件价值回收率；

$R_N$——零部件数量回收率。

## 2.1 再制造性的定义

### 2.1.1 再制造性

废旧产品的再制造性是决定其能否进行再制造的前提，是再制造基础理论研究中的首要问题。再制造性是产品设计赋予的，是表征其再制造的简便、经济和迅速程度的一个重要的产品特性。再制造性的定义为：废旧产品在规定的条件下和规定的费用内，按规定的程序和方法进行再制造时，恢复或升级到规定性能的能力。再制造性是通过设计过程赋予产品的一种固有的属性。

定义中"规定的条件"是指进行废旧产品再制造生产的条件，它主要包括再制造的机构与场所（如工厂或再制造生产线、专门的再制造车间及运输等）和再制造的保障资源（如所需的人员、工具、设备、设施、备件、技术资料等）。不同的再制造生产条件有不同的再制造效果。因此，产品自身再制造性的优劣只能在规定的条件下加以度量。

定义中"规定的费用"是指废旧产品再制造生产所需要消耗的费用及其相关环保消耗费用。给定的再制造费用越高，再制造产品能够完成的概率就越大。再制造性主要表现在经济方面，再制造费用也是影响再制造生产最主要的因素，所以可以用再制造费用来表征废旧产品再制造能力的大小。同时，可以将环境相关负荷参量转化为经济指标来进行分析。

定义中"规定的程序和方法"是指按技术文件规定采用的再制造工作的类型、步骤及方法。再制造的程序和方法不同，所需的时间和再制造的效果也不同。例如，在一般情况下换件再制造要比原件再制造加工费用高，但所需时间少。

定义中"再制造"是指对废旧产品的恢复型再制造、升级型再制造、改造型再制造和应急型再制造。

定义中“规定性能”是指完成的再制造产品效果要恢复或升级达到规定的性能，即能够完成规定的功能和执行规定任务的技术状况，通常来说应不低于新品的性能。这是产品再制造的目标和再制造质量的标准，也是区别于产品维修的主要标志。

综合以上内容可知，再制造性是产品本身所具有的一种本质属性，无论在原始制造设计时是否被考虑进去，都客观存在，且会随着产品的发展而变化；再制造性的量度是随机变量，只具有统计上的意义，因此用概率来表示，并由概率的性质可知 $0<R(a)<1$；再制造性具有不确定性，在不同的环境条件、使用条件、再制造条件下以及在工作方式、使用时间等情况下，同一产品的再制造性是不同的，离开具体条件谈论再制造性是无意义的；随着时间的推移，某些产品的再制造性可能发生变化，以前不可能再制造的产品会随着关键技术的突破而增大其再制造性，而某些能够再制造的产品会随着环保指标的提高而变得不具有再制造性；评价产品的再制造性包括从废旧产品的回收至再制造产品的销售整个阶段，其具有地域性、时间性及环境性。

### 2.1.2　固有再制造性与使用再制造性

与可靠性、维修性一样，产品再制造性是产品的一种本质属性，因此，也可以分为固有再制造性和使用再制造性。

固有再制造性也称设计再制造性，是指产品设计中所赋予的静态再制造性，用于定义、度量和评定产品设计、制造的再制造性水平。它只包含设计和制造的影响，用设计参数（如平均再制造费用）表示，其数值根据再制造商的要求提出。固有再制造性是产品的固有属性，奠定了2/3的实际再制造性。固有再制造性不高，相当于“先天不足”。在产品寿命各阶段中，设计阶段对再制造性的影响最大。如果设计阶段不认真进行再制造性设计，则以后无论怎样精心制造、严格管理、提高技术，也难以保证其再制造性。制造只能尽可能保证实现设计的再制造性，使用则能维持再制造性。应尽量减少再制造性的降低，而技术进步往往能够提高产品的再制造性，人们需求的提高又会降低产品的再制造性。

使用再制造性是指废旧产品到达再制造地点后，在再制造过程中实际具有的再制造性。它是在再制造前对废旧产品所进行的再制造性综合评估，以固有再制造性为基础，并受再制造生产人员的技术水平、再制造策略、保障资源、管理水平、再制造产品性能目标、营销方式等的综合影响，因此同样的产品可能具有不同的使用再制造性。通常再制造企业主要关心产品的使用再制造性。一般来说，随着产品使用时间的增加，废旧产品本身性能劣化严重，导致其使用再制造性降低。

再制造性对人员技术水平、再制造生产保障条件、再制造产品的性能目标以及对规定的程序和方法有更大的依赖性，因此，实际上严格区分固有再制造性与使用再制造性，难度较大。

## 2.2 再制造性函数

### 2.2.1 再制造度函数

再制造度是再制造性的概率度量，记为 $R(c)$。由于针对每个具体废旧产品或其零部件进行再制造的费用 $C$ 是一个随机变量，因此产品的再制造度函数 $R(c)$ 可定义为实际的再制造费用 $C$ 不超过规定的再制造费用 $c$ 的概率，可表示为

$$R(c) = P(C \leqslant c) \tag{2.1}$$

式中 $C$——在规定的约束条件下完成再制造的实际费用；

$c$——规定的再制造费用。

当把规定费用 $c$ 作为变量时，上述概率表达式就是再制造度函数。它是再制造费用的分布函数，可以根据理论分布求解再制造度函数，也可按照统计原理通过试验或实际再制造数据求得。

由于 $R(c)$ 是表示从 $c=0$ 开始到某一费用 $c$ 以内完成再制造的概率，是对费用的累积概率，且为费用 $c$ 的增值函数，所以 $R(0) \to 0$，$R(\infty) \to 1$。根据再制造度的定义，有

$$R(c) = \lim_{N\to\infty} \frac{n(c)}{N} \tag{2.2}$$

式中 $N$——用于再制造的产品总数；

$n(c)$——$c$ 费用内完成再制造的产品数。

在工程实践中，当 $N$ 为有限值时，$R(c)$ 的估计值为

$$\hat{R}(c) = \frac{n(c)}{N} \tag{2.3}$$

**例 2.1** 若待再制造的某废旧产品有 30 台，统计每台再制造所需的费用为（单位：千元）：10，14，28，10，16，34，24，15，12，42，18，19，18，23，15，20，26，28，24，12，19，24，20，35，27，17，10，11，29，14。求规定再制造费用

为 $c = 30$ 千元时,该产品再制造度的估计值 $\hat{R}(c)$。

**解**　由题意 $n(30) = 27, N = 30$,可求得

$$\hat{R}(30) = \frac{n(30)}{N} = \frac{27}{30} = 0.9$$

### 2.2.2　再制造费用概率密度函数

再制造度函数 $R(c)$ 是再制造费用的概率分布函数。其概率密度函数 $r(c)$,即再制造费用概率密度函数(习惯上称为再制造密度函数)为 $R(c)$ 的导数,可表示为

$$r(c) = \frac{\mathrm{d}R(c)}{\mathrm{d}c} = \lim_{\Delta c \to 0} \frac{R(c + \Delta c) - R(c)}{\Delta c} \tag{2.4}$$

由式(2.2)可得

$$r(c) = \lim_{\substack{\Delta c \to 0 \\ N \to \infty}} \frac{n(c + \Delta c) - n(c)}{N\Delta c} \tag{2.5}$$

当 $N$ 为有限值且 $\Delta c$ 为一定费用间隔时,$r(c)$ 的估计值为

$$\hat{r}(c) = \frac{n(c + \Delta c) - n(c)}{N\Delta c} = \frac{\Delta n(c)}{N\Delta c} \tag{2.6}$$

式中　$\Delta n(c)$——$\Delta c$ 费用内完成再制造的产品数。

可见,再制造费用概率密度函数的意义是单位费用内废旧产品预期完成再制造的概率,即单位费用内完成再制造产品数与待再制造的废旧产品总数之比。

### 2.2.3　再制造率函数

再制造率函数 $R(f)$ 是指能够在规定费用内完成再制造的废旧产品或零部件数量与全部废旧产品数量或零部件数量的比率。设再制造产品中使用的废旧产品或零部件的数量为 $N$,在费用 $c$ 内能完成再制造的产品或零部件的数量为 $n(c)$,则其再制造率函数为

$$R(f) = \frac{n(c)}{N} \tag{2.7}$$

## 2.3　再制造性参数

再制造性参数是度量再制造性的尺度。常用的再制造性参数有以下几种。

## 2.3.1 再制造费用参数

再制造费用参数是最重要的再制造性参数。它直接影响废旧产品的再制造的经济性,决定了生产者的经济效益,又与再制造时间紧密相关,所以应用最广泛。

### 2.3.1.1 平均再制造费用 $\bar{R}_{\mathrm{m,c}}$

平均再制造费用是产品再制造性的一个基本参数。其度量的方法为:在规定的条件下和规定的费用内,废旧产品在任一规定的再制造级别上,再制造产品所需总费用与在该级别上被再制造的废旧产品的总数之比。简而言之,是废旧产品再制造所需实际消耗费用的平均值。当有 $N$ 个废旧产品完成再制造时,有

$$\bar{R}_{\mathrm{m,c}} = \frac{\sum_{i=1}^{n} C_i}{N} \tag{2.8}$$

$\bar{R}_{\mathrm{m,c}}$ 只考虑实际的再制造费用,包括拆解、清洗、检测诊断、换件、再制造加工、安装、检验、包装等费用。对于同一种产品,在不同的再制造条件下,也会有不同的平均再制造费用。

### 2.3.1.2 最大再制造费用 $R_{\mathrm{max,c}}$

在许多场合,尤其是再制造部门更关心绝大多数废旧产品能在多少费用内完成再制造,这时,则可用最大再制造费用参数表征。最大再制造费用是按给定再制造度函数最大百分位值$(1-a)$所对应的再制造费用值,即预期完成全部再制造工作的某个规定百分数所需的费用。最大再制造费用与再制造费用的分布规律及规定的百分位有关。通常可规定 $1-a=95\%$ 或 $90\%$。

### 2.3.1.3 再制造费用中值 $\tilde{R}_{\mathrm{m,c}}$

再制造费用中值是指再制造度函数 $R(c)=50\%$ 时的再制造费用,又称中位再制造费用。

### 2.3.1.4 再制造产品价值 $V_{\mathrm{rp}}$

再制造产品价值指根据再制造产品所具有的性能确定其实际价值,可以以市场价格作为衡量标准。新技术的应用可能使升级后的再制造产品的价值高于原来新品的价值。

### 2.3.1.5 再制造环保价值 $V_{\mathrm{re}}$

再制造环保价值指通过再制造而避免新品制造过程中所造成的环境

污染处理费用与废旧产品进行环保处理时所需要的费用总和。

## 2.3.2　再制造时间参数

再制造时间参数反映再制造人力、机时消耗，直接关系到再制造人力配置和再制造费用，因而也是重要的再制造性参数。

### 2.3.2.1　再制造时间 $R_t$

再制造时间指退役产品或其零部件自进入再制造程序后通过再制造过程恢复到合格状态的时间。一般来说，再制造时间要小于制造时间。

### 2.3.2.2　平均再制造时间 $\bar{R}_t$

平均再制造时间指某类废旧产品每次再制造所需时间的平均值。再制造可以是恢复型、升级型、应急型等方式的再制造。其度量方式为：在规定的条件下和在规定的费用内某类产品完成再制造的总时间与该类再制造产品的总数量之比。

### 2.3.2.3　最大再制造时间 $R_{max,ct}$

最大再制造时间指达到规定再制造度所需的再制造时间，即预期完成全部再制造工作的某个规定百分数所需的时间。

## 2.3.3　再制造性环境参数

### 2.3.3.1　材料质量回收率 $R_W$

材料质量回收率表示退役产品可用于再制造的零部件材料质量与原产品总质量的比值，即

$$R_W = \frac{W_R}{W_P} \tag{2.9}$$

式中　$R_W$——材料质量回收率；

$W_R$——可用于再制造的零部件材料质量；

$W_P$——原产品总质量。

### 2.3.3.2　零部件价值回收率 $R_V$

产品价值回收率表示退役产品可用于再制造的零部件价值与原产品总价值的比值，即

$$R_V = \frac{V_R}{V_P} \tag{2.10}$$

式中　$R_V$——产品零部件价值回收率；

$V_R$——可用于再制造的零部件价值；

$V_P$—— 原产品总价值。

#### 2.3.3.3　零部件数量回收率 $R_N$

零部件数量回收率表示退役产品可用于再制造的零部件数量与原产品零部件总数量的比值，即

$$R_N = \frac{N_R}{N_P} \tag{2.11}$$

式中　$R_N$—— 产品零部件数量回收率；

$N_R$—— 可用于再制造的零部件数量；

$N_P$—— 原产品零部件总数量。

总之，产品再制造具有巨大的经济效益、社会效益和环境效益，虽然再制造是在产品退役后或使用过程中进行的活动，但再制造能否达到及时、有效、经济、环保的要求，却首先取决于产品设计中注入的再制造性，并与产品使用等过程密切相关。实现再制造及时、经济、有效，不仅是再制造阶段应当考虑的问题，而且是必须从产品的全系统、全寿命周期进行考虑，在产品的研制阶段就进行产品的再制造性设计。

## 2.4　再制造性工程

### 2.4.1　基本概念

再制造性工程是研究为提高产品末端的再制造性而在产品设计、生产、使用和再制造过程中所进行的各项工程技术和管理活动的一门学科。再制造性工程是再制造工程的一个分支，它包含了为达到系统的再制造性要求所完成的一系列设计、研制、生产、维护和评估工作。按照系统工程的观点，这些工作形成了一个关于再制造性的专业系统工程，即再制造性工程。就研究内容来说，再制造性工程将系统分析、设计评价、技术预估、资源利用、环境保护、寿命周期费用等知识相结合，从而使产品在设计、使用、再制造中将再制造性各方面考虑得更为成熟，以实现产品末端的最佳再制造方案，是一门专门从事再制造性论证、设计、维护、评价的工程技术学科。

作为一门学科的再制造性工程，其定义中的要点是：

(1)研究的范围包括与产品再制造相关的属性（如再制造性、维修性、测试性、可拆解性等）以及影响这些产品属性的相关因素（如人素要素、模块化要素、标准化要素等）。

(2)研究的目的是以可以接受的经济或环境代价,使产品退役后获得最大经济效益、环境效益和技术效益的再制造的属性。

(3)研究的对象是使产品获得便于再制造的属性的技术方法与管理活动。

(4)研究的内容包含产品的全寿命过程,主要分为3个阶段:

①再制造性设计阶段(Design of Remanufacturability)。即在产品设计中考虑产品处于末端时易于再制造的能力,其主要内容是研究如何把再制造性设计到产品中去,并以合适的制造工艺和完善的质量管理及检验来保证产品的再制造性,以周密设计的再制造性试验来证实和评定再制造性,以保证产品具有较高的固有再制造性。

②再制造性维护阶段(Maintenance of Remanufacturability)。即在产品使用中通过正确操作来维持产品的再制造性,主要考虑在正常使用中如何才能保持产品在退役时的最大再制造性,并通过相关数据的采集来促进产品的再制造性设计和评价。

③再制造性评估阶段(Assessment of Remanufacturability)。即在产品报废后对废旧产品的再制造性进行评估,其主要是对末端产品再制造的经济性、工艺性、环境性及服役性等进行综合评价,寻求产品的最优化的再制造技术方案。

3个阶段通过信息的交互互相补充。再制造性设计为再制造性维护提供方案,同时为再制造性评估提供参考依据;再制造性维护可以为再制造性设计提供依据,并为再制造性评估提供保证;再制造性评估可以为再制造性设计提供有效的技术手段和信息支持,并对再制造性维护提供具体的技术要求。

再制造性工程是以研究产品的再制造属性为核心,但又与传统的再制造研究不同,它关心的问题不仅仅是产品退役后所表现出来的再制造问题,而且更重要的是关心全寿命过程中与再制造相关的问题,强调从全系统的角度来认识与再制造相关的各种属性,从而全面、系统、协调地解决再制造的问题。因此,与再制造工程一样,全系统、全寿命的观点也是再制造性工程的基本观点。

## 2.4.2　再制造性工程框架

### 2.4.2.1　再制造性工程的任务

再制造性工程作为综合多学科知识的一项系统工程,其基本任务是:以多寿命、资源化和绿色化等观点为指导,对产品再制造性的设计、维护和评价进行全程的科学管理。再制造性工程的功能在于实现设计特性、再制造方案和再制造保障资源等的合理组合,以最少的寿命周期费用达到使用要求中规定的再制造性水平。再制造性工程的主要任务是:

(1)通过再制造性设计,赋予产品最大的再制造性,使末端产品易于再制造,减少再制造时间和费用。

(2)通过再制造性评价,确定出最优化(经济收益最大、再制造产品性能最优和环境污染最小)的再制造工艺方案,指导废旧产品的再制造加工,满足社会需求。

(3)收集与分析产品再制造性信息,为产品设计、改进及完善再制造性体系提供依据。

(4)通过再制造性评估,确定进行再制造所需要的保障资源,据此确定再制造费用和制订再制造计划。

(5)为开发新的可再制造产品种类提供经费预估和技术决策支持。

#### 2.4.2.2 再制造性工程的目标

再制造性工程的总目标是:通过影响产品设计和制造,使所得到的产品具有良好的再制造性;在使用过程中正确维护产品的再制造性;在再制造前,正确评估末端产品及其零部件的再制造性,形成最佳的再制造方案。产品再制造性工程的根本目的是提高废旧产品的再制造能力,减少产品全寿命周期费用,实现资源的最大化循环利用,降低产品全寿命周期的环境污染,为社会的持续发展战略提供技术支撑。

#### 2.4.2.3 再制造性工程的内容

在产品设计、生产、使用和再制造中,再制造性工作内容一般包括再制造性的监督与控制、再制造性的设计与试验、再制造性的维护与评价 3 个方面。

1. 再制造性的监督与控制

该部分属于再制造性的管理性工作,包括:再制造性工作计划的制订;对研制方、使用方的监督与控制;对再制造性工作的评审;信息数据采集、分析与改进措施系统的建立等。

2. 再制造性的设计与验证

该部分的工作是把再制造性设计到产品中并检验再制造性是否达标,是实现产品具备较高再制造性要求的核心和关键,包括:再制造性定性的要求;再制造性模型的建立;再制造性指标的确定;再制造性的分配;再制造性的信息收集;故障模式和再制造方案分析;再制造性的预测;再制造性的分析;再制造性的试验与评定;再制造性的设计准则;再制造性的环境评价等。

3. 再制造性的维护与评价

该部分的研究工作是指在产品使用中如何保持产品设计中所赋予的固有再制造性,并对末端产品再制造前进行再制造性评估,包括:产品使用过程中的再制造性维护和增长;末端产品的再制造性能力评估;再制造性信息反馈等。

### 2.4.3 再制造性工程与其他专业工程的关系

再制造性工程作为再制造学科体系中的重要分支之一,与本体系中的其他学科专业有着密切的关系,彼此之间相互渗透、相互补充,构成相辅相成的有机整体,支持产品属性的设计、使用与退役后的再制造活动。与再制造性工程相关的学科专业主要有再制造工程、再制造技术、维修工程、维修性工程、可靠性工程、环境工程、人素工程与绿色设计制造等。

再制造工程就是再制造生产保障的系统工程,它以全系统、全寿命的观点和整体优化的思想,以现代管理和分析权衡为手段,采用先进的再制造技术,来实现退役产品的最大经济价值、环境效益的再利用。再制造性工程是再制造工程的重要分支,是影响产品再制造能力的重要内容,与产品再制造工程密不可分。在产品的论证与研制阶段,再制造工程要确定再制造保障的概念、准则和技术要求,从而影响或指导产品的再制造性设计和再制造保障系统的建立。而再制造性工程则要进行再制造性设计要求的论证、设计、试验和评价,以满足再制造工程最优化再制造方法的选择及实现。

再制造技术是再制造学科体系中的主干内容,主要研究不同因素退役产品再制造的方法、技术和手段,其中包括拆解技术、清洗技术、检测技术、表面技术及机械加工技术等内容,特别是信息技术和环境技术的快速发展,促进了虚拟再制造、柔性再制造、信息化再制造、清洁再制造技术等的发展及应用,以实现经济、环保、高效的再制造生产。同样,能够采用高效、经济、环保的再制造技术进行加工的产品及其零部件,也具备较好的再制造性,因此在研究再制造性的设计及评估时,必须注意再制造技术手段的条件,通过适当的再制造技术手段的改进和发展来提高废旧产品的再制造性。

维修工程是研究如何实现产品维修保障的学科,是系统设计与系统保障的纽带。一般来讲,易于维修的产品的可拆解性、标准化、模块化等程度都比较高,而这些要素也都是再制造性定性要求的重要内容。因此其退役后的再制造能力也比较好，即再制造性好。所以，维修工程与再制造性工程关系密切。

可靠性工程是为了达到产品可靠性要求所进行的一系列工作，维修性工程是为了达到产品维修性要求所进行的一系列工作，而再制造性是为了达到退役产品的再制造性要求所进行的一系列工作。三者均是产品设计过程中所要保证的产品属性，虽然三者保障的目标不同，但相互补充、相互联系，维修性和可靠性好的产品一般再制造性较好，而且三者都需要进行数据的统计分析来得出产品设计、使用及再制造规律，具有共同的方法和数学基础，如分析手段、抽样检验及统计方法等。

环境工程是研究如何治理和减少环境污染，降低资源消耗的学科专业。而再制造性工程的目的是实现退役产品再制造后的最大化再利用，实现减少资源消耗、降低环境污染及社会的可持续发展。因此，再制造性工程是环境工程的重要内容和实现手段，与绿色设计及绿色制造具有共同的目标，都是在满足人类生活需求的情况下，尽量减少资源消耗和环境污染。

### 2.4.4 再制造性工程的发展措施

#### 2.4.4.1 加强对再制造性工程的宣传

再制造性工程是再制造工程的重要分支和组成部分，对再制造工程的效益具有显著的影响作用，经过再制造性设计的产品能够明显提高再制造效率，实现资源的最大化利用、环境的最大化保护和费用的最大化节约。而且随着建设资源节约型和环境友好型和谐社会的发展，开展再制造性工程，可以从产品源头支持废旧产品的最佳方式再制造，为实现人、环境、社会的和谐发展提供技术支撑。所以，大力开展再制造性工程的宣传，可以使产品设计、生产、使用和再制造部门都重视产品的再制造性，转变观念，加强再制造性在实际产品中的应用。

#### 2.4.4.2 开展再制造性工程的理论及技术研究

除针对产品类型开展的研究外，还要鼓励各有关院校、研究所、制造及再制造企业重点研究再制造性工程中的理论基础及关键技术问题，如再制造性参数与指标的确定，再制造性分配与预计方法、再制造性建模、再制造性试验与验证技术、末端产品再制造性评价及再制造性设计的通用准则等。除了不断吸收发达国家的先进经验和理论，还要特别重视根据我国的工程实践、环境法规以及产品使用的经验来完善适合我国国情的再制造性工程理论与技术体系。

#### 2.4.4.3　鼓励再制造性工程的实践

再制造性工程已经在部分产品中得以应用。可以率先在典型产品的设计及其制造中应用再制造性工程,即在全寿命周期过程中开展再制造性活动,对末端产品的再制造进行指导,以提高我国再制造性工程的水平和效益。在不同阶段,可分批将重点产品的再制造性设计经验向更多产品的研制进行推广。在进行新产品制造性设计的同时,还要加强对末端产品的再制造性评估,争取实现产品的多次再制造循环利用,实现产品的多寿命周期和性能的可持续增长。同时,根据国家的环境保护及资源利用的相关法规,对进行再制造性设计的产品设计及生产单位进行鼓励,并监督经过再制造性设计产品的再制造情况。

#### 2.4.4.4　制定与完善有关再制造性的指令、标准和规范

从我国国情出发,在产品质量管理中,将产品的再制造性作为产品的重要属性指标,开展再制造性工作的研究及论证,尽快完善再制造性的指标体系,制定产品的再制造性标准和规范,明确再制造性的评价方法和内容,建立可行的再制造性设计体系和评估体系。

#### 2.4.4.5　健全再制造性信息的反馈系统

产品的设计部门与制造单位、使用单位和再制造单位要联合建立科学的再制造性信息反馈系统,分清责任,明确流程,实现信息资源共享,不断收集实际使用过程中的再制造性变化(降低、维持和升高等)数据,及时反馈到设计单位,为提高产品的再制造性提供依据,并对设计到产品中的再制造性进行验证。建立良好的再制造性信息反馈系统是不断提高产品再制造性的必要手段。

## 2.5　再制造性设计分析

再制造性设计分析是一项内容相当广泛的、关键性的再制造性设计工作,它包括研制过程中对产品需求、约束、研究与设计等各种信息进行的反复分析、权衡、建模,并将这些信息转化为详细的设计指标、手段、途径或模型,以便为设计与保障决策提供依据。

### 2.5.1　再制造性分析

#### 2.5.1.1　再制造性分析的目的与过程

再制造性分析的目的可概括为以下几方面:

(1)确立再制造性设计准则。这些准则应是经过分析、结合具体产品

要求的设计特性。

(2)为设计决策创造条件。对备选的设计方案分析、评定和权衡、研究,以便做出设计决策。

(3)为保障决策(确定再制造策略和关键性保障资源等)创造条件。为了确定产品如何再制造、需要什么关键性的保障资源,要求对产品有关再制造性的信息进行分析。

(4)考察并证实产品设计是否符合再制造性设计要求。对产品设计再制造性的定性与定量分析,是在试验验证之前对产品设计进行考察的一种途径。

图2.1所示为再制造性分析过程示意图。整个再制造性分析工作的输入是来自订购方、承制方及再制造方3方面的信息。订购方的信息主要是各种合同文件、论证报告等提供的再制造性要求和各种使用与再制造、保障方案的约束。承制方的信息来自各项研究与工程活动的结果,特别是各项研究报告与工程报告,其中最为重要的是维修性、人素工程、系统安全性、费用分析、前阶段的保障性分析等的分析结果。再制造方主要提供类似的再制造性相关数据及再制造案例。当然,产品的设计方案,特别是有关再制造性的设计特征,也是再制造性分析的重要输入。通过各种分析,将能选择、确定具体产品的设计准则,选择、确定设计方案,以便获得满足包含再制造性在内各项要求的协调产品设计。再制造性分析的输出还将给再制造性分析和制订详细的再制造计划提供输入,以便确定关键性(新的或难以获得的)的再制造资源,包括检测诊断硬、软件和技术文件等。

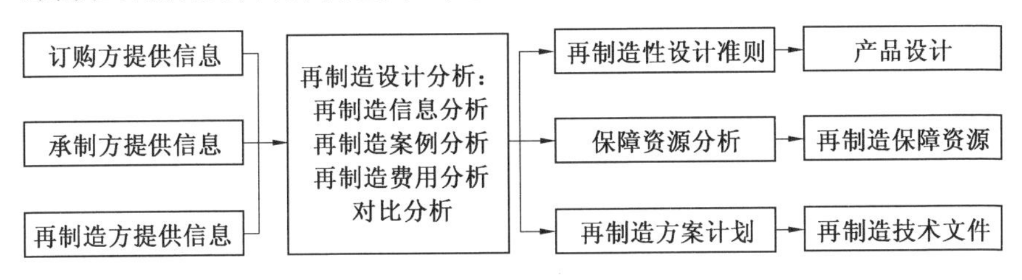


图2.1　再制造性分析过程示意图

由此可见,再制造性分析类似整个再制造性工作的“中央处理机”,它把来自各方(订购方、承制方、再制造方)的信息(再制造性及其他工程)经过处理转化,提供给各方面(设计、保障),在整个研制过程中起着关键性的作用。

#### 2.5.1.2　再制造性分析的内容

再制造性分析的内容相当广泛，概括地说就是对各种再制造性定性与定量要求及其实现措施的分析、权衡。其主要内容如下：

(1)再制造性定量要求，特别是再制造费用和再制造时间。

(2)故障分析定量要求，如零部件故障模式、失效率、修复率、更换率等。

(3)采用的诊断技术及资源，如自动、半自动、人力检测测试的配合，软、硬件及现有检测设备的利用等。

(4)升级型再制造的费用、频率及工作量。

(5)战场或特殊情况下损伤的应急型再制造时间。

(6)非工作状态的再制造性问题，如使用中的再制造与再制造间隔及工作量等。

#### 2.5.1.3　再制造性设计分析方法

再制造性设计分析可采用定性与定量分析相结合的方式进行，主要分析方法包括：

(1)故障模式及影响分析——再制造性信息分析。要在一般产品故障或零部件失效分析的基础上着重进行"再制造性信息分析"和"损坏模式及影响分析"。前者可确定故障检测方式、再制造措施，为再制造性及保障设计提供依据；后者为意外突发损伤应急再制造措施的制订及产品设计提供依据。

(2)运用再制造性模型。根据前述的输入和分析内容，选取或建立再制造性模型，分析各种设计特征及保障因素对再制造性的影响和对产品完好性的影响，找出关键性因素或薄弱环节，提出最有利的再制造性设计和测试分系统设计。

(3)运用 LCC(寿命周期费用)模型。在进行再制造性分析，特别是分析与明确设计要求、设计与保障的决策中必须把产品寿命周期费用作为主要的考虑因素。要运用 LCC 模型确定某一决策因素对 LCC 的影响，进行有关费用估算，并将其作为决策的依据之一。

(4)比较分析。无论是在明确与分配各项设计要求，还是选择与保障方案，乃至在具体设计特征与保障要素的确定中，比较分析都是有力的手段。比较分析主要是将新研制的产品与类似产品(比较系统)相比较，利用现有产品已知的特性或关系，包括使用再制造中的经验教训，分析产品的再制造性及有关保障问题。分析可以是定性的，也可是定量的。

(5)风险分析。无论考虑再制造性设计要求还是保障要求与约束，都要注意评价其风险,不能满足这些要求与约束的可能性及危害性,而应采取措施预防并减小其风险。

(6)权衡技术。各种权衡是再制造性分析中的重要内容,要运用各种各样的综合权衡技术,如利用数学模型和综合评分、模糊综合评判等方法都是可行的。

以上均属于一般系统分析技术,在再制造性分析时要针对分析的目的和内容灵活应用。例如,在LCC模型中,可以不计与再制造性无关的费用要素。

#### 2.5.1.4 保证正确分析的要素

(1)再制造性分析是一项贯穿于整个研制过程且范围相当广泛的工作,除再制造性专业人员外,要充分发动设计人员来做。分析工作的重点是方案的论证与确认以及工程研制阶段。

(2)再制造性分析要同其他工作,特别是同保障性分析紧密结合,协调一致,防止重复。

(3)要把测试诊断系统的构成和设计问题作为再制造性分析的重要内容,并与其他测试性工作结合,以保证测试诊断系统设计的恰当性及效率。

(4)综合权衡研究是再制造性分析的重要任务,不但要在产品系统级进行权衡,以便对系统的备选方案进行评定,而且要在各设计层次上进行权衡,以作为选择详细设计的依据。当其他工程领域(特别是可靠性、人素工程等)的综合权衡影响到再制造性时,应通过分析对这种影响做出估计。更改产品设计或测试等保障设备时,要分析其对再制造性的影响,修正有关的报告,提出应采取的必要措施。

### 2.5.2 再制造性设计准则

再制造性是产品的固有属性,仅靠计算和分析设计不出好的再制造性产品,需要根据设计和使用中的经验,拟定准则,用以指导设计。

#### 2.5.2.1 概述

再制造性设计准则是为了将系统的再制造性要求及使用和保障约束转化为具体的产品设计而确定的通用或专用设计准则。该准则是设计人员在设计产品时应遵循和采纳的。确定合理的再制造性设计准则,并严格按准则的要求进行设计和评审,就能确保产品再制造性要求落实在产品设计中,并最终实现这一要求。确定再制造性设计准则是再制造性工程中极为重要的工作之一,也是再制造性设计与分析过程的主要内容。

制定再制造性设计准则的目的可以归纳为以下 3 点：

(1)指导设计人员进行产品设计。

(2)便于系统工程师在研制过程中，特别是在设计阶段进行设计评审。

(3)便于分析人员进行再制造性分析、预计。

我国再制造性工程刚刚起步，许多设计人员对再制造性设计尚不熟悉，同时再制造性数据不足，定量化工作不尽完善，在这种情况下，充分吸取国内外经验，发挥再制造性与产品设计专家的作用，制定再制造性设计准则，供广大设计、分析人员使用，就更有其特殊作用。

#### 2.5.2.2　再制造性设计准则的制定时机

初始的再制造性设计准则应在进行初步的再制造性分析后开始制定。进行再制造性分配、综合权衡及利用模型分析，为满足要求的再制造性设计准则奠定了基础。与研制过程中的工程活动一样，确定再制造性设计准则也是一个不断反复、逐步完善的过程。初步设计评审时，承制方应向订购方和再制造方提交一份将要采用的设计准则及其依据，以便获得认可，随着设计的进展，该准则不断改进和完善，在详细设计评审时最终确定其内容及说明。再制造性设计准则要尽早提供给设计人员，作为他们进行设计的依据。

#### 2.5.2.3　再制造性设计准则的来源及途径

制定再制造性设计准则的最基本的依据是产品的再制造方案以及再制造性的定性和定量要求。设计准则应当依据再制造性定性和定量要求，实际上，设计准则就是这些要求的细化和深化。再制造方案中描述了产品及其各组成部分将于何时、何地以及如何进行再制造，在完成再制造任务时将需要什么资源。在研制过程中，再制造方案的规划和再制造性的设计具有同等重要的地位，并且是相互交叉、反复进行的。再制造方案影响产品设计，反过来，设计一旦形成，对方案又会有新的要求。初始的再制造方案通常由再制造方根据产品的再制造要求提出，并不宜轻易变动，它是设计的先决条件，没有再制造方案就不可能进行再制造性设计。例如，如果小单位再制造时不允许进行原件恢复，就意味着设计中应尽量采用模块化设计，一旦产品需要紧急再制造，小单位就只进行换件再制造。因此，确定再制造性设计准则，还必须以再制造方案为依据。

由于目前还没有形成完善的再制造性设计准则，因此确定具体产品的再制造性设计准则可参照类似产品的再制造性设计准则和已有的再制造与设计实践经验教训，或者参考维修性设计技术中适用的标准、设计手册等。

#### 2.5.2.4 再制造性设计准则的内容及应用

再制造性设计准则通常包括一般原则（总体要求）和分系统（部件）的设计准则，准则的内容要符合定性再制造性要求的详细规定，包括可达性、标准化、互换性、模块化、安全性、防差错措施与识别标志以及检测诊断迅速简便、人素工程及应急再制造要求等。制定设计准则时首先要从现有的各种标准、规范、手册中选取那些适合具体产品的内容；同时，要依据具体产品及各部分的功能、结构类型、使用维修条件等特点，补充更详细具体的原则和技术措施。

再制造性设计准则是在研制过程中逐步形成和完善的，应当在初步设计之前提出初步的设计准则及其来源的清单，在详细设计前提出最后的内容与说明，以此作为设计的依据。要在设计评审前，根据设计准则编制"再制造性设计核对表"，以此作为检查、评审产品设计再制造性的依据。在检查评审中，应对产品设计与设计准则的符合性做出判断，以便发现不符合设计准则的缺陷，采取必要的措施补救，并写出报告。

#### 2.5.2.5 注意事项

（1）再制造性设计准则由产品设计总师系统组织再制造性专业人员与有经验的产品设计人员制定。再制造性专业人员熟悉再制造性的理论、方法、要求及标准，产品设计人员则熟悉所设计产品的性能、任务及结构类型，因此由这两部分人员共同编制再制造性设计准则。

（2）再制造性设计准则的制定要早做准备，在广泛收集有关再制造性设计及同类产品设计资料的基础上，在设计早期选定适用的准则，并与设计实践结合，逐步完善，以便为设计人员及时提供指导。

（3）产品再制造性设计准则既要与各种再制造性标准、规范、手册等技术文件相一致，又要与其他方面的设计准则相协调。而这种协调和一致又要以产品的特点作为出发点，即与产品特点相结合。例如，产品的再制造性设计原则与技术措施的选择，必须考虑它是否会影响其可靠性、结构强度、可生产性、研制周期、产品尺寸与质量等。这就需要综合权衡，应从产品特点出发，确定是否选择该项设计原则与技术措施。

### 2.5.3 再制造性定性设计分析

恰当地提出和确定再制造性定性要求，是做好产品再制造性设计的关键环节。对产品再制造性的一般要求，要在明确该产品在再制造性方面使用需求的基础上，按照产品的专用规范和有关设计手册提出。更重要的是，要在详细研究和分析相似产品再制造性的公共特点，特别是在相似产品不满足再制造性要求的设计缺陷基础上，根据产品的特殊需要及技术发展预测，有重点、有针对性地提出若干必须达到的再制造性定性要求。这样既能防止相似产品再制造性缺陷的重现，又能显著地提高产品的再制造性。例如，某产品中设计有高性能且结构复杂的控制系统，因此再制造性要求的一个重点是电子部分要实现模块化和自动检测；针对相似产品的再制造性缺陷，在机械部分有针对性地提出某些有关部件的互换性、长寿命的要求，提高标准化程度，部分主要部件应能够再利用，便于换件再制造。

参照再制造全过程中各步骤的要求，再制造性定性要求的一般内容包括以下几个方面。

1. 易于运输性

废旧产品由用户到再制造厂的逆向物流是再制造的主要环节，直接为再制造提供不同品质的毛坯，而且产品逆向物流费用一般占再制造总体费用的比例较大，对再制造具有至关重要的影响。产品设计必须考虑末端产品的运输性，以使产品能更经济、更安全地运输到再制造工厂。例如，对于大体积的产品，在装卸时需要使用叉式升运机，因此要设计出足够的底部支撑面，尽量减少产品突出部分，以避免在运输中被碰坏，并要节约储存空间。

2. 易于拆解性

拆解是再制造的重要步骤，也是再制造过程中劳动最为密集的生产过程，对再制造的经济性影响较大。再制造的拆解要求能够尽可能地保证产品零部件的完整，并减少产品接头的数量和类型以及产品的拆解深度，避免使用永固性的接头，考虑接头的拆解时间及效率等。在产品中使用卡式接头、模块化零部件、插入式接头等均有易于拆解，减少装配和拆解的时间，但拆解中也容易造成对零部件的损坏，增加再制造费用。因此，在进行易于拆解的产品设计时，对产品的再制造性影响要进行综合考虑。

3. 易于分类性

零部件的易于分类性可以明显降低再制造所需的时间，并提高再制造产品的质量。为了使拆解后的零部件易于分类，设计时要采用标准化的零部件，尽量减少零部件的种类。对相似的零部件进行设计时，应该做标记，增加零部件的类别特征，以减少零部件的分类时间。

4. 易于清洗性

清洗是保证产品再制造质量和经济性的重要环节。目前存在的清洗方法包括超声波清洗法、水或溶剂清洗法、电解清洗法等。可达性是决定清洗难易程度的关键，设计时应该使外面的部件具有易清洗性和适合清洗的表面特征,如采用平整表面及合适的表面材料和涂料,减小表面在清洗过程中的损伤概率等。

5. 易于修复(升级、改造)性

对原制造产品的修复和升级改造是再制造过程的重要组成部分,可以提高产品质量,并能够使之具有更强的市场竞争力。因为再制造主要依赖于零部件的再利用,设计时要增加零部件的可靠性,尤其是对于附加值高的核心零部件,要减少材料和结构不可恢复失效的情况发生,防止零部件的过度磨损和腐蚀;要采用易于替换的标准化零部件和可以改造的结构,并预留模块接口,增加升级性;要采用模块化设计,通过替换或者增加模块来实现再制造产品的性能升级。

6. 易于装配性

将再制造零部件装配成再制造产品是保证再制造产品质量的最后环节,对再制造周期也有明显影响。而采用模块化设计和零部件的标准化设计对再制造装配至关重要。据估计,在再制造设计中如果拆解时间能够减少 10%,则通常装配时间可以减少 5%。另外,再制造中的产品应该尽可能地允许多次拆解和再装配,所以设计时应考虑产品具有较高的连接质量。

7. 提高标准化和互换性程度

标准化、互换性、通用化和模块化不仅有利于产品设计与生产,而且也使产品再制造生产简便,显著减少再制造备件的品种、数量,简化保障,降低对再制造人员技术水平的要求,大大缩短再制造工时。所以,它们也是再制造性的重要要求。

8. 提高可测试性

产品可测试性的提高可以有效地提高再制造零部件的质量检测及再制造产品的质量测试,增强再制造产品的质量标准,保证再制造的科学性。

新产品的设计是一个综合、并行的过程,需要综合分析功能、经济、环境、材料等多种因素,必须将产品末端时的再制造性作为产品设计的一部分进行系统考虑,保证产品寿命末端的再制造能力,以实现产品的最优化回收。因此,产品的再制造性设计属于环保设计、绿色设计的重要组成部分,其目的是提高废旧产品的再制造能力,达到最大化利用产品的附加值,实现产品的可持续发展和多寿命使用周期。

## 2.5.4　再制造性定量指标分析

### 2.5.4.1　再制造性指标的选择

选择再制造性参数后，就要确定再制造性指标。确定指标相对于确定参数来说更加复杂和困难。一方面，过高的指标（如要求再制造时间过短）需要采用高级技术、高级设备、精确的性能检测并负担随之而来的高额费用。另一方面，过低的指标将使产品再制造利润过低，减少再制造生产厂商进行再制造的积极性，降低产品的有效服役时间。因此在确定指标之前，订购方、再制造方和承制方要进行反复评议。订购商、再制造部门根据再制造的需要提出适当的最初要求。通过协商使指标变为现实可行，既能满足再制造需求，降低寿命周期费用，又能使指标在生产加工中得到满足。因而指标通常给定一个范围，即使用指标应有目标值和门限值，合同指标应有规定值和最低可接受值。

再制造性参数的选择主要考虑以下几个因素：

（1）产品的再制造需求是选择再制造性参数时要考虑的首要因素。

（2）产品的结构特点是选定参数的主要因素。

（3）再制造性参数的选择要和预期的再制造方案结合起来考虑。

（4）选择再制造性参数必须同时考虑所定指标如何考核和验证。

（5）再制造性参数选择必须和技术预测与故障分析结合起来。

### 2.5.4.2　再制造性指标的量值

（1）目标值是产品需要达到的再制造使用指标。这是再制造部门认为在一定条件下满足再制造需求所期望达到的要求值，是新研制产品再制造性要求要达到的目标，也是确定合同指标规定值的依据。

（2）门限值是产品必须达到的再制造指标。这是再制造部门认为在一定条件下，满足再制造需求的最低要求值。比这个值再低，产品将不适用于再制造，这个值是一个门限，故称为门限值。它是确定合同指标最低可接受值的依据。

（3）规定值是研制任务书中规定的、产品需要达到的合同指标。它是承制方进行再制造性设计的依据，也就是合同或研制任务书规定的再制造性设计应该达到的要求值。它是由使用指标的目标值按工程环境条件转换而来的。这要依据产品的类型、使用、再制造条件等来确定。

（4）最低可接受值是合同或研制任务书中规定的产品必须达到的合同指标。它是承制方研制产品必须达到的最低要求，是订购方进行考核或验证的依据。最低可接受值由使用指标的门限值转换而来。

#### 2.5.4.3　再制造性指标确定的依据

确定再制造性指标通常要依据下列因素：

(1)再制造需求是确定指标的主要依据。再制造性指标特别是再制造费用指标，首先要从再制造的需求来论证和确定。再制造性主要在再制造中体现。例如，各类产品的再制造费用、性能可以直接影响再制造的利润，削弱产品再制造的能力，因而应以投入最小、收益最大的原则来论证和确定允许的再制造费用。

(2)国内外现役同类产品的再制造性水平是确定指标的主要参考值。详细了解现役同类产品再制造性已经达到的实际水平，是对新研产品确定再制造性指标的起点。一般来说，新研产品再制造性指标应优于同类现役产品的水平。

(3)预期采用的技术可能使产品达到的再制造性水平是确定指标的又一重要依据。采用现役产品成熟的再制造性设计能保证达到现役产品的水平。对现役同类产品的再制造性缺陷进行改进就可能达到比现役产品更高的水平。

(4)现役的再制造体制、物流体系、环境影响是确定指标的重要因素。再制造体制是追求产品利润的体现，并且符合产品的可持续发展战略。例如，汽车的再制造通常是先由汽车各个部件的再制造厂完成不同类别部件的再制造，然后再由汽车再制造厂完成总体装配。

(5)再制造性指标的确定应是产品的可靠性、维修性、寿命周期费用、研制进度、技术水平等多种因素进行综合权衡的结果，尤其是产品的维修性与再制造性关系十分密切。

#### 2.5.4.4　再制造性指标确定的要求

在论证阶段，再制造方一般应提出再制造性指标的目标值和门限值，在起草合同或研制任务书时应将其转换为规定值和最低可接受值。再制造方也可只提出一个值(即门限值或最低可接受值)作为考核或验证的依据。这种情况下承制方应另外确立比最低可接受值要求更严的设计目标值作为设计的依据。

在确定再制造性指标的同时还应明确与该指标相关的因素和条件，这些因素是提出指标时不可缺少的说明，否则再制造性的指标将是不明确且难以实现的。与指标有关的因素和约束条件如下：

(1)预定的再制造方案。再制造方案中包括再制造工艺、设备、人员、技术等。产品的再制造性指标是在规定的再制造工艺条件下提出的。同一个再制造性参数在不同的条件下其指标要求是不同的。没有明确的再制造方案，指标也就没有实际意义。

(2)产品的功能属性。再制造可恢复或者提升产品功能，满足用户需求。恢复类功能指标在新品设计中确定，升级类功能指标在再制造前确定。

(3)再制造性指标的考核或验证方法。考核或验证是保证实现再制造性要求必不可少的手段。仅提出再制造性指标而没有规定考核或验证方法，这个指标也是空的。因此必须在合同附件中说明这些指标的考核或验证方法。

(4)另外还要考虑到再制造性也有一个增长的过程，也可以在确定指标时分阶段规定应达到的指标。例如，设计定型时规定一个指标，生产定型时又规定一个较好的指标，再制造评价时再规定一个更好的指标。因为随着技术的不断进步，再制造的费用也会不断降低。

确定指标时，还要特别注意指标的协调性。当对产品及其主要分系统、装置同时提出两项以上的再制造性指标时，要注意这些指标间的关系，要相互协调，不要发生矛盾，包括指标所处的环境条件和指标的数值都不能矛盾。再制造性指标还应与可靠性、维修性、安全性、保障性及环境性等指标相协调。

# 2.6　再制造性设计技术

## 2.6.1　再制造性建模

### 2.6.1.1　再制造性建模的目的及分类

1. 再制造性建模的目的

建立再制造性模型的目的，是要用模型来表达系统与各单元再制造性的关系、再制造性的参数与各种设计及保障要素参数之间的关系，供再制造性分配、预计及评定使用。在产品的研制过程中，建立再制造性模型可用于以下几个方面：

(1)进行再制造性分配，把系统级的再制造性要求分配给系统级以下各个层次，以便进行产品设计。

(2)进行再制造性预计和评定，估计或确定设计方案可达到的再制造性水平，为再制造性设计与保障决策提供依据。

(3)当设计变更时，应进行灵敏度分析，确定系统内的某个参数发生变化时对系统可用性、费用和再制造性的影响。

2. 再制造性建模的分类

按建模的目的不同,再制造性模型可分为以下几种:

(1)设计评价模型。通过对影响产品再制造性的各个因素进行综合分析,评价有关的设计方案,为设计决策提供依据。

(2)分配、预计模型。建立再制造性分配预计模型是再制造性工作项目的主要内容。

(3)统计与验证试验模型。此模型为验证再制造性指标的主要方法。

按模型的形式不同,再制造性模型可分为以下几种:

(1)物理模型。采用再制造职能流程图、系统功能层次框图等形式,标出各项再制造活动间的顺序或产品层次、部位,判明其相互影响,以便于分配、评估产品的再制造性并及时采取纠正措施。在再制造性试验、评定中还将用到各种实体模型。

(2)数学模型。通过建立各单元的再制造作业与系统再制造性之间的数学关系式,进行再制造性分析与评估。

### 2.6.1.2 再制造性建模的程序

建立再制造性模型可参照图2.2所示的程序进行。首先明确分析其目的和要求,对分析的对象描述建立再制造性物理模型,指出对待分析参数有影响的因素,并确定其参数;然后建立数学模型,通过收集数据和参数估计,不断对模型进行修改完善,最终使模型固定下来并运用模型进行分析。

明确目的要求 → 描述分析对象 → 确定有关因素、参数 → 建立数学模型 → 收集数据 → 运用模型

图2.2 建立再制造性模型的一般程序

再制造性模型是再制造性分析和评定的重要手段,模型的准确与否直接影响分析与评定的结果,对系统研制具有重要的影响。建立再制造性模型应遵循以下原则:

(1)准确性。模型应准确地反映分析的目的和系统的特点。

(2)可行性。模型必须是可实现的,所需要的数据是可以收集到的。

(3)灵活性。模型能够根据产品结构及保障的实际情况不同,进行局部变化。

(4)稳定性。通常情况下,运用模型计算出的结果只有在相互比较时才有意义,所以模型一旦建立,就应保持相对的稳定性,除非结构、保障等变化,否则不得随意更改。

#### 2.6.1.3　再制造性物理模型

1. 再制造职能流程图

再制造职能是一个统称,它可以指实施废旧产品再制造的部门,也可以指在某个具体部门实施的各项再制造活动,这些活动是按时间先后顺序排列出来的。再制造职能流程图是对4类再制造形式(恢复型、升级型、改造型、应急型)提出要点并指出各项职能之间的相互联系的一种流程图。对某一再制造性部门来说,再制造职能流程图应包括从产品进入再制造厂时起,直到完成最后一项再制造职能,使产品达到规定状态为止的全过程。

再制造职能流程图随产品的层次、再制造的部门不同而不同。图2.3是某产品系统最高层次的再制造职能流程图,它表明该产品系统在退役或失效后进入再制造系统,可选择采用4种形式的再制造方法,以生成不同的再制造产品,然后投入到新的服役周期中。

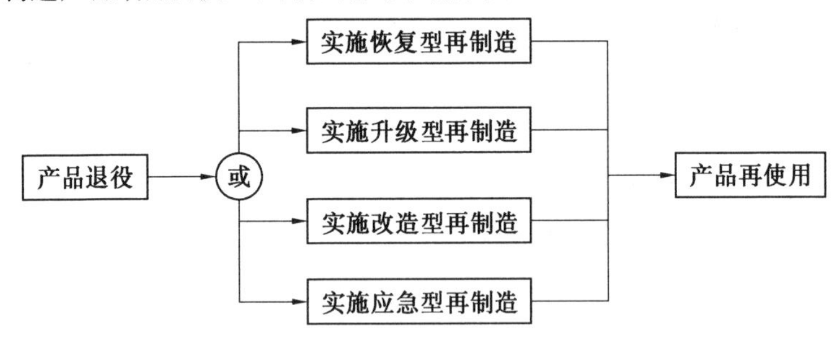


图2.3　某产品系统最高层次的再制造职能流程图

2. 系统功能层次框图

系统功能层次框图是表示从系统到零部件的各个层次所需的再制造特点和再制造措施的系统框图。它进一步说明了再制造职能流程图中有关产品和再制造职能的细节。

系统功能层次的分解是按其结构自上而下进行的,如图2.4所示,一般从系统级开始,根据需要分解到零部件级或子部件级,到更换、修复、改造相关部件或零部件为止。分解时应结合再制造方案,在各个产品上标明与该层次有关的重要再制造措施(如替换、修复、改造、调整等)。这些再制造措施可用符号表示,各种符号意义如下:

圆圈——该圈内的零件或部件在再制造时通常可以直接利用。

方框——框内的零件或部件在再制造中常采用的换件,即更换件。

菱形——菱形内的部件要继续向下分解。

含有“F”的三角形——该零件在废旧产品中通常失效,需要进行再制造加工。

含有“M”的三角形——需要通过机械加工法进行再制造的零件。

含有“S”的三角形——需要通过升级法进行再制造的零件。

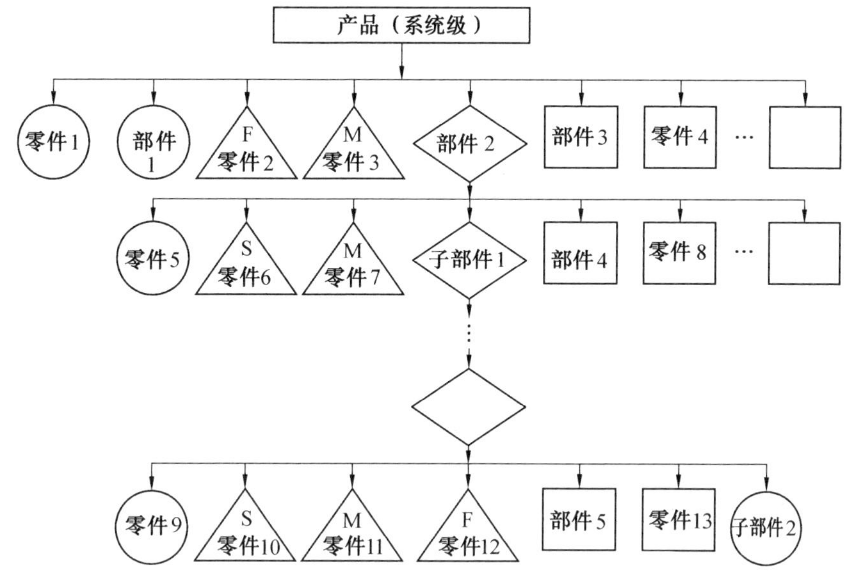


图 2.4 产品系统功能层次再制造分解框图

在进行功能层次分析、绘制框图时要注意以下几点：

(1)在再制造性分析中使用的功能层次框图要着重展示有关再制造的要素,因此它不同于一般的产品层次(再制造)框图。其一,它需要分解到最低层次的产品零部件;其二,可直接利用和更换件用圆圈和方框表示;其三,需要标示再制造措施或要素。产品层次框图是此再制造分解框图的基础。

(2)由于同一系统在不同再制造级别的再制造安排(包括可更换件、检测点及校正点设置等)不同,系统功能层次框图也会不同。应根据需要,由再制造性分配的部门进行再制造性分析和绘制框图。

(3)产品层次划分和再制造措施或要素的确定,是随着研制的发展而细化并不断修正的。因而,包含再制造的功能层次框图也要随研制过程细化和修正。它的细化和修正,也将影响再制造性分配的细化和修正。

#### 2.6.1.4 再制造性数学模型

1. 再制造性函数

再制造性函数表达了规定条件下产品再制造概率与费用的关系,是最基本的再制造性数学模型。各种再制造性函数的定义及表达式如前所述。

2. 再制造费用的统计分布模型

如前所述，产品的再制造费用不是一个常量，而是以某种统计分布的形式存在的。在再制造性分析中最常用的费用分布有正态分布、对数正态分布及指数分布。具体产品的再制造费用分布应当根据实际再制造数据，进行分布检验后确定。下面对常见再制造费用分布的适用范围做简要介绍：

（1）正态分布。正态分布适用于简单的再制造活动或基本再制造作业，如简单地拆解或更换某个零部件所需的费用一般符合正态分布。

（2）对数正态分布。对数正态分布适用于描述各种复杂产品的再制造费用，这类费用一般是由较多的小的再制造活动（如拆解、清洗等）组成的。据估计，一些机电、电子、机械产品的再制造费用大多符合对数正态分布。对数正态分布是再制造性分析中应用最广的一种分布，因为它能较好地反映再制造费用的统计规律，许多再制造性标准都规定使用这种分布进行再制造性分析和验证。

（3）指数分布。一般认为经短时间调整或迅速换件即可再制造的产品服从指数分布。由于它的简单性，指数分布将会被广泛地应用于再制造性分析中。

在实际的再制造性分析中，应根据统计数据进行分布检验，在一定的置信度下选择适用的分布。

3. 系统再制造费用计算模型

再制造费用是为完成某产品再制造活动所需的费用。不同的再制造产品或工艺需要不同的费用，同一再制造事件由于再制造人员技能差异，工具、设备不同，环境条件的不同，再制造费用也会变化。所以产品或某一部件的再制造费用不是一个确定值，而是一个随机变量。这里的再制造费用是一个统称，它可以是恢复型再制造费用，也可以是升级型再制造费用，还可以是改造型或应急型再制造费用。

再制造费用的计算是再制造性分配、预计及验证数据分析等活动的基础。根据分析的对象不同，再制造费用统计计算模型可分为串行再制造作业费用计算模型、并行再制造作业费用计算模型、网络再制造作业费用计算模型和系统平均再制造费用计算模型。

（1）串行再制造作业费用计算模型。

串行再制造作业是在由若干项再制造作业组成的再制造工程中，前项再制造作业完成后，才能进行下一项再制造作业，如拆解、分类、清洗、检测、加工、装配、涂装等,该过程可以属于串行再制造作业,因为各项作业必须一环扣一环,不能交叉进行。串行再制造作业的表示方法如同系统可靠性计算中的串联框图一样,如图2.5所示。

图2.5 串行再制造作业职能流程图

假设某次再制造的费用为 $C$,完成该次再制造需要 $n$ 项基本的串行再制造作业,每项基本的再制造作业费用为 $c_i(i = 1,2,\cdots,n)$,它们相互独立,则

$$C = c_1 + c_2 + \cdots + c_n = \sum_{i=1}^{n} c_i \tag{2.12}$$

如前所述,$C$ 为随机变量,其分布函数 $R(c)$ 可以通过以下方式获得。

① 卷积计算。

当已知各项再制造作业费用的密度函数为 $r(c)$ 时,有

$$R(c) = \int_0^c r(c)\mathrm{d}c \tag{2.13}$$

式中 $r(c) = r_1(c) * r_2(c) * \cdots * r_n(c)$,其中*为卷积符号,即

$$r_1(c) * r_2(c) = \int_{-\infty}^{\infty} r_1(c) r_2(Z - c)\mathrm{d}Z \tag{2.14}$$

当随机变量超过两个时,其卷积可分步计算。一般情况下,通过卷积计算写出 $r(c)$ 的解析式是非常困难的,可利用成熟的卷积数值计算软件,利用计算机进行数值计算。

② 近似计算。

若各项基本再制造作业的时间分布未知,可按 $\beta$ 分布处理。

假设随机变量 $c_i$ 服从 $\beta$ 分布,为了估算 $c_i$ 的均值常采用下列三点估计公式

$$E(c_i) = \frac{a + 4m + b}{6} \tag{2.15}$$

式中 $a$——最大乐观估计值,它表示最理想情况下的 $c_i$ 值;

$b$——最保守估计值,它表示最不利情况下的 $c_i$ 值;

$m$——最大可能估计值,它表示正常情况下 $c_i$ 的最可能值。

上式中 $a$、$b$、$m$ 的取值均由工程技术人员会同有关专家共同估计确定。

与上述公式有关的两个假设如下:

a. $c_i$ 服从 $\beta$ 分布。

$$P\{C > b\} = P(C < a) = 0.05$$

$\beta$ 分布在 $m$ 处有单峰。

b. $c_i$ 的方差。

$$\sigma_i^2 = \frac{1}{36}(b - a)^2 \tag{2.16}$$

当再制造作业数足够大时,根据中心极限定理,独立同分布随机变量和的分布服从正态分布。所以,再制造度为

$$R(c) = \Phi(u) \tag{2.17}$$

式中　$\Phi(u)$——标准正态分布函数,其中 $u$ 的表达式为

$$u = \frac{c - \sum_{i=1}^{n} E(c_i)}{\sqrt{\sum_{i=1}^{n} \sigma_i}}$$

(2) 并行再制造作业费用计算模型。

某次再制造由若干项再制造作业组成,若各项再制造作业是同时展开的,则称这种再制造是并行再制造作业,如图 2.6 所示。假设并行再制造作业活动的费用为 $C$,各基本再制造作业费用为 $c_i$,则

$$C = c_1 + c_2 + \cdots + c_n = \sum_{i=1}^{n} c_i \tag{2.18}$$

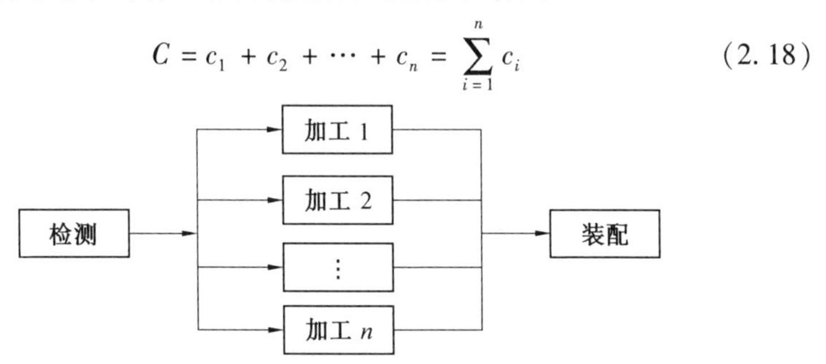


图 2.6　并行再制造作业职能流程示意图

(3) 网络再制造作业费用计算模型。

网络再制造作业费用计算模型的基本思想是采用网络计划技术的基本原理,把每个再制造作业看作网络图中的一道工序,按再制造作业的组成方式,建立起完整的再制造的网络图,然后找出关键路线。完成关键路线上的所有工序的费用之和构成了该次再制造的费用。关于网络图的画法及关键路线的确定请参阅有关运筹学的书籍。

网络再制造作业费用计算模型适用于有交叉作业的废旧产品恢复型

再制造费用分析等。

工程上,网络作业模型中的再制造作业(工序)费用,可按$\beta$分布处理。用三点估计求出关键路线上的各再制造作业,按串行再制造作业费用计算模型计算再制造费用的分布。

**例2.2** 某产品升级型再制造活动的网络图如图2.7所示。试计算该任务在20千元内完成的概率。若要求完成全部再制造活动的概率为0.95,则规定费用应为多少?

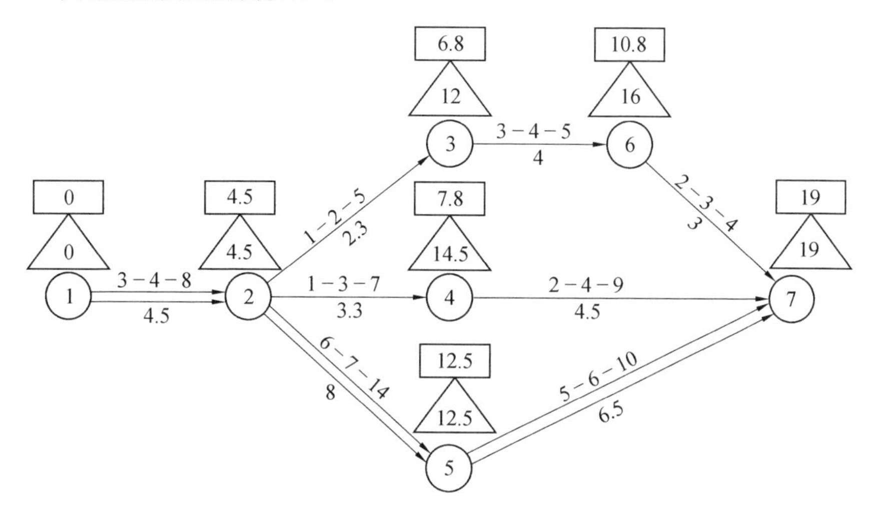


图2.7 某产品升级型再制造活动网络图

注:①圆圈内的符号表示再制造作业序号;②各工序箭头上的数值$a-m-b$分别代表三点估计中的数值;③三角形内的数值表示最大必需的完工费用;④长方形内的数值表示可能的最小开工费用;⑤关键路线用双箭头相连

**解** (1)根据式(2.6)和式(2.7),先求出各工序的费用$c(i,j)$,标在箭杆下面。

(2)找出关键路线:通过分析数据,图中的关键路线应为:①→②→⑤→⑦。

(3)计算各工序的均值和标准差:

$$\sum_{i=1}^{4} E(c_i) = 4.5 + 8 + 6.5 = 19$$

$$\sqrt{\sum_{i=1}^{4} \sigma_i^2} = \sqrt{\left(\frac{8-3}{6}\right)^2 + \left(\frac{14-6}{6}\right)^2 + \left(\frac{10-5}{6}\right)^2} \approx 1.8$$

(4) 计算 $c=20$ 千元时的 $R(c)$:

$$R(c)=\Phi(u)=\Phi\left(\frac{20-19}{1.8}\right)=71\%$$

(5) 计算 $R(c)=0.95$ 时的 $c$:

$$R(c)=\Phi\left(\frac{c-19}{1.8}\right)=0.95$$

查标准正态分布表,得

$$\frac{c-19}{1.8}=1.65$$

所以

$$c=1.65\times1.8+19\approx22(\text{千元})$$

(4) 系统平均再制造费用计算模型。

若系统由 $n$ 个可再制造项目组成,已知每个可再制造加工恢复项目的平均失效率和相应的平均再制造费用,则系统的平均再制造费用为

$$\bar{R}_{cc}=\sum_{i=1}^{n}\lambda_i\bar{R}_{cc,i} \tag{2.19}$$

式中 $\lambda_i$ ——第 $i$ 个项目的平均失效率;

$\bar{R}_{cc,i}$ ——第 $i$ 个项目出故障的平均再制造费用。

**例 2.3** 某废旧产品由 3 个可再制造加工部件组成,其部件平均失效率及平均再制造费用 $\bar{R}_{cc,i}$ 为

部件 1:$\lambda_1=0.1$,$\bar{R}_{cc,1}=1$ 千元

部件 2:$\lambda_2=0.8$,$\bar{R}_{cc,2}=0.5$ 千元

部件 3:$\lambda_3=0.7$,$\bar{R}_{cc,3}=1$ 千元

求该废旧产品的平均再制造费用。

**解** 已知各部件的失效率,则

$$\bar{R}_{cc}=\sum_{i=1}^{n}\lambda_i\bar{R}_{cc,i}=1.2\text{ 千元}$$

## 2.6.2 再制造性分配

### 2.6.2.1 再制造性分配的目的与作用

再制造性分配是把产品的再制造性指标分配或配置到产品各个功能层次的每个部分,以确定它们应达到的再制造性定量要求,以此作为设计各部分结构的依据。再制造性分配是产品再制造性设计的重要环节,合理

的再制造性分配方案可以使产品经济且有效地达到规定的再制造性目标。

在产品研制设计中,要将系统总的再制造性指标要求分配到各功能层次的每个部分,以明确产品各部分的再制造性指标。其具体目的就是为系统或产品的各部分研制者提供再制造性设计指标,使系统或产品最终达到规定的再制造性要求。再制造性分配是产品研制或改进中为保证产品的再制造性所必须进行的一项工作,也只有合理分配再制造性的各项指标,才能够避免设计的盲目性,满足末端产品易于再制造的要求。同时,再制造性指标分配主要是研制早期的分析、论证性工作,并且需要的人力和费用消耗都少,但却在很大程度上决定着产品设计及产品末端时的再制造能力。合理的指标分配方案,可使产品研制经济而有效地达到规定的再制造性目标。

再制造性分配的指标一般是指关系产品再制造全局的系统再制造性的主要指标,常用的指标有平均再制造费用和平均再制造时间。再制造性指标还可以包括再制造产品的性能及环境指标等内容。

#### 2.6.2.2 再制造性分配的程序

再制造性分配要尽早开始,逐步深入,适时修正。只有尽早开始分配,才能充分地权衡各子部件再制造性指标的科学性,便于更改和向更低层的零部件进行分配。在产品论证中就需要进行指标分配,但这时的分配属于高层次的,如把系统再制造费用性指标分配到各分系统和重要的设备。在初步设计中,产品设计与产品故障情况等信息仍有限,再制造费用性指标仍限于较高层次,如某些整体更换的设备和零部件。随着设计的深入,指标分配也要不断深入,直到分配至各个可拆解单元。各单元的再制造性要求必须在详细设计之前确定下来,以便在设计中确定其结构与连接等影响再制造性的设计特征。再制造性指标分配的结果还要随着研制的深入做必要的修正。在生产阶段如需设计更改或者产品改进,则都需要进行再制造性指标分配(局部分配)。

在进行再制造性分配之前,首先要明确分配的再制造性指标,对产品进行功能分析,明确再制造方案。其主要步骤如下:

(1) 进行系统再制造职能分析,确定各再制造级别的再制造职能及再制造工作流程。

(2) 进行系统功能层次分析,确定系统各组成部分的再制造措施和要素,并用包含再制造的系统功能层次框图表示。

(3) 确定系统各组成部分的再制造频率,包括恢复型、升级型、改造型和应急型再制造的频率。

(4) 将系统再制造性指标分配到各零部件。

(5) 研究分配方案的可行性，进行综合权衡，必要时局部调整分配方案。

### 2.6.2.3　再制造性分配的方法

产品与其各部分的再制造性参数等大多为加权和的形式，如平均再制造费用 $\bar{R}_{m,c}$ 为

$$\bar{R}_{m,c} = \frac{\sum_{i=1}^{n} \lambda_i \bar{R}_{mc,i}}{\sum_{i=1}^{n} \lambda_i} \tag{2.20}$$

式中　$\lambda_i$—— 第 $i$ 个零部件的失效率。

其他时间等参数的表达式也类似，以下均用 $\bar{R}_{m,c}$ 来讨论，式(2.20) 是指标分配必须满足的基本公式。但是，通常满足此式的解集是多值的，需要根据再制造性分配的条件及准则来确定所需的解。产品及其零部件的再制造性分配可采用表 2.1 所示的方法。

**表 2.1　产品及其零部件再制造性分配方法**

| 方法 | 适用范围 | 简要说明 |
| --- | --- | --- |
| 等值分配法 | 产品各零部件复杂程度、失效率相近的单元，缺少再制造性信息时做初步分配 | 取产品各零部件的再制造性指标相等(如相同或相近的零部件) |
| 按零部件失效率分配法 | 产品零部件已有较确定的故障模式及再制造统计 | 按失效率高的再制造费用应尽量少的原则分配 |
| 按相对复杂性分配法 | 已知产品零部件单元的再制造性值及有关设计方案 | 按失效率及预计的再制造加工难易程度加权分配 |
| 按相似零部件分配法 | 有相似产品再制造性数据的情况 | 利用相似产品数据通过比例关系分配 |
| 按价值率分配法 | 产品失效零部件价值率区分比较明显的情况 | 按价值率的高低进行相应的再制造性分配 |

除每次分配再制造所需的平均费用外，必要时还应分配再制造活动的费用，如拆解费用、检测费用、清洗费用及原件再制造费用等。

1. 等值分配法

等值分配法是一种最简单的分配方法，适用于产品各零部件的结构相似、失效率和失效模式相似及预测的再制造难易程度大致相同的情况。也可在缺少相关再制造性信息时，用于初步的分配。分配的准则是取产品各

零部件单元的费用指标相等,即

$$\bar{R}_{mc,1}=\bar{R}_{mc,2}=\bar{R}_{mc,3}=\cdots=\bar{R}_{mc,n}=\frac{\bar{R}_{m,c}}{n} \tag{2.21}$$

2. 按零部件失效率分配法

为了降低再制造的费用,原则上要降低再制造失效率高的单元的再制造费用,以保证最终再制造费用较低。因此,设计中可取各单元的平均再制造费用$\bar{R}_{m,c}$与其失效率 $\lambda$ 成反比,即

$$\lambda_1\bar{R}_{mc,1}=\lambda_2\bar{R}_{mc,2}=\cdots=\lambda_n\bar{R}_{mc,n} \tag{2.22}$$

将式(2.21)代入式(2.22)得

$$\bar{R}_{m,c}=\frac{n\lambda_i\bar{R}_{mc,i}}{\sum\limits_{i=1}^{n}\lambda_i} \tag{2.23}$$

由式(2.23)可得到各零部件的指标为

$$\bar{R}_{mc,i}=\frac{\bar{R}_{m,c}\sum\limits_{i=1}^{n}\lambda_i}{n\lambda_i} \tag{2.24}$$

若已知各单元的失效率,即可求得各零部件的指标$\bar{R}_{mc,i}$。零部件的失效率越高,分配的再制造费用则越少;反之,分配的再制造费用则越多。这样,可以比较有效地达到规定的再制造费用指标。

3. 按相对复杂性分配法

在分配指标时,要考虑其实现的可能性,所以通常就要考虑各单元的复杂性。一般产品结构越简单,其失效率越低,再制造也越简便迅速,再制造性越好;反之,结构越复杂,再制造性越差。因此,可按相对复杂程度分配各单元的再制造费用。取一个复杂性因子 $K_i$,定义为预计第 $i$ 单元的组件数与系统(上层次)的组件总数的比值,则第 $i$ 单元的再制造费用指标分配值为

$$A_i=A_SK_i \tag{2.25}$$

式中　$A_S$—— 系统(上层次)的再制造费用。

4. 按相似零部件分配法

借用已有的相似产品再制造状况提供的信息,即将其作为新研制或改进产品再制造性分配的依据。这种方式适用于有继承性的产品的设计,因此,需要找到适宜的相似产品数据。

已知相似产品零部件的再制造性数据,计算新产品零部件的再制造性指标,其计算式为

$$\bar{R}_{mr,i} = \frac{\bar{R}'_{mr,i}}{\bar{R}'_{mr}} \bar{R}_{mr} \tag{2.26}$$

式中 $\bar{R}'_{mr}, \bar{R}'_{mr,i}$—— 相似产品和其第 $i$ 个单元的平均再制造费用。

5. 按价值率分配法

产品再制造的一个基本条件是要实现核心件的再利用,一般核心条件是指产品中价值比较大的零部件。高附加值核心件的应用能够显著地降低再制造总费用,所以在再制造费用指标分配时,可以适当对有故障的高价值率的核心件分配较多的再制造费用。即取一个价值率因子 $P_i$,将其定义为第 $i$ 个零部件的价值与产品总价值的比值,则第 $i$ 个零部件的再制造费用指标分配值为

$$C_i = CP_i \tag{2.27}$$

式中 $C_i$—— 第 $i$ 个零部件的再制造费用;

$C$—— 再制造的总费用。

#### 2.6.2.4 保证正确分配的要素

1. 分配的组织实施

根据工程项目的具体情况,可由订购方、承制方、再制造方或三方联合组织进行再制造性分配。当订购方承担系统的综合工作时,由订购方根据再制造方的要求进行分配,将分配结果作为指标列入与各分系统承制方签订的合同中。当系统是由承制方综合时,则整个系统的再制造性分配由总师单位或联合承制方负责。每一分系统、设备或较低层次产品的承制方(转承制方)再将指标向更低层次分配,直至各可更换单元。再制造性分配要与维修性分配、可靠性分配、保障性分析等工作密切协调,互相提供信息。

2. 分配与再制造性预计相结合

为使再制造性分配的结果合理、可行,在分配过程中,应对分配指标的产品再制造性做出预测,以便采取必要的修正或强化再制造性设计措施。由于设计方案未定,这时很难准确且正规地预计,所以主要是采用简单粗略的方法,如利用类似产品的数据或经验,或者是由设计人员、再制造人员凭经验估计再制造费用。

3. 对分配结果要进行评审与权衡

再制造性分配的结果是产品研制中再制造性工作评审的重要内容,特

别是在系统要求评审、系统设计评审中,更应评审分配的结果,对分配结果要进行权衡。当某个或某些产品的分配值与预计值相差甚远时,要考虑是否合理、可行,对研制周期、费用及产品保障性有何影响,若认为不合适,则需要调整。

## 2.6.3　再制造性预计

### 2.6.3.1　概述

再制造性预计是用于再制造性设计评审的一种工具或依据,其目的是预先估计产品的再制造性参数,即根据历史经验和类似产品的再制造数据等估计,测算新产品在给定工作条件下的再制造性参数,了解其是否满足规定的再制造性指标,以便对再制造性工作实施监控。再制造性预计是分析性工作,投入较少,是研制与改进产品过程中针对产品末端再制造的费用效益较好的再制造性工作,利用它可避免频繁地试验摸底,具有较好的效益。可以在试验之前或产品制造之前,乃至详细设计完成之前,对产品可能达到的再制造性水平做出估计,以便早日做出决策,避免设计的盲目性,防止完成设计、制成样品试验时才发现不能满足再制造要求,以至于难以或无法纠正。

产品研制过程的再制造性预计要尽早开始、逐步深入、适时修正。在方案论证及确认阶段,就要对满足使用要求的系统方案进行再制造性预计,评估这些方案满足再制造性要求的程度,作为选择方案的重要依据。在工程研制阶段,需要针对已做出的设计进行再制造性预计,确定系统的固有再制造性参数值,并做出是否符合要求的估计。在研制过程中,当设计改动时,要做出预计,以评估其是否会对再制造性产生不利影响及影响的程度。

再制造性预计的参数应与规定的指标相一致。最经常预计的是再制造费用及再制造时间指标,包括平均再制造费用、最大再制造费用及平均再制造时间等。再制造性预计的参数通常是系统或设备级的,而要预计出系统或设备的再制造性参数,必须先求得其组成单元的再制造费用及再制造频率。在此基础上,运用累加或加权和等模型,求得系统或设备的再制造费用,所以,根据产品设计特征估计各单元的再制造费用及故障频率是预计工作的基础。

### 2.6.3.2　再制造性预计的条件及步骤

不同时机、不同再制造性预计方法需要的条件不尽相同。但预计一般应具有以下条件:

(1)现有相似产品的数据,包含产品的结构和再制造性参数值。这些数据作为预计的参照基准。

(2)再制造方案、再制造资源(包括人员、物质资源)等约束条件。只有明确再制造保障条件,才能确定具体产品的再制造费用等参数值。

(3)系统各单元的失效率数据,可以是预计值或实际值。

(4)再制造工作的流程、时间元素及顺序等。

研制过程各阶段的再制造性预计适宜用不同的预计方法,其工作程序也有所区别。但一般来说,再制造性预计要遵循以下程序:

(1)收集资料。预计是以产品设计或方案设计为依据的。因此,再制造性预计首先要收集并熟悉所预计产品设计或方案设计的资料,包括各种原理、方框图、可更换或可拆装单元清单,乃至线路图、草图直至产品图,以及产品及零部件的可能故障模式等。再制造性预计又要以再制造方案、故障分析为基础,因此,还要收集有关再制造与故障模式的尽可能细化的资料,这些数据可能是预计值、试验值或参考值。另外还要收集类似产品的再制造性数据,包括相似零部件的故障模式、失效率、再制造度及再制造费用等信息。

(2)再制造职能与功能分析。与再制造性分配相似,预计前要在分析上述资料的基础上,进行系统再制造职能与功能的层次分析。

(3)确定设计特征与再制造性参数的关系。再制造性预计归根结底是要由产品设计或方案设计估计其参数。这种估计必须建立在确定出影响再制造性参数的设计特征的基础上。例如,对一个可更换件,其更换费用主要取决于它的固定方式、紧固件的形式与数量等。对一台设备来说,其再制造费用主要取决于设备的复杂程度(可更换件的多少)、故障检测隔离方式、可更换件拆装难易等。因此,要从现有类似产品中找出设计特征与再制造性参数值的关系,为预计做好准备。

(4)预计再制造性参数量值。预计再制造性参数量值有不同的方法,主要可应用推断法、单元对比法、累计图表法、专家预计法等来完成。

#### 2.6.3.3　再制造性预计的方法

作为一种绿色设计技术,再制造性预计是建立在一个相似工作条件下,类似系统及其组成部分原有的再制造性数据,可用来预计新设计系统的再制造性参数值。再制造性预计方法有多种,各种不同的预计方法所依据的经验、数据来源、详细程度及精确度不同,应根据不同产品和时机的具体情况来选用。常用的再制造预计方法有推断法、累计图表法、单元对比法及专家预计法等。

1. 推断法

推断法作为最常用的现代预测方法，其在再制造性预计中的应用就是根据新产品的设计特点、现有类似产品的设计特点及再制造性参数值，预计新产品的再制造性参数值。采用推断法进行再制造性预计的基础是掌握某种类型产品的结构特点与再制造性参数的关系，且能用近似公式、图表等表达出来。推断法是一种产品设计早期的再制造性预计技术，不需要多少具体的产品信息，在产品研制早期有一定的应用价值。

推断法最常采用的是回归预测，即对已有数据进行回归分析，建立模型进行预测。在再制造性预计中，就是利用现有类似产品改变设计特征（结构类型、设计参量等）进行充分试验或模拟，或者利用现场统计数据，找出设备特征与再制造性参量的关系，用回归分析建立模型，作为推断新产品或改进产品再制造性参数值的依据。对于不同类型的产品，影响再制造性参数的因素不同，其模型有很大差别。以平均再制造费用为例，可建立

$$\bar{R}_{\mathrm{m,c}} = \varphi(u_1, u_2, \cdots, u_n) \tag{2.28}$$

式中 $\bar{R}_{\mathrm{m,c}}$—— 平均再制造费用；

$u$—— 各种单元结构参量。

2. 累计图表法

累计图表法是一种再制造性的预测方法，它通过对各单元的再制造费用或时间的综合而获得系统再制造费用或时间分布。它包括：考虑完成每一项再制造职能所需要的全部再制造工作步骤；根据成功完成再制造的概率、完成时所需费用、对单元个体差异的敏感性、有关的频数等内容分析再制造工作；将各项再制造工作的综合再制造量累加起来就可获得在每个再制造模式下预期的再制造量。在累加综合中必须使用的可再制造性工程基本手段有：职能流程方块图；系统功能层次分解细目图表；单元的故障方式、影响、危害性及再制造能力等的分析；再制造方案与再制造计划的再制造职能分析等。基本单元要素的再制造费用累加表达为

$$\bar{R}_{\mathrm{sm,c}} = \sum_{i=1}^{n} \bar{R}_{\mathrm{smc},i} f_i \Big/ \sum_{i=1}^{n} f_i \tag{2.29}$$

式中 $\bar{R}_{\mathrm{sm,c}}$—— 某一较高分解层次的平均再制造费用；

$\bar{R}_{\mathrm{smc},i}$—— 该层次下某一单元的平均再制造费用；

$f_i$—— 该单元的再制造频数。

3. 单元对比法

单元对比法是指在组成新设计的产品或其单元中,从研制的产品中找到一个可知其再制造费用的单元,以此作为基准,通过与基准单元对比,估计各单元的再制造时间,进而确定产品或其零部件的再制造费用。单元对比法不需要更多的具体设计信息,适用于各类产品方案阶段的早期预计,同时可预计预防型、恢复型再制造的参数值,预计的参数可以是平均再制造费用、平均再制造时间等。预计的资料需要有:在规定条件下可再制造单元的清单;可再制造单元的相对复杂程度;可再制造单元各项再制造作业时间的相对量值等。再制造费用的预计模型为

$$\bar{R}_{m,c} = \bar{R}_{mco} \sum_{i=1}^{n} h_{c,i} k_i \Big/ \sum_{i=1}^{n} k_i \tag{2.30}$$

式中　$\bar{R}_{mco}$——基准可再制造单元的平均再制造费用;

$h_{c,i}$——第 $i$ 个可再制造单元相对再制造费用系数,即第 $i$ 个可再制造单元的平均再制造费用与基准可再制造单元的平均再制造费用之比;

$k_i$——第 $i$ 个可再制造单元的相对失效率系数,即 $k_i = \lambda_i/\lambda_0$,其中 $\lambda_i$、$\lambda_0$ 分别是第 $i$ 单元和基准单元的失效率。

4. 专家预计法

专家预计法是指在产品再制造设计中,邀请若干专家各自对产品及其各部分的再制造性参数分别进行估计,然后进行数据处理,求得所需的再制造性参数预计值。参加预计的专家应包括熟悉产品设计和再制造保障的专家,其中一部分应是参与本产品的研制、再制造的人员。预计的主要依据是:经验数据,即类似产品的再制造性数据及使用部门的意见和反映;新产品的结构(图样、模型或样机实物);再制造保障方案,包含再制造方式、周期、再制造保障条件等因素。依据以上各项,由专家们对与新产品再制造性参数有关的各个方面进行研究,并在此基础上估算、推断再制造性参数值(如再制造费用及时间等),提出再制造性方面的缺陷和改进措施。专家预计法对再制造性预计的深度取决于研制的进程,当进至详细设计后,则可分开各部分,分别进行预计,确定各自的再制造性参数,然后再进行逐项累加或求平均值,从而得到产品的再制造性参数预测值。

专家预测的具体方法可以多样化,是一种经济而简便的常用方法,特别是在新产品的样品还未研制出而进行试验评定之前更为适用。为减少预计的主观性影响,应根据实际情况对不同产品、在不同时机具体研究实

施方法。

#### 2.6.3.4 保证正确预计的要素

(1)预计的组织实施。低层次产品的再制造性预计与产品设计过程结合紧密,通常由设计人员进行。系统、设备的正式再制造性预计,涉及面宽且专业性强,应由再制造性专业人员进行。订购方要对预计进行监督与指导。例如,明确预计与不需预计的产品,要预计再制造性的再制造级别、产品层次、预计的参数及建议采用的预计方法等。

(2)预计方法和模型的选用。要根据具体产品的类型、所要预计的参数、研制阶段(或改进)等因素,选择适用的方法。同时,对各种方法提供的模型进行研究,分析其适用性,必要时做局部修正。

(3)基础数据的选取和准备。产品故障及再制造费用等数据是再制造性预计的基础,因此,相关数据的选取与准备是预计的关键问题。要从各种途径准备数据并加以优选利用。首先是本系统或产品的数据,然后是有关标准手册的数据,最后是使用人员、设计人员的经验数据。

(4)预计结果的及时修正。由于设计在不断深化和修正,可靠性、维修性、保障性工作的进展,设计、故障、保障等数据也随之变化,对再制造性会产生影响。所以,要随着研制进程对再制造性预计结果加以修正,以充分反映实际技术状态和保障条件下的再制造性。在设计更改和有新的可靠性数据时,应及时预计并修正原预计结果,以便及早发现问题并采取修正措施。

(5)预计结果的应用。再制造性预计值可供论证、研制过程中对设计、生产方案进行评估。应将预计值与再制造性合同指标的规定值(设计目标)相比较,一般来说,预计值应优于规定值,并有适当余量;否则,应找出原因,即针对设计或保障的薄弱环节,采取措施,提高再制造性。

### 2.6.4 再制造性试验与评定

#### 2.6.4.1 再制造性试验与评定的目的与作用

再制造性试验与评定是产品研制、生产乃至使用阶段再制造性工程的重要活动。其总的目的是:考核产品的再制造性,确定其是否满足规定要求;发现和鉴别有关再制造性的设计缺陷,以便采取纠正措施,实现再制造性增长。此外,在再制造性试验与评定的同时,还可对有关再制造的各种保障要素(如再制造计划、备件、工具、设备、技术资料等资源)进行评价。

产品研制过程中进行再制造性设计与分析,采取各种监控措施,以保证把再制造性设计到产品中去。同时,还用再制造性预计、评审等手段来了解设计中的产品的再制造性状况。但产品的再制造性到底怎样,是否满足使用要求,只有通过再制造实践才能真正检验。试验与评定正是用较短时间、较少费用及时检验产品再制造性的良好途径。

#### 2.6.4.2　再制造性试验与评定的时机与区分

为了提高试验费用效益,再制造性试验与评定一般应与功能试验、可靠性试验及维修性试验结合进行,必要时也可单独进行。根据试验与评定的时机、目的,再制造性试验与评定可区分为核查、验证与评价。

1. 再制造性核查

再制造性核查是指承制方为实现产品的再制造性要求,从签订研制合同起,贯穿于从零部件、元器件到分系统、系统的整个研制过程,不断进行再制造性试验与评定的工作。核查常常在订购方和再制造方监督下进行。

核查的目的是通过试验与评定,检查修正再制造性分析与验证所用的模型和数据;发现并鉴别设计缺陷,以便采取纠正措施,改进设计保障条件,使再制造性得到增长,保证达到规定的再制造性。可见,核查主要是承制方的一种研制活动与手段。

核查的方法灵活多样,可以采取在产品实体模型、样机上进行再制造作业演示,排除模拟(人为制造)的故障或实际故障,测定再制造费用等试验方法。其试验样本量可以少一些,置信度低一些,着重于发现缺陷,探寻改进再制造性的途径。当然,若要求将正式的再制造性验证与后期的核查结合进行,则应按再制造性验证的要求实施。

2. 再制造性验证

再制造性验证是指为确定产品是否达到规定的再制造性要求,由指定的试验机构进行或由订购方、再制造方与承制方联合进行的试验与评定工作。再制造性验证通常在产品定型阶段进行。

验证的目的是全面考核产品是否达到规定要求,其结果作为批准定型的依据之一。因此,再制造性验证试验的各种条件应当与实际使用再制造的条件相一致,包括试验中进行再制造作业的人员以及所用的工具、设备、备件、技术文件等均应符合再制造与保障计划的规定。试验要有足够的样本量,在严格的监控下进行实际再制造作业,按规定方法进行数据处理和判决,并应有详细记录。

3. 再制造性评价

再制造性评价是指订购方在承制方配合下,为确定产品在实际再制造条件下的再制造性所进行的试验与评定工作。评价通常在试用或使用阶段进行。

再制造性评价的对象是已退役或需要升级的产品，需要评价的再制造作业重点是在实际使用中经常遇到的再制造工作。主要依靠收集使用再制造中的数据，必要时可补充一些再制造作业试验，以便对实际条件下的再制造性做出估价。

#### 2.6.4.3 再制造性试验与评定的一般程序

再制造性试验与评定的一般程序可分为准备阶段和实施阶段。目前尚未对其实施的要求、方法、管理做出详细规定。此处仅根据其他的方法做简单介绍。

1. 再制造性试验与评定的准备

准备阶段的工作通常包括：制订试验计划；选择试验方法；确定受试品；培训试验再制造人员；准备试验环境、设备等条件，试验之前，要根据相关的规定，结合产品的实际情况、试验时机及目的等，制订详细的计划。

选择试验方法与制订试验计划必须同时进行。应根据合同中规定要验证的再制造性指标、再制造率、再制造经费、时间及试验经费、进度等约束，综合考虑选择适当的方法。

再制造性试验的受试品对核查来说可取研制中的样机，而对验证来说，应直接利用定型样机或在提交的等效产品中随机制取。

参试再制造人员要经过训练，达到相应再制造部门的再制造人员的中等技术水平。试验的环境条件及工具、设备、资料、备件等保障资源，都要按实际使用再制造情况准备。

2. 再制造性试验与评定的实施

实施过程主要有以下各项工作。

(1)确定再制造作业样本量。

如上所述，再制造性定量要求是通过再制造试验人员完成再制造作业来考核的。为了保证其结果有一定的置信度，减少决策风险，必须进行足够数量的再制造作业，即要达到一定的样本量，但样本量过大又会使试验工作量、费用及时间消耗过大。可以结合维修性验证来进行，一般来说，再制造性一次性抽样检验的样本要求在 30 个以上。

(2)选择与分配再制造作业样本。

为保证试验具有代表性，所选择的再制造作业样本最好与实际使用中进行的再制造作业一致。所以，对恢复型再制造来说，应优先选用对物理寿命退役产品进行的再制造作业。试验中把对产品在功能试验、可靠性试验、环境试验或其他试验所使用的样本量，作为再制造性试验的作业样本。当达到自然寿命时间太长，或者再制造条件不充分时，可用专门的模拟系统来加速寿命试验,快速达到其物理寿命,供再制造人员试验使用。为缩短试验延续时间,也可全部采用虚拟再制造方法。

在虚拟再制造中,再制造作业样本量还要合理地分配到产品各部分、各种故障模式中。其原则是按与失效率成正比分配,即用样本量乘以某部分、某模式失效率与失效率总和之比作为该部分、该模式的故障数。

(3)虚拟与现实再制造。

对于虚拟或现实试验中的末端产品,可由参试再制造人员按照技术文件规定程序和方法,使用规定设备、器材等进行再制造试验,同时记录其相关费用、时间等信息。

(4)收集、分析与处理试验数据。

试验中要详细记录各种原始数据:对各种数据要加以分析,区分有效数据与无效数据,特别是要分清哪些费用应计入再制造费用中。然后,按照规定方法计算再制造性参数或统计量。

(5)评定。

根据试验过程及其产生的数据,对产品的再制造性做出定性与定量评定:

①定性评定主要是针对试验、演示中的再制造操作情况,着重检查再制造的要求等,并评价各项再制造保障资源是否满足要求。

②定量评定是按试验方法中规定的判决规则,计算确定所测定的再制造作业时间或工时等是否满足规定指标要求。

(6)编写试验与评定报告。

再制造性试验与评定报告的内容及格式要求,应制定详细的规定。

#### 2.6.4.4　组织管理

为保证试验评定有领导、有组织地顺利实施,要建立试验组织。一般来说,要有领导小组和试验组,其下可设技术小组、再制造小组和保障小组。研制过程中的再制造性核查由承制方组织,订购方派代表参加。再制造性验证由试验基地(场)承担时,由基地(场)组织实施,订购方、承制方参加并负责做好有关的准备及保障工作。验证在研制单位进行时,由订购方、再制造方、承制方三方人员组成领导小组(其组长由订购方人员担任)。试用或使用中的再制造性评价由再制造方组织实施,承制方派人员参加。

试验评定领导小组负责组织实施再制造性试验与评定工作,对试验评定过程进行全面的监督、控制与协调,对试验中发生的问题及时做出决策,保证试验评定按计划进行,达到预期的效果。

# 2.7 废旧产品再制造性评价

## 2.7.1 再制造性影响因素分析

由于再制造性设计还没有在产品设计过程中进行普遍的开展,所以目前对退役产品的评价主要是根据技术、经济及环境等因素进行综合评价,以确定其再制造性量值,定量确定退役产品的再制造能力。再制造性评价的对象包括废旧产品及其零部件。

废旧产品是指退出服役阶段的产品。退出服役阶段的原因主要包括:产品产生不能进行修复的故障(故障报废)、产品使用中费效比过高(经济报废)、产品性能落后(功能报废)、产品的污染不符合环保标准(环境报废)、产品款式等不符合人们的爱好(偏好报废)。

再制造全周期指产品退出服役阶段后所经历的回收、再制造加工及再制造产品的使用直至再制造产品再次退出服役阶段的时间。再制造加工周期指废旧产品进入再制造工厂至加工成再制造产品进入市场前的时间。

再制造属于新兴学科,再制造设计是近年来新提出的概念,而以往生产的产品大多没有考虑再制造性。当该类废旧产品送至再制造工厂后,首先要对产品的再制造性进行评价,判断其能否进行再制造。国外已经开展了对产品再制造性评价的研究。影响再制造性的因素错综复杂,可归纳为图 2.8 所示的几个方面。

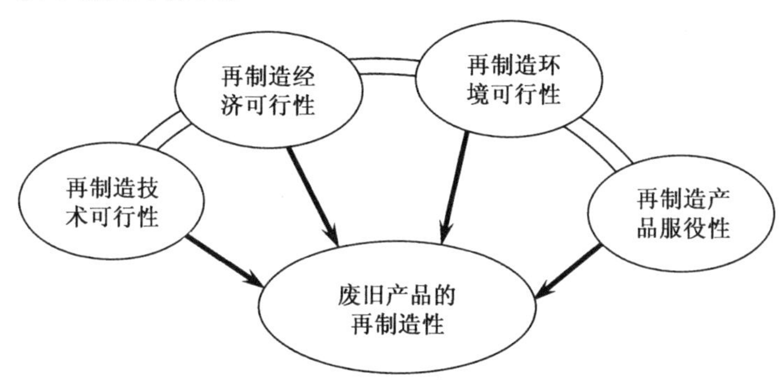


图 2.8 废旧产品的再制造性及其影响因素

由图 2.8 可知,产品再制造的技术可行性、经济可行性、环境可行性、产品服役性等影响因素的综合作用决定了废旧产品的再制造性,而且四者之间也相互产生影响。

再制造技术可行性是指废旧产品进行再制造加工在技术及工艺上可行,可以通过再制造技术实现原产品的性能恢复或者升级,而不同的技术工艺路线又对再制造的经济可行性、环境可行性和产品服役性产生影响。

再制造经济可行性是指进行废旧产品再制造所投入的资金小于其综合产出效益(包括经济效益、社会效益和环保效益),即确定该类产品进行再制造是否"有利可图",这是推动某种类废旧产品进行再制造的主要动力。

再制造环境可行性是指对废旧产品再制造加工过程本身及生成后的再制造产品在社会上利用后所产生的影响小于原产品生产及使用所造成的环境污染成本。

再制造产品服役性主要指再制造加工生成的再制造产品本身具有一定的使用性,能够满足相应的市场需要,即再制造产品是具有一定时间效用的产品。

通过以上几方面对废旧零部件再制造性的评价后,可为再制造加工提供技术、经济和环境综合考虑后的最优方案,并为在产品设计阶段进行面向再制造的产品设计提供技术及数据参考,指导新产品设计阶段的再制造思想。正确的再制造性评价还可为进行再制造产品决策、增加投资者信心提供科学的依据。

### 2.7.2 再制造性的定性评价

产品的再制造性评估主要有两种方式:一是对已经使用报废和损坏的产品在再制造前对其进行再制造合理性评估,这类产品一般在设计时没有按再制造要求;二是设计新产品时对其进行再制造性评估,并用评估结果来改进设计,增加产品的再制造性。

对已经报废或使用过的旧产品进行再制造,必须符合一定的条件。部分学者从定性的角度进行了分析。德国的 Rolf Steinhilper 从评价以下 8 个方面来进行对照考虑:

(1)技术标准(废旧产品材料和零部件种类以及拆解、清洗、检验和再制造加工的适宜性)。

(2)数量标准(回收废旧产品的数量、及时性和地区的可用性)。

(3)价值标准(材料、生产和装配所增加的附加值)。

(4)时间标准(最大产品使用寿命、一次性使用循环时间)。

(5)更新标准(关于新产品比再制造产品的技术进步特征)。

(6)处理标准(采用其他方法进行产品和可能的危险部件的再循环工

作和费用)。

(7)与新制造产品制造商间关系的标准(与原制造商间的竞争或合作关系)。

(8)其他标准(市场行为、义务、专利、知识产权等)。

美国的 Lund R 通过对 75 种不同类型的再制造产品进行研究,总结出以下 7 条判断产品可再制造性的准则:

(1)产品的功能已丧失。

(2)有成熟的恢复产品的技术。

(3)产品已标准化、零部件具有互换性。

(4)附加值比较高。

(5)相对于其附加值,获得“原料”的费用比较低。

(6)产品的技术相对稳定。

(7)顾客知道在哪里可以购买再制造产品。

以上定性评价主要针对已经大量生产、已损坏或报废产品的再制造性。这些产品在设计时一般没有考虑再制造的要求,在退役后主要依靠评估者的再制造经验以定性评价的方式进行。

### 2.7.3 再制造性的定量评价

废旧产品的再制造性定量评价是一个综合的系统工程,研究其评价体系及方法,建立再制造性评价模型,是科学开展再制造工程的前提。不同种类的废旧产品的再制造性一般不同,即使同类型的废旧产品,因为产品的工作环境及用户不同,导致废旧产品的原因也多种多样,如部分产品是自然损耗达到了使用寿命而报废,部分产品是因为特殊原因(如火灾、地震及偶然原因)而导致报废,部分产品是因为技术、环境或者拥有者的经济原因而导致报废,不同的报废原因导致了同类产品具有不同的再制造性。

目前废旧产品再制造性定量评价通常可采用以下几种方法来进行:

(1)技术-经济-环境评价法。技术-经济-环境评价法是从技术、经济和环境 3 个方面综合评价各个方案的过程。

(2)模糊综合评价法。模糊综合评价法是通过运用模糊集理论对某废旧产品的再制造性进行综合评价的一种方法。模糊综合评价法是用定量的数学方法处理那些对立或有差异、没有绝对分明界限的定性概念的较好方法。

(3)层次分析法。层次分析法是一种将再制造性的定性和定量分析相结合的系统方法。层次分析法是分析多目标、多准则的复杂系统的有力工具。

#### 2.7.3.1 技术-经济-环境评价法

技术-经济-环境评价法就是把不同技术方案的技术、经济及环境效能进行比较分析的方法。经济因子可以反映再制造的主要耗费,环境可以反映再制造过程的主要环境影响,而技术因子则可以反映再制造产品属性的主要指标。在产品退役后和再制造前,可能存在多种再制造方案,且每种方案的选择需要考虑技术-经济-环境时,都要进行三者影响的分析,以便为再制造方案决策提供依据,并在实施方案过程中,对分析评价的结果反复地进行验证和反馈。

1. 准则

权衡备选方案有以下几类评定准则:

(1)定费用准则。在满足给定费用的约束条件下,使方案的环境效益和产品性能效益最大。

(2)定性能准则。在确定产品性能的情况下,使方案的环境效益最大、再制造费用最低。

(3)环境效益最大准则。在环境效益最大情况下,使方案的费用最低、性能最高。

(4)环境-性能与费用比准则。使方案的产品性能、环境效益与所需费用之比最大。

(5)多准则评定。退役产品再制造具有多种目标和多重任务而没有一个单一的效能度量时,可根据具体产品的实际背景,选择一个合适的多准则评价方法,该方法应当是公认合理的。

2. 分析的程序

分析的一般程序由分析准备和实施分析组成,其基本流程如图2.9所示。

在进行分析和评价时,要注意以下几点。

(1)明确任务、收集信息。

明确分析的对象、时机、目的和有关要求,作为分析人员进行分析工作的依据。收集一切与分析有关的信息,特别是与分析对象、分析目的有关的信息,以及现有类似产品的技术因子、经济因子信息,指令性和指导性文件的要求等。收集信息的一般要求为:

①准确性。费用、效能信息数据必须准确可靠。

②系统性。费用信息数据要连续、系统和全面,应按费用分析结构、影响效能要素进行分类收集,不交叉、无遗漏。

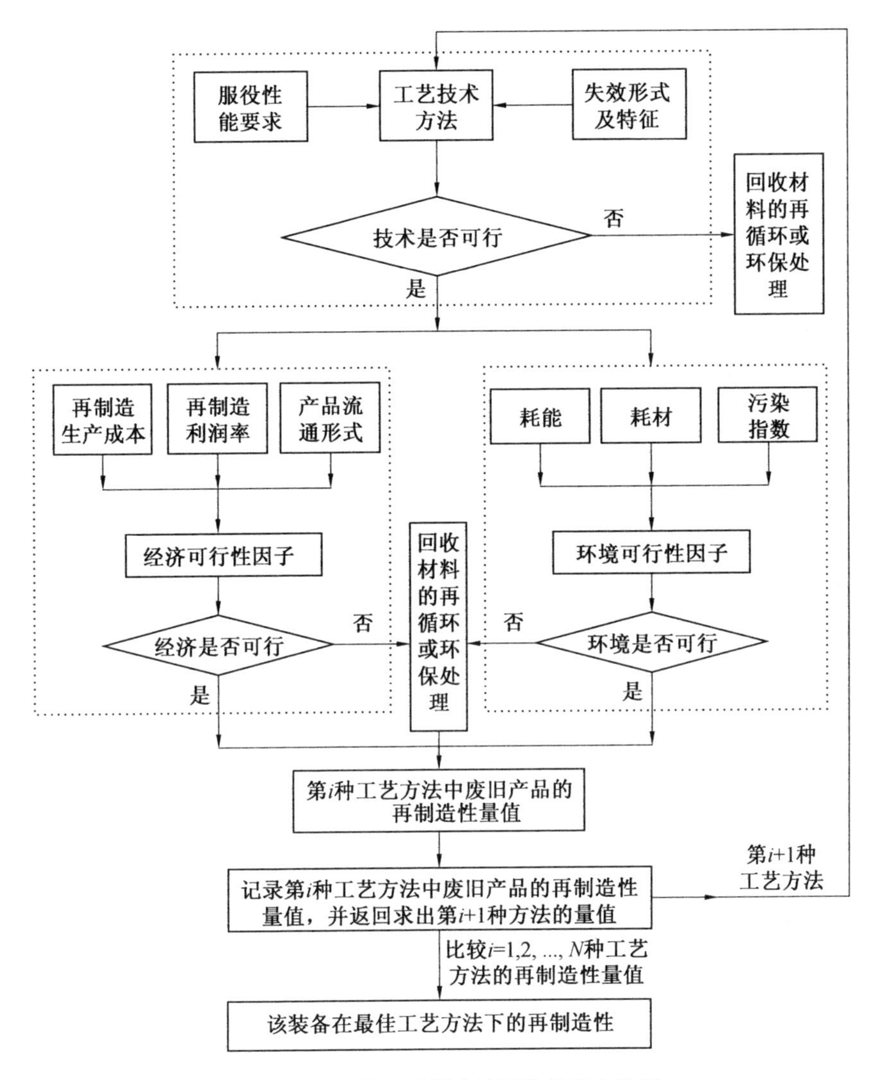


图 2.9 废旧装备再制造性评价的基本流程

③时效性。要有历史数据,更要有近期和最新的费用数据。

④可比性。要注意所有费用数据的时间和条件,使之具有可比性,对不可比的数据应使其具有间接的可比性。

(2)确定目标。

根据产品主管部门的要求,确定进行费用敏感性分析所需要的可接受的目标。目标不宜定得太宽,应把分析工作限制在所提出问题的范围;目标范围不应限制条件过多,以免将若干有价值的方案排除在外;在目标说明中,既要描述具体的产品系统特性,又要描述产品的任务需求。

(3)建立假定和约束条件。

建立假定和约束条件,以限制分析研究的范围。应说明建立这些假定和约束条件的理由。在分析过程中还可能需要再建立一些必要的假定和约束条件。

假定一般包括废旧产品的服役时间、废弃数量、再制造技术水平等。随着分析的深入,可适当修改原有假定或建立新的假定。

约束条件是有关各种决策因素的一组允许范围,如再制造费用预算、进度要求、现有设备情况及环境要求等,而问题的解必须在约定的条件内求。

(4)分析技术-经济-环境因子。

①确定各因子的评价指标。

根据再制造的全周期,将评价体系分为技术、经济、环境3个方面,并建立相关的评价因子体系结构模型(图2.10)。

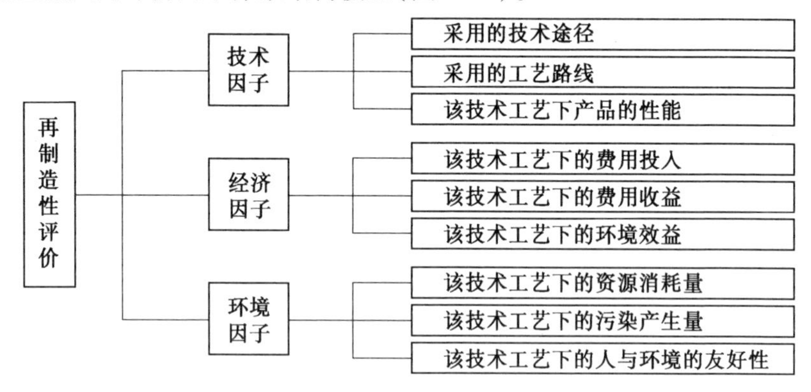


图2.10　再制造性评价因子体系结构模型

不同的技术工艺(包括产品的回收、运输、拆解、检测、加工、使用、再制造等技术工艺)可以产生不同的再制造产品性能(包括产品的功能指标、可靠性、维修性、安全性、用户友好性等方面),并且对产品的经济、环境产生直接影响。该模型所获得的产品的再制造性是指在某种技术工艺下的再制造性,并不一定为最佳的再制造性,而通过对比不同技术工艺下的再制造性量值,可以根据目标,确定废旧产品最适合的再制造工艺方法。

②技术-经济-环境评价。

对再制造中各因子的评价方法可以采用理想化的方法,通过建立数据库,输入相关的要求而获得不同技术、工艺条件下的技术因子、经济因子、

环境因子,如图 2.11 所示。

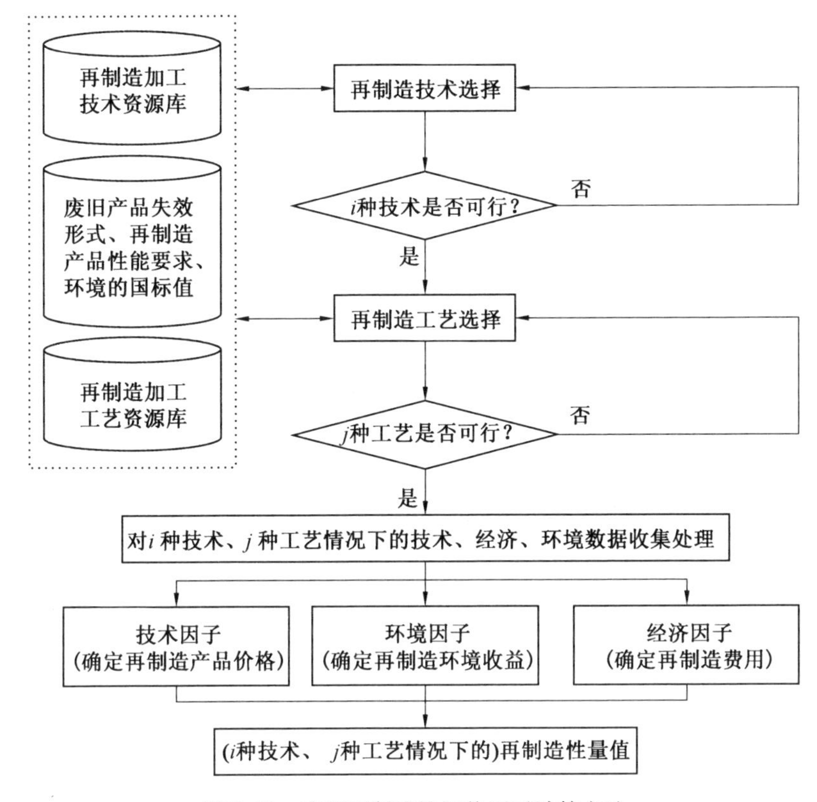


图 2.11　产品再制造性评价因子计算方法

a. 技术因子的计算。

根据废旧产品的失效形式及再制造产品性能、工况及环境标准限值等要求,选定不同的技术及工艺方法,预计出在该技术及工艺下,再制造后产品的性能指标与当前产品性能相比的情况,并以当前产品的价格为标准预测确定再制造产品的价格。根据不同的产品要求,可有不同的性能指标选择,因此技术因子的评价步骤如下。

将第 $i$ 条技术、第 $j$ 条工艺情况下预测产品的某几个重要性能(如可靠性($r$)、维修性($m$)、用户友好性($e$) 及某一重要性能($f$)) 作为技术因子的主要评价因素,建立技术因子 $P$ 的一般评价因素集:

$$P = \{r, m, e, f\} \tag{2.31}$$

建立原产品的技术因子 $P_0$ 的评价因素集:

$$P_0 = \{r_0, m_0, e_0, f_0\} \tag{2.32}$$

建立再制造产品技术因子评价因素集：

$$P_{ij1}=\{r_{ij},m_{ij},e_{ij},f_{ij}\} \tag{2.33}$$

将 $P_{ij1}$ 和 $P_0$ 中各对应的评价因素相比，可以无量纲化评价指标：

$$P_{ij2}=\left\{\frac{r_{ij}}{r_0},\frac{m_{ij}}{m_0},\frac{e_{ij}}{e_0},\frac{f_{ij}}{f_0}\right\} \tag{2.34}$$

化简得

$$P_{ij3}=\{r_{ij0},m_{ij0},e_{ij0},f_{ij0}\} \tag{2.35}$$

建立各评价因素的权重系数：

$$A=(a_1,a_2,a_3,a_4) \tag{2.36}$$

式中　$a_1,a_2,a_3,a_4$——$r_{ij0},m_{ij0},e_{ij0},f_{ij0}$ 的权重系数，且满足 $0<a_i<1,\sum_{i=1}^{4}a_i=1$。

则其第 $i$ 种技术、第 $j$ 种工艺条件下的技术因子 $P_{ij}$ 可以计算为

$$P_{ij}=a_1\times r_{ij0}+a_2\times m_{ij0}+a_3\times e_{ij0}+a_4\times f_{ij0} \tag{2.37}$$

上式中，当 $P_{ij}>1$ 时，表明再制造产品的综合性能优于原制造产品的综合性能。

同时预测第 $i$ 种技术、第 $j$ 种工艺条件下得到的再制造产品的价值与原产品价值的关系，可以表示为

$$C_{rij}=a\times P_{ij}\times C_m \tag{2.38}$$

式中　$C_{rij}$——第 $i$ 种技术、第 $j$ 种工艺条件下生成的再制造产品的价值；

$C_m$——原制造产品的价值；

$P_{ij}$——第 $i$ 条技术、第 $j$ 条工艺情况下的技术因子；

$a$——系数。

根据式(2.38)，可以预测再制造后产品的价值。

b. 经济因子的计算。

在第 $i$ 种技术、第 $j$ 种工艺条件下，可以预测出不同的再制造阶段的投入费用(成本)。产品各阶段的费用包含诸多因素，设共有 $n$ 个阶段，每个阶段的支出费用分别为 $C_i$，则全阶段的支出费用为

$$C_{cij}=\sum_{K=1}^{n}C_K \tag{2.39}$$

c. 环境因子的计算。

环境因子的评价采用黑盒方法，在第 $i$ 种技术、第 $j$ 种工艺条件下的再制造全过程中，考虑输入的资源($R_i$)与输出的废物($W_o$)的量值，以及在再制造过程中对人体健康的影响程度($H_e$)。根据再制造的工艺方法不同，输入的资源也不同，具体的评价指标也不同。技术性的评价方法可以

对比建立环境因子 $E_{ij}$。而由对比关系可知,$E_{ij}$ 的值越小,说明再制造的环境性越好。

同时参照相关环境因素的评价,可以将第 $i$ 种技术、第 $j$ 种工艺条件下的再制造在各方面减少的污染量转化为再制造所得到的环境收益 $C_{eij}$。

d. 确定再制造性量值。

可以用所获得的利润值与产品总价值的比值来表示产品的再制造性能力的大小。通过对技术因子、经济因子和环境因子的求解,最后可获得在第 $i$ 种技术、第 $j$ 种工艺情况下的再制造性量值

$$R_{nij} = \frac{C_{rij} + C_{eij} - C_{cij}}{C_{rij} + C_{eij}} = 1 - \frac{C_{cij}}{C_{rij} + C_{eij}} \tag{2.40}$$

显然,若 $R_{nij}$ 的值介于0与1之间,$R_{nij}$ 值越大,则说明再制造性越好,其经济利润越好。

(5) 确定最佳再制造性量值。

通过反复循环求解,可求出在有效技术工艺下的再制造性量值集合

$$R_{nb} = \mathrm{Max}\{R_{n11}, R_{n12}, \cdots, R_{nij}, \cdots, R_{nnm}\} \tag{2.41}$$

式中 $n$—— 最大技术数量;

$m$—— 最大工艺数量;

$R_n$—— 再制造性量值;

$R_{nb}$—— 最佳再制造性量值。

由上式可知共有$(n \times m)$ 种再制造方案,求解出$(n \times m)$ 个再制造性量值,选择最佳再制造性量值所对应的再制造工艺作为再制造实施的最佳方案。通过上述再制造性的评价方法,可以确定不同的再制造技术工艺路线,提供不同的再制造方案,并通过确定最佳再制造量值,同时确定再制造方案。

(6) 风险和不确定性分析。

对建立的假定和约束条件以及关键性变量的风险与不确定性进行分析。

风险是指结果的出现具有偶然性,但每个结果出现的概率是已知的。对于种类风险应进行概率分析,可采用解析方法和随机仿真方法。

不确定性是指结果的出现具有偶然性,且不知道每个结果出现的概率。对于各类重要的不确定性,应进行灵敏度分析。灵敏度分析一般是指确定一个给定变量对输出影响的重要性,以确定不确定性因素变化对分析结果的影响。

#### 2.7.3.2　模糊综合评判法

产品再制造性的好与坏，是一个含义不确切、边界不分明的模糊概念。这种模糊性不是人的主观认识达不到客观实际所造成的，而是事物的一种客观属性，是事物的差异之间存在着中介过渡过程的结果。在这种情况下，可以运用模糊数学知识来解决难以用精确数学描述的问题。再制造性评价也可以采用模糊综合评判法进行，其基本步骤如下。

1. 建立因素集

产品的再制造性影响因素非常复杂，然而在评价时，不可能对每个影响产品再制造性的因素逐个进行评价，为了不影响评价结果的合理性和准确性，必须把主要影响因素确定为论域 $U$ 中的元素，构成因素集，假设有 $n$ 个因素，若依次用 $u_1, u_2, \cdots, u_n$ 表示，则论域 $U = \{u_1, u_2, \cdots, u_n\}$，即因素集。显然，论域中的各元素对产品再制造性有不同的影响。

2. 建立权重集

由于论域中每个元素的功能不同，所以应根据各元素功能的重要程度不同，分别赋予不同权重，即权重分配系数。上述各元素所对应的权重系数分配为 $u_1 \to b_1, u_2 \to b_2, \cdots, u_n \to b_n$，即权重集为

$$B = \{b_1, b_2, \cdots, b_n\}$$

各权重系数应满足：$b_i \geqslant 0$，且 $\sum_{i=1}^{n} b_i = 1$。

3. 建立评判集

评判集是对评价对象可能做的评语的集合，$V = \{V_1, V_2, \cdots, V_m\}$，如对于四级评分制，评判集 $V = \{$优秀，良好，及格，不及格$\}$。

4. 模糊评判矩阵 $\widetilde{\boldsymbol{R}}$

这是一个由因素集 $u$ 到评判集 $V$ 的模糊映射（也可看作模糊变换），其中元素 $r_{ij}$ 表示从第 $i$ 个因素着眼对某一对象做出第 $j$ 种评语的可能程度。固定 $i(r_{i1}, r_{i2}, \cdots)$ 就是 $V$ 上的一个模糊集，表示从第 $i$ 个因素着眼，对于某对象所做出的单因素评价。模糊评判矩阵为

$$\widetilde{\boldsymbol{R}} = \begin{bmatrix} r_{11} & r_{12} & \cdots & r_{1m} \\ r_{21} & r_{22} & \cdots & r_{2m} \\ \vdots & \vdots & & \vdots \\ r_{n1} & r_{n2} & \cdots & r_{nm} \end{bmatrix} \tag{2.42}$$

5. 整体综合评价

对权重集 $B$ 和模糊评判矩阵 $\widetilde{\boldsymbol{R}}$ 进行模糊合成，得到模糊评判集的隶属

函数

$$C = B \cdot \widetilde{\boldsymbol{R}}$$

所得数值 $C$ 就是产品的再制造性评价值，与评判集 $V$ 中的评价范围对照，得到产品再制造性的评价等级。

#### 2.7.3.3　层次分析法

产品再制造性评估也可采用层次分析法进行。层次分析法（Analytic Hierarchy Process，AHP）是美国匹兹堡大学的 T. L. Satty 提出的一种系统分析方法。它是一种定量与定性相结合、将人的主观判断用数量形式表达和处理的方法。其基本思想是把复杂问题分解成多个组成因素，又将这些因素按支配关系分组形成递阶层次结构，按照一定的比例标度，通过两两比较的方式确定各个因素的相对重要性，构造上层因素对下层相关因素的判断矩阵，最后综合决策者的判断，确定决策方案相对重要性的总的排序。

在实际运用中，层次分析法一般可划分为以下 4 个步骤。

1. 建立系统的层次结构模型

在充分掌握资料和广泛听取意见的基础上，往往可将工程问题分解为目标、准则、指标、方案、措施等层次，并且可以用框图的形式说明层次的内容、阶梯结构和因素之间的从属关系。

2. 构造判断矩阵及层次单排序计算

判断矩阵元素的取值，反映了人们对各因素相对重要性的认识，一般采用 1 ~9 及其倒数的标度方法。当相互比较具有实际意义时，判断矩阵的相应元素也可取比值形式，判断矩阵的标度及含义见表 2.2。

**表 2.2　判断矩阵的标度及含义**

| 标　　度 | 含　　义 |
|---|---|
| 1 | 两因数相比，具有同样重要度 |
| 3 | 两因数相比，前者比后者稍觉重要 |
| 5 | 两因数相比，前者比后者明显重要 |
| 7 | 两因数相比，前者比后者强烈重要 |
| 9 | 两因数相比，前者比后者极端重要 |

注：2、4、6、8 为上述相邻判断的中间值

3. 进行层次的总排序

计算同一层次所有因素相对最高层次（总目标）重要性的排序权值进行排序。这一过程是从最高层次到最低层次逐层进行的。

4. 一致性检验及调整

应用层次分析法，保持判断思维的一致性是非常重要的。为了评价单排序和总排序的计算结果是否具有满意的一致性，还应进行一定形式的检验。必要时，还应对判断矩阵做出调整。

## 2.7.4　基于模糊层次法的再制造性综合评价

产品的再制造性是一个复杂的系统，涉及因素多，而且数据缺乏，许多属于模糊的定性分析，因此，对其进行综合评价可采用模糊层次分析法。

### 2.7.4.1　模糊层次分析法

模糊层次分析法（Fuzzy Analytic Hierarchy Process, FAHP）是在传统层次分析方法的基础上，考虑人们对复杂事物判断的模糊性而引入模糊一致矩阵的决策方法，较好地解决了复杂系统多目标综合评价问题，是当前比较先进的评价方法。

对某一事物进行评价，若评价的指标因素有 $n$ 个，分别表示为 $u_1$，$u_2$，$u_3$，…，$u_n$，则这 $n$ 个评价因素便构成一个有限集合 $U = \{u_1, u_2, u_3, \cdots, u_n\}$。若根据实际需要将评语划分为 $m$ 个等级，分别表示为 $v_1$，$v_2$，$v_3$，…，$v_m$，则又构成一个评语的有限集合 $V = \{v_1, v_2, v_3, \cdots, v_m\}$。模糊层次综合评估模型建立步骤如下。

1. 确定评价因素集 $U$（论域）

根据目的与要求给出合适的评价因素并将评判因素分类，即

$$U = \{u_1, u_2, u_3, \cdots, u_n\} \tag{2.43}$$

式中，$u = i\ \{u_{1i}, u_{2i}, u_{3i}, \cdots, u_{ij}\}\ (i = 1, 2, \cdots, n)$。

2. 确定评语集 $V$（论域）

应尽可能地包含事物评论的各个方面，即

$$V = \{v_1, v_2, v_3, \cdots, v_m\} \tag{2.44}$$

3. 确定评价指标权重集

采用层次分析法来确定各指标的权重，步骤如下。

（1）构造判断矩阵。

以 $a_{ij}$ 表示上层指标 $i$ 和下层指标 $j$ 两两比较的结果，那么 $a_{ij}$ 的含义为

$$a_{ij} = \frac{i\ \text{指标相对于其所隶属的上层指标的重要性}}{j\ \text{指标相对于其所隶属的下层指标的重要性}} \tag{2.45}$$

$a_{ij}$ 的取值可以采用1～9比例标度的方法，见表2.3，其全部的比较结果即构成了一个判断矩阵 $\boldsymbol{A}$，此时判断矩阵 $\boldsymbol{A}$ 应具有性质：$a_{ii} = 1$，$a_{ij} = 1/a_{ji}$。

表 2.3 1 ~ 9 比例标度方法的标度值及含义

| 标　　度 | 含　　义 |
|---|---|
| 1 | $i$ 指标与 $j$ 指标同样重要 |
| 3 | $i$ 指标比 $j$ 指标稍微重要 |
| 5 | $i$ 指标比 $j$ 指标明显重要 |
| 7 | $i$ 指标比 $j$ 指标非常重要 |
| 9 | $i$ 指标比 $j$ 指标绝对重要 |
| 2、4、6、8 | 以上两个相邻判断折中的标度值 |
| 倒数 | 反比较,即 $j$ 指标与 $i$ 指标比较 |

(2) 计算指标权重。

根据判断矩阵 $\boldsymbol{A}$,求出其最大特征根 $\lambda_{max}$ 和所对应的特征向量 $\boldsymbol{P}$,特征向量 $\boldsymbol{P}$ 即为各评价指标的重要性排序,再对特征向量 $\boldsymbol{P}$ 进行归一化处理即可得到各级评价指标的权重向量,其中 $\sum_{i=1}^{n} w_i = 1$。

(3) 一致性检验。

检验公式为 CR = CI/RI,其中,CI = $(\lambda_{max} - n)\ /\ (n-1)$。

RI 为判断矩阵的平均随机一致性指标,对于 1 ~ 7 阶判断矩阵,RI 的取值见表 2.4。

表 2.4 1 ~ 7 阶判断矩阵与 RI 的取值

| $n$ | 1 | 2 | 3 | 4 | 5 | 6 | 7 |
|---|---|---|---|---|---|---|---|
| RI | 0 | 0 | 0.58 | 0.90 | 1.12 | 1.24 | 1.32 |

若计算出的 CR < 0.1,即可认为判断矩阵的一致性可以接受;否则应对判断矩阵做适当修改,直到取得满意的一致性。

4. 进行单因素模糊评判,并求得模糊评判矩阵 $\boldsymbol{R}$

分别对每个因素 $u_i$ 在评语集 $V$ 的各方面进行单因素评判,形成单因素评价模糊子集。可以采用专家评判法确定各个指标的隶属度,邀请若干名再制造领域专家组成评估专家组,用打分方式表明各自评价。记 $c_{ij}(i=1,2,\cdots,n;j=1,2,\cdots,m)$ 为认定评价因素 $u_i$ 的评论语为 $v_j$ 的票数,$r_{ij}$ 为指标集合 $U$ 中任一指标 $u_i$ 对评语集合 $V$ 中元素的隶属度,有如下关系:

$$r_{ij} = \frac{c_{ij}}{\sum_{j=1}^{m} c_{ij}} \quad (i=1,2,\cdots,n) \tag{2.46}$$

式中　$\sum_{j=1}^{m} c_{ij}$—— 专家组人数。

可以得出单因素隶属度模糊评判矩阵 $\boldsymbol{R}_j$ 为

$$\boldsymbol{R}_j = \begin{bmatrix} r_{11} & \cdots & r_{1m} \\ \vdots & & \vdots \\ r_{n1} & \cdots & r_{nm} \end{bmatrix} \tag{2.47}$$

5. 一级综合评判结果 $\boldsymbol{B}_i$

设单因素隶属度模糊评判矩阵为 $\boldsymbol{R}_j$，权重向量为 $\boldsymbol{w}_i$，采用加权和算法得到一级综合评判结果 $\boldsymbol{B}_i$ 为

$$\boldsymbol{B}_i = \boldsymbol{w}_i \cdot \boldsymbol{R}_j \tag{2.48}$$

6. 做模糊综合评估

将 $\boldsymbol{B}_i$ 作为一级评估的子集，组成模糊评判矩阵 $\boldsymbol{R} = [B_1 \quad B_2 \quad B_3 \quad B_4]^{\mathrm{T}}$，模糊综合评估数学模型为

$$\boldsymbol{B} = \boldsymbol{w} \cdot \boldsymbol{R} \tag{2.49}$$

对于因素众多的情况，可以采取多层次的模型，一般采取两层次模型。

#### 2.7.4.2　再制造性评估指标体系

评估指标体系的构建是实施科学评估的首要环节。如前所述，再制造性是产品本身的一种重要属性，并在再制造过程中体现出来。再制造性过程受技术、经济、环境、服役4个方面的影响，结合再制造实践分析，首先从技术性、经济性、环境性和服役性4个方面建立一级指标，然后对4个一级指标进一步分解，形成14个二级指标，构建的产品再制造性评估指标体系见表2.5。

#### 2.7.4.3　模糊层次综合评判在再制造性评估中的应用

某型产品的再制造性可以采用如下的模糊层次综合评判方法。

1. 确定再制造性

根据前面分析，产品再制造性评估指标因素集可分为一级指标集和二级指标集，见表2.5。

2. 确定权重集

使用表2.3所示的1 ~ 9比例标度法，结合表2.5建立的评估指标层次结构，确定一级指标相对于目标层、二级指标相对一级指标的判断矩阵，见表2.6 ~ 2.10。

表 2.5 产品再制造性评估指标体系

| 目标层 | 一级指标 | 二级指标 |
| --- | --- | --- |
| 产品的再制造性(***U***) | 技术性 $\boldsymbol{U_1}$ | 模块化程度 $U_{11}$ |
| | | 标准化程度 $U_{12}$ |
| | | 可拆解性 $U_{13}$ |
| | | 资源保障性 $U_{14}$ |
| | | 技术成熟度 $U_{15}$ |
| | 经济性 $\boldsymbol{U_2}$ | 升级成本 $U_{21}$ |
| | | 升级利润 $U_{22}$ |
| | | 环境效益 $U_{23}$ |
| | 环境性 $\boldsymbol{U_3}$ | 材料再用率 $U_{31}$ |
| | | 能源节约率 $U_{32}$ |
| | | 三废减排量 $U_{33}$ |
| | 服役性 $\boldsymbol{U_4}$ | 市场需求率 $U_{41}$ |
| | | 服役寿命 $U_{42}$ |
| | | 用户满意度 $U_{43}$ |

表 2.6 目标层判断矩阵

| $\boldsymbol{U}$ | $\boldsymbol{U_1}$ | $\boldsymbol{U_2}$ | $\boldsymbol{U_3}$ | $\boldsymbol{U_4}$ |
| --- | --- | --- | --- | --- |
| $\boldsymbol{U_1}$ | 1 | 4 | 8 | 3 |
| $\boldsymbol{U_2}$ | 1/4 | 1 | 3 | 1/2 |
| $\boldsymbol{U_3}$ | 1/8 | 1/3 | 1 | 1/8 |
| $\boldsymbol{U_4}$ | 1/3 | 2 | 8 | 1 |

注:表中数值为列元素与相应行元素的比值,下同。

表 2.7 技术性($\boldsymbol{U_1}$)判断矩阵

| $\boldsymbol{U_1}$ | $U_{11}$ | $U_{12}$ | $U_{13}$ | $U_{14}$ | $U_{15}$ |
| --- | --- | --- | --- | --- | --- |
| $U_{11}$ | 1 | 2 | 5 | 2 | 4 |
| $U_{12}$ | 1/2 | 1 | 3 | 1 | 2 |
| $U_{13}$ | 1/5 | 1/3 | 1 | 1/2 | 1/2 |
| $U_{14}$ | 1/2 | 1 | 2 | 1 | 1/2 |
| $U_{15}$ | 1/4 | 1/2 | 2 | 1/2 | 1 |

表 2.8　经济性($U_2$)判断矩阵

| $U_2$ | $U_{21}$ | $U_{22}$ | $U_{23}$ |
| --- | --- | --- | --- |
| $U_{21}$ | 1 | 1/4 | 1/2 |
| $U_{22}$ | 4 | 1 | 2 |
| $U_{23}$ | 2 | 1/2 | 1 |

表 2.9　环境性($U_3$)判断矩阵

| $U_3$ | $U_{31}$ | $U_{32}$ | $U_{33}$ |
| --- | --- | --- | --- |
| $U_{31}$ | 1 | 3 | 8 |
| $U_{32}$ | 1/3 | 1 | 3 |
| $U_{33}$ | 1/8 | 1/3 | 1 |

表 2.10　服役性($U_4$)判断矩阵

| $U_4$ | $U_{41}$ | $U_{42}$ | $U_{43}$ |
| --- | --- | --- | --- |
| $U_{41}$ | 1 | 2 | 1/2 |
| $U_{42}$ | 1/2 | 1 | 1/4 |
| $U_{43}$ | 2 | 4 | 1 |

计算各二级指标和一级指标相对评估目标的权重,并进行一致性验证。

例如,对于判断矩阵

$$\boldsymbol{U}=\begin{bmatrix}1 & 4 & 8 & 3\\ 1/4 & 1 & 3 & 1/2\\ 1/8 & 1/3 & 1 & 1/8\\ 1/3 & 2 & 8 & 1\end{bmatrix}$$

其计算结果归一化后

$$\boldsymbol{w}=[0.574\,8\quad 0.143\,7\quad 0.063\,0\quad 0.218\,4]$$

$$\lambda_{\max}=4.051\,7,\mathrm{CI}=0.017\,2,\mathrm{RI}=0.90,\mathrm{CR}=0.019\,4<0.10$$

同理,一级指标权重计算及其一致性检验如下:

$$\boldsymbol{U}_1=[0.407\,3\quad 0.211\,2\quad 0.074\,8\quad 0.194\,8\quad 0.111\,9]$$

$$\lambda_{\max}=5.041\,5,\mathrm{CI}=0.010\,4,\mathrm{RI}=1.12,\mathrm{CR}=0.009\,3<0.10$$

$$\boldsymbol{U}_2=[0.142\,9\quad 0.571\,4\quad 0.285\,7]$$

$$\lambda_{\max}=3,\mathrm{CI}=0,\mathrm{RI}=0.58,\mathrm{CR}=0<0.10$$

$$U_3 = [0.6817 \quad 0.2363 \quad 0.0819]$$

$$\lambda_{max} = 3.0015, CI = 0.0008, RI = 0.58, CR = 0.0015 < 0.10$$

$$U_4 = [0.2857 \quad 0.1429 \quad 0.5714]$$

$$\lambda_{max} = 3, CI = 0, RI = 0.58, CR = 0 < 0.10$$

3. 确定评语集

根据经验和现实需求确定评语集为 4 个等级,即

$$V = \{v_1, v_2, v_3, v_4\} = \{优秀,良好,一般,较差\}$$

邀请长期从事该领域再制造的 20 位专家组成评估组,采用投票的方式对该型产品进行再制造性评价,评价结果见表 2.11。

**表 2.11　专家对各指标的评价结果**

| 属性指标 | 评价结果/人 | | | |
|---|---|---|---|---|
| | 优秀 | 良好 | 一般 | 较差 |
| $U_{11}$ | 9 | 8 | 2 | 1 |
| $U_{12}$ | 5 | 11 | 3 | 1 |
| $U_{13}$ | 6 | 9 | 3 | 2 |
| $U_{14}$ | 12 | 6 | 2 | 0 |
| $U_{15}$ | 14 | 4 | 2 | 0 |
| $U_{21}$ | 9 | 7 | 3 | 1 |
| $U_{22}$ | 6 | 9 | 4 | 1 |
| $U_{23}$ | 12 | 5 | 3 | 0 |
| $U_{31}$ | 4 | 8 | 3 | 5 |
| $U_{32}$ | 5 | 7 | 4 | 4 |
| $U_{33}$ | 4 | 9 | 5 | 2 |
| $U_{41}$ | 12 | 6 | 2 | 0 |
| $U_{42}$ | 7 | 6 | 5 | 2 |
| $U_{43}$ | 8 | 5 | 4 | 3 |

4. 单因素隶属度矩阵计算

根据式(2.47),由表 2.11 可计算出各影响因素的隶属度微量,得到单因素隶属度矩阵。以技术性因素为例,得到的隶属度矩阵为

$$U_1 = \begin{bmatrix} 0.45 & 0.40 & 0.10 & 0.05 \\ 0.25 & 0.55 & 0.15 & 0.05 \\ 0.30 & 0.45 & 0.15 & 0.10 \\ 0.60 & 0.30 & 0.10 & 0 \\ 0.70 & 0.20 & 0.10 & 0 \end{bmatrix}$$

根据式(2.48),可得

$$U_1 = w_1 \cdot R_1 = \begin{bmatrix} 0.4073 \\ 0.2112 \\ 0.0748 \\ 0.1948 \\ 0.1119 \end{bmatrix}^{T} \begin{bmatrix} 0.45 & 0.40 & 0.10 & 0.05 \\ 0.25 & 0.55 & 0.15 & 0.05 \\ 0.30 & 0.45 & 0.15 & 0.10 \\ 0.60 & 0.30 & 0.10 & 0 \\ 0.70 & 0.20 & 0.10 & 0 \end{bmatrix}$$

$$= [0.4537 \quad 0.3936 \quad 0.1143 \quad 0.0384]$$

同理可得

$$U_2 = w_2 \cdot R_2 = [0.4071 \quad 0.3786 \quad 0.1786 \quad 0.0357]$$

$$U_3 = w_3 \cdot R_3 = [0.2118 \quad 0.3922 \quad 0.1700 \quad 0.2259]$$

$$U_4 = w_4 \cdot R_4 = [0.4500 \quad 0.2714 \quad 0.1786 \quad 0.1000]$$

5. 综合评判

$U$ 的模糊评价的隶属度矩阵 $U = [U_1 \quad U_2 \quad U_3 \quad U_4]$,则总的评价结果为

$$U = w \cdot R = \begin{bmatrix} 0.5748 \\ 0.1437 \\ 0.0630 \\ 0.2184 \end{bmatrix}^{T} \begin{bmatrix} 0.4537 & 0.3936 & 0.1143 & 0.0384 \\ 0.4017 & 0.3786 & 0.1786 & 0.0357 \\ 0.2118 & 0.3922 & 0.1700 & 0.2259 \\ 0.4500 & 0.2714 & 0.1786 & 0.1000 \end{bmatrix}$$

$$= [0.4301 \quad 0.3646 \quad 0.1411 \quad 0.0633]$$

为最后得到的总评语集中4个等级的权重分配转化为一个总分值,将评判的等级进行量化处理,以百分制为4个等级分别赋值,其中,优秀为90 ~ 100分(取95分),良好为80 ~ 89分(取85分),一般为65 ~ 79分(取72分),较差为50 ~ 64分(取57分),则该型产品的再制造性综合评估值

$$R_{au} = 95 \times 0.4301 + 85 \times 0.3646 + 72 \times 0.1411 + 57 \times 0.0633 = 85.6176$$

根据再制造性评价等级可知,该型产品的再制造性处于良好水平,需要根据各评价指标的权重按序改进设计方案,提高易于再制造的能力。

## 本章参考文献

[1] 朱胜,姚巨坤. 再制造设计理论及应用[M]. 北京:机械工业出版社,2009.

[2] STEINHILPER R. Remanufacturing:the ultimate form of recycling [M]. Stuttgart: Fraunhofer IRB Verlag,1998.

[3] 朱胜,姚巨坤,时小军. 装备再制造性工程及其发展[J]. 装甲兵工程学院学报,2008,22(3):67-69.

[4] 徐滨士. 再制造工程基础及其应用[M]. 哈尔滨:哈尔滨工业大学出版社,2005.

[5] 姚巨坤,朱胜,何嘉武. 装备再制造性分配研究[J]. 装甲兵工程学院学报,2008,22(3):70-73.

[6] 姚巨坤,朱胜,时小军. 装备设计中的再制造性预计方法研究[J]. 装甲兵工程学院学报,2009,23(3):69-72.

[7] ZHU S,CUI P Z,YAO J K. Remanufacturability and assessment method[J]. Transactions of Materials and Heat Treatment,2004,25(5):1309-1312.

[8] LUND R T. The remanufacturing industry-hidden giant [R]. Boston: Boston University,1996.

# 第3章　易于再制造的常用设计方法

## 3.1　绿色模块化设计

面向再制造的产品设计需要同时解决这样一些难题:产品设计之初就需要采用发展的观点,全面考虑该产品在其多寿命周期内的技术性能发展的属性,并在零部件重复使用性的基础上,无论是所选用材料还是产品的结构,连接方法设计都能方便其日后的维修、升级,以及产品废弃后的拆解、回收和处理,同时保证与环境有更好的协调性,实现最佳化的再制造升级方式。显然,原有的传统设计方法不能满足这些要求。面向再制造的绿色模块化设计方法正是在这种情况下提出来的,绿色模块化设计是提高产品再制造升级性的有效技术方法。

### 3.1.1　基本内涵和特点

#### 3.1.1.1　模块

模块指作为一个单元设计而成的具有相对独立功能的零(元)件、分组件、组件或部件。模块是模块化产品的基本元素,是一种实体的概念,如把模块定义为一组同时具有相同功能和相同结合要素、具有不同性能或用途甚至不同结构特征但能互换的单元。模块一般具有下述特点:

(1)在功能上是独立的,可脱离接口设备对其进行测试和检查。

(2)更换后不需做再制造调试工作。

(3)拆解安装时不需使用专用工具。

(4)更换时间短。

#### 3.1.1.2　模块化

模块化一般是指使用模块的概念对产品或系统进行规划设计和生产组织。模块是产品的子结构,它与产品的功能元素子集有一一对应的关系。模块化设计有以下作用:

(1)模块化是提高产品再制造性的有效途径。模块化使产品构造简化,能迅速、准确地进行故障检测、隔离和修复,特别是在现场运行时可实现广泛的换件修理。

(2)模块化设计可简化新产品的设计工作。通过利用现成的标准模块,缩短设计时间。

(3)模块化产品便于组织生产、装配和供应,节约采购与保障费用。

(4)模块化有利于产品的改进。一旦有了更新、更好的模块可供采用,只要不影响输入-输出特性,便可对模块化的现有产品加以改进。

#### 3.1.1.3 模块化设计

产品的模块化设计是在产品设计时,根据原材料属性、产品的结构,以及日后的使用功能、升级、维修,废弃后的回收、拆解等因素,在对一定范围内的不同功能或相同功能不同性能、不同规格的产品进行功能结构分析的基础上,划分并设计出一系列模块,通过模块的选择和组合可以构成不同的产品,以满足市场不同需求的设计方法。产品的模块化设计可以实现把离散的零部件聚合成模块产品的模块化设计,既可以在产品生产时大批量生产模块化的半成品,降低生产成本,获得规模效应;又可以根据顾客的个性化需要,将不同功能的模块进行组合,提高产品对市场差异化需求的响应能力。

#### 3.1.1.4 面向再制造的模块化设计

面向再制造的模块化设计方法是将模块化设计和再制造设计进行有机结合后,运用于产品的再制造性设计阶段中,使产品同时满足易于拆解和装配、易于修复和升级、环境友好性等再制造性的指标,着重要求在模块化设计时,考虑产品的再制造性,让产品在寿命末端回收之后,能容易地拆解为不同的模块,并能够快速用新模块进行替换,实现性能升级和资源的回收利用。这种设计方法是一种顺应时代发展的崭新的设计方法,有助于实现制造业的可持续发展。面向再制造的模块应具备下列特征。

1. 模块应具有相对独立性

(1)相对独立的功能。模块的功能是产品总功能的一个组成部分,将功能独立的模块组合成产品,其灵活性大、适应性强。产品的品种发展中变动的可能性小,可在不同系列产品中使用,也可以单独进行试验、验证、调试、制造、储备,并可作为独立的商品流通于市场。

(2)相对独立的结构。一个模块虽然要与其他模块相连接,但它在结构上能独立完成自己的特定功能。只要模块的接口标准化,就很容易更换模块而组合成多种变形产品。

**2. 模块应对市场需求变化具有快速的应变能力**

(1)通用性。在条件允许的范围内尽可能选用性能参数的上限值,以适应多种产品的需要,扩大通用化范围。

(2)互换性。模块配合部位的结构形状和尺寸必须标准化,满足可以迅速更换的接口技术要求,便于进行老旧模块的更换。

## 3.1.2 面向再制造的产品模块化设计优点

### 3.1.2.1 有效提高产品的易拆解性和装配性

再制造加工过程包括前期对回收产品的拆解环节和后期将再制造后的零部件装配为再制造成品的环节,所以,面向再制造的产品设计一定要考虑零部件的易拆解性和装配性,这既影响再制造过程的效率,又影响再制造产品的质量。

再制造的拆解不同于再循环,需要确保拆解过程中尽可能少地损坏零部件。因此,产品的结构设计、连接件的数量和类型及拆解深度的选择成为面向再制造的产品设计的重点内容。不同的产品结构将导致不同的拆解方法和拆解难度,常见的拆解方法有两种:有损拆解和无损拆解。常见的有损拆解是机械裂解或粉碎。机械产品中常见的连接方式有4种:可拆解连接、活动连接、半永久性连接和永久性连接。前两种连接一般都可以拆解,第四种则只能采用有损拆解的方法。

产品结构设计时应改变传统的连接方式,零部件之间尽量不采用焊接或粘接的连接方式,而采用易于拆解的连接方式。扣压和螺钉的方式便于拆解,前者较后者又更容易拆解、更省时。在连接件方面,卡式接头和插入式接头更容易拆解和装配,已经有越来越多的企业在产品设计时就采取了这些类型的连接方式。尤其是一些易损零部件,由于更换次数较多,在设计其安装结构时就考虑其易拆解性,较多采用插入式结构设计、标准化插口设计等,如计算机主板上的插槽与上面插装线路板的连接方式。

采用绿色模块化设计既能明显简化产品结构,又能大量减少连接件的数量和类型,大大提高产品的易拆解性和装配性,并减少产品的破损率,提高产品的拆解和装配效率。

### 3.1.2.2 有助于提升产品的易分类性

同一部机器上往往有钢、铁、铝、铜、塑料、木材等不同的材料,它们的表面常常覆盖油漆,不易区分,应加强标识,以便于拆解和分类存放。同一材质、不同形状和尺寸的零部件,由于加工方式或使用机床的不同,也要进行标识和分类,以提高总的再制造效率。

采用绿色模块化设计有助于大量减少零部件的数量和种类,使拆解后的零部件更易于分类和识别,将使再制造生产加工时间大为缩短。

#### 3.1.2.3 显著提升产品的易修复性和升级性

再制造工程包括再制造加工和过时产品的性能升级。前者主要针对报废的产品,把有剩余寿命的废旧零部件作为再制造毛坯,采用表面工程等先进技术使其性能恢复,甚至超过新品;后者对过时的产品通过技术改造来改善产品的技术性能,使原产品能跟上时代的要求。所以,对原制造品进行修复和技术升级是再制造过程的一个重要部分。

实施绿色模块化设计,可以采用易于替换的标准化零部件和可以改造的产品结构并预留模块接口,以备升级之需,在必要时即可通过模块替换或增加模块实现产品修复或升级,减少拆解中的破损,增强再制造加工和产品升级改造的效率。

### 3.1.3 面向再制造的产品模块化设计基础

#### 3.1.3.1 基本原理

模块化的主要目标是提高事物的多样化,即减少产品的内部多样化,增加产品的外部多样化。但不同产品的特点、类型千差万别,这对实施大规模定制和模块化的开发模式、具体技术也有不同要求,需要对产品基本特征进行分析、归纳。产品实施模块化一般与产品的可分性和可变性这两种基本特征密切相关。在模块化实施过程中,产品可分性和可变性程度是模块的功能结构分解以及模块化系统的构建与实施方法的基础。作为一种新的方法论,模块化系统建立与实施需要一定的理论指导。系统论原理、相似性原理和重用性、标准化原理可归结为实施模块化的基本理论。

1. 系统论原理

任何模块化的事或物都是一个系统,展开模块化工作,只有善于运用系统论的原理才能取得良好的系统效果。整体性是系统的最基本属性,把系统作为有机整体看待,构成系统的各个要素虽具有不同的性能,但它们都是按照逻辑统一性的要求来构成整体的。

系统内各单元是互相联系、互相作用、有机结合的,系统与环境、系统与系统之间也存在相互联系和相互作用。在模块化系统中,这种相关性体现为系统中链状的接口系统,如模块之间的机械接口、电气接口、机电接口、各种物理量与电量的接口、信息接口等。只有充分考虑各接口间的协调和匹配性,才能保证系统整体的良好质量及可靠性。运用结构分析法,对模块化系统内各单元之间既有的关系,空间排列顺序和组合的具体形式,以及结构与功能的关系、功能间的联系进行分析和考虑。

一个复杂系统可按其功能或结构分成若干层次,即系统由子系统组成,而子系统又由更小的单元或要素组成。层次分析法可依据某种原则探索层次的构成、性质、结构、功能及层次间的关系。当我们认识或设计一个模块化系统时,可根据系统功能的要求,按其层次依次展开,以正确揭示系统结构层次的内在联系,可使模块化系统泾渭分明。在模块化系统设计时,首要任务就是在对模块化对象的深入分析与综合的基础上,确定模块化系统层次结构图。

模块化系统并非建立后一成不变,它会随着技术和时间的发展而不断吸收新技术、新模块。因此,动态性原理和动态思维法的合理运用可使模块化系统保持活力。另外,由于系统都具有目的性,在建立模块化系统时,首要任务就是确定系统应达到的目标,以此来确定各子系统的分目标,并为实现总目标而对系统结构及时加以调整。因此,目的性原理与有的放矢分析法也是开展模块化的重要分析原理和手段。

2. 相似性原理

分析和识别大量不同产品和过程中的相似性,挖掘存在于产品和过程中的几何相似性、结构相似性、功能相似性和过程相似性,利用标准化、系列化方法,减少产品内部的多样化,提高零部件和生产过程的可重用性。产品和过程中的相似性有各种不同的形式,如零部件之间的几何相似性,产品结构之间的结构相似性,部件、产品之间的功能相似性等,这些不同类型的相似性的归纳将构成模块化系统的基础。

3. 重用性、标准化原理

在模块化、定制化产品中存在着大量可重复使用和重新组合使用的单元。通过采用标准化、系列化、通用化的方法,充分挖掘和利用这些单元,将定制产品的生产问题通过产品重组和过程重组,全部或部分转化为批量生产问题,从而以较低的成本、较高的质量和较快的速度生产出个性化产品。

标准化是实施模块化的基础和目标之一。模块化也是标准化的一种新形式,它是标准化原理中简化、统一化、系列化、通用化、组合化等理论的综合运用,是标准化的高级形式。模块化侧重于部件级标准化,进而达到产品系统的多样化。通过对某一类产品系统的分析研究,将其中含有相同或相似的功能单元分解出来,用标准化原理进行统一、归并和简化,以通用单元的形式独立存在,然后用不同的模块组合来构成多种新产品。这种分解和组合的全过程就是模块化。

#### 3.1.3.2　设计原则

根据再制造的特点,产品模块的划分应遵循以下原则。

1. 技术集成原则

采用易于替换的标准化零部件和可以改造的结构并预留模块接口,增加再制造的便利性,从而通过模块替换或增加模块升级再制造产品。

2. 寿命集成原则

对于由多种零部件组成的产品来讲,各个零部件的寿命都不可能相同。当产品整体报废以后,有些零部件已经到达其服役寿命,只能进行材料回收或废弃。但仍有相当多的零部件还有足够的寿命来继续工作,甚至比整个产品的寿命周期长数倍。倘若不同寿命的零部件不加分类地被混合装配在一起,在产品再制造中就必须对其进行深度拆解,这将大大降低再制造的效率。而采用寿命集成模块化的产品,在再制造时只需对产品进行简单的拆解,就可以把不能继续使用的零部件拆除并替换。

3. 材料集成原则

材料相容性原则,以及减少有害材料的使用、减少使用材料的种类等设计原则在面向再制造的设计中占有重要地位。例如,将具有相同特性的材料集中设计,在再制造过程中,这类材料可以被一起清洗和进行化学或物理处理,而不会发生相互腐蚀等情况。

4. 诊断和检测集成原则

在产品服役周期内,有一些零部件在整个寿命周期中失效的可能性都很小,因此并非需要对每一个废旧零部件进行诊断和检测。可根据产品零部件在产品报废后是否需要检测,将其分别集成在不同的模块中,从而可以大大减少拆解的工作量,提高产品的检测效率和效果。

**3.1.3.3 易于再制造产品的模块化特征**

再制造产品是一个由若干零部件、部件、装置,按一定规律和结构形式组成的具有特定功能的复杂系统。作为一个系统,产品具有以下基本特性:整体性、相关性、目的性、结构的层次性。对再制造产品进行模块化设计正是基于上述特点,按照功能分解原理对结构或系统进行模块的划分和组合。但是由于再制造产品的产品结构具有与一般产品不同的特点,其同时具有大量的设备功能模块和结构模块,系列化产品的构成特点与一般产品也不同,因而对其进行模块化设计的难度是很大的。这主要体现在以下两个方面。

1. 设备功能模块规格和变形结构系列化特性明显

这类模块一般具有较为固定的结构形式,其功能和结构易于分解,且结构主参数的分级特性较为明显,因而易于进行模块的划分和产品系列规划。例如,不同类型汽车的系统功能模块可以根据主参数进行产品的系列化规划，采用标准尺寸和接口，实现设备、系统的模块化。

2. 结构模块无明显的系列化特性

这类模块的结构主参数主要由载荷和使用工况决定，模块结构易于分解，但模块规格难于进行系列化分级，结构模块的通用性不强，属于生产模块设计范畴。这类模块如船体结构、海洋平台等。

由于模块化设计从功能和结构的角度认识产品，原则上再制造产品的两种模块都可以用模块化技术进行设计，但现有的模块化设计技术主要适用于设备功能模块的设计，在概念和手段上还不足以支持大型装配结构的模块化设计实施。在实施结构模块的设计时需要新的理论来指导。

### 3.1.4　面向再制造的模块化设计过程

进行产品的再制造性设计时要考虑产品材料的合理性、易运输装卸性、易拆解和装配性、易于分类性、易清洗性、易修复和升级性。面向再制造的绿色模块化设计方法将绿色设计和模块化设计进行了有机结合，其具体实现步骤归纳如下。

1. 进行用户需求分析

面向再制造的绿色模块化设计活动首先从分析用户对产品的需求开始。在调查了解用户对产品可能存在的升级后功能、使用寿命、价格、需求量、升级性能等具体要求后，考虑该产品采用绿色模块化设计的可行性。如果经过分析，在满足环境属性的前提下用户对该产品的要求均可满足，则该产品的绿色模块化设计的可行性获得通过，面向再制造的绿色模块化设计活动可以进入下一环节。

2. 选取合理的产品参数定义范围

面向再制造的绿色模块化设计活动的第二步是选取合理的产品参数定义范围。通常，产品参数分为3类，即动力参数、运动参数和尺寸参数，合理地选取产品的参数定义范围十分重要。如果参数定义范围过高，将造成能源和资源等的浪费，有悖于绿色设计的思想。如果参数定义范围过低，又满足不了客户的要求，通常的做法是先定义主参数，然后在参数满足用户需求的基础上实现尽可能高的绿色化和模块化，易于进行再制造。

3. 确定合理的产品系列型谱

面向再制造的绿色模块化设计活动的第三步是系列型谱的制定，即合理确定绿色模块化设计的产品种类和规格型号，进行必要的技术发展预测。型谱过大过小都不好，如果型谱过大，则产品规格众多，市场适应能力强，环境属性好，模块通用程度高，但工作量也相应增大，人力资源能耗大，成本上升,总体来说效果并不好;反之,则会走向另一个极端,效果也不好。因此,产品系列型谱的制定至关重要。

4. 产品的模块划分与选择

面向再制造的绿色模块化设计的第四步是进行模块的划分与选择,这是再制造模块化设计的关键,是模块化方法最重要的内容,通常根据产品的功能,将其分为基本功能、次要功能、特殊功能和适应功能等,然后划分相应的模块,模块的划分使得产品的设计过程思路清晰,并有利于产品报废、退役后的零部件回收、重新利用或升级换代。

5. 绿色模块的组合

面向再制造的绿色模块化设计活动的第五步是模块的组合。划分完模块后,将这些模块按照直接组合、集装式组合或改装后组合等方法组合成系统。组合时要考虑今后的易拆解性、不易损坏性及环境友好性特征。

6. 对设计好的产品进行分析校验

面向再制造的绿色模块化设计活动的第六步,是用机械零部件设计软件包、优化设计软件包、有限元软件包等现代设计工具对设计好的产品进行分析、计算和校验。如果分析校验不合要求,就要回到模块选择上进行修改、完善,重新整合模块,直至产品符合要求。

7. 产品设计的绿色度与模块度指标评价

面向再制造的绿色模块化设计活动的最后步骤,是采用层次分析法(AHP)及模糊综合评价法等数学工具对产品再制造设计的绿色度和模块度指标进行计算及评价,再根据计算结果对产品的有关参数加以调整或进行重新设计。

## 3.1.5 面向再制造的模块化设计方法

### 3.1.5.1 模块设计条件及准则

1. 采用模块设计的一般条件

在产品设计过程中,在何处采用模块设计,何处采用非模块化设计,一般应考虑可行性、费用、后勤保障等几个问题分别进行处理。如下情况可采用模块设计:

(1)过去研制的标准模块的可靠性及输入输出特性均符合新产品要求,并且可简化目前的设计工作,则应考虑优先采用模块设计。

(2)若用更新、更好的功能单元替换老式组件能改进现有设备,则应考虑模块化。

(3)若模块设计利于采用自动化的制造方法,则应优先采用模块设计。

(4)若模块可直接从市场购置,则应优先采用。

(5)若模块化能更有效地简化各再制造级别的再制造任务,则应考虑实现模块化。

(6)若模块化后有利于故障的识别、隔离和排队,则应考虑模块化。

(7)若模块化设计可以降低对再制造人员的数量和技能的要求、减少培训工作量,则应考虑模块化。

(8)若模块化便于故障自动诊断,则应予以模块化。

2. 模块的一般设计准则

面向再制造的模块设计,一般应遵循以下准则:

(1)模块的分解、更换、结合、连接等活动应尽量不使用专用工具。

(2)每个模块本身应具有尽可能高的可靠性及损伤恢复能力。

(3)应尽量使产品中的模块便于整体检测及判断。

(4)模块本身的调校工作应尽可能地少。

(5)一般应对模块进行封装设计,以提高其环境适应能力。

3. 再制造中弃件式的模块设计准则

设计弃件式模块应遵循以下准则:

(1)不能因价格低廉的零(元)件故障而使模块中价格昂贵的零(元)件报废。

(2)不能因可靠性差的零(元)件故障而使模块中可靠性高的零(元)件报废。

(3)费用低、非关键件且容易得到的产品应首先考虑设计成弃件式模块。

(4)弃件式模块一般应封装,以便在储存、运输中起保护作用,但应保持与性能及可靠性要求一致。

(5)弃件式模块的报废标准应明确并易于鉴别。

(6)弃件式模块应有明显的标记指明其是弃件式的,并在有关资料中有相应说明。

(7)有关报废的细则应在使用手册、再制造手册、产品目录等有关资料中说明。

(8)弃件式模块中的贵重零部件应设计得利于回收。

(9)对那些可能受污染的零部件应规定相应的保护措施。

(10)对带有密级的模块应加以标明,以便提供适当的处理方法。

#### 3.1.5.2　模块化的功能分组方法

模块化设计首先是将产品划分单元,组成一个个模块。利用功能关系来划分有利于故障隔离和再制造保障,故在设计中按配套功能单元来安排和组装各元器件、零部件,这就是功能分组。常用的功能分组方法包括:

(1)逻辑流分组法。逻辑流分组法是把全系统的单元按照它们与整个系统的功能关系进行分组,以便与各组件或分组件输入相匹配的方法。此方法在产品设计中普遍采用。逻辑流分组法应遵循的准则为:按照由功能流程图所确定单元的功能关系来定位和组装各单元;选择适当的方法和分组件,以便只需单一的输入检测和单一的输出检测便能隔离产品内的一个故障。

(2)回路分组法。回路分组法就是按特定功能对回路进行分组的方法。回路可以是电回路、动力回路等,如电视接收机、录像机的音频和视频回路。分组时应遵循的准则如下:把一个给定回路的所有零部件或逻辑上有关的一组零部件,全部安装在一个壳体中;把一组回路中的每一个回路设计成一个独立的模块。

(3)元件分组法。元件分组法就是将具有类似功能或共同特性的元器件划分为一组的方法。分组时所应遵循的准则如下:将执行类似功能的产品放在一起,如放大电路放在一起;尽量将电子元器件集中放置;把低价格的元器件集中安装成一个模块,以便发生故障后报废;将那些控制或监控某一功能的仪表和仪器安装在一个仪表板上,以便操作人员监控;根据所要求进行的再制造工作来分隔元器件。

(4)产品结构分组法。产品结构没有预先制定的规则,是通过权衡多种因素(如热损失、元件尺寸、成品尺寸、质量大小以及外观要求等),最终实现某种兼顾情况而得到的产品,如用标准机芯制成的收音机可有头戴式的、手提式的、钟表式的等多种产品。置于这种结构中的产品(如机芯)自然构成了一个组。

(5)同寿命分组法。同寿命分组法就是把那些寿命相近的零部件、元器件划分成组。这种方法特别适用于产品故障模式为耗损型、疲劳型的产品。

#### 3.1.5.3　模块化设计的具体要求

(1)在现场再制造的产品应尽量全部实现模件化,以提高再制造便利度。

(2)在满足安装空间要求的情况下,只要在电气和机械上可行,应尽可能将设备分成模块。

(3)为达到较好的费效比要求,应在模块的原材料、设计、使用、维修与再制造等方面综合考虑。

(4)将设备按实体划分为模块,并与功能设计一致,从而使各模块之间的相互影响最小。

(5)尽量减少相邻模块间的连接。

(6)使模块和组合件在基本尺寸、形状上大致相同,以达到最佳的组装效果。

(7)所有可修复模块应设计成单独再制造模块,以便再制造人员可迅速、方便地拆解、更换故障的元(零)件。

(8)不应要求模块内的元件同时适合于多种功能需要,以免造成难以权衡各方面要求。

(9)如一主要组件由两个以上模块构成时,应将主要组件设计成拆解一个模块时不必拆解其他模块。

(10)使模块及其插座标准化,但应有严格的防差错措施。

(11)对插入式模块应设计有导销以防止安装差错。

(12)应采用快速解脱装置以便于模块的拆解。

(13)有 BIT、BITE 或监控装置指示的模块,当 BIT、BITE 或监控装置指示不可用时,应能在拆下来后用外部测试设备对模块进行测试,特别是对价格昂贵的模块,更应当加以考虑。

(14)只要结构上可行,就应把所有设备设计成由一名再制造人员就能对故障件快速而简便地拆解和更换。

(15)应根据安装部位来设计一个模块的质量和尺寸,并尽量使所有模块小而轻,一个人就可搬动。一般要求可拆解单元的质量应小于 16 kg,当质量超过 4 kg 时应设有把手。

(16)应使每个模块能被单独测试,若需调整,应可独立于其他模块来进行。

#### 3.1.5.4 模块弃件层次与再制造的确定

选择或确定弃件式模块所处的层次,如器件级更换(丢弃)还是单板级更换,抑或更上一级更换,是很重要的。从理论上说,将其选定于任一产品层次上,并且其所属层次越高,产品再制造性越好,但相应的弃件式模块费用亦越高。因此,应在再制造性与费用之间进行权衡,选择合理的产品层次为弃件式模块。

在产品设计中选择较高的弃件层次,其优点在于:

(1)可降低备件的保管、回收等费用。

(2)减少备件品种有利于简化备件管理。

(3)由于不必深入弃件式模块内部,提供封装的可能性会更大,这样可提高集成度,减小体积。

(4)提高了更换效率。

(5)由于生产批量的增加以及不需考虑弃件式模块的再制造,可大大降低单件制造的成本。

(6)很多改进性设计可在弃件式模块中进行,不必更改产品其他部件,减少相关的设计、制造与再制造问题。

(7)由于再制造不再针对细小部分,减少了再制造的文件资料。

(8)可降低对再制造人员技能、测试设备等的要求。

## 3.2　标准化设计

### 3.2.1　标准化概述

#### 3.2.1.1　基本概念

1. 标准

在2014年发布的《标准化工作指南》(GB/T 20000.1—2014)中将“标准”定义为:“通过标准化活动,按照规定的程序经协商一致制定,为各种活动或其结果提供规则、指南或特性,供共同使用和重复使用的文件。”

世界贸易组织也对“标准”进行了如下定义:经公认机构批准的、非强制性的,为了通用或反复使用的目的,为产品或相关生产方式提供规则、指南或特性的文件。该文件还包括或专门涉及适用于产品、加工或生产方法的术语、符号、包装标准或标签要求。

2. 标准化

《标准化工作指南》(GB/T 20000.1—2014)规定:“标准化”是“为了在既定范围内获得最佳秩序,促进共同效益,对现实问题或潜在问题确定共同使用和重复使用的条款以及编制、发布和应用文件的活动”。

简单地说,标准化不是一项孤立静止的行为和结果,而是一个活动过程,是围绕标准所进行的一系列活动,包括标准的制定、实施、监督、修改等。标准化是一个不断循环、螺旋式上升的运动过程,每完成一次循环,标准将得到进一步的完善,也将及时地反映当今技术的发展水平。标准化作为一门科学,就是研究标准化过程中的规律和方法,其基本目的是使社会以尽可能最少的资源、能源消耗,谋求尽可能大的社会效益和最佳秩序。标准化是科学技术成果转化为生产力的桥梁,是组织现代化大生产的重要手段,是科学管理的重要基础。

3. 标准化设计

标准化设计是指为达到产品的标准化目标要求,运用自然科学及标准化的有关知识寻求产品有关技术问题及标准化问题解的过程。标准化设计方法和技术是指在产品研制过程中运用的、有利于产品达到标准化要求、实现三化的设计方法和技术。

4. 系列化、通用化和组合化

标准化的主要形式有系列化、通用化和组合化。系列化是对同类的一组产品同时进行标准化的一种形式,即通过对同一类产品的分析研究与预测、比较,将产品的主要参数、形式、尺寸、基本结构等做出合理的安排与规划,以协调同类产品和配套产品之间的关系。数值系列(优先数系、模数制等)、零部件(紧固件等)系列是系列化广泛应用的示例。通用化是指同一类型不同规格,或不同类型的产品中结构相近的产品(零部件、元器件、单板等),经过统一后可以彼此互换的标准化形式。组合化是按照标准化原则,设计并制造出若干组通用性较强的单元,可根据需要拼合成不同用途的产品的标准化形式,也称"模块(件)"。

5. 互换性

互换性是指不同时间、不同地点制造出来的产品,在装配、再制造时不必经过修整就能任意替换使用的性质。互换性有两层含义:一是指产品的功能可以互换;二是实体(尺寸)互换,即产品可以互换安装。只具有功能互换的特性也称替换性。

#### 3.2.1.2 标准化在再制造性中的作用

设计是产品研制过程的最主要部分,它决定了产品本身及其在制造和使用中的经济性。同样,它也决定了产品的标准化程度,因此,采用有利于标准化的合理设计方法是产品标准化工作的保证条件,也是提升再制造性的有效手段。

简化、统一是产品标准化的特征。产品的标准化不仅对设计与生产有极大的好处,而且对再制造的简便性、迅速性、经济性有着全面的影响,是对再制造性非常有利的。标准化的零部件、元器件,"拿来就可装上,装上就可使用",使再制造活动大大简化,减少再制造时间,并降低对再制造人员技能的要求。同时,产品系列化、通用化、组合化及其基础——互换性,减少产品中零部组件的品种、规格数,将降低对再制造保障资源的要求。

另外,因为新产品的固有性能是在设计研制阶段决定和形成的,标准是保证使用要求,做到技术先进、安全可靠的基本依据,所以在研制阶段贯彻标准,可保证和提高产品的可靠性、维修性,对产品质量起决定性的意义。

#### 3.2.1.3 标准制定的原则

1. 简化性原则

简化是标准制定最一般的原理,但简化不是简单的“做减法”,随意地抛弃,是指在一定范围内缩减标准化对象(事物)的类型和数目,使之在一定时期和一定领域内满足相应需要的一种标准化的制定方法。通过标准制定把多余的、可替换的、低功能的标准简化,精炼并确定出满足全面需要所必要的高效能的标准,保持标准整体构成精简合理,功能效率最高。

2. 统一性原则

标准制定的统一性原则是指在一定时期内、一定条件下和一定范围内对需要统一的两种或多种同类现象、同类事物和同类要求进行归一的标准化方法。统一化着眼于归一,从个性中提炼共性,形成一种共同遵守的准则,建立一种正常秩序。

3. 目的性原则

标准的制定具有鲜明的目的性,制定标准必须有的放矢,不能为制定标准而制定标准,搞形式主义。制定标准,必须从实际需要出发,以获得最大效益为目的。制定标准的目的通常包括:建立合理秩序;简化和控制产品规格,控制不必要的差异,便于保障;保证互换性、兼容性、互操作性和通用性;节约资源等。这些目的是互相依存和相互制约的,在制定标准时,要根据具体需求和实际情况对标准制定的目的进行严格审查。

4. 系统性原则

标准也是一种系统,称为标准系统。无论是就某一个具体标准而言,还是互相联系、互相依赖、互相制约、互相作用的若干个标准所组成的一个有机的整体而言,都具有系统的属性。对于同一系统内的标准,无论是在质的规定上还是在量的规定上,都是互相联系、互相衔接、互相补充、互相制约的。因此,在制定标准时,要从系统的观点出发,从系统的整体性和环境适应性出发进行优化。

5. 动态性原则

标准制定的动态原则是由标准化的依存性决定的。由于需求的不断变化和科学技术的发展,作为标准化依存主体的产品处于不断的发展之中,这就要求我们对标准进行动态维护,包括适时优化调整标准体系结构,制定新标准，复审、修订已有标准。

### 3.2.2　再制造各阶段标准化的要求

新产品研制阶段的标准化工作是新产品研制工作的组成部分，其主要任务就是贯彻标准和标准化要求，并对其实施情况进行监督检查。它必须紧密配合研制各阶段的中心任务，把标准化看成是新产品研制系统工程的一个子系统，按照矩阵管理的方法去组织实施，只有这样，才能使标准实施和新产品研制紧密结合，才能充分发挥标准化对新产品研制的指导作用。

#### 3.2.2.1　技术指标论证阶段

该阶段使用部门要根据产品发展规划和性能需要，通过论证将需求转化为具体的技术指标要求。该阶段标准化的主要任务是：论证和贯彻产品系列标准；在向研制部门提出技术指标要求的同时，提出贯彻有关产品总体性能及其考核方法方面的标准化要求。

该阶段提出贯彻标准要求时应根据产品性能需求，以及使用、维修环境、过去存在的问题和薄弱环节，并考虑经费和周期的限制，选用一批合适的标准、规范，并通过对这些标准、规范的分析、剪裁，将必须保证的最低要求确定下来，订入技术指标要求任务书或合同书等有关文件中。

技术指标要求中提出贯彻标准和标准化要求是新产品研制、生产、使用各阶段标准化工作的起点和基本依据，对产品的最终效能和全寿命周期费用起决定性作用。但该阶段提出贯彻采用的标准只是那些直接影响产品系列和总体性能方面的高层次标准，对这些标准的贯彻要求可能会比较原则。对它们的详细要求应在以后各阶段及下一层次各类文件中有明确的规定。

#### 3.2.2.2　方案阶段

在该阶段，研制部门要根据批准的技术指标要求编制研制方案，并和使用部门一起进行反复论证、协调、完善，最后形成《研制任务书》。该阶段标准化的主要任务是根据使用部门提出的贯彻标准和标准化要求，结合研制方案论证进行新产品标准化目标分析，编制《新产品标准化大纲》。《新产品标准化大纲》是指导新产品研制全过程的标准化工作、指导标准贯彻实施的纲领性文件，对标准化工作的效果起决定性作用。该阶段应完成如下工作：

（1）收集资料。搜集与新产品有关的国内外标准资料和其他信息资料。

（2）建立标准化目标。根据使用部门提出的标准贯彻要求和其他标准化要求,结合新产品的设计方案和标准化现状,分层次地提出整个产品及分系统、设备各级贯彻标准和标准化要求的全部目标。

(3)对目标进行可行性分析。

(4)提出贯彻实施标准和标准化要求的方案。

(5)方案优化。

(6)编制《新产品标准化大纲》。

以上各项工作的任务就是"贯彻实施那些标准及如何实施这些标准"。该阶段工作的结果——《新产品标准化大纲》包括一个要求贯彻实施的标准目录清单,这个清单不但包括使用部门在《战术技术指标任务书》中提出的标准项目,还包括研制部门从研制需要出发要求贯彻实施的标准项目,而且在必要时还对这些标准项目做一些贯彻实施要求方面的说明和补充。除上述贯彻实施标准的技术性要求外,该大纲还对新产品贯彻实施标准中共同性的重大原则问题及实施标准中的计划、经费、物质条件、人员、培训等方面做出规定。

《新产品标准化大纲》编制的初期阶段是标准化系统工程人员提出的贯彻实施标准和标准化要求的决策建议,经过必要的评审并经批准后就成为"新产品研制任务书"的组成部分,对新产品研制是指令性文件。与新产品研制一样,新产品贯彻实施标准也是一个逐级逐步完善、细化的过程。从空间上说,按照新产品工作分解结构,要将贯彻实施标准和标准化要求从总体单位到分系统、设备设计单位逐级分解和细化,具有层次性,各级研制单位都要根据上一级要求编制不同层次、包含相应内容但粗细不同的《新产品标准化大纲》。《新产品标准化大纲》具有动态性,随着研制阶段的进展和问题的暴露,《新产品标准化大纲》应定期经过一定评审和手续逐步修改、补充、完善,并在一定时候予以停止。

#### 3.2.2.3　工程研制阶段

工程研制阶段是根据已批准的《研制任务书》(或《合同书、协议书》)进行详细的设计、试制和装配试验的阶段。因此,该阶段是全面具体地贯彻标准的实施阶段。其具体任务是:

(1)按《新产品标准化大纲》和被采用标准的要求进行新产品设计;

(2)按被采用标准的要求加工、检验零部件,采购、复验外购件;

(3)按被采用标准的要求进行装配和厂内模拟试验;

(4)按有关管理标准组织工程研制阶段中有关技术活动;

(5)按指定的系列型谱或其他标准的要求组织零部件的系列化、通用化、组合化设计。

工程研制阶段是标准的具体实施阶段，要做好标准实施前的各项准备工作，在研制过程中，标准化人员要深入现场了解情况，协调解决问题，要按照一定的计划安排做好实施过程中的监督检查。

#### 3.2.2.4　设计定型阶段

设计定型是对产品研制进行全面考核的主要形式。该阶段标准化的主要任务是对新产品研制标准化工作和标准贯彻实施情况进行全面审查和总结，确认其是否达到规定的目标和要求。在该阶段，研制部门要会同使用部门、试验单位，根据《新产品标准化大纲》要求，通过定型试验和对图样及技术文件的标准化检查，审查新产品是否按要求贯彻实施了有关标准，是否达到了标准规定的要求。通过审查要编写《新产品设计定型标准化审查报告》，其主要内容就是标准及标准化要求的贯彻实施情况及贯彻实施标准的经济效果分析，所以它实质上是一份标准贯彻实施情况的总结。

#### 3.2.2.5　试生产和生产定型阶段

试生产是根据设计定型的图样、技术文件组织新产品的小批量生产，以便进一步考核新产品设计资料投入成批生产的可生产性，同时建立和考核符合批生产要求的工艺条件。为了指导开展该阶段标准化工作，在工程研制阶段或试生产的前期要编制《新产品工艺标准化综合要求》，并作为试生产方案的组成部分。其主要内容就是建立工艺、工装标准化的目标，按设计要求和成批生产的需要提出贯彻实施一系列标准的要求，其中贯彻实施工艺、工装标准是主要内容。试生产中标准化及实施标准的任务与具体内容和工程研制阶段是类似的，只是试生产中重点是贯彻实施工艺和工装标准。

与设计定型阶段相类似，在生产定型阶段，试生产单位要会同使用部门的代表，根据《新产品工艺标准化综合要求》，通过生产定型试验和对图样及技术文件，包括工艺文件的标准化检查，审查新产品的生产是否按要求贯彻实施了有关标准，是否达到了按标准规定的要求建立成批生产的条件。通过审查，要编写《新产品生产定型标准化审查报告》，其主要内容就是标准及标准化要求的贯彻实施情况及实施标准的经济效果分析，所以它实质上是工艺、工装标准贯彻实施情况的总结。

### 3.2.3　产品标准化通用设计方法

标准化设计方法与技术主要有功能结构分析方法、系列产品设计方法、组合产品设计方法、信息存储与管理技术、CAD 技术等。这些方法与技术融于产品设计过程,是设计人员应该掌握的必备方法与技术。同时,标准化人员也需要掌握这些方法与技术,这样才能深入做好产品的标准化工作。

#### 3.2.3.1 功能结构分析方法

标准化设计的最重要目标是使产品的研制能充分利用已有的组件、部件和零部件,这可通过功能结构分析方法来达到。在产品方案设计时,将产品总功能逐级分解为比较简单的分功能,尽量利用已有的组件、部件和零部件实现分功能,并最终得到产品完整组合方案的方法称为功能结构分析方法,这些已有的组件、部件和零部件成为分功能载体。

一个产品必须满足的任务要求构成了它的总功能,随着任务要求的复杂程度不同,产品总功能的复杂程度也不同,但复杂的总功能关系可逐级分解为复杂程度比较低的、任务清楚的分功能,这些分功能结合起来,就得到了产品的功能结构。对于功能结构中的新分功能,需要寻找实现它们的作用原理,并将作用原理组合成实现分功能的作用结构。对于出现过的分功能,只需在已知的产品结构中找到其载体。考虑了作用原理和结构后,可对功能结构进行调整,调整后的各分功能应与任务要求相容,满足研制任务必须达到的要求,从效用、几何尺寸、安装布置等方面可清楚地看出有实现的可能。

功能结构分析方法可使设计人员很好地划分产品的已知部分和新开发部分的界限,并对它们分别进行处理。对于产品中的已知部分,可采用已有的、技术成熟的组部件来实现,功能只需分解到相应级别。而对于产品中的新开发部分,需要用复杂程度逐步降低的分功能加以构造,直到可求解为止。分解功能后可知,对哪些分功能需寻找新的作用原理,对哪些则可以利用已经知道的解。产品的已知解可在各级标准、专业设计手册、产品目录中查找。

这种分析方法应运用于产品方案的设计阶段,这是由于方案设计阶段是决定产品方案和大部分结构组成的阶段,在这个阶段做好功能结构分析工作将为整个产品运用已有技术,提高通用化、系列化、组合化水平打下基础。否则,方案一经确定便不易更改,标准化工作只能在局部进行。

#### 3.2.3.2 系列产品设计方法

系列产品设计有两种方式,一种是直接在已规划好的系列产品中选取;另一种是从已有的产品出发,设计能满足现有使用要求的新产品。由于已规划好的产品系列不是很多,所以在实践中多数属于后一种情况,即从一种产品结构参数规格出发,按照一定规律推导出所需产品的结构参数规格。虽然这样设计不是立即使产品系列化,但可将已有产品和新设计产品看作系列中的某两个规格,经过一段时间的发展,产品逐渐形成系列。设计系列产品的主要优点是:简化设计,减少设计工作量;使用相同的材料和工艺。

系列产品设计主要运用相似定律,同时还可运用十进制几何标准数确定系列参数。但是,单纯用几何相似放大产品很少能得到满意的结果,必须满足其他有关的相似定律的检验。当产品不同规格方案中,至少有一个物理量之比为常量时,便可说具有相似性。几何相似就是不同规格方案中的任何相应长度之比为常量;当长度比和时间比同时为常量时,称为运动相似;当长度比和备力之比同时为常量时;则称为静力相似;当在几何相似和时间相似的同时,各力之比亦为常量时,则称为动力相似。在机械产品设计中,为保持使用相同材料,在调整参数以满足功能要求时,必须保持应力相等。只有在分级范围内参数大小对材料特性极限值的影响可以忽略不计时,材料的充分利用和安全性才是相同的。

十进制几何数系适合产品系列各规格间的分级。十进制几何数系是通过一个常系数倍增而成,并总是在一个十进制区间内展开,这个常系数就是数系的级比。在设计中应有意识地按十进制几何数系选择基本参数,这样可获得较好的系列。这是由于十进制几何数系有以下优点:

(1)由于分级较粗的数系与分级较细的数系具有相同的数值,因此产品系列各段可用不同的分级,以使参数分级与需求重点相吻合,适应市场对各种规格需求的密集度分布。

(2)由于采用基于标准数系的规格,从而减少了尺寸不同的方案的数量,节省了工艺和工装费用。

(3)由于数系各项的积和商仍然是一个数系的项,这使得以乘、除为主要手段的参数选择与计算变得容易。

(4)当一个产品是数系的项,在做线性放大或缩小时,如果放大或缩小的倍数同样取自数系,则所得结果也在数系中。

#### 3.2.3.3　组合化产品设计

组合化产品是指通过组合具有不同功能的结构块来实现不同使用要求的产品。组合产品系统可以将相同的结构块用于多个产品,因此,它可在满足各种不同使用要求的基础上提高相同零部件的生产批量。只有当原来单个设计或系列设计的产品随着时间的推移,要求有很多功能变体,以至于采用组合产品系统更为经济时,才会开发组合产品,因此,往往是已投放市场一段时间的产品会更改,设计成组合产品系统。

组合产品系统由结构块构成,结构块分为功能结构块和制造结构块。可根据组合系统中反复出现的功能种类对功能结构块进行分类。其基本功能是一个组合系统中基本的、反复出现和不可缺少的功能,基本功能可单独出现或与其他功能连接以实现总功能。基本功能一般是通过一个基本结构块所起作用产生的,这类结构块在组合产品系统的组合结构中属于必须结构块。辅助功能用于连接和连通,它通过辅助结构块来实现,这些辅助结构块通常为连接元件和接头。辅助结构块必须按基本结构块和其他结构块的参数规格开发,在组合结构中属于必需的结构块。特殊功能是特殊的、补充的和任务书特别要求的分功能,它不一定必须在各种总功能变形中反复出现。特殊功能由特殊结构块来实现,特殊结构块表现为对基本结构块的一种特殊补充或作为一个附件,因而是可能结构块。适应功能是为了适应其他系统和边界条件所必需的,它通过适应结构块起作用。适应结构块只在部分结构上是确定的,在个别情况下,由于不可预见的边界条件,其尺寸必须加以调整才能适应要求。开发一个组合产品系统,总会出现难以预见的并为任务书特别要求的功能,这些功能通常通过非结构块来实现。非结构块必须为某个具体任务单独开发。这样,产品就成为由结构块和非结构块联合而成的混合系统。

在组合产品系统中,总功能是由周密考虑的功能结构块组合而成的,所以为开发组合件,就必须制订一个相应的功能结构。进行功能结构分析、建立功能结构在组合产品开发中有着特殊的意义,有了功能结构,即将所需的总功能划分为分功能,就在一定程度上确定了系统的组合结构,但在分析过程中需要注意以下几点:

(1)组合产品系统有几个总功能,就需分析该组合产品系统需要满足的基本功能和附加功能。应对各个附加功能在技术上和经济上进行优化,并删除使用少且成本较高的功能变体。

(2)分解的分功能应尽量少并反复出现,各总功能的功能结构之间必须在逻辑上和物理上相互协调,以保证分功能在组合产品系统内能够交换和组合。建立功能结构时应注意:用尽可能少和容易实现的基本功能组合来实现所要求的总功能;对需求数量大的功能主要由基本功能组成,需求量少的功能划为特殊功能和适应功能,需求极少的功能不划入组合结构;可将若干分功能集中到一个结构块上。

(3)找到的分功能载体允许在基本相同的结构设计的情况下产生各种功能模块。

(4)结构块应功能合理,并便于制造。应按以下原则确定机构块的分解程度：结构块应满足要求和质量指标；总功能模块应通过结构块的简单装配产生，结构块只分解到功能所要求的、质量所要求的和成本所允许的程度。

### 3.2.4　面向再制造性设计的标准化工作

#### 3.2.4.1　面向再制造性设计的标准化工作的基本目标

面向再制造性设计的标准化工作的基本目标为：

(1)提高产品末端时再制造便利性。

(2)减少再制造人员，降低其技术水平要求。

(3)提高再制造产品质量的稳定性。

(4)减少再制造备件的品种和数量。

(5)减少再制造技术文件的需求。

#### 3.2.4.2　实现再制造产品标准化的设计原则

在面向再制造性的实现产品标准化中，须仔细考虑和遵循以下原则：

(1)最大限度地采用标准零部件、元器件。

(2)将所需零部件、元器件的品种、规格减到最低限度。只要可能，应始终选用同样的产品或与现有的使用和设计惯例相适应。

(3)通过简化产品，将供应、储存问题（如备品积压或短缺）减少到最低限度。

(4)简化零部件、元器件的编号、编码，以简化再制造与管理工作。

(5)最大限度地采用现成的或不做大的改动即符合要求的通用元器件、零部件、工具和设备。

#### 3.2.4.3　实现再制造零部件良好互换性的设计原则

为使产品零部件在再制造时具有良好的互换性，应遵循下列原则：

(1)具有以下特性的零部件、元器件或单元体应能互换。

①预定有相同功能、参数的。

②标志相同的。

③虽用于不同部位，但功能相同的（这对于高失效率的零部件、元器件或单元体尤为重要，因为它们常常需要更换）。

(2)整个产品中，尤其是产品内各单元之间的零部件、紧固件与连接件、管线、缆线等应标准化。

(3)应该避免功能可互换的单元在形状、尺寸、安装及其他形体特征方面的差异。若不能完全互换，应提供连接（适配）器使具有功能互换的单元能实体互换。

(4)不论何时,不要求功能互换的单元就不应有实体互换;能实体互换的单元应能功能互换,以免安装差错引起使用中的故障或危险。

(5)产品的修改,不应改变其安装和连接方式以及有关部位的尺寸,使新旧产品可以零部件或组件互换。

#### 3.2.4.4　面向再制造性的设计应用

标准化、互换性涉及产品的型号、使用特性和物理特性。在以下情况应采用标准的零部件、元器件、电路、方法和通常做法:

(1)构造和装配图。

(2)紧固件、密封件、接插件、管线的选择和应用。

(3)机箱、机盖的选择和安装。

(4)零部件和元器件的标志。

(5)材料的牌号和规格的选用。

(6)各种常用工具和附件的选用。

(7)导线的标识和编码。

(8)标签和标记。

(9)在多种产品中具有同一用途的产品选用。

(10)电路输入/输出电压和输入/输出电流的大小。

(11)稳压器和供电电压值。

(12)对称式的单元设计。

(13)设计和使用文件。

## 3.3　拆解性设计

### 3.3.1　拆解性设计的内涵

拆解是指采用一定的工具和手段,解除对零部件造成约束的各种连接,将产品的零部件逐个分离的过程。拆解分解比装配更加困难,这是因为废旧零部件内部存在大量锈蚀、油污和灰尘,从而导致拆解分解速度降低;拆解分解也不单是装配的逆向过程,有些产品零部件是通过胶粘、铆接、模压、焊接等方式连接,形成的连接件很难实现其逆向操作;同时,拆解分解过程中还要对一些不能进行再制造的零部件进行鉴别和剔除。

产品拆解性设计是产品再制造升级性设计的重要环节,是有效提升产品再制造升级能力的有效措施,是实现产品维修维护、再制造回收及再循环应用的基础。产品拆解性的好坏直接影响产品再制造升级的效率和成本。拆解性与维修性类似,是一种设计出来的系统固有特性,这种固有特性决定了系统拆解的难易程度。因此,为了更好地实现产品的并行设计、提高产品的质量,使产品易于维护和维修,必须在产品早期设计阶段就考虑产品的拆解性。

## 3.3.2 面向再制造的拆解性设计准则

产品拆解性设计的合理性对拆解过程影响很大,也是保证产品具有良好再制造性能的主要途径和手段。产品拆解性设计原则就是将产品的拆解性要求转化为具体的产品设计而确定的通用或专用设计准则和原则,针对不同目标的产品拆解性设计原则一直是设计领域研究的重点。

### 3.3.2.1 非破坏性拆解设计原则

拆解有两种基本方式:第一种是可逆的,即非破坏性拆解,如螺钉的旋出,快速连接的释放等;第二种方式是不可逆的,即破坏性拆解,如将产品的外壳切割开,或采用挤压的方法把某个部件挤压出来,这可能会造成一些零部件的损坏。非破坏性拆解设计的关键问题是,能否将产品中的零部件完整地拆解下来而不损害零部件的材料和整体性能,以及方便地更换零部件;破坏性的拆解仅适用于材料回收。

### 3.3.2.2 模块化设计原则

产品模块化是在考虑产品零部件的材料、拆解、维护及回收等诸多因素的影响下,对产品的结构进行模块化划分,使模块成为产品的构成单元,从而减少零部件数量,简化产品结构,有利于产品的再制造升级,便于产品的再循环利用。在面向再制造升级的产品可拆解性设计中,模块化设计原则具有重要的意义。

### 3.3.2.3 技术预测设计原则

随着技术的飞速发展及人们需求的日益增长,产品的技术功能需求具有不确定性,即产品的使用需求与原始需求之间产生了较大改变,而减少这些结构与技术的不确定性有利于实现产品的快速检测、拆解和升级。例如,产品技术预测设计原则通常要求避免易老化、易腐蚀材料的结合以及防止要拆解的零部件的污染和腐蚀,增强技术的发展预测设计。

## 3.3.3 面向再制造的拆解性设计内容

通常,设计师往往将注意力只集中在产品的结合方式与结合处本身的设计,例如,采用拉锁式、按钮式安装技术取代传统的焊接、铆钉技术,但结合方式的设计只是可拆解设计的一部分,而不是可拆解设计工作的全部。一项完整的为拆解而进行的设计,除了满足产品的基本要求以外,还应当根据产品设计的3个部分,即原材料的选择与处理、产品架构设计、结合方式与接合物件处理等,进行全方位的设计。

#### 3.3.3.1 原材料的选择与处理

1. 使用再利用的材料

一是材料选择要考虑其可循环再利用性;二是通过回收材料并进行资源再生的新颖设计,使资源再利用的产品进入市场,达到废弃物数量最小化,增加产品生命终期的价值。

2. 原材料的种类尽可能少

通常为了产品外观或性能的需要,会使用多种不同材料以提高性能,但是从再制造的角度出发,在满足功能条件下,尽量减少原材料的种类,一种部件尽量只使用单一种类的材料,可以便于进行对材料的再制造恢复或进行材料恢复。

3. 原材料上应有清楚的标识

对于使用有害物质的零部件应当做特殊标记,同时也要易于去除,这样在拆解时可以快速排除不要的零部件,而对于可回收的原材料除了用三角形的回收标记外,有时还应该按照规定有更具体的标识。

#### 3.3.3.2 产品构架设计

1. 尽可能采用模块化设计

产品向用户提供许多小的功能块,可以在再制造时按照用户需要进行调整和重新排列组合,便于进行再制造升级或者快速改变再制造产品的功能,也便于实现产品的个性化,并可提高拆解效率。

2. 尽量减少零部件数目

秉承少量化设计的原则,在确保功能的前提下从复杂产品结构中减去不必要的部分,以求得最精粹的结构形式设计,从而极大地简化拆解的程序。零部件越少,意味着拆解越简单、越省时,从而降低拆解的成本。

3. 产品整体构架清晰,零部件是否可再制造区分明确

一般来说,产品结构以垂直方向为佳,因为这样最便于回收作业的顺利进行。同时,注意将不可回收再利用的零部件放置在同一区域,以便拆解时能够快速移除,提高拆解的速度。将回收利用价值较高的零部件设计在易于拆解工具接近的位置,这样才能有利于拆解工作的进行。

#### 3.3.3.3 结合方式与接合物件处理

1. 结合方式易于拆解，避免永久性结合

如果一个产品由至少两个或以上的组件所组成，就必然会有一定的结合方式。由于产品有许多种不同的结合及组装方式，每一种结合都有相对应的拆解方式，产品设计就要考虑结合方式易于拆解。再制造拆解的目的是再利用零部件，因此，要避免在零部件间采用一些永久性结合（如焊接、交织）或使用永久性联结材料（如胶水），否则采用的破坏性拆解必然带来再制造利用率低的问题。因此，必须避免这一类结合方式，以缩短拆解时间，保证拆解下来的零部件的完整性。

2. 考虑结合处的拆解工具

对于拆解结合处的必要拆解工具，必须事先加以考虑。尽量降低对拆解的工具要求，按照徒手、简单工具、组合工具、特殊设计专用工具的顺序选择拆解工具。徒手拆解属于最理想的拆解方案，无法做到徒手拆解也应尽量避免使用特殊工具，要尽可能多地使用传统的拆解工具，如十字螺丝起子、钳子、扳手等，如果必须使用特殊的拆解工具，就要考虑拆解工具的可方便操作性。

3. 采用最少的接合件

有时产品不同部件之间的连接需要一定的接合物件，如搭扣、铆钉等。为了减少拆解接合物件的时间，物件的数目越少越好，同时接合物件的设计应该保证拆解工具能够触碰到物件的各个面，至少也要能接触到主要的拆解面，以有利于拆解工作的进行。

一个合乎可拆解原则的产品设计，在原材料、结合方式及其周边必须考虑的因素是相当复杂的。可拆解设计技术的加强及各种结合方式的逆向技术研究，对产品的再制造利用具有重大影响。

### 3.3.4 拆解性设计要求准则

#### 3.3.4.1 基本要求

面向再制造的可拆解性设计要求，在产品设计的初期将可拆解性和可再制造性作为结构设计的指标之一，使产品的连接结构易于拆解，维护方便，并在产品废弃后能够充分有效地回收利用。表3.1给出了面向产品再制造的拆解性设计准则，但是由于报废产品的处理方式不同，所以这些拆解性设计准则必须根据具体的目标有选择地使用。例如，面向材料回收的拆解性设计要求材料尽可能地单一，从而保证材料回收的方便。

表3.1　面向产品再制造的拆解性设计准则

| 与材料有关的设计准则 | 与连接件有关的设计准则 | 与产品结构有关的设计准则 |
|---|---|---|
| 减少同种材料的种类数 | 减少连接件数目 | 应保证拆解过程中的稳定性 |
| 尽可能使用可回收的材料 | 减少连接件型号 | 采用模块化设计、减少零部件数量 |
| 使用回收后的材料生产零部件 | 减少拆解距离 | 减少电线和电缆的数量与长度 |
| 减少危险、有毒有害材料的数量 | 拆解力方向一致 | 连接点、折断点和切割分离线应明显 |
| 对有毒、有害材料进行清楚标识 | 避免破坏被连接零部件 | 将不能回收的零部件集中在便于分离的某个区域 |
| 对塑料和相似零部件的材料进行标识 | 拆解空间应便于拆解操作 | 将高价值的零部件布置在易于拆解的位置 |
| 相互连接的零部件材料尽可能兼容 | 采用相同的装配和拆解操作力法 | 将有毒有害材料的零部件布置在易于分离的位置 |
| 黏结与连接的零部件材料不兼容时应易于分离 | 采用易拆和可破坏性拆解的连接件 | 避免嵌入塑料中的金属件和塑料零部件中的金属加强件 |

#### 3.3.4.2　具体设计准则

拆解性设计准则就是为了将产品的拆解性要求及回收约束转化为具体的产品设计而确定的通用或者专用设计准则。合理的拆解性设计准则，是设计人员进行产品设计和审核时遵循并严格执行的技术文件，也是最终实现产品良好的拆解性能要求的保证。以下设计准则是根据产品设计经验及技术资料归纳、整理而成的，可供参考。

1. 明确拆解对象

在进行产品设计时，首先应该明确产品报废后，哪些零部件必须拆解，应如何进行拆解，拆解所得资源应以什么方式进行再生、再利用。总体来说，在技术可能的情况下，确定拆解对象时应遵循如下原则：

(1)对有毒或者轻微毒性的零部件或再生过程中会产生严重环境问题的零部件应该拆解，以便于单独处理，如焚化或填埋。

(2)对于由贵重材料制成的零部件应能够拆解，实现零部件重用或贵重材料的再生。

(3)对于制造成本高、寿命长的零部件，应尽可能易于拆解，以便直接重用或再制造后重用。

2. 尽量减少拆解工作量

拆解工作量是用来衡量产品拆解性能的重要指标。减少拆解工作量可以通过两种途径来实现:①在保持产品原有的功能要求和使用条件的前提下,尽可能简化产品结构和外形,减少组成零部件数量和类型,或者是使产品的结构设计更加利于拆解;②尽量简化拆解工艺,减少拆解时间,降低对维护、拆解回收人员的技能要求。在具体实施的过程中,可以有以下几种准则:

(1)尽量使用标准件和通用件,减少拆解工具的数量和种类,增加自动化拆解的比例。

(2)通过零部件合并,尽量减少零部件数量。在保证产品使用功能和性能的前提下,进行功能集成;把由多个零部件完成的功能集中到一个零部件或部件上,从而大大地缩短拆解时间。尤其对于工程塑料类材料,因为它具有易于制成复杂零部件的特点,所以特别适于零部件功能集成。

(3)尽量减少材料种类。材料种类的减少将有助于减少拆解工艺,简化拆解方法。例如,Whirlpool 公司的包装工程师应用“减少材料种类”原则,将包装材料的种类由 20 种减少到 4 种,使废物处理成本下降了 50%,取得了明显的经济效益。

(4)尽量使用兼容性能好的材料组合。材料之间的兼容性对拆解回收的工作量具有很大的影响。例如,电子线路板是由环氧树脂、玻璃纤维以及多种金属共同构成的,由于金属和塑料之间的相容性较差,为了经济、环保地回收报废的电子线路板,就必须将各种材料分离,但这是一个难度和工作量都很大的工作。目前线路板的回收问题仍是一个难题。常用热塑性材料的兼容性见表 3.2。若设计时不得不选用不相容的材料,则应将相容材料放在一起,不相容材料之间采用易于分解的连接,这样可简化零部件材料的拆解分离工作,从而降低拆解成本。

采用模块化结构,以模块的方式实现拆解和重用。模块化设计是实现零部件互换通用、快速更换修理的有效途径。

3. 在结构上尽量简化设计,减小拆解难度

产品零部件之间的连接方式对拆解性能有重要影响。设计过程中要尽量采用简单的连接方式,尽量减少紧固件数量,减少紧固件的类型,在结构设计上应该考虑拆解过程中的可操作性并为其留有操作空间,使产品具有良好的可达性和简单的拆解路线。常用准则有以下几条:

(1)尽量减少连接件的数量。一般来说,连接件越少则意味着拆解工作也越少。

表 3.2 常用热塑性材料的兼容性

| | PE | PVC | PS | PC | PP | PA | POM | SAN | ABS |
|---|---|---|---|---|---|---|---|---|---|
| PE | √ | × | × | × | √ | × | × | × | × |
| PVC | × | √ | × | × | × | × | × | √ | √ |
| PS | × | × | √ | × | × | × | × | × | × |
| PC | × | ○ | × | √ | × | × | × | √ | √ |
| PP | ○ | × | × | × | √ | × | × | × | × |
| PA | × | × | ○ | × | × | √ | × | × | × |
| POM | × | × | × | × | × | × | √ | × | × |

注:√—相容性好;○—相容性一般;×—相容性差

(2)尽量减少连接件的类型。减少连接件类型有助于减少拆解工具的数量和减少拆解工艺的设计,因此可有效地降低拆解难度,缩短拆解时间,提高拆解效率。

(3)尽量使用易于拆解或者易于破坏的连接方式。要方便地、无损害地将零部件拆解下来,就必须选择恰当的连接方式。目前设计中采用的连接方式很多,可分为不可拆解连接(如铆接、焊接与胶接等)和拆解性连接(如螺纹连接、搭扣连接等)。选用哪种连接应根据具体情况而定。以塑料件为例,黏结工艺通常不适合面向拆解回收的设计,因为在拆解时需要很大的拆解力,而且其表面残余物在零部件回收时很难去除。但是如果零部件和黏结剂采用同一种材料,则可一起回收,用于面向拆解回收的设计中。

(4)尽量使用简单的拆解路线。简单的拆解运动有助于实现拆解过程的自动化。因此,应尽可能减少零部件的拆解运动方向,避免采用复杂的拆解路线(如曲线运动等)。

(5)设计时应确保产品具有良好的可达性,给拆解、分离等操作留有合适的操作空间。传统设计中往往忽视这一点。例如,在零部件表面应该给拆解操作留有可抓持的空间特征,以便零部件处于自由状态时,可以轻松地抓取;应该尽量使需要切割的地方容易操作,容易到达。

4. 易于拆解

要提高拆解效率,拆解的可操作性和方便性是非常重要的。常用的准则有:

(1)设计合理的拆解基准。合理的拆解基准不仅有助于方便省时地拆解各种零部件,还易于实现拆解自动化。

(2)设置合理的排放口位置。有些产品在废弃淘汰后,往往含有部分废液,如汽车中的汽油或柴油、润滑油,机床中的润滑油等,为了在拆解过程中不致使这些废液遍地横流,造成环境污染和影响操作安全,在拆解前应首先将废液排出。因而,在产品设计时,要设置合理的排放口位置,使这些废液能方便并完全排出。

(3)刚性零部件准则。在产品设计时,尽量采用刚性零部件,因为非刚性零部件的拆解过程比较麻烦。

(4)设计产品时,应优先选用标准化的设备、工具、元器件和零部件,并且尽量减少其品种、规格。

(5)封装有毒、有害材料。最好将由有毒、有害材料制成的零部件用一个密封的单元体封装起来,便于单独处理。

5. 易于分离

在产品设计时,应尽量考虑避免零部件表面的二次加工(如油漆、电镀、涂覆等)、零部件及材料本身的损坏、回收机器(如切碎机等)的损坏,并为拆解回收材料提供便于识别的标志。在产品设计时应遵循以下准则:

(1)一次表面准则。即组成产品的零部件表面最好是一次加工而成,尽量避免在其表面上再进行诸如电镀、涂覆等二次加工。因为二次加工后的附加材料往往很难分离,它们残留在零部件表面,容易使材料回收时产生杂质,影响材料的回收质量。

(2)设置合理的分类识别标志。产品的组成材料种类较多,特别是复杂的机电产品,为了避免将不同材料混在一起,在设计时就必须考虑设置明显的材料识别标志,以便分类回收。常用的识别方法有:模压识别标志,将识别标志制作在模具上,然后复制到零部件表面;条形识别标志,将识别标志用模具或激光方法制作在零部件上,这种标志便于自动识别;颜色识别标志,用不同的颜色表明不同材料。

(3)减少零部件多样性准则。在产品设计时,利用模块化设计原理,尽量采用标准零部件,减少产品零部件的种类和结构的多样性,这无论对手工拆解还是对自动拆解都是非常重要的。

(4)尽量减少镶嵌物。通常,若零部件中镶嵌了其他种类的材料,则会大大增加产品的回收难度,很难将不同的物质分离开,在理论和实践中都存在一定的难度。

6. 产品结构的可预估性准则

产品在使用过程中存在污染、腐蚀、磨损等,且在一定的时间内需要进行维护，这些因素均会使产品的结构产生不确定性，即产品的最终状态与原始状态之间发生了较大的改变。为了在产品废弃淘汰时，减少其结构的不确定性，设计时应该遵循以下准则：

（1）避免将易老化或易腐蚀的材料与需要拆解、回收的零部件组合。

（2）要拆解的零部件应防止外来污染或腐蚀。

## 3.3.5 面向再制造的拆解实例

### 3.3.5.1 洗衣机拆解及设计改进

洗衣机作为家用电器，发展已经比较成熟，而且由于其售后维修服务需要，在拆解性设计方面已经做出了针对性的设计，但通过对某型号洗衣机的部分部件拆解试验，发现存在着拆解时间长、连接方式不合理、可达性差等问题，如果对其提出改进拆解性设计，将对于提高再制造升级效益具有显著的作用。表3.3为某型洗衣机核心件拆解要素及易于再制造升级的设计改进方案。

**表3.3 某型洗衣机核心件拆解要素及易于再制造升级的设计改进方案**

| 序号 | 拆解内容 | 拆解步骤 | 连接方式 | 拆解时间/min | 拆解工具 | 设计改进 |
|---|---|---|---|---|---|---|
| 1 | 主轴承拆解 | （1）打开后盖，拆下皮带轮<br>（2）拆掉三脚架的3个地脚螺丝<br>（3）在内筒轴上装一个螺丝，然后用铁锤敲击，取下三脚架<br>（4）用铁锤子敲掉旧轴承，更换新轴承 | 三脚架与主轴轴承外圈过度配合，与箱体地脚螺丝固定 | 35 | 套筒扳手、十字螺丝刀、一字螺丝刀、铁锤、光轴 | 将三脚架底部两螺丝对准箱体的位置并预留拆解工艺孔，以便拆解螺丝 |
| 2 | 减振器拆解 | （1）拆下减振器在洗衣机箱体底部的两个固定螺丝<br>（2）用通用扳手拆下上下连接外筒的减振螺丝，并更换新的减振器 | 减振器和箱体外筒靠螺丝连接 | 21 | 套筒扳手、扳手 | 把减振器的固定螺丝改为销子并加装减振垫，以延长使用寿命 |

**续表 3.3**

| 序号 | 拆解内容 | 拆解步骤 | 连接方式 | 拆解时间/min | 拆解工具 | 设计改进 |
|---|---|---|---|---|---|---|
| 3 | 胶皮管拆解 | (1)拆下胶皮管上的卡环<br>(2)拆下固定在洗衣机上的螺丝,更换新的胶皮管 | 胶皮管和外筒、水泵连接 | 16 | 螺丝刀 | 将胶皮管设计为防腐胶皮,以延长使用寿命 |
| 4 | 水泵拆解 | (1)将洗衣机侧放,拆下连接在水泵上的卡环<br>(2)拆下水泵与箱体的连接螺丝,并更换新的水泵 | 水泵和箱体、胶皮管连接 | 20 | 八字螺丝刀和十字螺丝刀 | 把水泵上的螺丝改为蝶形螺帽便于拆解 |
| 5 | 门锁拆解 | (1)拆下门封外胶皮<br>(2)拆下门锁螺丝并取出门锁<br>(3)拔下门锁上的连接线,更换新的门锁 | 门锁和箱体、计算机面板连接 | 12 | 十字螺丝刀和一字螺丝刀 | 将门锁改为一键开门式门锁,便于延长使用寿命 |

#### 3.3.5.2　发动机的可拆解性设计与拆解实例

发动机作为机械产品的心脏,属于贵重零部件,因此其可拆解性设计已得到较好的应用。例如,缸体、曲轴、连杆、凸轮轴、齿轮等零部件在材料选择、结构设计、强度设计、装配设计等方面均很好地执行了可拆解性设计原则。与其他零部件相比,发动机的拆解和再制造的工程实践与产业化应用也是国外发达国家废旧机电产品资源化中最活跃的领域。

例如,对某型产品四缸发动机进行完全深度拆解,共拆解出 534 个单一零部件。经清洗和鉴定后将所有零部件分为 3 类:

(1)性能与尺寸完好,可直接再利用的,包括进气管、排气管、油底壳和飞轮壳等铸铁铝零部件。

(2)经再制造加工后可以继续使用的,包括曲轴、连杆轴、凸轮轴、缸体和缸盖等金属零部件,如图3.1所示。

(3)无法再制造或可再制造而经济性不好的,需列入再循环处理的零部件,包括活塞环、轴瓦和密封垫等零部件,如图3.2所示。

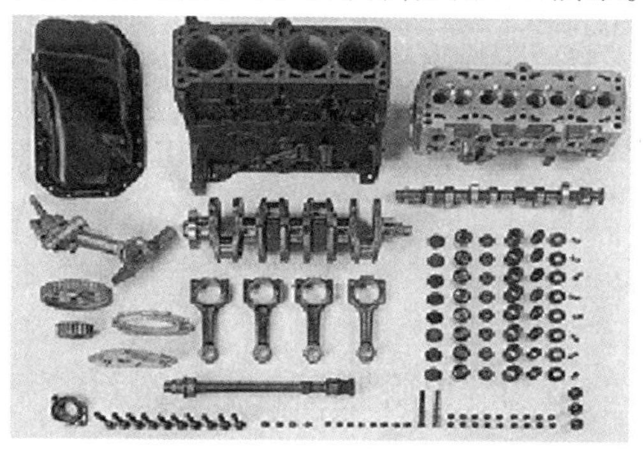

图3.1 某四缸发动机拆解后的可再制造的零部件

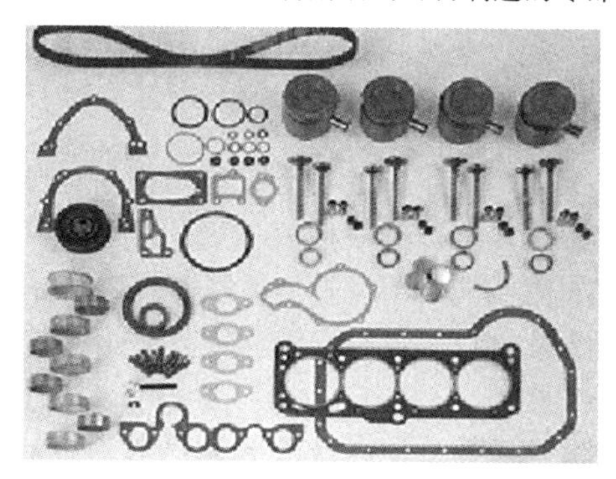

图3.2 某四缸发动机拆解后的易损件

发动机完全拆解后得出如下结论:除了发动机缸体外等部位的固定采用了螺杆相连接,发动机内部绝大部分的连接均采用了容易拆解的非螺杆连接件,仅有8个连接件是靠模压或者铆接法进行连接,需要进行破坏性拆解。类似将活塞推出缸套、轴瓦分离轴颈、曲轴分离轴承座圈等零部件均可实现无损快速拆解。图3.3为发动机零部件拆解方式及所需时间对比。对拆解后的零部件进行费效比统计分析,可再利用和再制造的零部件比例占整机零部件质量的94%、价值的90%、数量的85%,这表明,可拆解性设计直接决定产品的拆解效率和旧件的再利用率,并会进一步影响其再制造的经济可行性与技术可行性。

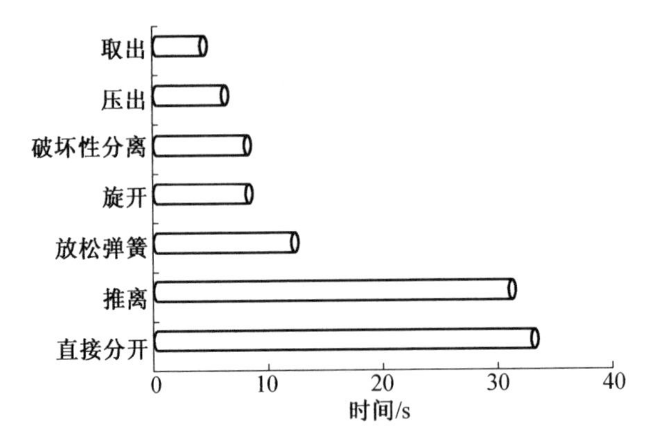


图 3.3 发动机零部件拆解方式及所需时间对比

# 3.4 再制造升级性设计

## 3.4.1 概述

### 3.4.1.1 基本概念

产品再制造升级性是表征产品再制造升级能力的固有属性,无论产品是否在设计阶段考虑其再制造升级内容,它都是客观存在的,但如果在产品设计阶段就考虑如何在其末端时进行再制造升级,则可以显著提升其具有的再制造升级性参数,提高再制造升级效益,因此,需要在产品设计时就考虑产品再制造升级性。

产品再制造升级性设计是指在综合利用已有设计理论和方法的基础上,重点研究产品再制造升级过程中技术、经济、环境及服役影响特性和资源优化利用特性,设计出在其寿命周期过程中便利于再制造升级的产品,在满足产品自身生长需求、用户功能需求、企业赢利需要的同时,满足社会可持续发展的需要。

### 3.4.1.2 主要特征

产品再制造升级性设计的基础是现有的设计理论、方法和工具以及先进的设计理念与技术,并综合运用各种先进的设计方法和工具,进一步为升级性设计提供了实施的高效和高可靠性保证。再制造升级性设计需要综合考虑产品在再制造升级中的所有活动,力图在产品设计中体现产品在全寿命周期范围内,与再制造升级相关的技术性、经济性和环境协调性的有效统一。例如,升级性设计要求产品设计者、企业决策者、再制造专家、技术预测专家、环境分析专家等组成开发团队进行综合考虑，其中，考虑的因素涉及材料、生产设备、零部件供应与约束、产品制造、装配、运输销售、使用维护、再制造流程、技术发展等寿命周期和再制造的各个阶段。

产品再制造升级性设计过程通常是一个自顶向下的过程，经历了产品—部件—零部件—材料各个过程，是产品系统设计的具体体现。而对产品再制造升级性的分析需要采用从底向上的观点（底层活动数据的累计）得到总体的产品特性。产品的再制造升级性设计具有以下几点共识：

（1）再制造升级性设计面向的对象是新研产品。

（2）再制造升级性设计的理论基础是产品设计理论与方法。

（3）再制造升级性设计的方法基础是并行设计。

（4）再制造升级性设计的信息基础是计算机对再制造升级数据的分析与挖掘。

（5）再制造升级性设计的技术基础是设计工具及其面向未来的产品功能预测。

（6）再制造升级性设计要充分重视人的经验和决策作用。

（7）再制造升级性设计是对技术、经济、环境、管理、材料、制造等的综合运用。

因此，再制造升级性设计具有系统性、集成性、并行性、时间性、空间性、产品系统实体及其信息分布等特点。再制造升级性设计思想必将被越来越多的企业及产品开发人员接受和采纳。

#### 3.4.1.3　基本过程

再制造升级性设计的基本过程如图3.4所示，主要包括：

（1）获取并正确理解产品设计的升级性技术需求。

（2）进行由再制造升级技术需求到升级工程特征规划的配置。

（3）再制造升级性设计特征进一步细化为描述明确、易于理解、与产品密切相关的设计准则。

（4）结合产品设计，落实设计准则。

（5）进行再制造升级性设计符合性检查与评审。

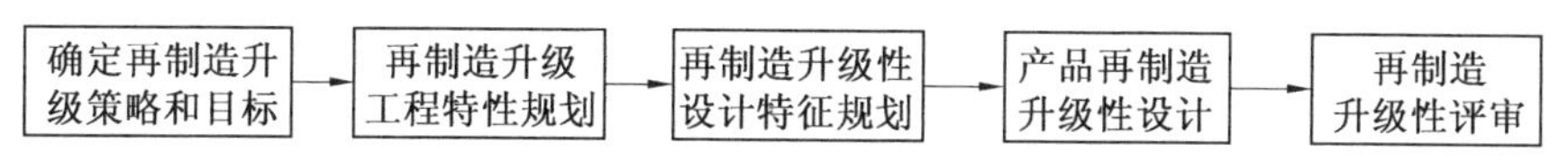


图3.4　再制造升级性设计的基本过程

### 3.4.2　面向产品全寿命周期过程的再制造升级性活动

在一个产品的完整全寿命周期过程中，再制造升级工程过程依托于产品设计与再制造升级两个阶段,并发生不同的活动内容。在产品全寿命周期过程中的再制造升级性工作如图3.5所示,其具体内容如下:

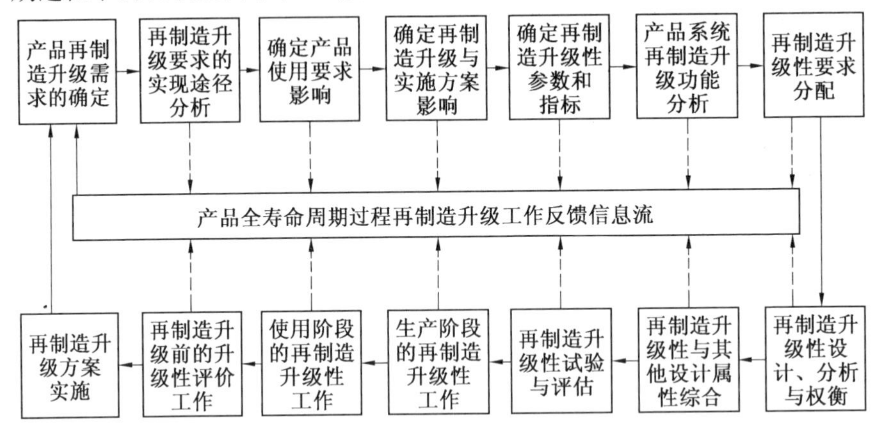


图3.5　产品全寿命周期过程中的再制造升级性工作

(1)产品再制造升级需求的确定。在要求确定过程中,重点关注有关再制造升级的特殊要求,例如,产品系统的拆解性、模块化、标准化及再制造升级费用等。可以按照定性、定量术语,将再制造升级的要求进行表述,并具体区分出升级性要求和升级保障要求等内容。

(2)再制造升级要求的实现途径分析。在产品系统中重点关注再制造升级的要求,通过什么样的技术途径加以实现。要根据具体要求,考察多种备选技术方案,并进行可行性论证。

(3)确定产品使用要求影响。确定产品系统使用的功能要求及其对再制造升级的影响,进行使用要求设计与再制造升级要求设计间的矛盾协调与处理,明确产品为完成功能所使用的设计需求对再制造升级的影响,列出主要因素,并通过矛盾矩阵进行协调解决。

(4)确定再制造升级与实施方案影响。重点分析再制造升级及其保障方案中与再制造升级直接相关的因素,并进行规范化处理,使其能够作为升级性设计的输入。这些直接影响因素包括再制造升级的基本策略、再制造升级保障描述、再制造升级性能需求等。

(5)确定再制造升级性参数和指标。按照再制造升级的整体要求确定具体的升级性定量要求参数,并需要设计人员根据目标的重要程度来决定哪些目标更为优先。

(6)产品系统再制造升级功能分析。重点对产品再制造升级分解出的升级功能进行详细分析,确定产品的再制造升级职能和再制造升级过程等。

(7)再制造升级性要求分配。按照功能分析定义,将产品的升级性定性、定量要求逐步向底层分析,其中定性要求转化为升级性设计准则,定量要求转化为部件或零部件的升级性定量要求。

(8)再制造升级性设计、分析与权衡。升级性设计、分析与权衡是要在产品论证阶段、方案研制阶段和工程研制阶段反复进行的过程。这一过程中,首先根据定性、定量要求进行升级性设计,然后运用升级性分析技术对具体的升级性设计方案进行建模分析,最后运用升级性权衡技术对多个设计方案进行权衡分析,确定设计方案。

(9)再制造升级性与其他设计属性综合。把升级性设计方案与工艺性、可靠性、维修性、安全性等其他设计属性进行综合,在大范围内进行设计权衡。

(10)再制造升级性试验与评估。通过对一个或多个模块进行模拟或实际试验来验证再制造升级时间、费用等参数,验证拆解、清洗损伤修复等的难易程度,并开展升级保障设施的预置实验。

(11)生产阶段的再制造升级性工作。在生产阶段的重点是对已经设计的升级性进行保证,分析生产工艺对升级性的影响,为生产做好必要准备,同时,进行升级性信息的收集、分析与反馈。

(12)使用阶段的再制造升级性工作。在产品使用阶段升级性的重点是提高系统的升级性,通过使用过程中升级性信息的收集与分析,实现使用过程中升级性增长,同时提出升级性设计的更改建议。

(13)再制造升级前的升级性评价工作。在产品因功能无法满足要求而需要再制造升级前,根据产品自身属性与产品相关功能技术进化发展情况,科学地形成并评判再制造升级方案,形成最佳的再制造升级途径。

(14)再制造升级方案的实施。经再制造升级性评价符合再制造升级要求的,按照再制造升级性设计时确定的方案,组织开展再制造升级的生产活动,形成达到预期功能要求的再制造升级产品,投入服役使用。

### 3.4.3　再制造升级性定性设计方法

在产品最初设计阶段,可以根据需要制定出升级性定性要求,它是进一步量化升级性定量指标的具体途径或措施,也是制定升级性设计准则的依据。参考维修性的有关内容,定性要求的制定可以依据再制造性及其他设计指标要素的有关要求,并参考类似产品的设计要求,再结合具体产品功能模块划分及功能技术需求发展,来给出明确的定性要求,其功能模型如图3.6所示。

再制造升级性的定性设计内容与方法可从产品功能模块的替换性、零部件的重用性、环保性、经济性等方面进行描述,见表3.4。

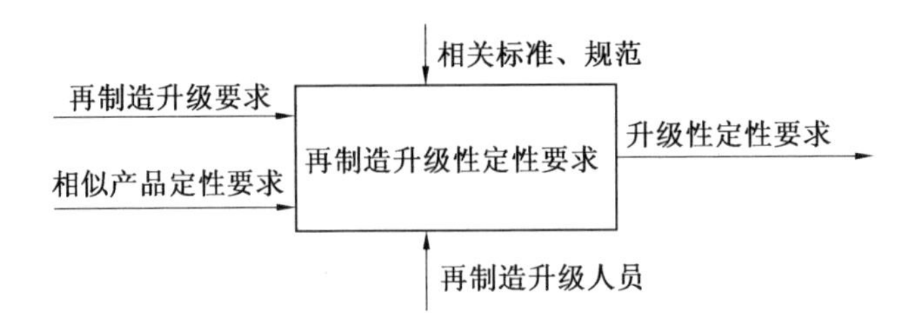


图3.6　再制造升级性定性要求功能模型

**表3.4　产品再制造升级性定性设计的内容与方法**

| 领域 | 内容 | 作用 | 方法 |
| --- | --- | --- | --- |
| 功能模块的替换性 | 模块化设计 | 可实现模块的更替或拆除,实现功能升级 | 通过功能分类与集成来实现模块化分组 |
| | 功能预置设计 | 通过预测,预留未来的功能扩展结构 | 可以改造的结构,并预留模块接口,增加升级性 |
| | 标准化接口设计 | 便于进行模块更换 | 采用标准接口,可以在必要时进行模块增加或替换,实现功能升级 |
| 零部件的重用性 | 可修复性设计 | 实现零部件的修复后重用 | 设计时要增加零部件的可靠性,尤其是附加值高的核心零部件,要减少材料和结构的不可恢复失效,防止零部件的过度磨损和腐蚀 |
| | 长寿命设计 | 实现零部件的直接重用 | 通过适当增加强度或选择材料来实现零部件的寿命延长 |
| | 可拆解性设计 | 实现零部件的无损拆解,提升零部件的重用率 | 减少产品接头的数量和类型,减少产品的拆解深度,避免使用永固性的接头,考虑接头的拆解时间和效率等。在产品中使用卡式接头、模块化零部件、插入式接头等均易于拆解 |
| | 无损清洗设计 | 合理设计清洗表面,避免清洗过程中将会造成的损伤 | 设计时应该使外面的部件具有易清洗且适合清洗的表面特征,如采用平整表面,采用合适的表面材料和涂料,减少表面在清洗过程中的损伤概率等 |
| | 易于分类设计 | 实现零部件的科学分类,增强重用的便宜性 | 采用标准化的零部件,尽量减少零部件的种类,并对相似的零部件设计时应该进行标记,增加零部件的类别特征 |

**续表 3.4**

| 领域 | 内 容 | 作 用 | 方 法 |
| --- | --- | --- | --- |
| 经济性 | 运输性设计 | 合理设计外表面和结构,避免造成运输中的破坏,减少运输的体积,降低运输费用 | 例如,对于体积大的产品,在装卸时需要使用叉式升运机的,要设计出足够的底部支撑面;尽量减少产品突出部分,以避免在运输中碰坏,并可以节约储存时的空间 |
| | 标准化设计 | 便于进行标准化易损件的更换,减少生产加工费用 | 采用易于替换的标准化零部件和结构 |
| | 可测性设计 | 便于检测,降低检测费用 | 预留检查空间或检测元件 |
| | 装配性设计 | 易于装配,降低生产费用 | 采用模块化设计和零部件的标准化设计来提高装配性 |
| 环保性 | 绿色材料选择 | 降低环境污染及因材料不符合环保要求而报废的情况 | 采用绿色环保材料,杜绝国家禁止使用的材料,加强材料的服役性 |
| | 绿色工艺设计 | 实现绿色拆解、清洗、加工、包装,减少生产过程中造成的环境污染 | 强调无损拆解;采用物理清洗技术;采用高可靠性检测方法,避免误检率;采用可重用包装材料;加强工序中废弃物环保处理等 |

### 3.4.4 再制造升级性定量要求分析确定

再制造升级性定量要求的分析确定主要根据再制造升级性的需求,选定再制造升级性的评价参数并确定再制造升级性指标。确定再制造升级性指标相对确定参数来说更加复杂和困难,因此在确定指标之前,产品研制部门要和产品使用部门、再制造升级部门要进行反复评议,再制造升级部门从产品使用需求和再制造升级实施需要提出适当的最初要求。通过协商使指标既能满足再制造升级需求,设计时又能够实现。指标通常给定一个范围,即使用指标应有目标值和门限值,合同指标应有规定值和最低可接受值。制定再制造升级性定量要求的功能模型如图 3.7 所示。

再制造升级性参数的选择主要考虑以下几个因素:

(1)产品的再制造升级需求是选择再制造升级性参数时要考虑的首要因素。

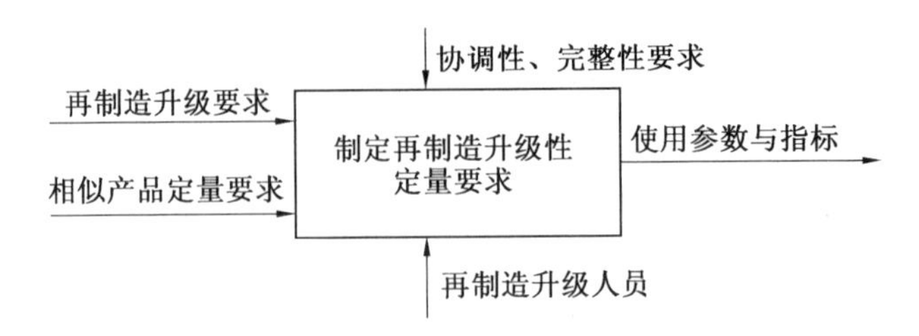


图 3.7　制定升级性定量要求的功能模型

(2)产品的结构特点是选定参数的主要因素。

(3)再制造升级性参数的选择要和预期的再制造升级方案结合起来考虑。

(4)选择再制造升级性参数必须同时考虑所定指标如何考核和验证。

(5)再制造升级性参数选择必须与技术预测和故障分析结合起来。

再制造升级人员提出的再制造升级实施时的参数及指标,应转换为实际产品设计时的参数与指标,明确定义及条件,可以采用专家估计的方法来进行转换。再制造升级实施时参数与指标转换功能模型如图 3.8 所示。再制造升级方要确定出产品级的升级性定量要求,对于重要的分系统或部件,也应提出升级性要求,并做出规定。产品的设计人员需要根据再制造升级人员的定量需求,完成整个产品及其零部件的升级性要求指标的转换。

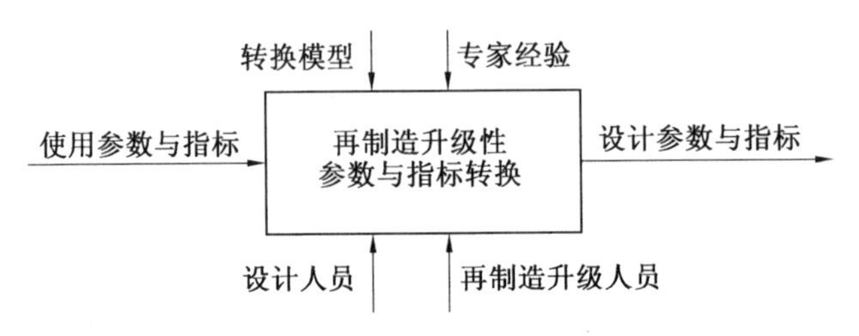


图 3.8　再制造升级实施时参数与指标转换功能模型

总之,新产品的再制造升级性设计是一个综合的并行设计过程,需要综合分析功能、技术、经济、环境、材料、管理等多种因素,进行系统考虑,保证产品寿命周期中的再制造升级能力,以实现产品的最优化回收。因此,产品的再制造升级性设计属于环保设计、绿色设计的重要组成部分,其目的是提高产品的再制造升级能力,实现产品的可持续发展和多寿命使用周期。

# 本章参考文献

[1] 杨继荣,段广洪,向东. 面向再制造工程的绿色模块化设计方法研究[J]. 中国表面工程,2006(5+):67-70.
[2] 杨继荣,段广洪,向东. 产品再制造的绿色模块化设计方法[J]. 机械制造,2007,45(3):1-3.
[3] 吴小艳. 面向再制造的产品绿色模块化设计研究[J]. 经济研究导刊,2011(26):270-272.
[4] 蒲正伟. 标准化设计方法与技术的初步研究[J]. 国防技术基础,2007(06):25-28.
[5] 雷艳梅,邵以东,谢萍. 如何推进产品设计中的标准化工作[J]. 标准研究,2015(3):19-22.
[6] 时小军,姚巨坤. 再制造拆装工艺与技术[J]. 新技术新工艺,2009(2):33-35.
[7] STEINHILPER R. Remanufacturing:the ultimate form of recycling [M]. Stuttgart: Fraunhofer IRB Verlag,1998.
[8] 刘志峰. 绿色设计方法、技术及其应用[M]. 北京:国防工业出版社,2008.
[9] 史佩京,徐滨士,刘世参,等. 面向装备再制造工程的可拆卸性设计[J]. 装甲兵工程学院学报,2007,21(5):12-15.
[10] 姚巨坤,朱胜. 再制造升级[M]. 北京:机械工业出版社,2017.
[11] 朱胜,姚巨坤. 装备再制造升级及其工程技术体系[J]. 装甲兵工程学院学报,2011,25(6):67-70.
[12] 姚巨坤,朱胜,崔培枝,等. 面向多寿命周期的全域再制造升级系统研究[J]. 中国表面工程,2015,28(5):129-135.

# 第4章 再制造设计分析基础

## 4.1 再制造方案分析

### 4.1.1 再制造方案

#### 4.1.1.1 基本概念

再制造方案是对废旧产品再制造和保障资源总体安排的描述，是对退役产品再制造中的相关因素、约束、计划以及保障资源的简要说明。其内容包括再制造策略、再制造级别、再制造时机、再制造原则、再制造资源保障和再制造活动约束条件等。

#### 4.1.1.2 制订再制造方案的目的

(1)在产品设计中，再制造方案的制订为产品的再制造实施提供基础，为产品的再制造性设计和再制造保障资源的设计提供依据。实际上，产品的再制造性和再制造保障资源要求都是以某种再制造方案为约束的，其中的参数选择都要以再制造方案设想为前提。

(2)为建立再制造保障系统提供基础。在再制造工程分析中，根据再制造方案，针对产品设计可以确定其再制造目标和再制造时机，保障人员数量与技能水平，保障设备、备件及技术设施等保障资源，以建立产品再制造保障系统。

(3)为制订详细的产品再制造计划提供基础，并对确定资源供应方案、再制造训练方案、备件供需服务、废旧产品运输与搬运准则、技术资料需求等产生影响。

要想经济而有效地实现上述目的，在产品论证研制的早期确定使用要求时就应确定产品的再制造方案设想，并在产品研制、使用过程中不断加以修订、完善。尽早确定再制造方案，有助于设计和再制造保障之间的协调，并系统地将其综合为一体。例如，再制造保障设备所具有的功能应与产品再制造设计以及给定的再制造策略相匹配；配备的人员的技能应与设计所决定的产品的再制造难度相匹配；再制造方法应根据产品设计及其再制造任务来确定等。若未及时确立再制造方案，再制造级别不明确，再制造策略不确定,一方面,产品系统的各个组成部分因缺乏统一的标准可能呈现出各种设计途径,难以决策;另一方面,各种再制造保障要素将难以与主产品相匹配,造成资源的浪费和保障水平的低下。

在研制中所制订的再制造保障方案及其随之产生的详细的再制造计划,与产品实际退役后的具体再制造方案是有区别的,但前者是后者的依据,后者是前者在实施阶段的落实和提升。在产品退役后的再制造实施方案中,如果遵循研制中设计的再制造保障方案、计划及其形成的保障要素的规定,可以保证再制造保障系统良好地运行。同时,再制造方案在产品实施再制造的阶段也要在实践中受到检验,并应依据实际情况进行必要的修改和完善。

#### 4.1.1.3 再制造方案的确定及评估

再制造方案的制订是产品寿命周期中最重要的工作之一,其形成过程是一个反复迭代的过程,常常需要进行各种保障资源及任务的综合权衡分析。为了优化设计和实现最低的全寿命费用,再制造方案与再制造性要求应同步进行研究。在再制造策略中,采用何种目标的再制造,将直接影响着再制造保障资源的配置及再制造产品的性能,也对废旧件的处理、新备件的保障、再制造人员的要求等因素产生直接影响。

总之,再制造方案的制订是产品全寿命周期中的重要工作,它对于产品的设计方案和废旧产品的再制造保障有着重大的影响。再制造方案形成后,将从再制造方案出发,逐步形成初始的再制造性设计要求和再制造保障准则。这些准则不仅影响产品系统设计的功能(如模块化、标准化及互换性等),而且对系统设计及再制造保障资源的配置提供了重要依据。为了保证再制造方案的完整性,作为一种最后的检查手段,可以提出如下问题加以确认:

(1)是否定义和确定了产品退役后的再制造策略?

(2)是否定义和确定了废旧产品各零部件的再制造级别?

(3)是否定义和确定了废旧产品的再制造保障资源及任务?

为了对不同的再制造方案加以评估,引入再制造方案的优质系数 $A_i$,$A_i$ 是工作要求 $x_i$、再制造性要求 $y_i$、再制造保障要求 $z_i$ 和费效比 $k_i$ 的函数,即

$$A_i = f(x_i, y_i, z_i, k_i) \tag{4.1}$$

在数据不充分时,函数 $f$ 的解析式比较难写出,此时可用确定优质因子的方法进行半定量化研究。优质因子的确定可由有经验的用户与承制方共同商定。例如,有 3 种再制造方案,其优质因子见表 4.1。

表 4.1　各再制造方案的优质因子

| 方案号 | 满足工作要求的程度 | | 再制造性要求 | | 再制造性保障要求 | | 费率比 | |
|---|---|---|---|---|---|---|---|---|
| | 高 | 低 | 高 | 低 | 高 | 低 | 好 | 差 |
| $A_1$ | 4 | — | 2 | — | — | 4 | 5 | — |
| $A_2$ | — | 2 | — | 3 | 2 | — | — | 3 |
| $A_3$ | 4 | — | — | 3 | 2 | — | — | 2 |

将表中的优质因子横向相乘得

$$A_1 = 160, \quad A_2 = 36, \quad A_3 = 48$$

由此排出方案顺序为 $A_1$—$A_3$—$A_2$。根据订购方（用户）确定的交货期以及提供的资金，然后选择方案 $A_1$ 进行研制。

再制造方案的确定和优化，要由再制造方与承制方密切配合，共同完成。除已有的工作要求和预定的环境条件外，再制造方一般应首先向承制方提供如下信息：

（1）相似系统的保障资源及有关数据。

（2）系统预定的再制造方案构想。

## 4.1.2　再制造策略

### 4.1.2.1　基本概念

再制造策略是指产品退役后如何再制造，它规定了某种产品退役后的再制造方式及预定完成再制造后的产品性能，它不仅影响产品的设计，而且也影响再制造保障系统的规划和建立。在确定产品的再制造方案时，必须确定产品的再制造策略。按照再制造的目的和方法不同，产品退役后可采用的再制造策略一般可分为恢复型再制造、升级型再制造、改造型再制造及应急型再制造：

（1）恢复型再制造是将末端产品通过再制造恢复到原来新产品的性能。

（2）升级型再制造是将因过时而退役的批量产品通过再制造进行性能升级，使再制造产品的性能超过原产品的性能，满足当前用户的需求。

（3）改造型再制造是将退役后的产品通过功能易换、结构改造等方法再制造成其他的产品，满足新领域用户对产品性能的需求，实现资源的高品质转换利用。

（4）应急型再制造是在特殊条件（如战场、现场、战前等）下，通过适当的再制造方法，使产品满足当前紧急条件下所要求的部分功能，实现产品在特定条件下的应急使用。

#### 4.1.2.2 再制造策略的选择

在选择再制造策略时应注意以下几点。

1. 再制造产品性能需求是再制造策略选择的首要因素

再制造策略的选择在很大程度上取决于产品退役的原因及再制造产品的使用性能要求。例如,如果产品是因达到了物理寿命而退役的,则产品大多采用恢复型再制造策略,可以以最小的代价恢复产品的性能;如果产品是因技术功能落后而退役的,则只能选择升级型再制造策略,以便保证再制造后的产品拥有市场需求;对于已经退出市场的产品,当其报废后一般不进行原功能的再制造,可以选择改造型再制造,将其再制造转换成其他类型的产品,满足市场需求,并最大化地保持原产品的残余价值;在战场、流水生产线等特殊条件下,为了快速恢复产品的主要性能,往往采用应急型再制造策略,以满足在特殊条件下快速恢复主要功能的需求。

2. 根据再制造保障资源来选择可行的再制造策略

不同的再制造策略对应着不同的再制造工作内容和职责范围,即使对同一种废旧产品而言,在不同的再制造策略下所需要的再制造保障资源也不相同。因此,废旧产品到达再制造企业后,其再制造策略的选择必须根据再制造保障资源的配置条件。再制造保障资源的条件包括设备的生产能力、备件的供应状况、人员的专业水平等众多因素,不同的保障资源条件也相应地确定了不同再制造策略的选择。所以在进行再制造策略选择时,应根据保障资源情况从不同方面按照优先顺序对其进行综合权衡。

3. 减少资源消耗是再制造策略选择的重要因素

再制造的目标是最大化回收废旧产品中的附加值,减少原废旧产品蕴含价值资源的损耗,同时还要考虑再制造本身过程的资源消耗,减少再制造保障系统运行中的人力及资源消耗,降低对保障设备、设施配置以及器材的储存要求与费用。再制造策略选择的恰当与否对于再制造产品的使用或寿命周期费用有着直接的根本性影响,从减少消耗的经济性和减少环境污染的角度选择再制造策略也应是再制造策略抉择的主要影响因素。

#### 4.1.2.3 再制造策略的确定

预定的再制造策略直接影响着产品设计和再制造保障资源的需求。在产品设计中,要预先确定其再制造策略;在研制生产过程中,需要对原定的再制造策略进行局部调整,确定相对较固定的产品退役时的再制造策略;当产品退役进入再制造生产线后,此时再制造保障资源基本完全确定,具体废旧产品的再制造策略,无论是恢复型再制造还是升级型再制造,一般而言就相对固定了。因此,在确立产品的再制造方案时,必须预先分析产品的使用要求及条件,预测产品退役时的状况及届时的产品性能需求,并根据这些要求确定出将能够保证这些要求实现的再制造策略。在该阶段,可能会设想出多个不同的再制造策略,但最终应把范围缩小到一个或两个合理的方案,并对其进行详细的分析。由于每一个待选再制造方案反映系统设计和保障的特点,因此,应按照相应的参数指标(如再制造度等)和寿命周期费用予以评价。在规定产品的使用方案和退役后的再制造方案时,所需数据常常是根据经验或从类似的产品取得,经过对比分析,根据各个方案的相对优缺点选定再制造策略。若有两种策略被认为效果较好,再制造方案则分别考虑这两种策略,直到取得详细的数据资料能够完成更深入的对比分析为止。图4.1所示为再制造策略的评估与优化。在使用阶段,具体产品的再制造策略应根据实际情况做必要的调整。

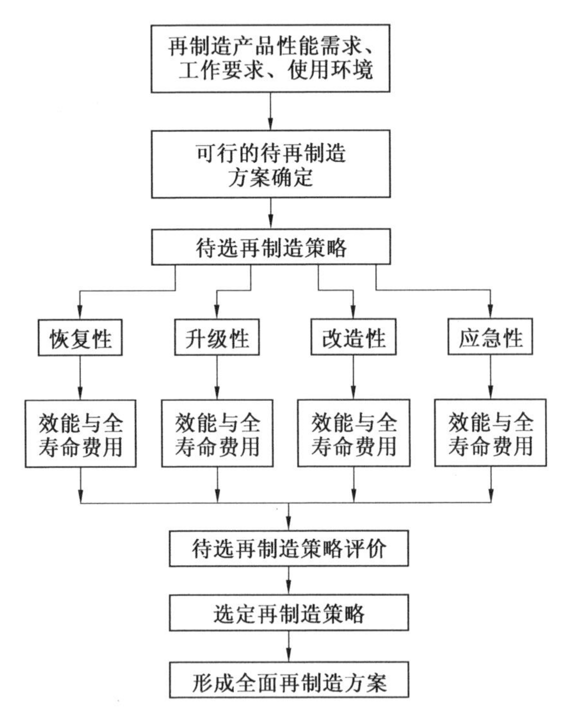


图4.1　再制造策略的评估与优化

## 4.1.3　再制造级别

### 4.1.3.1　基本概念

再制造级别是按废旧产品进行再制造时所处场所而划分的,一般可分为产品级再制造、部件级再制造和零部件级再制造。

现代退役产品往往是一个复杂的机电系统，由许多部件集成获得，不同的部件或核心零部件往往来自于不同的专业生产厂家。在产品级整体再制造时，往往不具备对部分部件或核心零部件（如大型轴类零部件）的专业再制造能力。则在产品级再制造时，对此类部件或零部件可以送至对应的专业部件或零部件再制造生产线进行再制造加工，而产品级再制造企业可直接由专业零部件的再制造商提供相应零部件供产品再制造时作为配件使用。再制造级别的划分是产品再制造方案必须明确的问题。划分再制造级别的主要目的和作用是：

（1）合理区分再制造任务，科学组织再制造生产。

（2）合理配置再制造资源，提高经济效益。

（3）合理布局再制造企业，提高其质量效益。

再制造级别分析是指针对再制造的产品，按照一定的再制造准则为其确定经济、科学的再制造级别及在该级别的再制造方法的过程。由于产品级的人员技术和拥有的设备限制，因此，要求产品设计能够使零部件状况的检测判定既方便又正确。拆解下的零部件，若是不可再制造件则予以废弃；若是可再制造的零部件，则需要根据各级别的再制造能力由本级或送部件级、零部件级再制造单位进行专业再制造。对每一种再制造选择都可初步确定其保障资源需求。必要的再制造分析可以确定产品再制造时各零部件的加工地点、范围及方法，实现再制造的合理分工，保证再制造产品的质量和效益。

#### 4.1.3.2 再制造级别分析的准则

再制造级别分析准则可分为非经济性分析和经济性分析两类。

非经济分析是在限定的约束条件下，对影响再制造决策主要的非经济性因素优先进行评估。非经济因素是指那些无法用经济指标定量化或超出经济因素的约束因素，主要考虑技术性、安全性、可行性、环境性、政策性等因素。例如，以再制造技术、时间或环境无污染为约束进行的再制造级别分析，就是一种非经济性再制造级别分析。

经济性分析是一种收集、计算、选择与再制造有关的费用，对不同再制造决策的费用进行比较，以总费用最低作为决策依据的方法。进行经济性分析时需广泛收集数据，根据需要选择或建议合适的再制造级别费用模型，对所有可靠的再制造决策进行费用估算，通过比较，选择出总费用最低的决策作为再制造级别决策。

进行再制造级别分析时，经济性和非经济性因素都要考虑，无论是否进行非经济性分析,都应进行以总再制造费用最低为目标的经济性分析。

#### 4.1.3.3 再制造级别分析的步骤

参考相关资料,实施再制造级别分析的流程如下:

(1)划分产品零部件层次并确定待分析的零部件。

(2)收集资料确定有关参数。

(3)进行非经济性分析。

(4)进行经济性分析。利用经济性分析模型和收集的资料,定量计算产品零部件在所有可行的再制造级别上再制造的有关费用,以便选择确定最佳的再制造级别。

(5)确定可行的再制造级别方案。根据分析结果,对所分析产品确定出可行的再制造级别方案。

(6)确定最优的再制造级别方案。根据确定出的各可行方案,通过权衡比较,选择满足要求的最佳方案。

### 4.1.4 再制造思想

再制造思想是指导再制造实践的理论,是人们对再制造客观规律的正确反映,是对再制造工作总体的认识。再制造思想的确立取决于生产水平、再制造对象、再制造人员素质、再制造手段和历史条件等客观基础。

#### 4.1.4.1 "退役后再制造为主"的再制造思想

退役后再制造是以机械设备退役后才开始进行再制造,这是最普遍的再制造思想,也是当前再制造产业的基本指导思想。退役后再制造,可以充分发挥原产品在第一次寿命周期中的最大使用价值,并通过再制造恢复其附加值,能够取得非常好的再制造效果,具有非常好的经济效益、社会效益和环境效益。

#### 4.1.4.2 "以预防为主"的再制造思想

以预防为主的再制造思想是以机件的磨损规律为基础,以磨损曲线中的第二阶段末端作为再制造的时间界限,其实质是根据量变到质变的发展规律,把产品性能劣化消灭在萌芽状态,防患于未然,是一种以定期全面再制造为主的再制造思想。同时,该时期的大部分部件没有经过最后的剧烈损耗期,所以其磨损量较小,能够显著减少再制造过程的工作量。通过对该时期的产品预防性再制造,可以使原产品在故障发生退役之前,以较少的投入而全面恢复设备的良好技术状态,达到最大的效费比。定期再制造将成为预防性再制造的基本方式,有望取消设备维修制度,例如,现在的发动机再制造就正在逐步代替发动机维修的模式。

#### 4.1.4.3 “以可靠性为中心”的再制造思想

它是建立在“以预防为主”的再制造实践基础上的一种再制造思想，以保证产品的使用可靠性为中心，适时地对产品进行再制造。

设备的可靠性取决于两个因素：一是设计制造水平；二是使用维修水平及工作环境，有效地进行维修只能保持和恢复固有可靠性。但设备运行中的很多故障不可能通过缩短维修周期或扩维修理范围解决；相反，会因频繁的拆装而出现更多的故障，增加维修工作量和费用。不合理的维修，甚至维修“一刀切”，反而会使可靠性下降。

“以可靠性为中心”的再制造思想的形成是以预防为主的再制造方式的扩大使用，达到以最低的费用实现机械设备固有的可靠性水平。借鉴较完善的资料、数据收集与处理系统，尤其根据故障数据的收集与统计工作，进行可靠性的定量分析，并按故障后果等确定不同的再制造策略，来恢复或提高产品的固有可靠性，可有效控制影响设备可靠性下降的各种因素，避免频繁的维修或维修不当而导致的可靠性下降。

#### 4.1.4.4 “以性能升级为目的”的再制造思想

“以性能升级为目的”的再制造思想的形成主要是以解决功能落后产品的退役为目的，通过再制造升级提升产品的再使用需求。

#### 4.1.4.5 “以功能改变为目的”的再制造思想

根据市场或用户需求，对于待再制造的旧品进行再设计，开展改造型再制造，实现其不同的功能，改变其功能的应用场合，满足用户需求，如国外将机车用发动机改造成船舶用发动机。

#### 4.1.4.6 “以满足应急需求为目的”的再制造思想

在特殊情况下，对于装备采用应急型再制造，实现装备的部分功能，不追求完全达到原来质量要求，只限于满足特殊情况下的部分功能需求，如战场上的批量化装备应急再制造模式。

## 4.2 废旧件失效模式分析

### 4.2.1 失效概述

各种机械产品中的金属零部件或构件都具有一定的功能，在载荷作用下保持一定的几何形状，实现规定的机械动作、传递力及能量等。当零部件失去最初规定的性能，即为失效。失效是导致工程设备性能劣化，退出现役的主要原因。经过失效分析,确定失效零部件的再制造方案,恢复其几何形状及性能,是再制造的主要手段,也是再制造获得综合效益的主要方式。

零部件失效的形式有很多,可按失效机理模式划分失效形式,也可按质量控制状况和因果关系划分失效形式。最常见的失效形式为变形、断裂、损伤(磨损、腐蚀和气蚀)及其他形式(松动、打滑、老化、泄漏、烧损等),失效形式分类参见表4.2。

**表4.2　失效形式分类**

| 失效类型 | 失效形式 | 失效原因 | 举例 |
| --- | --- | --- | --- |
| 变形 | 扭曲 | 在一定载荷条件下发生过量变形,使零部件失去应有功能而不能正常工作 | 花键、车体 |
| | 拉长 | | 紧固件 |
| | 胀大超限 | | 箱体 |
| | 高低温下的蠕变 | | 发动机 |
| | 弹性元件永久变形 | | 弹簧 |
| 断裂 | 一次加载断裂 | 载荷或应力强度超过材料承载能力 | 拉伸、冲击 |
| | 环境介质引起断裂 | 环境、应力共同作用引起低应力破断 | 应力腐蚀、氢脆、腐蚀 |
| | 低周高应力疲劳断裂 | 周期交变作用力引起的低应力破坏 | 压力容器 |
| | 高周低应力疲劳断裂 | | 轴、螺栓、齿轮 |
| 损伤 | 磨损 | 互相接触的两物体表面,在接触应力作用下,有相对运动,造成材料流失 | 齿轮、轴、轴承 |
| | 腐蚀 | 有害环境的化学及物理化学作用 | 与燃气、冷却水、润滑油、大气接触的零部件 |
| | 气蚀 | 气泡形成与破灭的反复作用,使表面材料脱落 | 气缸套、水泵、液压泵 |
| 其他 | 老化 | 材料暴露于自然或人工环境条件下,其性能随时间变坏的现象 | 塑料或橡胶零部件 |
| | 泄漏 | 先天性的,如设计、加工工艺、密封件、装配工艺的质量问题等;后天性的,如使用中密封失效、维修中装配不当等 | 箱体漏油、气缸漏气、液压系统漏油 |

## 4.2.2 废旧件的失效模式

### 4.2.2.1 磨损失效

1. 基本概念

机件工作表面的物质，由于表面间在受载条件下相对运动而不断发生损耗的过程或产生残余变形的现象称为磨损。磨损要损坏工作表面、消耗材料和能量、影响功能、降低使用寿命，机械设备中约80%的零部件是因磨损而失效报废的。因此，磨损件是废旧产品中大量需要再制造恢复的重用零部件，也是再制造能够获得最大附加值的关键所在。

评价磨损的严重程度常用磨损量、磨损速率和磨损强度来表示，后两者统称为磨损率。磨损量是表示磨损过程结果的量，常用尺寸、体积或质量的减少量来表达，是某一摩擦表面的磨损程度的绝对量。磨损速率是磨损量大小与产生该磨损量的时间 $t$ 之比。磨损强度是指磨损量大小与产生该磨损量的相应摩擦路程 $s$ 之比。耐磨性是表示材料抗磨损性能，以规定的摩擦条件下的磨损率的倒数表示，即磨损率越高，耐磨性越差。相对耐磨性则是指在相同条件下，两种材料耐磨性的比值与相对磨损率互为倒数。

按摩擦表面破坏的机理和特征对磨损进行分类，磨损的类型、内容、特点和实例见表4.3。

**表4.3 磨损的基本类型**

| 类型 | 内容 | 特点 | 实例 |
| --- | --- | --- | --- |
| 粘着磨损 | 摩擦副做相对运动，由于固相焊合，接触点表面的材料由一个表面转移到另一个表面的现象 | 接触点粘着剪切破坏 | 缸套活塞环、轴瓦、滑动导轨副 |
| 磨粒磨损 | 在摩擦过程中，因硬的颗粒或凸出物刮擦摩擦表面而引起材料脱落的现象 | 磨粒作用，材料表面破坏 | 空气含尘情况下的发动机气缸套、活塞环 |
| 疲劳磨损 | 接触表面做滚动或滚滑复合摩擦时，周期载荷的作用使表面产生变形和应力，导致材料裂纹扩展，形成颗粒剥落的磨损 | 表层或次表层受接触应力反复作用而疲劳破坏 | 滚动轴承、齿轮、凸轮、钢轨与轮箍 |

续表 4.3

| 类型 | 内容 | 特点 | 实例 |
| --- | --- | --- | --- |
| 冲刷磨损 | 由于流体中的粒子与被冲刷表面的研磨、碰撞造成表面材料的损失 | 磨粒作用破坏材料表面 | 涡轮叶片 |
| 腐蚀磨损 | 在摩擦过程中,金属同时与周围介质发生化学或电化学反应,产生材料损失的现象 | 有化学反应或电化学反应的表面腐蚀破坏 | 曲轴轴颈、化工设备中的零部件表面 |
| 气蚀磨损 | 液体与零部件发生相对摩擦,液体在高压区形成涡流,气泡在高压区突然溃灭,产生循环冲击力,使零部件表面疲劳破坏,流体介质的化学与电化学作用加速了表面破坏 | 液体作用于零部件表面先产生斑点,再扩展成泡沫或海绵状穴蚀,深度可达 20 mm | 发动机气缸、水泵零部件、水轮机转轮 |

2. 典型磨损过程

正常磨损过程一般分为 3 个阶段,如图 4.2 所示。表示磨损过程的曲线称为磨损曲线,不同的机件由于磨损类型和工作条件不同,磨损情况也不一样,但磨损规律基本相同。

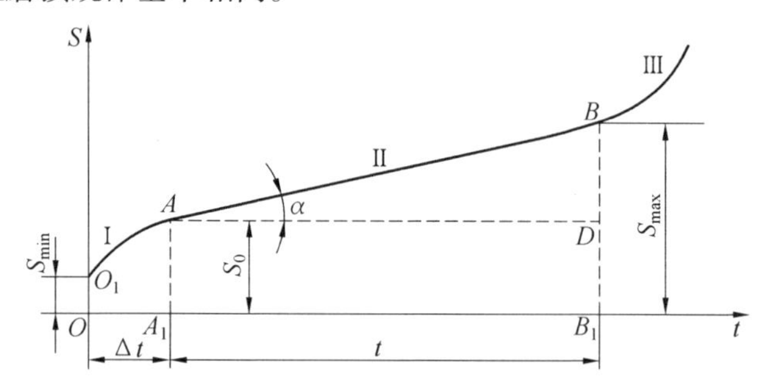


图 4.2 典型磨损过程

(1)磨合阶段(Ⅰ阶段 $O_1A$)。

磨合阶段又称跑合阶段。新的摩擦副表面具有一定的表面粗糙度。在载荷作用下,由于实际接触面积较小,故接触应力很大。因此,在运行初期,表面的塑性变形与磨损的速度较快。随着磨合的进行,摩擦表面粗糙峰逐渐磨平,实际接触面积逐渐增大,表面应力减小,磨损减缓。曲线趋于 $A$ 点时,间隙增大到 $S_0$。磨合阶段的轻微磨损为正常运行、稳定运转创造条件。

(2)稳定磨损阶段(Ⅱ阶段 $AB$)。

经过磨合,摩擦表面发生加工硬化,微观几何形状改变,建立了弹塑性接触条件。这一阶段磨损趋于稳定、缓慢,工作时间可以延续很长。它的特点是磨损量与时间成正比增加,间隙缓慢增大到 $S_{max}$。

(3)急剧磨损阶段(Ⅲ阶段 $B$ 点后)。

经过 $B$ 点后,由于摩擦条件发生较大的变化,如温度快速增加,金属组织发生变化,使间隙 $S$ 变得过大,增加了冲击,润滑油膜易破裂,磨损速度急剧增加,致使机械效率下降,出现异常的噪声和振动,最后导致故障。

3. 影响磨损的因素

影响磨损的因素主要有零部件材料、运转条件、几何因素、环境因素等,详见表 4.4。

**表 4.4 影响磨损的因素**

| 零部件材料 | 运转条件 | 几何因素 | 环境因素 |
| --- | --- | --- | --- |
| 成分 | 载荷/压力 | 面积 | 润滑剂量 |
| 组织结构 | 速度 | 形状 | 污染情况 |
| 弹性模量 | 滑动距离 | 尺寸大小 | 外界温度 |
| 硬度 | 滑动时间 | 表面粗糙度 | 外界压力 |
| 润滑剂类型 | 循环次数 | 间隙 | 空气湿度 |
| 润滑油黏度 | 表面温升 | 对中性 | 空气成分 |
| 工作表面理化性质 | 润滑膜厚度 | 刀痕 | 空气含尘量 |

4. 磨损的检测方法

磨损的检测主要是采用仪器分析。用形貌仪结合面积仪可测得磨损体积;简单而专用的卡规量具(如齿厚卡尺、螺距量规等)也可相应地测得各截面的磨损形貌(直线量),再估测磨损面积而近似得出磨损体积。测算出的磨损体积乘以磨损件的密度即可得到其磨损质量。一般形貌仪测量极限为 0.127 μm,一般光学分析天平称量极限为 0.1 mg。此外,表面粗糙度测量仪可用以测得表面微坑的深度与表面平面度及沟槽等,其分辨率为 0.025 μm。磨损件表面宏观形貌与特征分析可现场用肉眼与 5 ~ 10 倍放大镜,作为一般定性观察分析的手段。宏观形貌分析最有用的是具有高体视度与自动摄像的体视显微镜,其放大倍数为 3 ~ 160 倍。

#### 4.2.2.2 腐蚀失效分析

1. 腐蚀的概念

腐蚀是金属受周围介质的作用而引起损伤的现象,与表面磨损有本质的区别。腐蚀是金属与环境介质之间产生化学和电化学作用的结果,腐蚀损伤总是从金属表面开始,然后往里深入,并使表面的外形发生变化,出现不规则形状的凹洞、斑点、蚀坑等破坏区域。破坏的金属变为氧化物或氢氧化物,形成腐蚀产物并部分地附着在表面上。

2. 腐蚀的分类

腐蚀的机理是化学反应或电化学作用,按机理可分为化学腐蚀、电化学腐蚀和氧化。

化学腐蚀是金属与外部电介质作用直接产生化学反应的结果,在腐蚀过程中不产生电流。外部电介质多数为非电解质物质,如干燥空气、高温气体、有机液体、汽油、润滑油等。它们一经和金属接触就进行化学反应形成表面膜,在不断脱落又不断生成的过程中使零部件腐蚀。化学腐蚀又可分为气体腐蚀和在非电解质溶液中的腐蚀。

电化学腐蚀是金属与电解质物质接触时产生的腐蚀。它与化学腐蚀不同之处在于腐蚀过程中有电流产生。电化学腐蚀分为大气腐蚀、土壤腐蚀、在电解质溶液中的腐蚀、在熔融盐中的腐蚀。

氧化是指大多数金属在与空气中的氧或氧化剂作用下在表面形成的氧化膜。这种作用不需表面存在腐蚀介质。在低温情况下,氧化膜形成后对金属基体有保护作用,能阻止金属继续氧化。但在高温情况下,膜层出现裂缝和孔隙,覆盖作用变差,这时氧化将以等速不断地继续下去。

3. 腐蚀失效的基本类型

腐蚀失效的类型很多,实际上常遇到两种或多种形式复合的情形。为便于分析,将各种基本类型按其机理及环境介质条件进行分类与说明,其总体分类见表4.5。

#### 4.2.2.3　变形失效

1. 变形的概念

变形可以是塑性的、弹性的或弹塑性的。从变形的形貌上看,变形有两种基本类型,即尺寸变形(或称体积变形)和形状变形,即几何形状的改变。例如,受轴向载荷的连杆可产生轴向拉压变形。

弹性变形是指外力去除后能完全恢复的那一部分变形。其机理是晶体中的原子在外力作用下偏离了原来的平衡位置,使原子间距发生变化,造成晶格的伸缩或扭曲。弹性变形具有可塑性,弹性变形量很小,应力和应变呈线性关系。

塑性变形是指外力去除后不能恢复的那部分永久变形。其机理是由于晶体有晶界存在,各晶粒位向的不同以及合金中溶质原子和异相的存在,不但使各个晶粒的变形互相阻碍和制约,而且会严重阻止位错的移动。晶粒越细,单位体积内的晶界越多,因而塑性变形抗力越大,强度越高。塑性变形对零部件的性能和寿命有很大的影响。

**表 4.5 腐蚀失效的基本类型**

<table>
<tr><th colspan="3">按金属与介质作用性质</th><th colspan="3">按腐蚀损伤范围与形式</th></tr>
<tr><td rowspan="2">化学腐蚀</td><td>气体腐蚀</td><td>在干燥气体中腐蚀,例如高温(氧化)腐蚀</td><td>均匀腐蚀</td><td colspan="2">腐蚀作用均匀地发生在整个金属表面</td></tr>
<tr><td>非电解质溶液腐蚀</td><td>在不导电液体中腐蚀,如在有机液体中腐蚀</td><td rowspan="5">局部腐蚀</td><td>“脓疮”斑点腐蚀穴点腐蚀</td><td>腐蚀部分较深、较大,呈斑点状分布,浅而较大,腐蚀呈尖锐孔穴,甚至穿透</td></tr>
<tr><td rowspan="4">电化学腐蚀</td><td colspan="2">大气腐蚀,如湿空气腐蚀</td><td>缝隙腐蚀</td><td>发生于金属间或金属与非金属间的缝隙处的严重腐蚀</td></tr>
<tr><td colspan="2">土壤腐蚀,如地下管道腐蚀</td><td>晶间腐蚀</td><td>沿金属晶体间的晶界发生,严重降低金属的力学性能</td></tr>
<tr><td colspan="2">电解质溶液中的腐蚀,如天然水和大部分水溶液腐蚀</td><td>接触腐蚀</td><td>相接触的异类(电位不同)金属易发生腐蚀</td></tr>
<tr><td colspan="2">熔融盐中的腐蚀,如盐浴炉中金属电极的腐蚀</td><td>选择腐蚀</td><td>优先腐蚀多元合金的某一组分,如黄铜电化腐蚀脱锌</td></tr>
</table>

机械零部件变形的原因主要是外载荷、温度、内应力及结晶缺陷的作用使零部件的应力超过材料的屈服强度所致。

2. 变形失效的基本类型

变形失效的基本类型包括弹性变形、塑性变形及翘曲变形失效等。

弹性变形的变形在弹性范围内变化,因此不恰当的变形量与失效件的强度无关,是刚度问题。对于拉压变形的杆类零部件,其变形量过大会导致过载,或机构因丧失尺寸精度而造成动作失误。对于弯扭变形的轴类零部件,其过大的变形量会造成轴上啮合零部件的严重偏载,甚至啮合失常,也会造成轴承的严重偏载甚至咬死,进而导致传动失效。

塑性变形在宏观上有明显塑变。在微观上,塑变的发展过程可以是以下 4 种中的一种或两种:①滑移,超过临界剪应力而发生的一般塑变;②孪生,当晶体金属在形变过程中,滑移变形很困难时,即按孪生机制变形;③晶界滑动,多晶材料在高温和低应变率条件下,可产生沿晶界的滑动变形;④扩散蠕变,在近熔点温度时发生。

翘曲变形是一种在大小与方向上常具有复杂规律的变形,形成翘曲外形,并在大多数情况下造成严重翘曲变形失效。这种变形往往是由温度、外载、受力截面、材料组成等所具有的各种不均匀性的组合。最大的翘曲是温度变化或高温导致的翘曲。

#### 4.2.2.4　断裂失效

断裂是指机件在机械力、热、磁、声、腐蚀等单独作用或联合作用下,使其本身连续遭到破坏,从而发生局部开裂或分成几部分的现象。它是一种复杂行为,在不同的力学、物理和化学环境下会有不同的断裂形式。例如,机械零部件在循环应力作用下会发生疲劳断裂;在高温持久应力作用下会出现蠕变断裂;在腐蚀环境下会产生应力腐蚀或腐蚀疲劳。

断裂虽然与磨损、变形相比在失效中的比例要小一些,但随着设备向大功率、高速方向发展,断裂失效的概率有所提高,尤其是断裂会造成重大事故,具有更大的危险性。

按零部件断裂后的自然表面(即断口)的宏观形态特征分类:①韧性断裂。零部件在外力作用下首先发生弹性变形。当外力引起的应力超过弹性极限时发生塑性变形。外力继续增加,若应力超过强度极限,则发生韧性变形,而后造成断裂,称为韧性断裂。在塑性变形过程中,首先使某些晶体局部破断,裂缝是割断晶粒而穿过,最终导致金属的完全破断。韧性断裂一般是在切应力作用下发生的,又称切变断裂。它的断口宏观形态呈杯锥状或鹅毛绒状,颜色发暗,边缘有剪切唇,断口附近有明显的塑性变形。②脆性断裂。它一般发生在应力达到屈服强度前,没有或只有少量的塑性变形,多为沿晶界扩展而突然发生,又称晶界断裂。它的断口呈结晶状,常有人字纹或放射纹,平滑而光亮,且与正应力垂直,称为解理面,因此这种断裂也称为解理断裂。低温、应力集中、冲击、晶粒粗大和脆性材料均有利于发生解理断裂。由于这种裂纹扩展速率快,易造成严重破坏事故。

按载荷性质分类:①一次加载断裂。零部件在一次静拉伸、静压缩、静扭转、静弯曲、静剪切或一次冲击能量作用下的断裂称为一次加载断裂。②疲劳断裂。经历反复多次的应力作用或能量负荷循环后才发生断裂的现象叫作疲劳断裂。疲劳断裂占整个断裂的80% ~90%,它的类型很多,包括拉压疲劳、弯曲疲劳、接触疲劳、扭转疲劳、振动疲劳等。疲劳断裂根据循环次数的多少分为高周疲劳和低周疲劳。

#### 4.2.2.5　老化失效

老化通常是指材料在使用、储存和加工过程中,材料暴露于自然或人工环境条件下，由于受到光、热、氧、水、生物、应力等外来因素的作用，性能随时间变差，以致最后丧失使用价值的现象，主要是指橡胶、塑料、皮革、木材等材料。老化是一种不可逆的化学变化，是一个十分复杂的过程。发生老化的原因主要是结构或组分内部具有易引起老化的弱点，如具有不饱和双键、支链、羰基、末端上的羟基等。

老化的类型包括热氧老化（指因受热和氧气的作用引起的老化）和大气老化（也称环境老化，是指因紫外线、温度、湿度及氧气等自然环境因素的综合作用而导致的老化）。老化的表现形式有：①高聚物发生裂解，使塑料分子变小，其现象是塑料制品发黏、变软并丧失机械强度；②高聚分子发生交联、支化或环化，产生体形结构，表现为制品僵硬发脆、丧失弹性；③非塑料本身的化学性变化，如塑料中增塑剂挥发或渗出，而使塑料制品变硬。

废旧产品及其零部件由于在长期工作环境作用下通常自然力会对有机材料形成实体损坏，包括材料成分的改变和性能的不可逆劣化，引起木材与皮革腐朽、橡胶与塑料老化变质等。因此，在再制造过程中，对于这类零部件一般都不再进行再制造，而直接用新备件替换，并对丢弃的旧件进行回收或环保处理。

### 4.2.3 再制造中的废旧件失效分析

零部件产生失效主要是由设计、材料、制造、组装、服役工况、管理等多方面原因引起的。而对于正常退役的产品来说，失效部件能够正常运用一个使用周期，则一般情况下其失效形式主要表现为磨损、腐蚀等经过缓慢过程引起的零部件形状或性能变化。再制造中对废旧产品及零部件进行失效分析的作用是：了解零部件的失效情况，确定检测后能否使用；找出该失效是否属于产品正常使用要求，若不合乎产品使用要求，则在再制造中进行改进升级，使其满足再制造产品服役要求；提供技术改造、再制造决策依据和相应的改进措施。

再制造中对废旧零部件失效分析的基本内容包括：调查检测、分析诊断、处置与预测 3 个阶段。利用各种检测手段调查分析废旧产品的工况参数和使用信息，了解退役报废的原因。针对拆解后的不同性能状态，采用相应的检测方法，进行全面的检测工作，包括力学方面的载荷、应力、变形等，材质方面的材料种类、组织状况、化学分析、力学性能、表面状态等。在调查检测的基础上，结合具体情况，分析确定诊断零部件的状态、失效类型模式、大体过程和基本原因、决定性因素及失效机理等。经过分析诊断，判定其状态性能、再制造方案及改进升级措施，并对再制造产品的使用提出相应的对策,减小非正常失效的概率。

### 4.2.4　废旧轴的失效分析实例

某车辆传动装置中采用的轴主要有两种:带齿轮的轴和花键轴。失效形式通常为花键磨损、轴承配合面磨损及折断。

花键轴齿键侧边的磨损必须具备以下条件:

(1)花键定位表面存在间隙。

(2)具有滑动特性。

(3)齿键侧边承受压力。

如某型变速箱中的花键轴与孔配合公差最大间隙为0.135 mm,最小间隙为0.050 mm。齿键侧边的配合最大间隙为0.19 mm,最小间隙为0.05 mm。由于齿轮啮合时啮合力所形成的径向力是法向力的34.2%,足以克服齿键侧面的摩擦阻力而使齿轮相对于轴做径向移动。齿轮转动一圈,齿键径向往复滑动一次,因而各齿键的滑动频率与旋转频率相等。这种微动滑磨称为微振腐蚀。花键的磨损是微动腐蚀多次循环作用的结果,具有疲劳性质。金属表面的氧化物将成为微动磨损的材料。在多次循环载荷的作用下,表面不平凸峰之间的焊合、撕挤,使表层的应力分布很不均匀,在靠近接触点的部位有较大的剪切应力,从而产生疲劳裂纹。

对于侧减速器的输出轴,按定位配合公差计算出齿轮在轴上的微动幅度是0.036~0.145 mm,微动腐蚀不可避免。在该轴与主动轮连接部分采用了渐开线形齿键,其定位间隙由公法线长度尺寸来控制,可计算单齿的圆周间隙为0.05~0.15 mm,相应的径向间隙为0.068~0.206 mm。这说明主动轮在轴上的微动幅度是相当大的。当以免修极限尺寸计算时,单齿的圆周间隙达到0.41 mm,这时的径向间隙或微动幅度达到0.56 mm。在修理鉴定技术条件中,规定了变速箱轴矩形花键选配定装时的极限间隙值为0.65 mm,它大约是初始间隙的6倍,或初始最大间隙的3.5倍,对花键定心配合表面没有提出检验要求,这是由于花键定心配合表面的微动滑磨中没有明显磨损的缘故。

轴上装轴承部位的磨损主要由于轴承内座圈在轴上的爬动所造成,也是一种辗轧作用。轴旋转时,载荷矢量也相对于轴承内座圈转动,犹如内座圈在轴的配合面上发生弹性变形。因此其接触部分将沿实际的弹性接触点的轨迹移动,接触点的轨迹不同于原来的配合直径,从而造成理论滚动表面直径与实际滚动表面直径的差异和二者之间的相对滑动。在载荷长期作用下,轴承座圈与轴的配合表面相对滚辗就造成了轴与座圈表面的磨损。接触式密封装置的结构不良将给轴的密封工作表面以剧烈的磨损，这多半是由于外界的杂质硬粒侵入密封所造成的，是一种磨料性磨损。

检验一个失效轴，通常希望收集到尽可能多的有关该轴件的历史背景资料。这些资料应包括设计参数、工作环境、制造工艺和工作经历。所需收集的资料及检验步骤如下：

(1)了解有关轴件的零部件图及装配图以及材料和试验技术规范。

(2)了解失效的轴与其相结合的零部件之间的关系，应考虑轴承或支撑件的数量和位置以及它们的对中精度是怎样受机械载荷、冲击、振动或热梯度所造成的挠曲或变形的影响。

(3)检查轴组合件的工作记录，了解部件的安装、投入运转、检查的日期，并从车辆使用人员处了解有关资料，检查是否遵循有关规程。

(4)初始检验。润滑油、润滑脂和游离碎屑的样品应仔细地从所有构件上取下，进行鉴定并保存起来。检验与失效有关的或对失效起作用的所有部位的表面，注意擦伤痕迹、受摩擦区和异常的表面损伤与磨损。

## 4.3 废旧件寿命预测分析

### 4.3.1 寿命预测的作用

再制造的对象(即废旧毛坯)是经历一次或多次服役周期的废旧产品零部件，该零部件是否还有剩余寿命，其剩余寿命能否再适应下一个服役周期，这是在再制造加工前应首要解决的问题。如果对服役后的零部件不经寿命预测而轻易报废，就会造成巨大的资源浪费，同样不经寿命预测就直接将已无剩余寿命的零部件再装机使用，则无法保证再制造产品的质量。因此，对废旧件的剩余寿命进行评估与预测是保证再制造产品高质量服役的重要基础。

寿命评估与预测的任务是研究材料的性能退化、破坏与失效机理；研究检测材料失效的方法与评定材料失效的判据，估算结构的安全服役寿命；提出对产品零部件进行再制造维修、关键部件材料性能改良及延长寿命的可行方法。

再制造产品的寿命预测所用到的理论和计算方法与新品的基本相同，但在运用寿命预测理论和计算方法时，由于服役后废旧零部件的材料初始条件发生了很大变化，致使再制造产品的寿命预测难度更大。

## 4.3.2 影响寿命模型的因素

要预测材料或结构的寿命，首要的问题是要建立合适的寿命预测模型。寿命模型的建立要综合考虑材料、载荷、制造、服役等方面的因素，如图4.3所示。

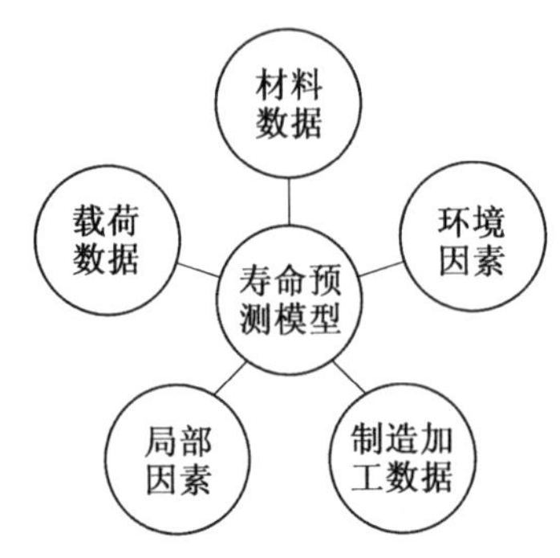


图4.3 影响寿命预测模型的因素

#### 4.3.2.1 材料数据

材料数据一般是通过试验获得的，在建立寿命模型时应该考虑所需的数据及为获取材料数据所必需的基本试验及其可行性。同时应该考虑模型的适用范围，如模型是否可应用于黑色金属、有色金属等不同的材料。对疲劳来说，还应考虑从其他试验(如拉伸、硬度等)折算疲劳数据的可能性。

#### 4.3.2.2 载荷数据

载荷数据主要提供服役过程中载荷(机械载荷、温度载荷等)与时间的相关特性。以疲劳载荷为例，载荷数据应包括循环特性(如等幅、变幅、随机、频率、平均应力等)，还应包括过载冲击等影响。

#### 4.3.2.3 制造与加工方面的数据

加工方法的不同会影响构件服役寿命的不同，建立寿命模型时应考虑所采用的加工方法(如磨削、机械加工、铸造、锻压、焊接等)引起的构件表面状况(如表面粗糙度、表面缺陷等)、化学变化、相变、缺陷、残余应力等的变化。另外，应考虑再制造对材料和构件性能的恢复与改善，对缺陷的消除与防护，还应考虑再制造引起的材料和结构新的冶金变化、新缺陷及残余应力的再分布等。

#### 4.3.2.4 局部因素

材料和结构的破坏往往从某一局部薄弱部位开始，寿命模型的建立应包含局部因素的影响,如缺口行为及效应、局部耦合加载(多轴加载、热力耦合)等。

#### 4.3.2.5 环境因素

建立寿命模型时应考虑的环境因素主要是服役介质和服役温度等方面的影响。介质方面的因素主要包括氢损伤、化学腐蚀、应力腐蚀开裂、点蚀等,温度方面主要考虑高温(或低温)引起的材料性能的改变、蠕变及温度敏感的腐蚀等。

### 4.3.3 疲劳寿命的预测方法

疲劳强度理论是建立在试验基础上的一门科学。疲劳数据的获得一般来自结构简单、造价低廉的标准试样的疲劳试验。在疲劳设计和寿命预测时,根据不同的疲劳特征,应采用相应的疲劳特性曲线。对低应力高周疲劳(应力疲劳),采用 $S$-$N$ 曲线;对高应力低周疲劳(应变疲劳),采用 $\varepsilon$-$N$ 曲线;对裂纹扩展寿命,则应采用断裂力学的方法。

#### 4.3.3.1 应力疲劳寿命曲线

应力疲劳寿命曲线通常通过标准试样的疲劳试验获得。当试样或工程构件承受一定水平的循环应力作用时,试样或构件中疲劳裂纹或其他损伤得以发生和发展,最终导致试样或构件的完全破坏。如果这一试验是在较高的应力水平下进行,失效时对应的载荷循环数将较小。将不同应力水平下的试验结果绘制成应力寿命曲线,通常也称 $S$-$N$ 曲线。$S$-$N$ 曲线一般展现应力幅值 $S_a$(或名义应力 $\sigma_a$)与相应的失效循环次数($N_f$)的关系。图4.4所示为A517钢光滑试样旋转弯曲疲劳的 $S$-$N$ 曲线,该曲线有一条水平渐近线,应力水平低于此渐近线时,试样经无限次应力循环也不被破坏,这条水平渐近线所对应的应力水平常被定义为疲劳极限。多数材料的 $S$-$N$ 曲线上并不具有明显的水平渐近线,只有中低强度的结构钢在非腐蚀介质中疲劳的 $S$-$N$ 曲线在 $10^6 \sim 10^7$ 循环次数间才呈现比较明显的疲劳极限。

#### 4.3.3.2 应力疲劳寿命的预测

1. 等幅应力循环下的疲劳寿命

等幅条件下的疲劳寿命通常可以根据材料的 $S-N$ 曲线或零部件本身试验所得的 $S-N$ 曲线进行预测。由于材料的 $S-N$ 曲线通常是在光滑试样上获得的,在实际的寿命预测时,应考虑应力集中、尺寸和表面状况的影响对实际应力的幅值进行修正。如果是按照零部件的 $S-N$ 曲线预测,则由于零部件本身已包括了应力集中、尺寸效应、表面状况的影响,在进行预

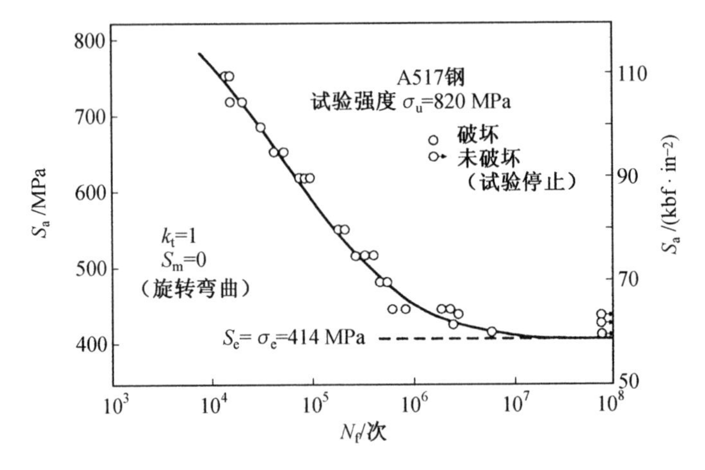


图4.4　A517钢光滑试样旋转弯曲疲劳的 $S$-$N$ 曲线

测时则不必进行这一方面的修正。另外，材料和零部件的疲劳试验通常是在对称交变应力循环下进行的，对非对称循环，还应考虑平均应力的影响。

考虑平均应力 $\sigma_m$ 的存在，可利用下式将实际应力幅值 $\sigma_a$ 等效为对称交变循环应力幅值 $\sigma_{ar}$：

$$\sigma_{ar} = \frac{\sigma_a}{1 - \dfrac{\sigma_m}{\sigma'_f}} \tag{4.2}$$

考虑到应力集中、尺寸和表面状况，上述等效反应按下式进行：

$$\sigma_{ar} = \frac{\dfrac{K_\sigma}{\eta\beta}\sigma_a}{1 - \dfrac{\sigma_m}{\sigma'_f}} \tag{4.3}$$

式中　$K_\sigma$——有效应力集中系数；

$\eta$——尺寸系数；

$\beta$——表面系数。

获得了等效应力幅值后，便可从材料光滑试样试验的 $S-N$ 曲线上，求得对应于应力水平 $\sigma_{ar}$ 的断裂循环数 $N_f$，此即所要求的寿命。

2. 变幅应力循环下的疲劳寿命

以下主要讨论对称循环时的变幅加载和非对称循环时的分块加载的情况。

考虑图4.5所示的对称循环变幅加载情况，幅值为 $\sigma_{a1}$ 的载荷循环作用$N_1$次，这一载荷水平下$S-N$曲线给出的破坏寿命为$N_{f1}$，则$N_1$次循环所消耗的寿命分数为$N_1/N_{f1}$。此后，幅值为$\sigma_{a2}$的载荷循环作用$N_2$次，这一载荷水平下$S-N$曲线给出的破坏寿命为$N_{f2}$，所消耗的寿命分数为$N_2/N_{f2}$。Palmgren - Miller 损伤累积理论认为，当上述寿命分数之和为1时，材料寿命耗尽，疲劳断裂发生，可由下式表示：

$$\frac{N_1}{N_{f1}}+\frac{N_2}{N_{f2}}+\frac{N_3}{N_{f3}}+\cdots=\sum\frac{N_j}{N_{fj}}=1 \tag{4.4}$$

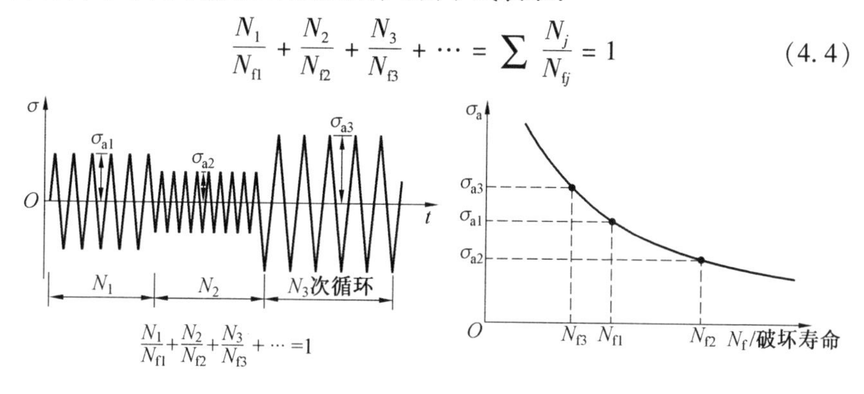


图4.5 对称循环变幅加载及寿命累积

对于图4.6所示的非对称循环变幅分块加载情况，通常用疲劳破坏时分块载荷的重复次数$B_f$表征其寿命。有如下关系：

$$B_f\left[\sum\frac{N_j}{N_{fj}}\right]_{\text{onerep}}=1 \tag{4.5}$$

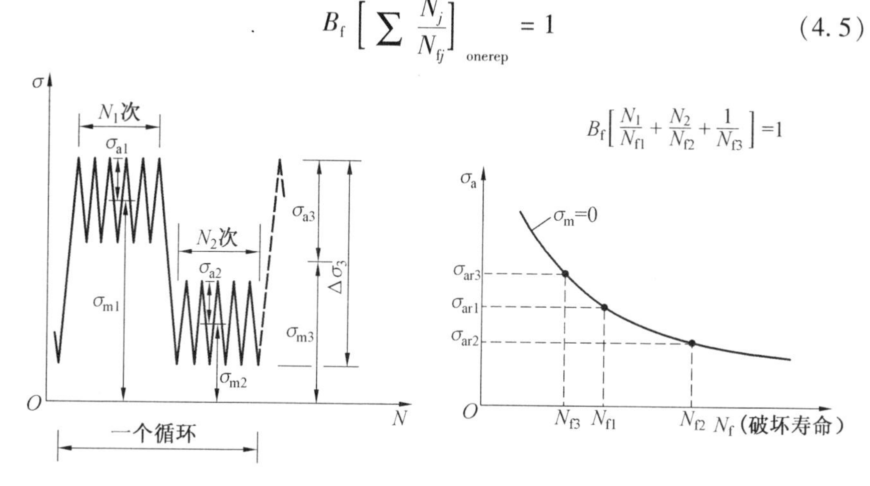


图4.6 非对称循环变幅分块加载及寿命累积

应当说明的是，变幅载荷作用时，一些循环并非零平均应力的情况，此时应考虑平均应力的影响进行等效变换，以等效对称循环应力幅值为基础，按材料的$S-N$曲线预测寿命。另外，加载次序和过载等对疲劳寿命有重要影响。

### 4.3.4 蠕变寿命的预测

材料蠕变变形的物理机制因材料种类的不同有很大的差异，蠕变机制同时受应力和温度的影响。对金属材料来说，当应力较小时，蠕变机制主要是以空洞沿晶格或晶粒边界运动为主导的扩散；当应力较高时，蠕变机制则是以与应力密切相关的位错运动为主导。

对于受热激活控制的蠕变过程，蠕变速率常由 Arrhenius（阿伦尼乌斯）方程描述：

$$\dot{\varepsilon} = A\exp\left(-\frac{Q}{RT}\right) \tag{4.6}$$

式中 $\dot{\varepsilon}$—— 应变速率；

$Q$—— 激活能；

$R$——Boltzmann（玻耳兹曼）气体常数；

$T$—— 绝对温度；

$A$—— 与材料和蠕变机制相关的系数。

在考虑应力和温度的综合作用时，Arrhenius 方程可写成

$$\dot{\varepsilon} = A_1\sigma\exp\left(-\frac{Q}{RT}\right) \tag{4.7}$$

此时，系数 $A_1$ 主要依赖于材料的种类，激活能 $Q$ 会因蠕变机制的改变而变化，应力与应变率成比例。

对于金属材料的稳态蠕变，综合描述其扩散流动机制和位错运动机制的一般方程可以写成

$$\dot{\varepsilon} = \frac{A_2\sigma^m}{d^qT}\exp\left(-\frac{Q}{RT}\right) \tag{4.8}$$

式中 $d$—— 晶粒的平均直径。

系数 $A_2$ 和指数 $m$ 及 $q$ 的值取决于材料与特定的蠕变机制。

在实际中，蠕变数据主要通过实验室加速蠕变试验获得，在高于服役温度环境下进行蠕变试验，目的在于用加速蠕变试验的短时 - 高温蠕变数据描述服役条件下的长时蠕变行为。在上述情况下，加速试验和服役条件下的蠕变机制基本相同，但应采用时间 - 温度参量，具体可以参见介绍关于 Sherby - Dorn 参量和 Larson - Miller 参量求解的书籍。

对于预测变动载荷下的蠕变寿命，可按以下两种情况讨论。

1. 分步加载时的蠕变寿命

对于分步加载的情况,应用时间分量规则按照 Palmgren - Miner 损伤累积原理,依据应力 - 寿命曲线粗略地预测蠕变断裂寿命。

$$\sum \frac{\Delta t_i}{t_{ri}} = 1 \tag{4.9}$$

在分步加载的情况下,寿命表现为蠕变断裂的时间。应力 - 寿命曲线是与图 4.7 类似的曲线。$\Delta t_i$ 是应力水平 $\sigma_i$ 上的蠕变时间,$t_{ri}$ 是这一应力水平对应的蠕变断裂寿命。

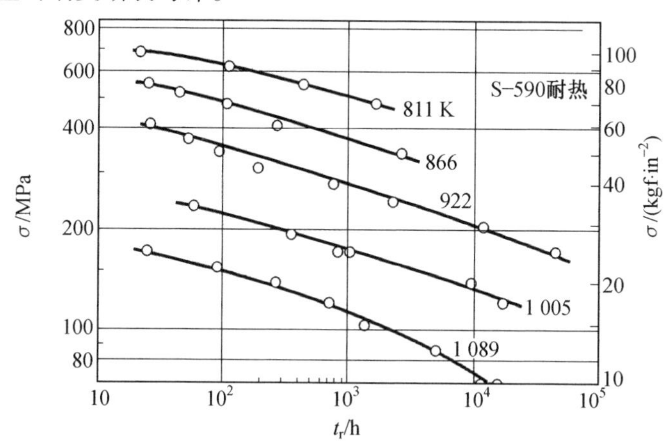


图 4.7 耐热钢 S - 590 应力与蠕变断裂寿命的关系(1 kgf = 9.806 65 N)

对于分块重复加载的情况,每个加载块都可按照 Palmgren - Miner 损伤累积原理进行分析,加载块重复次数 $B_f$ 可按照下式计算:

$$B_f \left( \sum \frac{\Delta t_i}{t_{ri}} \right)_{\text{onerep}} = 1 \tag{4.10}$$

2. 蠕变 - 疲劳寿命预测

在工程实际应用中,材料经常同时承受温度和变动载荷的作用,如航空发动机零部件和核反应堆零部件的工作情况。此时材料的破坏是蠕变和疲劳交互作用的结果。

目前,尚无公认的可准确预测蠕变 - 疲劳交互作用条件下寿命的方法,作为粗略估算,可认为材料的寿命是蠕变分量和疲劳分量分别作用的结果之和:

$$\sum \frac{\Delta t_i}{t_{ri}} + \sum \frac{\Delta N_i}{N_{fi}} = 1 \tag{4.11}$$

这样,可按照 Palmgren - Miner 损伤累积原理和上述时间分量规则进行寿命预测。

## 4.4　再制造工作分析

### 4.4.1　概述

由于再制造的毛坯是退役产品,对于不同种类的退役产品,其结构性能、失效形式、退役原因等都存在着极大的差别,不同种类退役产品的再制造工作也存在着不同的生产过程。即使相同种类的退役产品,由于每批产品的使用条件都不相同,导致其具有非常明显的个体性,使得再制造工作产生不同的差异。而且再制造产品的性能要求不同,也会直接影响再制造策略,导致再制造工作过程的差异。因此,需要对再制造的每项工作任务进行分析,制定相应的文件,协调多方面的工作。

再制造工作分析是在某型产品退役后,首次再制造前,需要对再制造工作内容进行确定,并详细分解作业步骤,用以确定各项再制造保障资源要求的过程。再制造工作分析是开展再制造及确定再制造保障资源的基础。

再制造工作分析是十分烦琐和复杂的过程,需要耗费较大的人力和费用。但科学正确分析所得到的准确结果,可以排除因采用一般估计资源要求的臆测性和经验法所引起的资源浪费或短缺,可以使废旧产品在再制造期间得到科学合理的保障资源,显著提高再制造保障费用的效益。再制造工作分析与确定的主要目的是:

(1)为每项再制造任务确定保障资源及其储备与运输要求,其中包括确定新的或关键的再制造保障资源要求。

(2)从再制造保障资源方面为评价备选再制造保障方案提供依据。

(3)为备选设计方案提供再制造保障资料,为确定再制造保障方案和再制造性预计提供依据。

(4)为制定各种废旧产品再制造保障技术文件提供原始资料。

(5)为其他有关再制造分析提供输入信息。

### 4.4.2　再制造工作分析的内容和步骤

#### 4.4.2.1　再制造工作分析的内容

再制造前,应对每项具体的再制造工作进行详细分析,逐项确定以下内容:

(1)设计确定再制造工作的类型并明确再制造后产品的性能指标要求。

(2)为实施再制造所需要的步骤及相应的再制造要求。

(3)确定再制造工作的完成顺序,并对技术细节加以详细说明。

(4)完成每项工作所需要的人员数量、专长和技术等级。

(5)完成每项再制造工作所需的信息资源。

(6)按要求顺序完成再制造工作所需的材料、保障设备和测试设备及设施。

(7)完成再制造工作所需要的新品件和消耗器材。

(8)完成每项工作的时间预测和完成某系统再制造工作的总时间。

(9)完成每项工作的费用预测和完成某系统再制造工作的总费用。

(10)根据确定的再制造工作和人员的要求,确定培训要求和培训方式。

(11)确定在节约再制造费用、最佳利用废旧产品资源及提高再制造产品系统性能等方面起优化和简化作用的工作,提出改进系统设计的建议并提供有效数据。

#### 4.4.4.2 再制造工作分析的过程

为了便于审查和交换再制造工作分析信息,应设计标准格式记录分析的结果。再制造工作的分析过程如图 4.8 所示。

对某退役产品的全部再制造工作分析后,应该综合说明完成再制造工作所需的全部保障资源,包括类型和数量。通过累加各再制造工序所做的再制造工作时间和费用,分析确定出批量化退役产品再制造所需的时间和费用。通过对再制造要求的分析,优化每道工序上完成再制造工作所需的人员数量、技术水平、费用需求及保障设备。实践证明,再制造工作分析是确定并优化保障资源和要求的有效方法。

再制造工作分析一般应该尽早完成,以便及早准备所需的再制造保障资源,并对产品设计与再制造保障资源做出更好的协调。但往往因数据或信息的不足,导致开始时期的再制造工作分析比较粗略,需要在产品的各个阶段不断地补充和细化完善,因此再制造工作分析需要反复进行,并随着产品再制造工作的深入而不断更新。

### 4.4.3 再制造工作分析所需信息

在再制造工作分析中,由于需要对每项工作进行分析,确定所需的各种保障资源,因此,需要收集各种信息,以便得出准确结果。分析时所需的

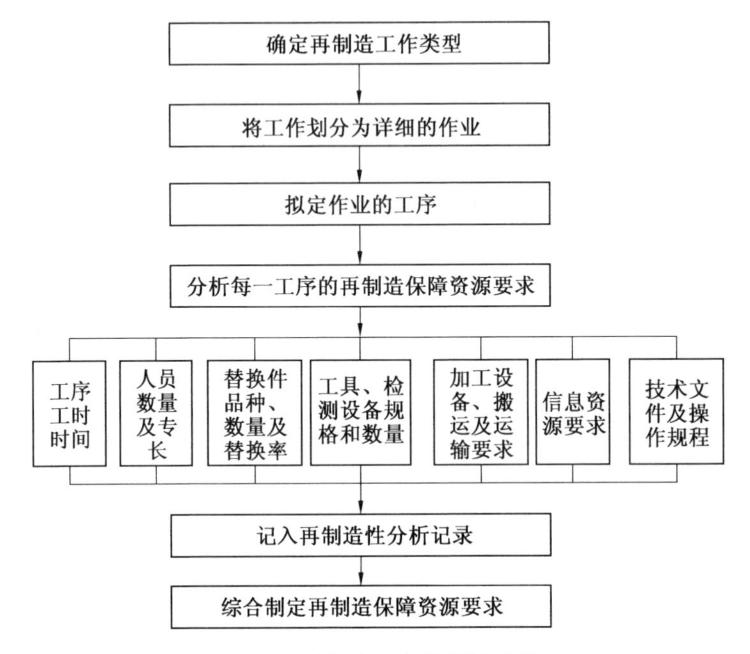


图4.8　再制造工作的分析过程

主要信息如下：

(1)退役产品的失效状态和模式、再制造产品的性能要求等。

(2)已有相似产品的再制造数据和资料，如类似退役产品再制造时所用的工具和保障设备、相似零部件的再制造工时和备件供应以及所需技术资料等。

(3)再制造工作分析所拟定的各再制造岗位的再制造工作内容，如退役产品的拆解、清洗及备件更换的内容等。

(4)各种再制造保障资源费用资料。

(5)当前再制造生产加工方面的新技术，如环保清洗技术、高效拆解技术等。

(6)有关废旧件供应方面的信息，如退役产品的种类、数量、品质及时间等。

(7)再制造生产的相关环保要求，如废液的处理要求、废气的排放等。

从上述信息来源看，做好再制造工作分析，首先要做好数据和资料输入的接口工作，否则可能导致工作重复和费用比较高。

# 4.5 再制造费用分析

## 4.5.1 概述

### 4.5.1.1 寿命周期费用

寿命周期费用(Life Cycle Cost, LCC)是20世纪60年代出现的概念,它是指产品论证、研制、生产、使用和退役各阶段一系列费用的总和,是产品现代化管理的重要理论之一。全费用观点要求在讨论产品费用时,不仅要考虑主产品的费用,而且还要考虑与主产品配套所必需的各种软硬件费用,即全系统的费用;既要考虑产品的研制和生产费用,还要考虑整个寿命周期的各种费用,即全寿命费用。

寿命周期费用分析为产品的研制与使用保障决策提供了科学的系统分析方法。LCC在产品中占有的重要地位及作用,因此得到了迅速的发展。研究人员探索了多种周期费用评估计算方法(如工程估算法、类比估算法和参数估算法),建立了科学的LCC分析程序,并对于不同的产品进行寿命周期费用分析,为产品管理决策提供了依据。

### 4.5.1.2 再制造周期费用

再制造周期是指产品从退役经再制造而生成再制造产品的过程,即再制造产品的生成过程,主要包括废旧产品的拆解、清洗、检测、加工、装配、整机性能测试等过程。再制造周期费用主要是指在废旧产品再制造过程中所需投入的费用。再制造周期费用直接影响着废旧产品再制造的决策,因此对再制造周期费用进行分析具有重要的作用。其在再制造工程中主要用于以下几个方面:

(1)对类似产品的再制造周期费用进行分析,为制定再制造周期费用指标或限定费用再制造设计指标提供依据。

(2)通过再制造周期费用权衡分析评价备选再制造方案、设备保障方案、再制造设计方案,寻求费用、进度与性能之间达到最佳平衡的方案。

(3)确定再制造周期费用的相关因素,为产品的再制造设计、生产、管理与保障计划的修改及调整提供决策依据。

(4)为制定产品型号研制、使用管理、维修保障及产品的全寿命周期费用分析提供信息和决策依据,以便能获得具有最佳费用效能或以最低寿命周期费用实现性能要求的产品。

## 4.5.2 再制造周期费用估算方法

### 4.5.2.1 再制造周期费用估算的基本条件

再制造周期费用估算可以在产品再制造周期的各个阶段进行。各阶段的目的不同,采用的方法也不完全相同。要进行再制造费用分析,必须明确分析的基本条件,具体内容包括:

(1)要有确定的费用结构。确定费用结构一般是按寿命周期各阶段来划分大项,每一大项再按其组成划成若干子项;但不同的分析对象、目的、时机、费用结构要素也可增减,特别是在进行再制造决策分析时。

(2)要有统一的计算准则,如起止时间、统一的货币时间值、可靠的费用模型和完整的计算程序等。

(3)要有充足的产品费用消耗方面的历史资料或相似产品的资料。

### 4.5.2.2 再制造周期费用估算的基本方法

参照LCC的费用分析方法,再制造费用估算的基本方法有工程估算法、参数估算法、类比估算法和专家判断估算法等。

1. 工程估算法

工程估算法是按费用分解结构从基本费用单元起,自下而上逐项将整个废旧产品再制造期间内的所有费用单元累加起来得出再制造周期费用估计值。该方法中要将产品再制造周期各阶段所需的费用项目细分,直到最小的基本费用单元。估算时根据历史数据逐项估算每个基本单元所需的费用,然后累加求得产品再制造周期费用的估算值。

进行工程估算时,分析人员应首先画出费用分解结构图,即费用树形图。费用的分解方法和细分程度,应根据费用估算的具体目的和要求而定。如果是为了确定再制造资源(如备件),则应将与再制造资源的订购(研制与生产)、储存、使用、再制造等费用列出来,以便估算和权衡。不管费用分解结构图如何绘制,应注意做好以下几方面:

(1)必须完整地考虑再制造周期系统的一切费用。

(2)各项费用必须有严格的定义,以防费用的重复计算和漏算。

(3)再制造费用结构图应与该废旧产品的再制造方案相一致。

(4)应明确哪些费用是非再现费用,哪些费用为再现费用。

采用工程估算方法必须对废旧产品再制造全系统有详尽的了解。费用估算人员要根据再制造方案对再制造过程进行系统的描述,才能将基本费用项目分得准,估算得精确。工程估算方法是很麻烦的工作,常常需要进行烦琐的计算。但是,这种方法既能得到较为详细而准确的费用概算,也能指出哪些项目是最费钱的项目,可为节省费用提供主攻方向,因此,它仍是目前用得较多的方法。如果将各项目适当编码并规范化,通过计算机进行估算,则将更为方便。

2. 参数估算法

参数估算法是把费用和影响费用的因素(一般是性能参数、质量、体积和零部件数量等)之间的关系,看成是某种函数关系。为此,首先要确定影响费用的主要因素(参数),然后利用已有的同类废旧产品再制造的统计数据,运用回归分析方法建立费用估算模型,以此预测再制造产品的费用。建立费用估算参数模型后,则可通过输入再制造产品的有关参数,得到再制造产品费用的预测值。

参数估算法最适用于废旧产品再制造的初期,如再制造论证时的估算。这种方法要求估算人员对再制造过程及方案有深刻的了解,要找准影响费用的参数,要正确建立二者之间的关系模型,同时还要有可靠的经验数据,这样才能使费用估算得较为准确。

3. 类比估算法

类比估算法即利用相似产品或零部件再制造过程中的已知费用数据和其他数据资料,估计产品或零部件的再制造费用。估计时要考虑彼此之间参数的异同以及在时间、条件上的差别,还要考虑涨价因素等,以便做出恰当的修正。类比估算法多在废旧产品再制造的早期使用,如在刚开始进行粗略的方案论证时,可迅速而经济地做出各再制造方案的费用估算结果。这种方法的缺点是不适用于新型废旧产品及使用条件不同的产品的再制造,它对使用保障费用的估算精度不高。

4. 专家判断估算法

专家判断估算法是预测技术中德尔菲法在费用估算中的应用。这种方法由专家根据经验判断估算出废旧产品再制造周期费用的估计值。由几个专家分别估算后加以综合确定,它要求估算者拥有关于再制造系统和系统部件的综合知识。一般在数据不足或没有足够的统计样本以及费用参数与费用关系难以确定的情况下使用这种方法,或用于辅助其他估算方法。

上述4种方法各有利弊,在再制造实践中可根据条件不同来交叉使用、相互补充、相互核对。

### 4.5.3 再制造周期费用估算流程模型

再制造周期费用估算的一般程序如图4.9所示。

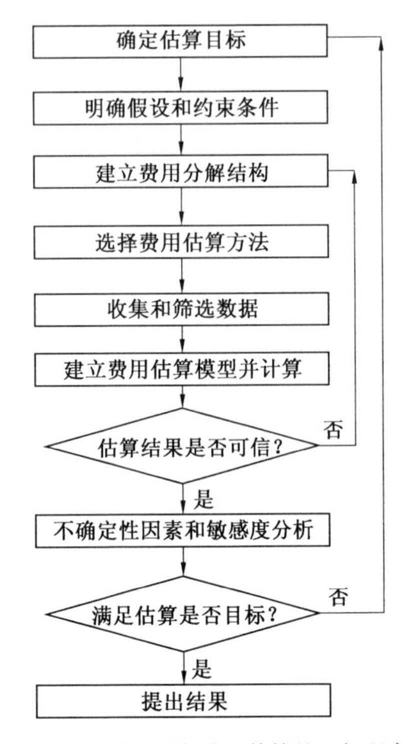


图4.9　再制造周期费用估算的一般程序

1. 确定估算目标

根据估算所处的阶段及具体任务，确定估算的目标。明确估算范围（再制造周期费用，或某主要单元的费用，或主要工艺的费用）及估算精度要求。

2. 明确假设和约束条件

估算再制造周期费用应明确假设和约束条件，一般包括再制造的进度、数量、再制造保障产品、物流、再制造要求、时间、废旧产品年限、可利用的信息等。凡是不能确定而估算时又必需的约束条件都应假设。随着再制造的进展，原有的假设和约束条件会发生变化，某些假设可能要置换为约束条件，应当及时予以修正。

3. 建立费用分解结构

根据估算的目标、假设和约束条件，确定费用单元，建立费用分解结构。

4. 选择费用估算方法

根据费用估算与分析的目标、所处的周期阶段、可利用的数据及详细程序，允许进行费用估算与分析的时间及经费，选择适用的费用估算方法。应鼓励费用估算人员同时采用几种不同的估算方法互为补充，以暴露估算中潜在的问题和提高估算与分析的精度。

5. 收集和筛选数据

按费用分解结构收集各费用单元的数据，收集数据应力求准确可信；筛选所收集的数据，从中剔除及修正有明显误差的数据。

6. 建立费用估算模型并计算

根据已确定的估算目标与估算方法及已建立的费用分解结构，建立适用的费用估算模型，并输入数据进行计算。计算时，要根据估算要求和物价指数及贴现率，将费用换算到同一个时间基准。

7. 不确定性因素与敏感度分析

不确定性因素主要包括与费用有关的经济、资源、技术、进度等方面的假设，以及估算方法与估算模型的误差等。对某些明显的且对再制造周期费用影响重大的不确定因素和影响费用的主宰因素（如可靠性、维修性及某些新技术的引入）应当进行敏感度分析，以便估计决策风险和提高决策的准确性。

8. 获得结果

整理估算结果，按要求编写再制造周期费用估算报告。

## 4.5.4 再制造周期费用分解及计算

### 4.5.4.1 费用分解

为了估算与分析再制造周期费用，需要首先建立再制造周期费用的分解结构。再制造周期费用分解结构是指按废旧产品再制造周期中的工作项目，将再制造费用逐级分解，直至基本费用单元为止，所构成的按序分类排列的费用单元的体系，简称为再制造周期费用分解结构。这里，费用单元是指构成再制造周期费用的项目；基本费用单元是指可以单独进行计算的费用单元。

典型再制造周期费用分解结构的主要费用单元包括再制造加工费、动力和环境费、材料和设备费、工资及附加费、保险、税金及其他费用构成。废旧产品典型的再制造费用分解结构如图 4.10 所示。不同类型的产品再制造可以有不同的费用分解结构。费用分解结构的详细程度可以因估算的目的和估算所处的再制造周期阶段的不同而异。图 4.10 中的费用分解结构还可根据具体情况再继续细分。再制造周期费用分解结构一般应遵循以下要求：

(1)必须考虑废旧产品再制造整个系统在再制造周期内发生的所有费用。

(2)每个费用单元必须明确定义,与其他相关费用单元的界面分明,并为各方费用分析人员及项目管理人员所共识。

(3)费用分解结构应当与产品再制造项目的计价以及管理部门的财会类目相协调。

(4)每个费用单元要有明确的数据来源,要赋予可识别的标记符号及数据单元编号。

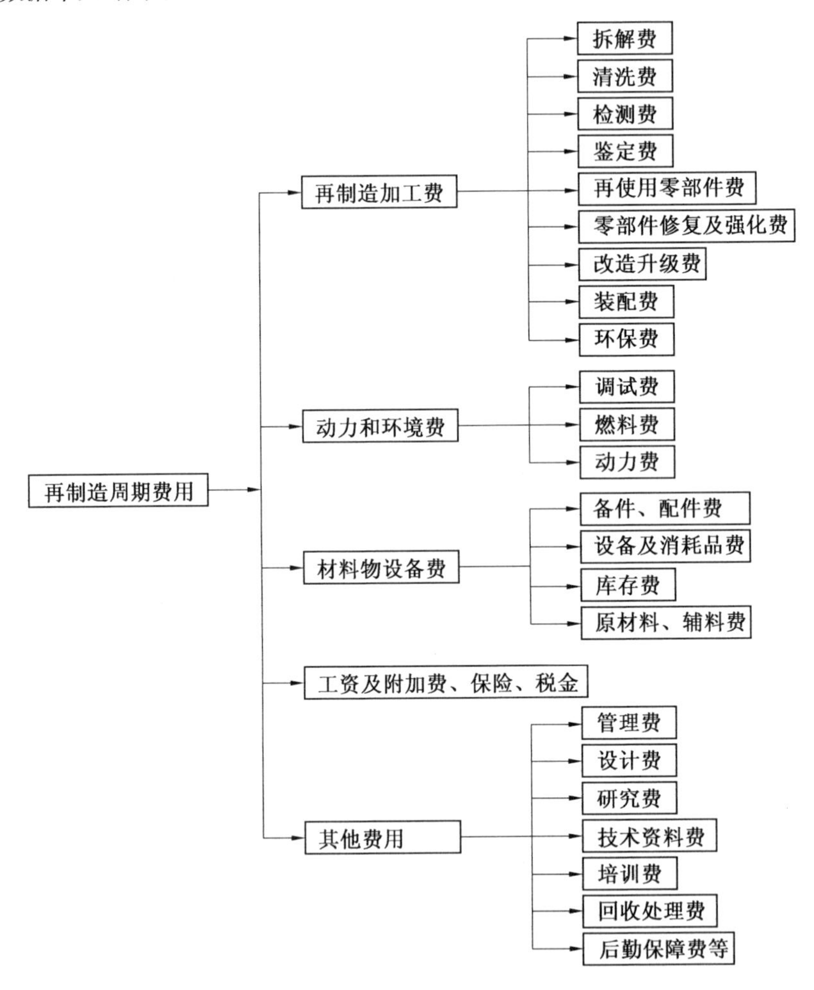


图4.10　废旧产品典型的再制造费用分解结构

#### 4.5.4.2 费用计算

明确再制造费用的拆解图之后，便可以通过计算公式计算出再制造费用的估计值，以便对再制造费用进行分析及预测。

1. 再制造总费用

$$C_{rc} = C_{ma} + C_{pe} + C_{ec} + C_{eq} + C_{ma} + C_{ot}$$

式中 $C_{rc}$—— 再制造总费用；
$C_{ma}$—— 再制造加工费；
$C_{pe}$—— 再制造动力费；
$C_{ec}$—— 再制造环境费；
$C_{eq}$—— 再制造设备费；
$C_{ma}$—— 再制造材料费；
$C_{ot}$—— 其他费用。

2. 运输费

$$C_{tr} = C_{r} + C_{fo} + C_{ct} + C_{wa}$$

式中 $C_{tr}$—— 运输费；
$C_{r}$—— 养路费；
$C_{fo}$—— 伙食费；
$C_{ct}$—— 税费；
$C_{wa}$—— 工资。

3. 人员费

$$C_{p} = C_{ba} + C_{wq} + C_{bo}$$

式中 $C_{p}$—— 人员工资；
$C_{ba}$—— 基本工资；
$C_{wq}$—— 福利；
$C_{bo}$—— 奖金。

4. 再制造加工费

$$C_{ma} = C_{te} + C_{cl} + C_{ch} + C_{re} + C_{up} + C_{as} + C_{dt}$$

式中 $C_{ma}$—— 再制造加工费；
$C_{te}$—— 拆解费；
$C_{cl}$—— 清洗费；
$C_{ch}$—— 检测费；
$C_{re}$—— 零部件修复及强化费；
$C_{up}$—— 升级改造费；

$C_{as}$—— 装配费；

$C_{dt}$—— 涂装费。

5. 拆解费用

$$C_d = K_1 \sum C_{1it_i} + K_2 \sum C_{2iS_i}$$

式中 $C_d$—— 总拆解费用；

$K_1$—— 劳动力成本系数；

$K_2$—— 工具费用系数；

$i$—— 拆解操作的序号；

$C_{1i}$—— 拆解操作 $i$ 的当前劳动力成本；

$t_i$—— 拆解操作 $i$ 所花费的时间；

$C_{2i}$—— 拆解操作 $i$ 的当前工具成本；

$S_i$—— 拆解操作 $i$ 的工具利用率。

6. 可修复失效零部件的修复/强化的经济界限

对可修复的失效零部件，其修复/强化的经济界限为

$$C_T / T_T \leqslant C_H / T_H$$

式中 $C_T$—— 修复强化失效零部件的费用；

$T_T$—— 修复强化零部件的寿命；

$C_H$—— 新品零部件费用；

$T_H$—— 新品零部件寿命。

7. 恢复型再制造的经济界限

$$R \leqslant K_n - L$$

式中 $R$—— 再制造费用；

$K_n$—— 当时该产品重置价值（新产品价值）；

$L$—— 产品残余价值（可为负值）。

8. 产品寿命周期环境费用

$$\mathrm{LCEC} = \sum \mathrm{EL}_i \times \mathrm{UEC}_i (i = 1)$$

式中 $\mathrm{EL}_i$—— 某种环境负荷量；

$\mathrm{UEC}_i$ —— 该种环境负荷的单位费用；

$i$—— 环境负荷种类。

### 4.5.5 再制造产品费用—效能分析

社会的飞速发展导致了产品退役原因的复杂化，大量产品退役是由于技术功能落后而淘汰的。因此，在对其进行再制造时，是选择按原产品性

能的恢复型再制造，还是按性能先进的现代化新型产品进行升级型再制造，就需要根据对再制造周期费用分析与再制造产品的性能分析来进行抉择。再制造的费用－效能分析是从费用和效能两方面综合评价各个再制造方案的过程，即研究少花钱、收效大的再制造方案，追求费用效果最佳匹配的过程。再制造的系统费用－效能分析着重从定量的角度对再制造生产费用和再制造后产品的效能同时加以考虑，以便权衡备选方案的优劣。费用－效能分析应有可信的供权衡分析用的数据，有可供使用的、合理的效能模型和费用模型。

#### 4.5.5.1 系统费用－效能分析模型

根据费用－效能权衡的决策准则，一般有如下 4 种分析模型。

1. 效能最大模型

$$\begin{cases}\max\ E\\ \text{s.t.}\ \ C\leqslant C_0\end{cases}$$

2. 费用最小模型

$$\begin{cases}\min\ C\\ \text{s.t.}\ \ E\geqslant E_0\end{cases}$$

3. 效费比模型

$$\begin{cases}\max\ V=\dfrac{E}{C}\\ \text{s.t.}\ \ E\geqslant E_0\\ \qquad\ C\leqslant C_0\end{cases}$$

4. 效费比指数模型

$$\begin{cases}\max\ M(V)=\dfrac{M(E)}{M(C)}\\ \text{s.t.}\ \ M(E)\geqslant M(E_0)\\ \qquad\ M(C)\leqslant M(C_0)\end{cases}$$

上述模型中　$E$—— 产品效能；

$C$—— 再制造产品寿命周期费用；

$E_0$—— 产品效能规定的最低要求；

$C_0$—— 产品寿命周期费用最高限值；

$V$—— 效费比；

$M(V)$—— 产品的效费指数；

$M(E)$—— 规范化的产品效能，$M(E)=E/E_{\mathrm{j}}$，其中 $E_{\mathrm{j}}$ 为基

准产品的效能；

$M(C)$——规范化的产品寿命周期费用，$M(C)=C/C_j$，其中 $C_j$ 为基准产品的寿命周期费用。

在上述几种模型中，前两种模型是最常用的模型。效费比模型则是用效能和寿命周期费用的比值进行比较选择。

#### 4.5.5.2　费用-效能分析的一般步骤与方法

进行费用-效能分析时，分析对象、目的、时机不同，分析的步骤方法也会有差别。费用-效能分析的一般流程图如图4.11所示。

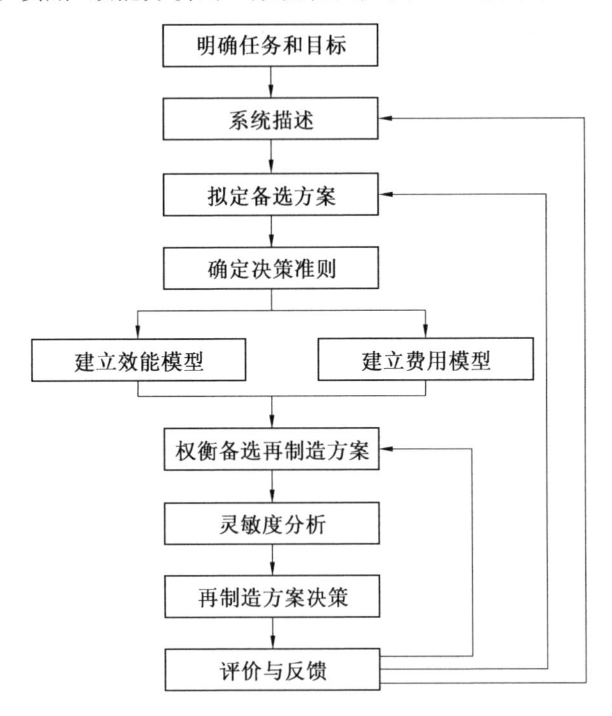


图4.11　费用-效能分析的一般流程图

1. 明确任务和目标

进行费用-效能分析，确定所分析产品的任务和目标，具体内容包括：

（1）产品任务和目标的详细描述。

（2）产品使用环境条件的详细描述。

2. 系统描述

系统描述是对产品系统硬件、软件各组成部分的描述，其中包括：

（1）产品系统关键特性参数（如使用性能、可靠性、维修性、保障性、测试性、再制造性等)的描述。

(2)产品系统使用年限、数量、需考虑的费用项目、使用策略等。

(3)费用预算、进度、要求等约束条件。

3. 拟定备选方案

方案是指达到目标的各种方法或途径。为了权衡优化寻找到最优方案,一般可预先拟定若干个可行的备选方案,然后对其进行初步的权衡,既保证不遗漏有价值的重要方案,又不将时间、人力、费用浪费在明显差的方案上。对筛选出的各个备选方案,应做系统、详细的描述,确保能够对其进行费用-效能分析。

4. 确定决策准则

决策准则是判断方案优劣的标准或尺度。在费用-效能分析中常用的决策准则包括:

(1)等费用准则。在满足给定费用约束的条件下,获得最大的效能。

(2)等效能准则。在满足给定效能约束的条件下,使寿命周期费用最小。

(3)效费比准则。使方案的效能与费用之比最大。

(4)效费指数准则。使方案的效费指数最大。

对于上述4种准则,前两种是常用准则。使用效费比准则时应该注意满足产品的使用要求和费用约束;否则,在没有提供效能和费用绝对水平的情况下,仅根据效费比可能会导致决策的失误。

5. 建立效能模型

根据产品系统的特点和分析目的,通过进行效能分析,合理地选择效能的量度单位,建立(或选择)合用的效能模型。

6. 建立费用模型

根据产品系统的特点,通过进行寿命周期费用分析,合理地确定寿命周期费用模型。应注意各备选方案费用的可比性(如费用的时值、使用年限不同等)。

7. 权衡备选方案

根据效能模型和费用模型,对各个备选方案进行计算,按照确定的决策准则,权衡比较各个备选方案的优劣。

8. 灵敏度分析

在费用-效能分析中,由于系统的假定、约束条件以及关键性变量的变化对分析的结果有着直接影响,在方案的实施中也存在着许多不确定的因素(如通货膨胀等对费用的影响等),因此对各备选方案进行灵敏度分析,以便判断有关因素和参数的变化对分析结果可能产生的影响。

9. 方案决策

通过权衡备选方案和进行灵敏度分析,从各种备选方案中选择满足要求的最佳方案,并将分析结果提交决策机关进行最终决策。

10. 评价与反馈

通过对费用-效能分析进行评价,并将评价分析的结果进行信息反馈。反馈的信息可以是修改已有方案或拟定新的备选方案、修正模型和参数等,通过不断地分析和信息反馈,来确保费用-效能分析目标的实现。

# 4.6 再制造时机分析

## 4.6.1 产品寿命的浴盆曲线

在产品的技术寿命中共有 3 个明显的失效阶段,即早期故障期、偶发故障期及损耗故障期。这 3 个时期具有非常明显的特点,可用浴盆曲线来表示产品的这 3 个阶段(图 4.12),典型的再制造时间点位于产品第二阶段的末期位置。

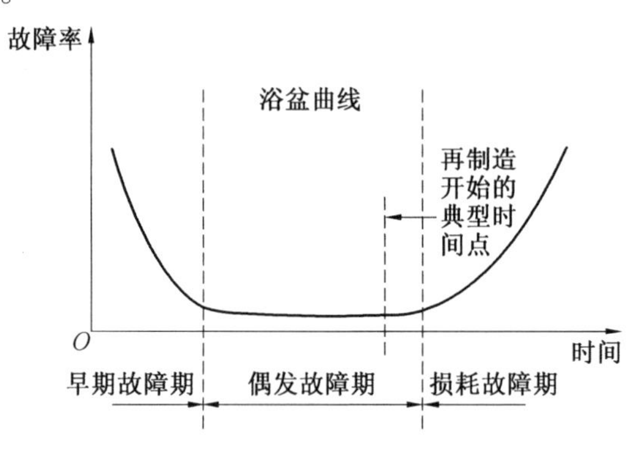


图 4.12 产品寿命周期的浴盆曲线

### 4.6.1.1 产品使用初期的早期故障期

早期故障期发生于设备投产前的调整或试运转阶段。故障较多,失效率较高,随着磨合及故障的排除,失效率逐步降低并趋于稳定。产品初期故障期的故障形态反映了产品设计、制造及安装的技术质量水平,也与调整、操作有直接的关系。这时期的产品往往在保质期内,如果发生了不可恢复的故障,或者用户退货,则需要对该产品进行再制造。

#### 4.6.1.2　产品使用中期的偶发故障期

偶发故障期发生于设备的正常使用阶段。其失效率较低，为一个常量。故障不可预测，不受运行时间的影响而随机发生。经过早期失效阶段后，产品将进入最低失效率的第二阶段，这是设备的最佳工作期，即设备的有效寿命。在这一阶段，产品及其零部件都能够按照它设计时的要求，保持持久的良好工作状态。这时期的失效主要是由于一些偶然的原因而产生，如一些非正常的事故或者过度的应力。对于偶然原因引起的产品退役可以进行再制造，大量的再制造处于第二阶段的末期。

#### 4.6.1.3　产品使用末端的损耗故障期

损耗故障期发生于设备使用后期。由于机械磨损、化学腐蚀及物理性质的变化，设备失效率开始上升。在经过第二个比较长的稳定的工作阶段后，产品的失效率又会重新迅速上升，这主要是由零部件及其材料的过度磨损和疲劳造成的。

### 4.6.2　产品退役形式

废旧产品退役时间确定是由产品退役原因来确定的。一般来讲，根据当前的实际产品服役状态，产品存在以下几种寿命形式。

#### 4.6.2.1　物理寿命

物理寿命是指产品在规定的使用条件下，从投入使用开始到因有形磨损导致设备不能保持规定功能而中止使用的时间，也称自然寿命。通过产品的正确使用、维护和修理可以延长产品的物理寿命。而且产品物理寿命的到期并不代表其所有的零部件寿命到达末端，这为再制造提供了良好的物质基础。

#### 4.6.2.2　技术寿命

技术寿命是指设备从投入使用开始，到因第二种无形磨损导致功能落后而用户中止使用的时间。当前技术的飞速发展导致了技术更新换代速度的加快，尤其是电子类产品，这是当前设备退役的一个主要原因，通过再制造升级可以提高产品的技术性能，从而延长产品的技术寿命。

#### 4.6.2.3　经济寿命

经济寿命是指设备从投入使用开始到因经济性权衡结果而中止使用的时间，它受有形磨损和无形磨损的共同影响，从经济年限上考虑退役的最佳时刻。一台设备如果已经到了若继续使用则不能保证产品质量，或者在经济上不合算的程度，且进行修理或现代化改装的费用又太大的情况时，其经济寿命也就到了终点，这时就必须对设备进行报废。

#### 4.6.2.4　环境寿命

环境寿命是指设备从投入使用到因产品本身或其使用违反新的环境法规而中止使用的时间。环境污染的加剧及资源的匮乏导致政府不断加速环境保护的法规出台，可能提高设备使用的限制或导致设备使用对象的匮乏，从而使设备因环境法规的限制而退役。例如，当提高发动机尾气排放标准时，一些低于排放标准的发动机就无法继续使用。

#### 4.6.2.5　偏好寿命

偏好寿命是指产品从投入使用到产品因用户个人的喜好而放弃的使用时间。现代物质文化生活的提高，人们的欣赏水平或偏好兴趣的变化，往往也会导致用户放弃正在使用的产品，尤其是电子类产品，如可能单纯因颜色或款式而被用户报废的手机。

由以上可知，物理寿命是设备最长的寿命形态，也是通常所表述的产品寿命，其他因技术、经济、环境、偏好等原因而退役的产品，都没有达到物理寿命，往往是在产品物理寿命的中间某一阶段来完成的，即它们的零部件大多是没有失效的。但物理寿命并不等于使用寿命，在物理寿命的后期，磨损加快，故障增多，需要投入更多的人力、物力和财力，才能保持设备的正常运行。因此，根据不同的产品退役寿命阶段，可以采取相应的再制造方式，来满足产品寿命的延长。

### 4.6.3　再制造时机选择

再制造是消除设备有形磨损和无形磨损的重要手段。正确选择再制造时机，有效地掌握待再制造产品在其使用寿命中的位置，是保证再制造产品更加可靠的主要因素。

再制造时机是指设备工作多长时间，或在全寿命周期中的哪个阶段才进行某种再制造的选择，通常也称为再制造方式选择。再制造时机选择既要考虑自然寿命、技术寿命、经济寿命，也要考虑环境寿命等，自然寿命是使用寿命的前提与基础。

根据对产品寿命形态的分析，可以确定对产品再制造时机的控制方式。

#### 4.6.3.1　物理寿命末端的再制造

末端再制造是指在产品到达物理寿命末端时，对产品开始进行再制造。它是当机械设备报废退役后，才进入再制造企业进行再制造，以恢复原产品的性能为目的。它必须充分准备人力、工具、备件等再制造资源，以便有效地完成再制造，这也是当前最主要采用的一种再制造方式，主要是在产品退役后进行。

产品设计时虽然要求采用等寿命设计,即各零部件的寿命等同于产品的寿命,以降低零部件的性能要求和资源消耗,但实际上等寿命设计只是一种理想化状态,退役产品中相当多的零部件的寿命还处于其寿命的第二个阶段,失效率非常低且可靠性比较高,而且可以使用一个新的产品寿命周期。例如,废旧机床的床身在经过长期使用后,相当于进行了长时间的时效处理,其内部的残余内应力得到了充分的消除,保持了较高的形状精度,经过对结合面的恢复,完全可以使用多个寿命周期。因此,在再制造前,必须了解产品及其零部件在寿命的浴盆曲线关系图中明确的位置,正确地预测其在下一个产品使用寿命周期中的可靠性。但在再制造过程中,对使用的废旧件只要不能确定零部件的剩余寿命,或者确认零部件将很快进入磨损失效比较高的第三个寿命阶段,则不能再直接利用这个零部件,需要更换或进行零部件再制造。尤其在相关汽车安全的关键零部件方面,如汽车的转向器、刹车器等与汽车安全相关部分的再制造,更要加强对废旧件剩余寿命的检测。

#### 4.6.3.2 产品物理寿命中的定期再制造

定期再制造是在产品物理寿命中期采取再制造的一种方式,是预防再制造的一种,根据产品使用时间来确定再制造的间隔期。它以使用时间为再制造期限,只要达到预先规定的时间,不管其技术状态如何,都要进行再制造。这是一种带有强制性的预防再制造方式。例如,发动机到达规定的工作时间后必须进行维修,而目前济南复强动力有限公司采用对到达维修期限的发动机进行再制造的方式,相对维修模式来说,具有更高的综合效益。定期再制造可以使设备零部件在未到达极限时进行再制造,可以减少工作量,提高效益。

定期再制造的依据是设备的磨损规律,关键是准确地掌握设备的失效率曲线,要在偶然故障阶段结束时,即失效率随时间迅速上升到进入耗损故障期之前,进行再制造。定期再制造的优点是容易掌握再制造时间、计划、组织管理,可以较好地预防故障,提高设备可靠性。但这种方式主要以磨损规律作为决策依据,其他失效形式未被考虑在内,因此缺乏对实际情况的应变。

#### 4.6.3.3 使用中的视情再制造

视情再制造发生在产品使用的过程中,它不是根据故障特征而是由机械设备在线监测和诊断装置预报的实际情况来确定再制造的时机和内容。当监测到的情况,通过维修无法达到要求时,可以对其进行再制造,以全面恢复其性能和可靠性。在线监测包括状态检查、状态校核、趋向监测等项目，它们都是在线进行的，并定期按计划实施，是一种最有效的再制造方式。

视情再制造适用于：

(1)属于耗损型的设备，且有如磨损那样缓慢发展的特点，能估计出量变到质变的时间。

(2)难以依靠人的感官和经验去发现故障，又不允许对机械设备任意解体检查。

(3)那些机件故障直接危及安全，且有极限参数可监测。

(4)除本身有测试装置外，必须有适当的监控或诊断手段，能评价机件的技术状态，指出是否正常，以便决定是否立刻再制造。

(5)传统的视情维修无法全面恢复设备达到用户指定的要求状态。视情再制造的优点是可以充分发挥设备的潜力，提高设备预防损毁的有效性，减少再制造工作量及人为差错。但视情再制造要求有一定的诊断检测条件，根据实际需要和可能来决定是否采用视情再制造，视情再制造的检测成本高。

#### 4.6.3.4　非正常退役产品的机会再制造

机会再制造主要针对环境报废、偏好报废或因意外事故而损毁报废的产品，它主要发生在产品非正常退役的情况下，即发生在使用过程中，产品尚未到达物理寿命的末端时进行的一种再制造。机会再制造是与视情维修或定期再制造同时进行的一种有效的再制造活动。例如，名牌厂家生产的新汽车启动机，也可能在使用早期就因材料失效而导致整个启动机故障，无法修复，则只能返回再制造厂进行再制造。或者因非正常原因导致的不可修复故障，都会使产品非正常退役，而进行机会再制造。

产品在使用中是采用再制造还是维修方式，要进行综合的经济效益和环境分析，科学地选择最佳的方式。综合经济效益分析包括对再制造或维修后产品的性能分析、再制造或维修的费用投入分析、环境效益分析及社会效益分析等。

## 4.7　再制造环境分析

### 4.7.1　生命周期评价概述

生命周期评价(Life Cycle Assessment，LCA)是一种评价产品、工艺从原材料的采集到产品生产、使用回收和废弃的整个生命周期阶段中能量与物质的消耗，以及对环境的损害。它是将整个生命周期阶段中物耗、能耗和环境的影响量化，然后进行评价和分析。生命周期评价作为环境系统评价的分支之一，它主要研究在3个方面的环境影响，即资源消耗、生态健康和人类健康。

LCA是一个环境管理工具，它能够将对环境的影响定量化以及将对整个产品、工艺或行业生命周期的潜在影响定量化。虽然LCA早已应用于某些工业部门，但从20世纪90年代开始才引起广泛的重视，被作为具有可操作的环境影响评价决策工具。如在ISO 14000系列标准环境管理系统、环境管理和项目审计以及综合环境预防和控制条例中，都需要企业对它们的行为产生的环境后果有足够的了解，采用LCA是一种有效的方法。

## 4.7.2　再制造周期环境影响评价

再制造周期环境影响评价是指对产品在再制造过程中的能量和物质的消耗以及对环境的损害进行评价，这是生命周期评价的重要阶段。对再制造过程进行环境影响评价，可以采用传统的生命周期评价的方法来参考进行。

LCA评价的基本框架和程序如图4.13所示。

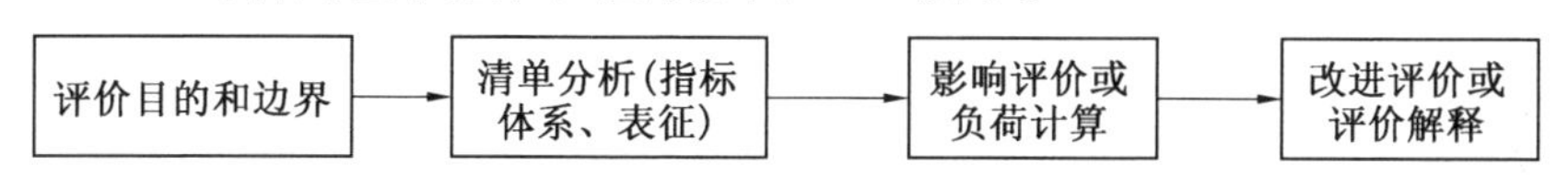


图4.13　LCA评价的基本框架和程序

### 4.7.2.1　评价目的和边界

生命周期评价研究首先必须明确研究目标的详细程度，研究的范围包括从一般性研究到具体的一种产品或工艺，大多数情况介于这两者之间，甚至对于具体产品的研究，也要确定以下的研究路径：①再制造周期；②单独的一个阶段或工艺。其中再制造周期可由多个阶段构成，也可仅局限于某一具体的阶段过程或工艺。再制造周期环境影响评价的目的是对再制造生产周期流程对环境造成的影响实施评价，通常是对整个废旧产品再制造流程系统进行的评价。评价可以在再制造执行前进行，主要对不同的再制造方案的环境影响进行评价，选择较优方案执行再制造生产；如果是在再制造生产周期中进行评价，则目的是寻求在此种操作下对环境的最小破坏和最小影响的生产方式。再制造过程的环境影响评价目的至少应包括以下内容：

(1)引入研究的原因。

(2)研究的对象(产品还是工艺)。

(3)评价分析的因素和忽略的因素。

(4)评价结果如何应用。

为了有助于突出研究重点和思路,明确研究的结果是服务于何种目的或希望得到什么样的信息,即明确目的是非常重要的。同时,研究的深度也与研究的目标有关联,在某些情况下要求有足够的深度。有时研究是为了比较工艺,有时是为了比较产品。图4.14所示为再制造周期环境影响评价分析的一般性目标。

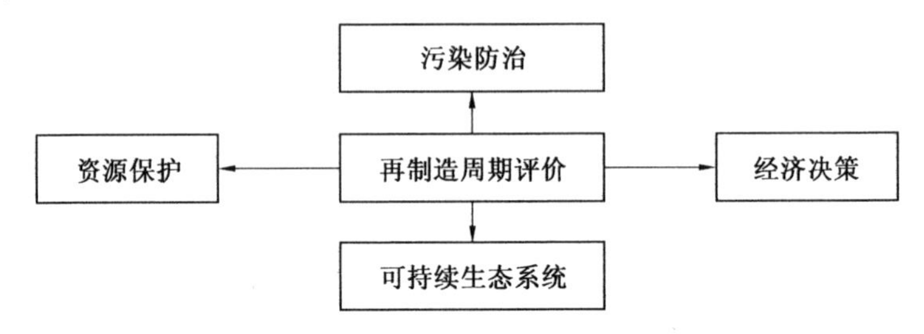


图4.14　再制造周期环境影响评价分析的一般性目标

再制造周期环境影响评价的边界条件是指再制造生产工艺中各工序哪些条件应包括在内,哪些条件应排除在外。由于多种因素相互作用,首先要明确相关因素和独立因素。在再制造过程的环境影响评价中,系统边界描述为“从废旧产品到再制造产品”,即包括从废旧产品变成再制造产品的再制造全过程中所有的环境负荷和影响。因此,输入到再制造系统内的是资源,包括能量、材料、废旧毛坯、新配件等。再制造系统的功能在范围定义中应具体化,并表达为再制造功能单元,作为系列递推的功能度量。

设置再制造周期环境评价系统边界时,区分内部系统和外部系统很有必要。内部系统定义为一系列直接与生产和使用过程相关联的工艺流程或单元,这种工艺流程或单元能递推出目标和范围所定义的功能单元。外部系统是那些提供能源和材料到内部系统的部门,通常经由一个共同的市场,不能区分生产企业的具体状况。确定内部系统和外部系统的差别也是重要的,对于确定使用的数据类型,内部系统可由某个具体的工艺过程数据描述,而外部系统通常由不同的生产工艺过程的混合数据代表。因此,确定合适的系统边界是非常关键的一步。

#### 4.7.2.2　清单分析

一个再制造生产周期环境评价的完整的清单分析包括对资源、能源和环境排放进行定量化的步骤，涵盖了原材料和能源的获取、零部件的加工生产及配件物流等。为减少再制造周期环境影响评价中清单分析的主观性，需要遵守的基本准则如下：

（1）定量性。所有数据应当定量化，通过调查确认清单具体数据，任何对数据和方法的假设都必须具体化。

（2）重复性。信息和方法的来源足以描述能由同行得到的相同结论，证据要充分，可以解释产生的任何误差。

（3）科学性。数据的取得和处理方法有科学依据。

（4）综合性。应包括所使用的主要能源、材料和废弃物排放。由于数据的可靠性受时间、成本的限制，因此所忽略的因素应当清楚地说明。

（5）实用性。使用者在编目分析所涵盖的范围内能得出合适的结论，对使用者应用的限制条件应当清楚地注明。

（6）同行检验。倘若研究的结果被公开引用，这些结果要求同行检验过。

在清单分析阶段，要完成材料和能源的平衡分析以及环境负荷的定量化。环境负荷定义为资源的消耗和大气、水和固体排放物当量数量大小。对于具体的再制造周期分析清单，将提供一个定量的输入、输出目录表。一旦清单分析完成和核实，其结果便可用于影响分析和改进分析阶段。再制造周期环境影响分析的结果也可用于确定一种或多种产品或工艺是否优于其他产品或工艺的选择依据，而这种依据是基于产品对环境的总的影响程度。输入和输出清单目录必须客观，主要的客观因素如下：

（1）与可以选择的产品、材料或工艺进行输入/输出对比分析。

（2）着眼点放在确定再制造周期或给定的工艺内所需资源和排放最有潜力的削减点。

（3）有助于促进能减少总体排放的新再制造产品开发。

（4）建立一个共同的比较基准线。

（5）有助于帮助提高人们对与产品或工艺有关的环境影响的关注。

（6）有助于提高产品可持续利用的能力。

（7）能够对影响资源的使用、回收或排放的公共政策评价提供相关信息。

#### 4.7.2.3　影响评价

影响评价是对清单阶段所识别的环境影响压力进行定量或定性的表征评价，即确定产品系统的物质、能量交换对其外部环境的影响。影响评价应考虑对生态系统、人体健康以及其他方面的影响。再制造周期的环境影响评价阶段是将得到的各种排放物对现实环境影响进行定性定量的评价，这是环境影响评价最重要的阶段，也是最困难的环节。一般可将环境影响分为3个阶段,即分类、特性化和评价。

到目前为止,还缺乏公认的影响评价方法。由Heijungs等人提出的用于表征和定量环境影响方法得到一定应用。在这种方法中,环境负荷按照对特定的潜在环境影响(如温室效应、酸化、臭氧层破坏等)的相对贡献进行累积,如$CO_2$作为确定与温室效应有关的其他气体($CH_4$和VOCs)的参照。为了构造基本模型,在研究过程中需要对整个产品或工艺给出流程图,然后对每一工序给出详细的工艺投入/产出数据图。将工序数据图综合到产品或工艺的流程图中,得到生命周期数据链图。由生命周期编目给出大量详细的信息,研究者需要选择合适的内容格式,将收集的数据转变为信息,数据进行处理和解析后提供给使用者,用于实际应用。提供的信息应当是综合信息,而不应过于简化。这些信息可以以图表的形式出现,至少应包括如下内容:①给出总的能耗结果;②给出工序过程的物耗、能耗情况;③给出工艺废气、废水、固体废渣的排放结果;④给出能源回收利用的情况。

#### 4.7.2.4　改进评价或评价解析

再制造周期环境影响评价的最终阶段是改进评价,评价目标定位于判别系统行为改进的可能性,这一阶段也称为解释。除了改进和革新建议外,还包括对环境的影响、敏感性分析和最终建议的确定。在进行结果分析解析时,应当注意数据的精度。对于同样的工艺,不同的企业可以采用相似的或不同的材料、能源结构和技术产品,且其使用效率也不尽相同。另外,不同地区或地域的企业也可能在不同的环境标准要求下生产,因此在使用这些数据前需要考虑这些因素。

当然,仅通过环境影响评价而不考虑经济效益以及各种制约条件(资源、资金、劳动力及社会条件等),还不能对一个再制造产品得出完整的结论,但是再制造周期环境影响评价作为各种评价手段的第一步,对保护环境、减轻污染、降低能耗无疑是十分重要的。

### 4.7.3　再制造发动机环境评价案例分析

发动机再制造阶段仅仅是发动机生命周期的末端部分,但可以运用全生命周期评估的方法对再制造发动机整个生命周期中的能源消耗、原材料消耗和环境影响进行分析。上海大学与上海大众联合发展有限公司合作,实地采集数据,建立单位过程的输入、输出表。能源数据来源于实际的统计,物料投入数据依据下料清单;辅料数据比较完备;排放数据在具体处理上依据工艺统计数据,同时参阅了《工业污染物产生和排放系数手册》的部分研究成果，经过计算得到，总体的数据质量较高。

#### 4.7.3.1　研究目标和系统边界

研究目标是上海大众桑塔纳某型号电子喷射再制造发动机，此发动机总质量约为125.3 kg，最大功率为74 kW。目前此发动机可以再制造使用3次，研究数据来源于报废发动机的第一次再制造过程，研究系统范围包括从发动机报废到再制造发动机报废共5个阶段，其中还包括电能、汽油等能源生产阶段，如图4.15所示。

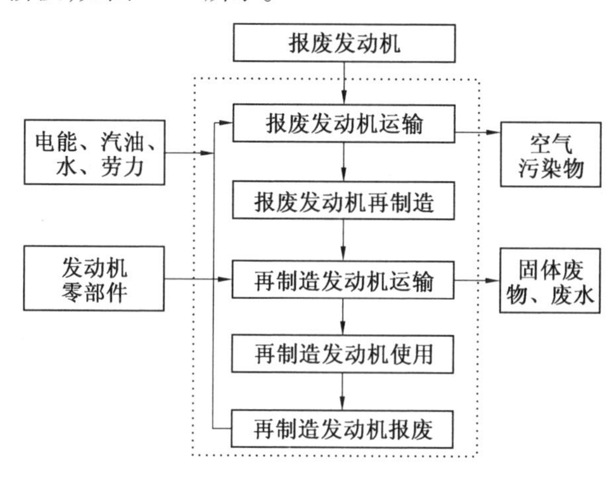


图4.15　系统边界

#### 4.7.3.2　能源消耗清单分析

1. 整个生命周期

再制造发动机在整个生命周期内主要使用的能源为汽油和电能，因此能源消耗评价因素也以汽油和电能为主。上海的电能100%来源于火力发电，同时生产1 kW·h的电能需要消耗11 636 kJ的能量和消耗400 g的标煤。经实际数据采集、计算得出，在整个生命周期内，我国一台上海大众桑塔纳某型号电子喷射再制造发动机需要消耗电能481.67 kW·h，而且用于发电消耗标煤192.668 kg，同时消耗燃油14 475.95 L，表4.6列出了一台再制造发动机全生命周期的能量消耗。

**表4.6　一台再制造发动机全生命周期的能量消耗**　　kJ

| 能源类型 | 燃料生产 | 燃料使用 | 总能耗 |
|---|---|---|---|
| 电 | 5 604 712 | 1 734 012 | 7 338 724 |
| 汽油 | 103 386 017 | 504 767 007 | 608 153 024 |

由表4.6可知，一台再制造发动机在整个生命周期内消耗总能量为

615 491 748 kJ,其中电能消耗占总体 1.19%,汽油消耗能量占总体 98.81%,占绝大部分。

2. 发动机再制造阶段

发动机再制造阶段是再制造发动机整个生命周期的重要阶段,因此对其进行详细单独分析。发动机再制造阶段主要包括拆解、清洗、检查与替换、修复、加工、入库、检查和清洗、装配、包装,共8个工艺流程。

生命周期评价的思想包括了从"摇篮"到"坟墓"的整个生命周期,因此各工艺阶段的输入和输出都是其他相连工艺阶段输入与输出的累积,在实际计算模型中通过功能单位进行连接和求和。表4.7列出了再制造生产主要工艺功能单位能耗量。

**表4.7　再制造生产主要工艺的功能单位能耗量**

| 主要工序 | 直接能耗/kJ | 运输能耗/kJ | 其他能耗/kJ | 总能耗/kJ | 直接能耗占总能耗的比例/% |
|---|---|---|---|---|---|
| 拆解 | 158 400 | 983 | 33 065 | 192 448 | 82 |
| 清洗 | 165 600 | 576 | 84 830 | 251 006 | 66 |
| 检查与替换 | 144 000 | 482 | 63 629 | 208 111 | 69 |
| 修复 | 455 400 | 140 | 110 970 | 566 510 | 80 |
| 加工 | 181 512 | 154 | 155 111 | 336 777 | 54 |
| 入库检查和清洗 | 37 800 | 187 | 24 463 | 62 450 | 61 |
| 装配 | 233 435 | 262 | 102 092 | 335 789 | 70 |
| 包装 | 46 800 | 515 | 27 126 | 74 441 | 63 |

由表4.7可知,一台再制造发动机在再制造阶段总能耗为2 027 532 kJ,其中,总直接消耗能量为1 422 947 kJ,约占总能耗的70.2%;总运输能耗为3 299 kJ约占总能耗的0.2%;其他能耗为601 286 kJ,约占总能耗的29.6%。

#### 4.7.3.3　原材料消耗清单分析

目前上海大众桑塔纳某型号电子喷射再制造发动机中的8个零部件可以再制造,其材质与质量见表4.8;9个零部件可以直接再利用,其材质与质量见表4.9。从表4.8、表4.9可知,一台再制造发动机与制造一台新发动机相比可节省58.2 kg的钢材和16 kg的铝材。在发动机整个再制造生产系统中,主要消耗的原材料有12种,其消耗量见表4.10,另外生产系统中还需辅助材料清洗液2.5 L、切削液3.3 L、除碳液1.5 L。

**表 4.8 可再制造零部件的材质与质量**

| 零部件名称 | 材质 | 质量/kg |
| --- | --- | --- |
| 缸体 | 铸铁 | 37 |
| 缸盖 | 铝合金 | 15 |
| 曲轴 | 钢 | 10.5 |
| 连杆 | 钢 | 1 |
| 中间轴 | 钢 | 1.2 |
| 凸轮轴 | 铸铁 | 5.5 |
| 进气门 | 中钛钢 | 0.6 |
| 排气门 | 中钛钢 | 0.6 |

**表 4.9 可再利用零部件的材质与质量**

| 零部件名称 | 材质 | 质量/kg |
| --- | --- | --- |
| 前盖板 | 铝合金 | 0.5 |
| 后盖板 | 铝合金 | 0.5 |
| 活塞销 | 钢 | 0.2 |
| 挡油板 | 钢 | 0.3 |
| 隔罩 | 钢 | 0.4 |
| 锁盖 | 塑料 | 0.05 |
| 导向环 | 铸铁 | 0.2 |
| 压条 | 钢 | 0.2 |
| 油底壳 | 钢 | 0.5 |

**表 4.10 再制造发动机原材料的消耗量**

| 原材料名称 | 消耗量 | 单位 |
| --- | --- | --- |
| 水 | 368 | L |
| 空气 | 580 | $m^3$ |
| 木材 | 2.8 | kg |
| 钢 | 32.6 | kg |
| 铁 | 12.3 | kg |
| 铝 | 19.4 | kg |
| 铜 | 0.4 | kg |
| 橡胶 | 0.8 | kg |
| 石棉 | 0.3 | kg |
| 聚酰胺 | 0.6 | kg |
| 聚丙烯 | 0.5 | kg |
| 锡 | 0.2 | kg |

#### 4.7.3.4　环境排放清单分析

再制造发动机在整个生命周期内，主要消耗电能和汽油，产生的废弃物为废气、废水及固体废弃物，根据汽油生产、燃烧的排放系数及火电厂每发 1 kW·h 电能产生的排放物系数，另外生产 1 kW·h 的电能产生的固体排放物为 51.136 g 的煤灰和炉渣。应用实际采集到的数据计算得到整个生命周期对环境的废弃物排放量，见表 4.11。

表 4.11　再制造发动机对环境的废弃物排放量　kg

| | 污染物 | 能源生产 | 再制造过程 | 运输过程 | 使用过程 | 总计 |
|---|---|---|---|---|---|---|
| 废气排放 | $CO_2$ | 4 904.19 | 7.51 | 4 229.27 | 33 721.75 | 42 862.72 |
| | $SO_2$ | 43.19 | 0.126 | 5.23 | 41.89 | 90.436 |
| | CO | 11.14 | 0.07 | 619.04 | 4 952.29 | 5 582.54 |
| | $NO_x$ | 12.08 | 0.028 | 1.855 | 14.84 | 28.803 |
| | PM | 4.425 | 0.014 | 10.96 | 87.71 | 103.109 |
| 废水排放 | BOD | 0.174 6 | 0.004 2 | 0.021 7 | 0.173 6 | 0.569 4 |
| | COD | 0.829 1 | 0.012 6 | 0.103 1 | 0.824 7 | 1.769 5 |
| | 悬浮物 | 0.141 7 | 0.007 | 0.017 6 | 0.140 7 | 0.465 4 |
| | 可溶性固形物 | 235.12 | 0.004 6 | 29.22 | 233.69 | 498.134 6 |
| | 重金属 | 0.548 3 | 0.003 4 | 0.068 3 | 0.546 3 | 1.166 3 |
| | 碳氢化合物 | 2.93 | 0.002 8 | 0.363 8 | 2.91 | 6.206 6 |
| 固体废弃物 | 固体废弃物 | 190.45 | 6.52 | 0.62 | 164.94 | 382.51 |

由表 4.11 可知，在整个生命周期内一台再制造发动机总共排放 49 558.43 kg废弃物，其中废气排放总量为 48 667.608 kg，约占废弃物总排放量的 98.2%；废水排放总量约为 508.31 kg，约占废弃物总排放量的 1.03%；固体废弃物总量为 382.51 kg，约占废弃物总排放量的 0.77%。

#### 4.7.3.5　分析结论

再制造发动机 89.76% 的废气来源于汽油的燃烧，废水主要来自能源生产和再制造发动机的使用阶段，包括悬浮物、可溶性固形物及重金属等，约占废水排放总量的 93.6%；固体废弃物主要来自能源生产和再制造发动机使用阶段，约占总固体废物的 93%。

一台上海大众某型号电子喷射发动机有 17 个主要零部件可以再制造

与再利用，与制造一台新发动机相比可以节省 58.2 kg 的钢材和 16 kg 铝材，节约 113 kW・h 的电能，减少 565 kg 的 $CO_2$、6.09 kg 的 CO、1.01 kg 的 $NO_x$ 和 3.985 kg 的 $SO_x$ 的排放，同时可以减少 288.725 kg 的固体废弃物的排放，在中国市场上一台再制造发动机的价格仅为新发动机价格的 55%，具有极大的经济效益、社会效益和环保效益。

## 本章参考文献


[1] 朱胜，姚巨坤. 再制造设计理论及应用[M]. 北京：机械工业出版社，2009.

[2] 徐滨士. 装备再制造工程[M]. 北京：国防工业出版社，2013.

[3] 陈冠国. 机械设备维修[M]. 2 版. 北京：机械工业出版社，2004.

[4] 姚巨坤，时小军. 废旧机电装备信息化再制造升级研究[J]. 机械制造，2007(4)：1-4.

[5] 朱胜，姚巨坤. 装备再制造升级及其工程技术体系[J]. 装甲兵工程学院学报，2011，25(6)：67-70.

[6] 徐滨士. 再制造工程基础及其应用[M]. 哈尔滨：哈尔滨工业大学出版社，2005.

[7] 姚巨坤，时小军. 崔培枝. 装备再制造工作分析研究[J]. 设备管理与维修，2007(3)：8-10.

[8] 何嘉武，姚巨坤. 装备再制造费用及其预测方法[J]. 装甲兵工程学院学报，2010，24(6)：89-91.

[9] 徐滨士. 装备再制造工程[M]. 北京：国防工业出版社，2013.

[10] 杨明，陈铭. 再制造发动机全生命周期评估[J]. 机械设计，2006，23(3)：8-10.

# 第5章　再制造生产保障资源设计方法

## 5.1　再制造保障资源分析

### 5.1.1　再制造保障资源的确定依据

废旧产品再制造保障资源是产品再制造所需的人力、物资、经费、技术、信息及时间等的统称,主要包括再制造生产设备、再制造器材(主要指备品备件)、再制造人员、再制造设施及再制造技术资料等。再制造保障资源设计的最终目的是提供废旧产品再制造所需的各类生产保障资源,并建立与再制造产品生产需求相匹配的经济、高效、环保的再制造保障系统。

再制造保障资源的确定主要适用于两个时机:一是在某类废旧产品首次再制造前,确定其再制造所需要的技术设备、人员配置、岗位设定、备件供应等再制造保障内容,一旦该类型的再制造资源确定后,一般只需要在生产过程中通过检测来不断地调整;二是当某一批次的产品退役后,需要根据其服役特点来确定与其相对应的再制造过程中需要调整的保障资源。

再制造保障资源的确定主要依据以下内容:

(1)废旧产品再制造方案。再制造方案是关于产品再制造保障的总体规划,也是确定再制造保障资源的重要依据,包括工作环境、费用、环境、性能等约束条件。

(2)再制造工作分析。再制造工作分析所确定的各个再制造单元上的再制造工作、技术要求及工作频度,从而确定再制造生产保障资源的项目、数量和质量要求,从而保证在预定的再制造岗位上,再制造人员的数量和技术水平与其承担的工作相匹配,储备的备件同预定的更换件工作和生产计划相匹配,机加工具、检测诊断和生产设备同该岗位预定的再制造工作相匹配等,这是再制造生产保障资源确定的主要依据。

(3)再制造产品性能要求。不同再制造产品的性能需求,也对再制造方式产生重要影响,直接决定着再制造保障资源的种类和数量。

(4)再制造生产纲领。年度再制造生产纲领的不同也决定着再制造的不同工作量、备件的需求量、设备的使用效率,也可以作为对再制造人员、设备及备件的确定依据。

(5)废旧产品的品质。对于各种各样服役情况下退役的产品,其品质存在很大的区别,则制订的再制造方案也存在着相对的差异,同一类废旧件的再利用率也存在着不同,因此,对备件的需求以及再制造技术与设备的需求也不同,影响着再制造保障设计的确定。

## 5.1.2　再制造保障资源确定的条件和原则

### 5.1.2.1　约束条件

在确定产品再制造保障资源时,应考虑以下约束条件:

(1)费用条件。应在满足再制造条件时周期费用最低的原则下,确定产品的再制造保障。

(2)资源条件。尽可能利用现有的再制造条件保障配置、人员、物资,确定退役产品的再制造保障,避免使用贵重资源,如贵重的保障设备和备件以及高级再制造技术人员等。

(3)环保条件。产品的再制造保障应满足相关的生产及产品的环保要求。

(4)性能要求。产品的再制造保障能够满足对再制造产品的性能要求。

### 5.1.2.2　再制造保障资源优化的一般原则

(1)再制造保障资源的确定与配置,要遵循市场发展规律,以市场需求为牵引,确保再制造产品满足市场需要,实行再制造保障和市场需求相结合的原则。

(2)再制造保障资源规划要与产品设计进行综合权衡,尽量采用模块化、标准化等设计措施,以简化对再制造保障资源的特殊要求。

(3)在对新种类的退役产品再制造时,应着眼当前再制造单位保障系统的状态,合理确定再制造保障资源,以减少再制造保障资源的品种和数量,提高资源的利用率,降低再制造保障资源开发的费用和难度,简化再制造保障资源的采办过程。

(4)尽量选用标准化、系列化、通用化的再制造设备和器材,以降低保障费用。

(5)选用在国内有丰富来源的物资,尽可能利用市场采购产品,减少研发费用。

### 5.1.3　再制造保障资源的确定过程

再制造保障资源主要包括再制造保障技术设备、备件供应、技术人员、再制造设施及技术资料5项主要的分析内容。对退役产品进行再制造保障资源分析是确定各项再制造资源的前提。整个分析过程由5项内容组成,通过不断权衡、反复迭代确定各项需求。

再制造一般都需要对退役产品中的核心价值件(即高附加值件)进行重新利用,而核心价值件也往往会产生各种形式的失效。由图5.1可以看出,通过确定退役产品中的核心价值件,并对其可能存在的失效形式进行分析,分析其再制造策略及相应的再制造工艺,并对再制造工作过程进行具体的分析;参考所有的资料信息,并采用不同的品种及数量确定计算方法,可以具体确定出产品所需再制造保障资源的品种与数量;最后采用权衡分析,考虑约束条件和实际状况予以取舍和优化。另外,以上流程并不是硬性规定的,针对不同类型的退役产品或零部件可以适当裁减,但要符合实际再制造保障工作的应用需求。

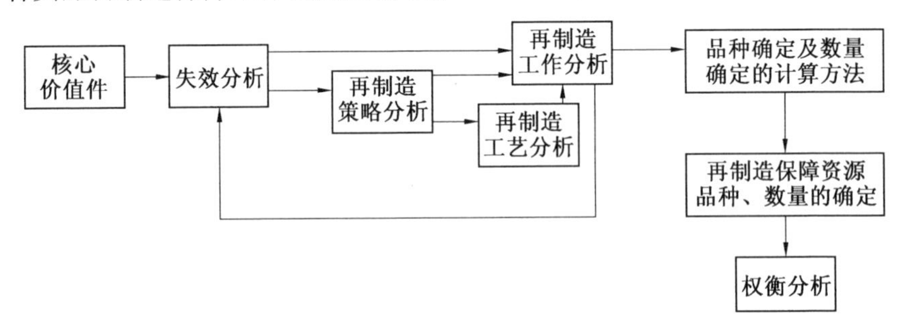


图5.1　再制造生产保障资源需求确定模型图

## 5.2　再制造设备保障设计

### 5.2.1　概述

#### 5.2.1.1　基本内涵

再制造设备是指废旧产品再制造生产所需的各种机械、电器、工具等的统称。一般包括拆解和清洗工具设备、检测仪器、机械机工和表面加工设备、磨合及试验设备以及包装工具设备等。另外,一些再制造过程中的运输设备、仓储设备等亦属于再制造保障设备。再制造设备是再制造保障资源中的重要组成部分,在具体废旧产品再制造前,必须及早考虑和设计,并在再制造阶段及时进行丰富与完善,以满足高品质再制造的需求。

#### 5.2.1.2 再制造设备分类

再制造设备分类方法较多。就其用途,再制造设备可以分为加工设备与机具、计量与校准设备、检测与测量设备、试验设备、搬运设备等。最常见的分类方法是根据设备的通用程度,分为通用设备和专用设备。

通用设备是指通常广泛使用且具有多种用途的再制造设备,如手工工具、压气机、液力起重机、示波器、电压表等。

专用设备是指专门为某一产品所研制的,完成某特定再制造功能的设备,均可归为专用设备,如为完成发动机气门座的性能恢复而专门研制的微弧等离子自动加工机。专用设备应根据再制造规模及技术需求而进行研制或采购。

#### 5.2.1.3 再制造保障设备的影响因素

如果再制造生产设备确定不当,则可能致使一些设备长期闲置,而有些设备保障能力不足,给废旧产品的再制造能力造成直接影响,影响企业的生产规划。因此,正确合理地选择和确定再制造设备是再制造保障资源中第一个环节,必须严格把好这一关,为再制造选择技术上先进、经济上合算、工作上实用、生产上环保的废旧产品再制造设备。在确定再制造生产设备时应考虑以下几方面问题:

(1)根据再制造的废旧产品种类和数量,预计废旧产品的随机到达数量和质量。

(2)废旧产品的再制造费用或平均再制造费用。

(3)保障设备的设计特性,除任务功能、性能外,还包括可靠性、维修性、测试安装时间、操作方便性及利用率等。

(4)工作与环境因素,包括工作日的长短、人员效率及温度、噪声等与人有关的环境因素。

(5)要考虑各再制造岗位的设置及其任务分工。应根据再制造工作分析和再制造方案分析的结果,综合考虑各再制造岗位的任务。当现有设备数量、功能与性能不能满足复杂废旧产品的再制造需要时,再考虑补充再制造设备。

(6)应使专用设备的品种、数量减少到最低限度。在规划再制造设备时,在满足再制造生产要求的前提下,应优先确定通用的再制造生产设备,特别是自制产品。

(7)要综合考虑再制造生产设备的适用性、有效性、经济性和设备本身的保障问题。

(8)再制造生产设备应强调标准化、通用化、系列化、综合化和小型化。在满足功能和性能要求的基础上,力求简单、灵活、轻便、易维护,便于运送和携带。

## 5.2.2　再制造设备需求类型的确定

### 5.2.2.1　再制造设备确定的工作流程

应用再制造工作分析,并参照现有废旧产品技术参数及选定的废旧产品再制造保障方案,根据各再制造岗位应完成的再制造工作,确定再制造设备的具体要求,并据此可以评定各再制造岗位的再制造生产能力是否与生产计划相配套。

在废旧产品再制造前对每项再制造工作分析时,要提供保障该项工作的再制造设备的类型和数量方面的需求资料,利用这些资料可确定在每个再制造岗位上再制造设备的总需求量。

若需要配备价格十分昂贵的再制造设备时,应慎重研究,进行费用权衡,尽量寻找廉价的代替品,必要时可考虑修改再制造生产方案。根据再制造工作分析中确定的再制造生产任务与生产保障设备之间的关系,以及保障设备功能要求和被加工单元的参数描述,参考废旧产品的品质和状况,可以确定在各个再制造岗位上需配备的生产设备的品种与数量。

总体来说,再制造生产设备选用的基本原则是优先选用通用生产设备,其次运用专用生产保障设备。对于正常运行的再制造企业,在进行新类型再制造产品生产保障设备配置时,要按已有保障设备、对已有的保障设备进行局部改造、沿用货架产品、对货架产品进行改造以及新研制保障设备的顺序,来确定新类型废旧产品再制造生产的保障设备。

在确定再制造设备前,要论证并确定包括再制造产品的可靠性、维修性等要求在内的性能要求,要制订完整的计划,说明应进行的工作,严格地执行规定的作业程式,明确与相关专业工作的接口,并做好费用和生产进度的安排。保障设备类型和数量确定计划的实施保证了所确定的再制造设备要求的落实。

各级再制造机构配备的设备类型、性能、数量等,必须与产品再制造所采用的技术和再制造任务量相适应,并与再制造人员的技术水平相匹配。配备的设备种类和数量,既要保证再制造任务的完成,又要考虑设备的利用率和经济性。保障性分析对设备提出的要求,是确定配备设备的重要依据。在实际工作中,可按给定的再制造任务量和再制造工时定额等计算设备配备数量。

图5.2所示为废旧产品再制造生产保障设备的确定过程,并要在再制造生产实践中,来检验再制造设备保障的总体性能(含可靠性)和完备性,并根据需要进行改进和补充。这种改进和补充同样要遵循以上程序。

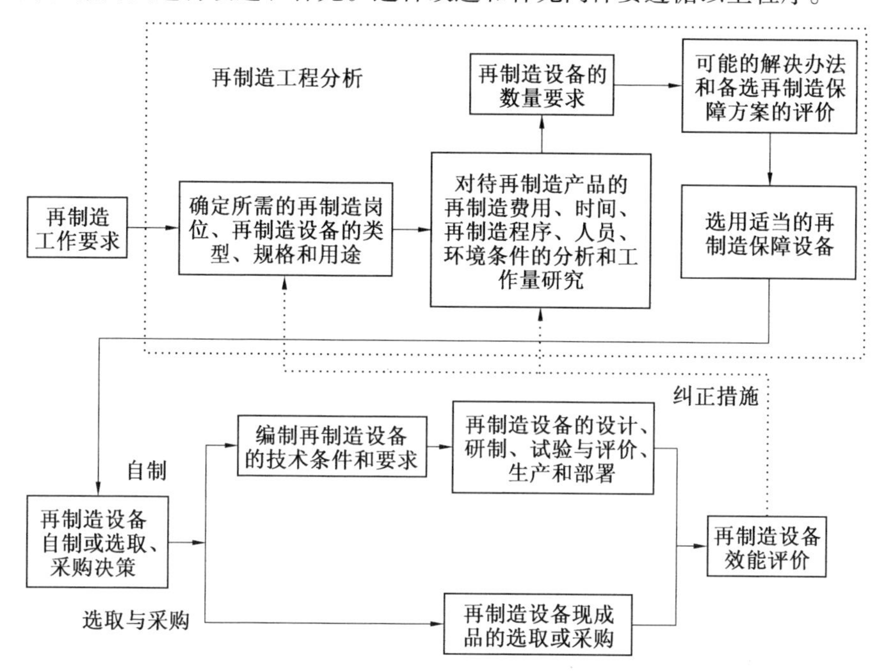


图5.2 废旧产品再制造生产保障设备的确定过程

### 5.2.2.2 产品再制造设备类型的确定方法

依据再制造工程分析结果所确定的产品再制造策略、再制造时机、再制造费用、再制造环境及再制造时间等,并参考废旧产品通常的再制造设备需求和类似产品的再制造设备需求,可以初步确定产品所需再制造生产保障设备的清单。在再制造生产设备的初步清单的确定上,可以采用多种方法辅助进行。由于再制造设备类型确定考虑因素相对较少,又有大量的相似产品可供借鉴,所以采用的辅助方法的程序大多并不复杂,专家打分法是常采用的一种方法。

专家打分法是一种定性的分析方法,在再制造保障资源种类清单的初步确定上非常有效。该方法是在经过再制造工程分析,确定了恢复型再制造与升级型再制造等再制造策略、再制造方案,并进行了再制造工作划分之后的基础上,邀请一些在废旧产品再制造中积累了丰富经验的专家,对再制造工作可能使用的设备资源予以打分,并由决策者根据各位专家的权重进行加权分析，最终根据分值比重确定出初步的资源种类清单。

对于再制造设备采用专家系统确定种类非常简单，罗列所有可能的再制造设备选项，依据表5.1的格式由专家组成的评定小组予以打分，并对各个单项设备依据各个专家的权重系数进行汇总，按分值的高低，同时权衡经费需求，选择所需的再制造生产设备即可。

**表5.1　专家打分评定表**

| 评定设备的名称 | 评定结果 |
| --- | --- |
| 该设备的零部件倘若故障或失效会影响产品的正常再制造运行吗？ | |
| 使用该设备的产品部件因故障或失效而需要维修的频率高吗？ | |
| 该设备是用于再制造的拆卸、清洗还是加工等功能？ | |
| 产品再制造配备的现有其他设备或方法可以替代吗？ | |
| 有其他更为简易的设备或方法予以替代吗？ | |
| 真的是必需的吗？ | |
| …… | |
| 该设备需求状况的最终打分 | |

注：对于表中的问答，回答是或否；对于最后一项，参考前几项的答案，打出具体的分数$P$

当评定小组各专家打分完毕后，予以汇总，利用下面的公式计算出某产品的专家总体评定分数：

$$M = \sum_{i=1}^{n} (\beta_i \cdot P_i) \tag{5.1}$$

式中　$M$——某产品的专家总体评定分数；

$\beta_i$——第$i$个专家的权重系数；

$P_i$——第$i$个专家对该产品的评定分数；

$n$——评定小组专家总数。

将再制造生产设备予以罗列，比较$M$大小，通过权衡分析可以确定出再制造设备的初步清单。接下来，对初步确定的再制造设备清单进行筛选、合并、综合，并依据如下工作可以确定出最终的再制造保障设备清单：

（1）逐个分析每个生产保障设备，考虑其在再制造工作中的必要性，如果可有可无，再参考以下几条，确定是否删除。

（2）分析保障设备技术上实施的可行性。

（3）进行保障设备的费用分析，确定配备该保障设备的效益。

（4）对各种分析中同一系统提出的相同项目进行合并。

(5) 对各种分析中不同系统提出的相同或相似项目进行综合。

(6) 分析提出的保障设备是否满足再制造产品使用方提出的性能指标要求。

### 5.2.3 再制造设备数量的确定

#### 5.2.3.1 直接计算法

直接计算法是按设备的台时定额直接来确定设备的需要量,对某一个再制造作业工作所需的某种设备数量 $N_d$,其计算公式为

$$N_d = \frac{N t_F}{T_E} \tag{5.2}$$

式中 $N$—— 需再制造的废旧产品总数;

$t_F$—— 再制造一台产品所需某种设备的工时定额;

$T_E$—— 每台再制造设备全年的有效工作时间,$T_E = T_N(1 - \varepsilon)$。其中,$T_N$ 为全年可用于再制造的工作时间,$T_N$ =(全年日历天数 - 全年节假日天数 - 全年非再制造工作日)×(一昼夜工作时间),非再制造工作日是指用于其他活动的时间,$\varepsilon$ 为设备计划修理停工率。

#### 5.2.3.2 比例配套法

比例配套法是利用再制造生产设备平均工作时间匹配其数量。其原理是为了在某一时期内完成一定数量的废旧产品再制造,必须要在一定的时间内完成某项再制造工作,因此如果已知一台再制造设备完成该项工作的平均再制造时间,且不能满足要求,必须增加再制造保障设备以减少再制造生产的停机时间。设 $\lambda$ 为产品失效率,在时间$[0,t]$区间内需要某再制造生产保障设备维修的概率为

$$F(t) = 1 - e^{-\lambda t} \tag{5.3}$$

假设再制造生产保障设备的再制造时间服从指数分布,$\mu$ 为平均修复率,则在时间$[0,t]$区间内完成维修工作的概率为

$$M(t) = 1 - e^{-\mu t} \tag{5.4}$$

假设要求产品保持完好的概率为 $P_0$,则

$$e^{-\lambda t} = P_0 \tag{5.5}$$

由此式可以计算出一个时间 $t$,表示在$[0,t]$时间段内产品保持完好的概率为 $P_0$。

现在要求在$[0,t]$时间段内设备修复的概率为 $P_1$,计算达到这个概率需要 $n$ 台保障设备:

$$e^{-\frac{\mu}{n}t} = 1 - P_1 \tag{5.6}$$

由此可以利用不断的迭代计算，最终计算出合适的再制造保障设备数量 $n$。

# 5.3　再制造人员保障设计

## 5.3.1　再制造人员确定的依据与步骤

人员是完成废旧产品再制造的重要组成部分。在废旧产品再制造时，必须要有一定数量的、具有一定专业技术水平的人员从事再制造的生产工作，以生成能够重新销售使用的高质量的再制造产品。因此，在产品再制造前及再制造过程中，必须确定再制造生产所需的人员数量、专业及技术水平等人力因素，并对再制造人员进行有效的管理、强化培训与考核、实施合理的激励政策，减少或避免再制造差错，提高人员的综合素质。

### 5.3.1.1　人员确定的主要依据

在确定再制造人员专业类型、技术等级及其数量时，主要依据如下：

(1)废旧产品再制造工作分析结果。

(2)不同类型废旧产品回收规模及品质。

(3)类似废旧产品的再制造人员需求。

(4)再制造生产批量和岗位设置。

(5)所属企业的专业类型、人员编制及培训规模等。

### 5.3.1.2　人员确定的一般步骤

在确定废旧产品再制造生产人员时，废旧产品再制造部门可以把人员的编制定额、专业设置、培训情况和技术水平作为确定再制造人员要求的主要约束条件，从产品设计阶段增强产品的再制造性设计。在产品退役后，要根据相关依据进行再制造人员分配，开展再制造的生产保障工作规划，并根据实际退役产品的性能状况，对人员配置及岗位设计进行调整。再制造人员的数量、专业和技术等级，依据不同的再制造单位、废旧产品类型及再制造生产技术含量，通常的步骤确定如下：

(1)确定再制造人员专业类型及技术等级要求。根据再制造工作分析对所得出的不同岗位的专业工作加以归类，并参考以往产品再制造工作经验和类似产品再制造人员的专业分工，确定再制造人员的专业及其相应的技能水平。

(2)确定再制造人员的数量。再制造人员的数量确定主要根据再制造工作分析,需要做必要的岗位和工作量的分析和预计工作。通常可利用有关分析结果和计算模型予以确定。

### 5.3.2 再制造人员类型的确定

再制造技术人员类型的确定主要涉及人员的专业及其技术等级。对于人员类型的确定,依据再制造工作类型、再制造岗位设置、废旧产品类型及品质等信息,参考普通生产人员配置合理与不合理之处以及类似产品再制造的人员配置模式,采用不同的确定方法可以确定主要的人员类型。确定人员类型的方法很多,且多为定性的方法,如专家打分法、相似系统法等。这里主要介绍相似系统法。

相似系统法作为一种定性的分析方法,在人员数量的具体确定上存在较大的困难,但在确定人员类型上,却是一种快速而有效的方法。现实中确定人员需求时由于很多情况下都缺乏必要的数据,实际中人们分析某一事物时,首先要选定一个熟悉的相似系统进行对比,进而产生一定的感性认识并进一步具体分析。因此,相似系统法的基本思路是:分析人员首先选定与待定再制造产品比较相似的产品,进而根据相似产品的再制造保障人员类型确定待定产品的保障人员类型。根据具体情况,可以选择相似的整个产品,也可以选择产品中的相似零部件。相似产品的选取是以专业分类作为基准的,即以某类专业为准,确定待定再制造产品的相似产品,即基准比较系统。确定相似产品时,下列几项内容必须具备:

(1)与待定再制造产品相似的产品结构、功能。

(2)与待定产品相似的退役状态。

(3)与待定产品相似的退役批量。

(4)与待定产品相似的年再制造生产计划。

(5)与待定产品较为相似的再制造策略。

(6)与待定产品较为相似的人员编制情况。

通常状况下,对于待定再制造产品,以整个产品作为相似系统的情况较少。因此,可以将待定产品划分为足够小的局部系统,并为各个局部系统寻找相似系统,依据相似系统的人员类型配置状况决定待定产品各个局部系统的人员类型状况,进而予以权衡分析,确定待定产品整体的人员类型状况。对于这一方法,没有明确规定的程序,只要遵从其方法思路,达到预期效果就可以了。

## 5.3.3　人员数量的确定

### 5.3.3.1　直接计算法

通过计算各再制造单位的再制造工作量,直接计算各设置的再制造岗位的再制造技术人员的数量要求。各岗位的再制造工作所需的工时可直接推算出来,如

$$M = (\sum_{j=1}^{r} \sum_{i=1}^{k_j} n_j W_{ji}) \eta / H_0 \tag{5.7}$$

式中　$M$——某再制造单位所需的再制造人员数;

$r$——某再制造单位可完成再制造的废旧产品型号数;

$k_j$——$j$型号废旧产品再制造工作的项目数;

$n_j$——某再制造单位负责再制造$j$型号废旧产品的数量;

$W_{ji}$——$j$型号产品完成第$i$项再制造工作所需的工时数;

$\eta$——再制造工作量修正系数,如考虑废旧产品退役状态所造成的工作量的波动或考虑非再制造工作占用的时间,$\eta > 1$;

$H_0$——再制造人员每人每年规定完成的再制造工时数。

另外,也可由再制造工作分析汇总表,计算各专业总的再制造工作量,并按下式粗略估算各专业的人员数量:

$$M_i = \frac{T_i N}{H_d D_y y_i} \tag{5.8}$$

式中　$M_i$——第$i$类专业人数;

$T_i$——第$i$类专业在一个再制造产品生产中所需要的工时数;

$N$——年度需生产再制造产品的总数;

$H_d$——每人每天的工作时间(工时);

$D_y$——年有效工作日;

$y_i$——出勤率。

### 5.3.3.2　分析计算法

分析计算法的主要步骤如下:

(1) 确定需实施的全部再制造工作。

(2) 预测每项工作所需的年度工时数,其中需确定完成每项再制造工作的工时及每项再制造工作的年数量。

(3) 根据全年用于再制造的工作时间求得所需的人员总数。

预测产品再制造人员总数的公式如下:

$$M = \frac{NM_{\mathrm{H}}}{T_{\mathrm{N}}(1 - \varepsilon)} \tag{5.9}$$

式中 $M$—— 再制造人员总数；

$T_{\mathrm{N}}$—— 年时基数，年时基数 =（全年日历天数 - 非再制造工作天数）×（每日工作时数）；

$\varepsilon$—— 再制造生产设备计划的修理停工率；

$N$—— 年度再制造产品的生产总数；

$M_{\mathrm{H}}$—— 每年每台再制造产品预计的再制造工作的工时数（每台产品再制造的工时定额）。

预测出所需产品再制造人员数量之后，还应将分析结果与相似产品的再制造人员专业进行对比，做相应的调整，初步确定出各专业的人员数量，并根据再制造产品的要求与使用情况加以修正。

在确定再制造人员数量与技术等级要求时，要控制对再制造人员数量和技能的过高要求。当再制造人员数量和技术等级要求与实际可提供的人员有较大差距时，应通过使用简便的再制造保障设备、加强技术培训、调整再制造产品的质量要求等措施来降低对再制造人员数量和技术等级的要求。

## 5.4 再制造备件保障设计

### 5.4.1 基本概念

#### 5.4.1.1 再制造备件

再制造备件是指用于废旧产品再制造过程中替换不可再制造加工修复的废弃件的新零部件。备件是再制造器材中十分重要的物资，对于保证再制造过程的顺利进行和再制造产品的质量都具有极其重要的影响。用于再制造装配的零部件主要有两个来源，首先是废旧产品中可直接利用件和再制造加工修复的零部件，其次是从市场采购的标准件，以替代废旧产品中无法再制造或不具备再制造价值的零部件，这些新采购的零部件称为备件。随着再制造产品复杂程度的提高和退役产品失效状态的多变，再制造备件品种和数量的确定与优化问题也越来越突出，备件费用在再制造费用中所占比例也呈现上升的趋势。

#### 5.4.1.2 再制造备件的供应量

供应量指在一个批量再制造产品的生产周期内，新备件供应给再制造装配工序的数量。一般情况下要求供应量等于需求量,但有时因废旧件的再制造情况不稳定,会造成备件供应的不确定性,影响备件采购及存储的数量。所以新备件的保障也要根据筹措的难度、供应标准与实际需求的状况做一些调整。

#### 5.4.1.3 再制造备件的需求量与需求率

再制造备件的需求量是指在规定的时间内,完成批量废旧产品的再制造装配所需某类备件的数量。由定义可知,再制造备件需求量与一定的再制造时间和批量相对应。从平均意义上来讲,使用时间长和批量大,则备件的需求量就大;反之,备件的需求量则小。在实际统计与预计中,需求量一般对应于一个批量供应周期。值得指出的是,再制造备件的需求量还应包括人为因素造成的需求,如丢失、操作失误、再制造装配中的损坏等。

#### 5.4.1.4 备件需求的影响因素

备件需求率反映了废旧产品再制造需要备件的程度。它不仅取决于退役产品零部件的失效率,还取决于零部件的再制造策略、产品使用管理、产品使用环境、零部件对损坏的敏感性等多方面的因素。

1. 零部件的失效率

零部件的失效率是产品的一种固有的特性,它反映了零部件本身的设计、制造水平。其大小直接影响着备件的需求率。所以,提高零部件的设计制造质量,是减少备件需求率的根本措施。

2. 再制造策略

按照不同的再制造目的,选择相应的再制造策略,也会调整相应的零部件废弃率,进而影响再制造备件的供应量。例如,为了提高再制造产品的可靠性,可能提高废旧零部件的废弃率,这样就会增加新备件的供应量。同样,升级型再制造策略也会增加许多原产品没有的备件供应需求。

3. 零部件对于损坏的敏感性

这是指在搬运、再制造装配等过程中,零部件因非正常因素而受到损坏的可能性。该非正常因素主要包括人为差错、操作不当等。例如,在运输、装配或储存时,零部件可能在搬运过程中被损坏,也可能被安装工具所损坏。当对该件本身或在其附近对与其功能有关的部分进行再制造时,也可能发生损坏。

4. 产品使用环境条件

退役产品所在服役地区的温度、湿度、风沙、腐蚀和大气压力的变化都会影响产品的失效模式,从而影响备件需求率。

5. 产品的使用强度

产品退役前的使用强度在很大程度上决定了产品退役后的技术状态，使用强度大的产品一般失效率比较高，不可再制造件的数量也相应增多，就需要增加相关备件的供应量。尤其是超出正常使用要求范围的产品退役后，会影响产品零部件的失效率，造成某些零部件变质或性能下降，导致零部件的再制造率下降。

6. 产品管理水平

产品的使用管理也会影响到备件需求率。例如，退役前不按规定进行操作必定造成过多的故障、人为的损坏及丢失等，也将增加备件需求率。

## 5.4.2　再制造备件的确定步骤

再制造备件的确定与优化是一项非常复杂的工作，需要进行退役产品性能分析、再制造产品性能需求分析、失效模式分析、再制造性及再制造保障分析等多方面的信息资料，并与再制造保障诸要素权衡后才能合理地确定。再制造备件确定流程图如图 5.3 所示。

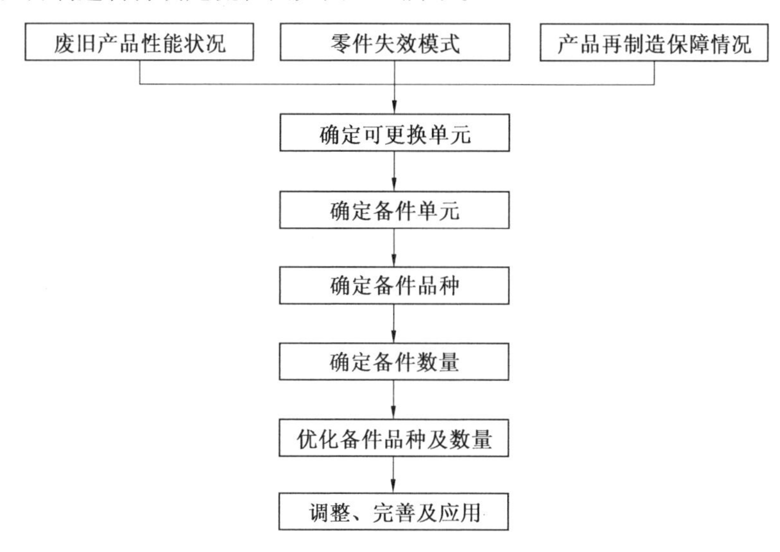


图 5.3　再制造备件确定流程图

1. 进行再制造工作分析，确定可更换单元

备件保障的依据是备件的需求，要搞清备件的需求状况，必须对退役产品性能状况、再制造产品的性能目标以及零部件的失效模式和再制造方案等情况进行分析。退役产品性能分析主要包括退役产品的服役经历、物

理状况等的分析;退役产品故障分析主要有故障模式、零部件失效概率及再制造率的分析;再制造产品性能分析则着重分析再制造产品要求达到的性能目标,进而确定其再制造方案;再制造保障分析则着重分析再制造任务、再制造策略、再制造工艺技术及再制造工具设备。备件对应于废旧产品中的需更换单元。通过上述分析,可以明确各再制造方案中负责再制造的可更换单元的种类,为确定备件品种奠定基础。

2. 进行逻辑决断分析,确立备选单元

可更换单元的确定主要取决于产品的再制造方案、构造和再制造加工能力,通常经过步骤①的分析,确定的可更换单元较多,进行分析时数据收集及处理难度较大。为此首先应进行定性分析,将明显不应储备备件的单元筛选掉。逻辑决断分析包括两个问题的决断:一是分析可更换单元在寿命过程中更换的可能性,若更换的可能性很小,则可不设置备件;二是判断是否是标准件,若是标准件,则可按需采购。经过逻辑决断分析可确定备选单元。

3. 运用备件品种确定方法,确定备件品种

这一步是对备选单元进行分析,以确定备件的品种。一般应考虑影响备件的一些主要因素,如备件的耗损性、关键性和经济性等。

4. 运用再制造加工修复的零部件失效与统计资料确定备件数量

确定了备件品种之后,还需确定备件的需求量。对于在用产品,备件需求量可通过使用过程中收集的资料由统计方法确定。

5. 优化备件品种及数量

在满足废旧产品再制造计划目标及再制造经费要求的条件下,通过数学模型,计算并优化出各备件最佳的品种和数量。

6. 调整、完善及应用

经过分析计算出的备件品种和数量,可能存在着某些不足,还需根据再制造具体生产情况及不同批量间的差异加以调整和完善。调整时应对咨询意见和试用情况信息进行全面分析,并查明分析计算出现误差的原因。

### 5.4.3　再制造备件确定方法

废旧产品拆解后所有的零部件可以分为 4 类:①全部可直接利用件,该类零部件全部可以直接利用,不需要再制造加工;②需再制造加工件,指全部需要再制造加工的零部件;③抛弃的零部件,不可进行再制造恢复,主要指消耗件;④ 3 种形式都可能发生的零部件,指批量拆解后的某型零部

件,经过检测后,部分可以直接利用,部分可以再制造后利用,部分需要抛弃后换新的。其中第一类和第二类零部件都不用准备备件,直接可以使用原件,不存在备件问题。

再制造产品装配所需零部件主要有两个来源:一是来自于废旧产品本身原有的零部件;二是来自于采购的新备件。前者是最大量的、核心的零部件,也是再制造获得价值的主要源泉。后者是少量的,主要来代替废旧件拆解后的低附加值零部件、不具备再制造价值或技术上不可能再制造的废弃件。但新备件也是再制造装配的重要组成部分,对再制造产品质量具有重要的影响。例如,各类高分子材料的密封环备件,因老化而不可再制造,但其直接影响着再制造产品的密封性能,对产品的质量具有重要的影响。

1. 废弃件的备件确定

对于全部抛弃的废弃件来说,其所需备件的品种和数量确定方法相对比较简单,备件品种可以通过对废旧产品所有零部件的统计分析来进行确定,只要是废旧产品中包含的,并且是完全不可再制造的零部件,都需要采购备件。

不可再制造恢复的零部件的备件需求数量为

$$N_{\mathrm{p}} = N_{\mathrm{u}} \times P_n$$

式中 $N_{\mathrm{p}}$—— 某型零部件的备件数量;

$N_{\mathrm{u}}$—— 再制造的废旧产品数量;

$P_n$—— 每台废旧产品所含的某型零部件的数量。

2. 部分可再制造零部件的备件确定

部分可再制造的废旧零部件是第四类零部件,存在抛弃、直接利用和再制造利用3种形式,这类零部件性能状态比较复杂。例如,废旧发动机拆解后的曲轴如果存在严重裂纹,则不可再制造;如果尺寸及性能完好,则可以直接利用,剩下是可以再制造的。此类零部件的再制造备件确定,需根据废旧产品零部件失效模式的分析结果,并结合实践统计经验进行数量的确定。

由于构成废旧产品的零部件成千上万,每一零部件都有其可能的失效模式,但不同的失效模式及失效率不同,对再制造性的影响也相差甚远。可以通过各种定性分析方法确定出备件的品种后,再根据失效模式及失效率来计算所需备件的数量。

可部分再制造零部件的备件贮备数量为

$$N_p = N_u \times P_n(1 - \mu - \lambda)$$

式中 $\mu$—— 可再制造率；

$\lambda$—— 可直接利用率。

3. 备件案例分析

经统计，某型斯太尔发动机曲轴的失效模式及概率见表5.2，可知其存在可再制造与不可再制造两种状态，因此，如果批量再制造，则需要准备其备件，如果进行1万台此型废旧发动机的再制造，则至少需要准备的备件数量为

$$10\,000 \times (2\% + 0.1\% + 3\% + 2\% + 0.9\%) = 800(根)$$

由上可知，需要准备的曲轴备件约800根。

**表5.2 某型斯太尔发动机曲轴的失效模式及概率**

| 零部件名称 | 失效模式 | 失效概率 | 可否再制造 |
|---|---|---|---|
| 斯太尔曲轴 | 磨损 | 84% | 可 |
| | 扭曲 | 3% | 可 |
| | | 2% | 否 |
| | 断裂 | 0.1% | 否 |
| | 抱轴划伤 | 5% | 可 |
| | | 3% | 否 |
| | 烧伤 | 2% | 否 |
| | 连杆轴颈砸瓦 | 0.9% | 否 |

# 5.5 再制造技术资料

## 5.5.1 概述

技术资料是指将产品要求转化为保障所需的工程图样、技术规范、技术手册、技术报告及计算机软件文档等。它来源于各种工程与技术信息和记录，并用来保障产品的使用、维修和再制造。编写技术资料的目的是使工作人员在产品不同的状态条件下，按照规定明确的程序、方法和规范，来进行正确的使用、维修和再制造，并与备件供应、保障设备、人员管理、设施、包装、运输、计算机资料保障以及工程设计和质量保证等互相协调统

一,以便使产品在全寿命周期内发挥最佳效能。

编写相关再制造保障的技术资料是一项非常烦琐的工作,涉及诸多专业。提交给再制造单位的各项技术资料文本必须充分地反映末端产品的技术状态和再制造的具体要求,并且准确无误,通俗易懂。由于产品的研制是不断完善的过程,而使用是一个长期连续的过程,所以反映再制造工作的技术资料也必须进行不断的审核与修改,并执行正式的确认和检查程序,以确保技术资料的正确性、清晰性和确定性。

### 5.5.2 技术资料的种类

为满足日益复杂产品的再制造对技术资料的要求,产品的设计及使用单位都要编写影响再制造的相关技术资料,其种类、内容及格式要按照再制造生产单位所需信息来进行统一确定。通常有下述几方面主要的技术资料。

1. 产品技术资料

这类技术资料主要用来描述产品的技术特性、工作原理、总体及部件的构造等,它包括产品总图、各分系统图、部件分解图册、工作原理图、技术数据,有关部件的图纸以及产品设计说明书、使用说明书等。它是根据工程设计资料编撰而成的。这些技术资料将直接影响再制造的各个工艺过程,并为具体的再制造技术方案提供限制和指导。

2. 使用操作资料

这是有关产品使用和性能方面的资料,可以记录产品的使用过程及状态,为再制造分析提供信息参考,可以确定末端产品状态及退役原因,为再制造策略选择、备件分析及方案确定提供借鉴。

3. 再制造生产资料

再制造生产资料是产品设计时,对将来产品可能存在的各种再制造方式进行的方案设计及预案,可以直接为实际末端产品的再制造提供方案参考,并对具体的再制造工艺程序和要求进行规范。再制造生产资料是再制造企业参与产品设计时确定的,并伴随产品服役的过程。再制造生产资料一般要包括再制造的方案、工艺步骤、再制造规程或技术条件,还要包括再制造进行的时机、再制造策略、人员要求及设备保障等内容。

4. 产品及其零部件的各种目录与清单

该类资料是确定产品再制造中备件订货与采购、再制造费用计算的重要根据,一般可以编成附带说明的零部件分解图册或者是备件和专用工具清单等形式。该类资料也可以随再制造资料一同使用,为人员分析、备件需求数量和供应要求确定提供数据支撑。

5. 包装、装卸、储存和运输资料

产品及其零部件包装、装卸、储存和运输的技术要求及实施程序，如包装等级、打包类型、防腐措施、装卸设备、装卸要求、储存方式及要求、运输模式及实施步骤等。这些资料可以直接为再制造产品的生产及物流提供依据。

### 5.5.3　技术资料的编写要求

技术资料的形式一般为手册、指南、标准、规范、清单、技术条件和工艺规程等，主要要求如下：

1. 编写计划的制订是编制工作成败的关键

技术资料的编制计划要与产品设计、使用及再制造保障计划相协调，以便及时获得所需的资料。在资料的编写计划中除了编写内容及进度要求外，还应包括资料的审核计划、资料的变更和修订计划以及资料变更文件的准备安排等。应当注意产品的使用、再制造、备件以及工具和保障设备等方面的文件计划要求是否协调一致。

2. 技术资料要简单明了，通俗易懂

要充分考虑到使用对象的接受水平和阅读能力。图像说明要清晰简洁，对于要点及关键部位要用分解或放大的图形或特别的文字加以说明。另外，对编写技术资料有明确的规定和要求，包括易读程度等级和评估易读等级水平的方法。

3. 资料必须准确无误

提供的数据和说明必须与产品一致，对于每项操作步骤、工具和设备的使用要求和技术数据都必须十分明确，互相协调统一。资料中的任何错误或不准确都可能造成使用和再制造操作上发生大的事故，导致对人身或财产的伤害，使得预定的任务无法完成。

4. 要注意资料更改后的互相衔接和协调统一

技术资料编写所用的各种数据与资料是逐步完善的，为保证不出差错，要制定相应的数据更改接口，做到万无一失。

5. 资料交付前要进行检查和确认

为确保交付技术资料准确无误，通俗易懂，适于使用对象的知识和接受能力，必须按资料的审核计划对其进行检查和确认，只有通过规定的验证和鉴定程序的资料，方可交付使用，这是保证质量的关键。

### 5.5.4　技术资料的编制过程

技术资料的编制过程是收集资料、加以整理并不断修订和完善的过程。在方案阶段初期，应提出资料的具体编制要求，并依据可能得到的工程数据和资料，在方案阶段后期开始编制初始技术资料。随着产品研制的进展，相关再制造的技术资料也应不断细化，汇编出的文件即可应用于有关再制造保障问题的各种试验和鉴定活动、保障资源的研制和生产及再制造生产等方面。应用技术资料的过程也是验证与审核其完整性和准确性的过程。对于文件资料中的错误要记录在案，通过修订通知添加到原来的文件资料中。此外，当产品、再制造保障方案及各类保障资源变动时，技术资料也应根据要求及时修订。

图5.4为技术资料的编写过程流程图。产品使用后，随着使用、再制造实践经验的积累以及产品及其零部件的修改，对再制造资料要及时修改补充。通过不断的应用、检查和修订，最终得到高质量的技术资料。

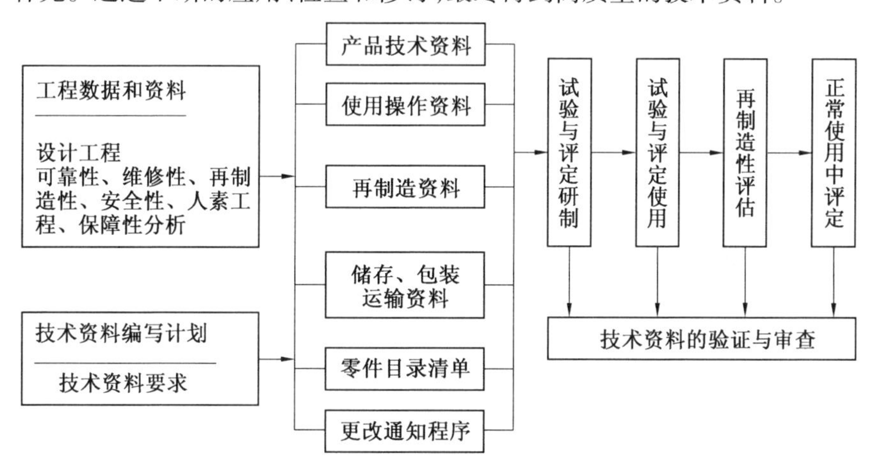


图5.4　技术资料的编写过程流程图

## 本章参考文献

[1] 朱胜，姚巨坤. 再制造设计理论及应用[M]. 北京：机械工业出版社，2009.

[2] 甘茂治，康建设，高崎. 军用装备维修工程学[M]. 2版. 北京：国防工业出版社，2005.

[3] 张凤鸣,郑东良,吕振中. 航空装备科学维修导论[M]. 北京:国防工业出版社,2006.

# 第6章　再制造生产工艺设计方法

## 6.1 概　　述

### 6.1.1 再制造生产工艺

再制造生产工艺过程就是运用再制造技术条件对废旧产品进行加工，生成规定性能的再制造产品的过程。其一般指再制造工厂内部的再制造工艺，包括拆解、清洗、检测、加工、零部件测试、装配、磨合试验、喷漆包装等步骤。由于再制造的产品种类、生产目的、生产组织形式的不同，不同产品的再制造工艺有所区别，但主要过程类似。图6.1所示是通常情况下再制造的工艺流程。

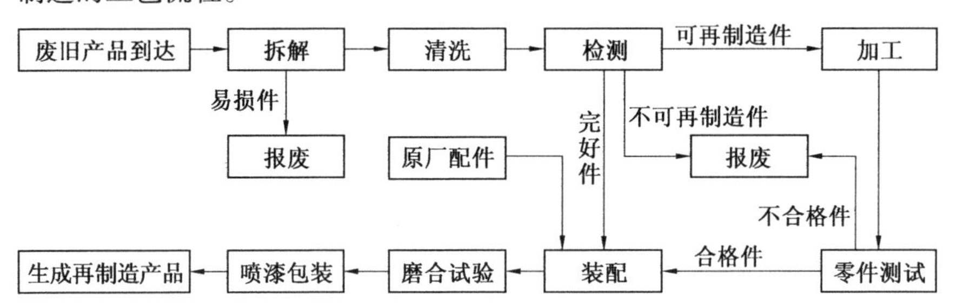


图6.1　再制造工艺流程图

再制造工艺中还包括重要的信息流，如对各步骤零部件情况的统计，可以为掌握不同类产品的再制造特点提供信息支撑。例如，通过清洗后，检测统计到某类零部件损坏率较高，并且检测后如果发现零部件恢复价值较小，低于检测及清洗费用，则在对该类产品再制造中直接丢弃，减少对该类零部件的清洗等步骤，以提高生产效率；也可以在需要的情况下，对该类零部件进行有损拆解，以保持其他零部件的完好性。同时，通过建立再制造产品整机的测试性能档案，可以为产品的售后服务提供保障。所以，再制造工艺的各个过程是相互联系的，而不是孤立的。

## 6.1.2　再制造技术

### 6.1.2.1　再制造技术的定义

再制造技术是指为完成废旧产品再制造而在各工艺过程中所采用的方法、手段及相关理论的统称。简单地讲，再制造技术就是在废旧产品再制造过程中所用到的各种技术的统称。再制造技术是废旧产品再制造生产的重要组成部分，是实现废旧产品再制造生产高效、经济、环保的具体技术措施。其中对废旧件的再制造加工恢复是再制造技术的核心内容。

### 6.1.2.2　再制造技术的分类

根据对废旧产品再制造过程的分析以及再制造实践，按照生产工艺过程，再制造技术大体上可以分为如图6.2所示的几种类型。

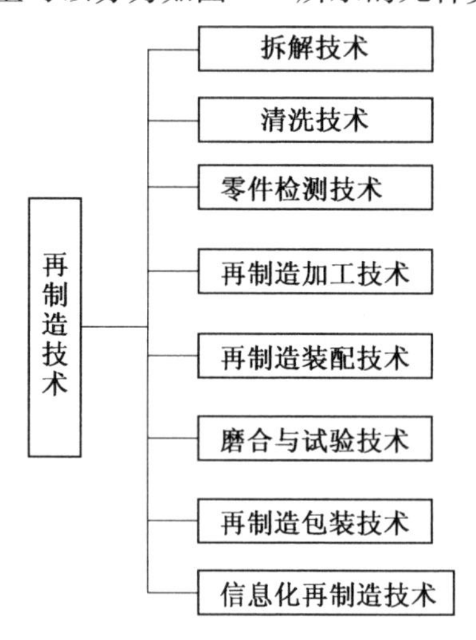


图6.2　再制造技术的分类

1. 拆解技术

拆解技术是对废旧产品进行拆解的技术与方法的统称，是研究如何实现产品的最佳拆解路径及无损拆解方法，进而高质量地获取废旧产品零部件的技术。拆解技术为废旧产品再制造及质量保证提供了必要的基础。

2. 清洗技术

清洗技术是采用机械、物理、化学和电化学等方法清除产品或零部件表面各种污物（灰尘、油污、水垢、积炭、旧漆层和腐蚀层等）的技术及方法。废旧产品及其零部件表面的清洗对零部件表面形状及性能鉴定的准确性、再制造产品质量和再制造产品使用寿命均具有重要影响。

3. 零部件检测技术

零部件检测技术是为了准确地掌握零部件的技术状况，根据技术标准分出可直接利用件、可再制造修复件和报废件。零部件检测鉴定包括对零部件几何尺寸和物理机械性能的鉴定以及零部件缺陷的无损检测。无损检测技术是零部件再制造检测的发展方向。

4. 零部件再制造加工技术

产品在使用过程中，一些零部件因磨损、变形、破损、断裂、腐蚀和其他损伤而改变了零部件原有的几何形状与尺寸，从而破坏了零部件间的配合特性和工作能力，使部件、总成甚至整机的正常工作受到影响。零部件再制造加工的目标是恢复有再制造价值的损伤失效零部件尺寸、几何形状和机械性能。零部件再制造加工是一门综合研究零部件的损坏失效形式、再制造加工方法及再制造后性能的技术，是提高再制造产品质量、缩短再制造周期、降低再制造成本、延长产品使用寿命的重要措施，尤其对贵重零部件、大型零部件和加工周期长、精度要求高的零部件及需要特殊材料或特种加工的零部件，意义更为突出，效果更为显著。

5. 再制造装配技术

再制造装配技术是在再制造装配过程中，为保证再制造装配质量和装配精度而采取的技术措施，包括调整以保证零部件传动精度，如间隙、行程、接触面积等；校正以保证零部件的位置精度，如同轴度、垂直度、平行度、平面度、中心距等。调整与校正对于废旧产品的再制造质量和再制造后产品的使用寿命具有直接的影响。

6. 磨合与试验技术

重要机械产品经过再制造装配后，投入正常使用之前必须进行磨合与试验。其目的是：发现再制造加工及装配中的缺陷，及时加以排除；改善配合零部件的表面质量，使其能承受额定的载荷；减少初始阶段的磨损量，保证正常的配合关系，延长产品的使用寿命；在磨合和试验中调整各机构，使零部件之间相互协调工作。磨合与试验是提高再制造质量、避免早期故障、延长产品使用寿命的有效途径，如再制造发动机完成后均要进行磨合试验。

7. 再制造涂装技术

再制造涂装技术是指对综合质量检测合格的再制造产品进行涂漆和包装的技术。其主要内容包括：①将涂料涂敷于再制造产品裸露的零部件表面，形成具有防腐、装饰或其他特殊功能的涂层；②为在流通过程中保护产品、方便储运、促进销售，按一定技术方法采用容器、材料及其他辅助物等对再制造产品进行的绿色包装;③印刷再制造产品的使用说明书及质保单等材料,完善再制造产品的售后服务质量。

8. 信息化再制造技术

信息化再制造技术是指运用信息技术来提升实施废旧产品再制造生产的技术和手段。废旧机电产品再制造信息化技术的应用,是实现废旧产品再制造效益最大化、再制造技术先进化、再制造管理正规化、再制造思想前沿化和产品全寿命过程再制造保障信息资源共享化的基础,对提高再制造保障系统的运行效率发挥着重要作用。柔性再制造技术、虚拟再制造技术、柔性增材再制造技术等都属于信息化再制造技术的范畴,它们将在先进再制造生产控制及管理过程中发挥重要作用。

废旧产品再制造过程中应用到的工艺和具体技术很多,每种技术各有优点,也各有应用的局限性,需视产品失效的具体情况合理选用。

### 6.1.3　再制造技术的主要特征

再制造工艺与技术源于制造和维修工艺与技术,是某些制造和维修过程的延伸与扩展。但是,废旧产品再制造工艺与技术在应用目的、应用环境、应用方式等方面又不同于制造和维修技术,而有着自身的特征。

1. 应用性和工程性

废旧产品再制造技术是一门工程应用技术,既有技术成果的转化应用,也有科学成果的工程开发。同一再制造技术可由不同基础技术综合应用而成;同一基础技术在不同领域中的应用可形成多种再制造技术。再制造技术直接服务于再制造生产保障活动,实现对退役产品的再制造生产过程保障。工程性与应用性决定了再制造技术具有良好的实践特性。

2. 多样性和综合性

产品本身的制造及使用涉及多种学科,而对废旧产品的再制造技术也相应涉及产品总体和各类系统及配套设备的专业知识,具有专业门类多、知识密集的特征。一方面,再制造技术应用的对象为各类退役产品,大到舰船、飞机、汽车,小到家用小电器、工业泵等多类产品;另一方面,涉及机械、电子、电气、光学、控制、计算机等多种专业,既有产品的技术性能、结构、原理等方面的知识,又有检查、拆解、检测、清洗、加工、修理、储存、装配、延寿等方面的知识。因此,退役产品的再制造技术不仅包括各种工具、设备、手段,还包括相应的经验和知识,是一门综合性很强的复杂技术。

3. 适用性和先进性

再制造技术主要针对退役的废旧产品,主要任务是恢复或提升废旧产品的各项性能参数,具有特定的应用对象和特定的工作程序,针对性很强。再制造保障采用适用的技术,与再制造生产对象相适应是再制造技术适用性的基本特征。但落后的再制造技术不可能对复杂结构的退役产品进行有效的再制造保障,针对复杂结构或材料损伤毛坯的再制造加工多采用先进的方法(如各种表面工程的涂敷技术),使再制造技术具备先进性。同时,再制造产品的性能要求不低于新产品,因此采用的再制造技术既要适用,还要有很高的先进性,以保证再制造产品的使用效能。

4. 动态性和创新性

再制造技术应用的对象是各类不断退役的产品,不同产品随着使用时间的延长,其性能状态及各种指标也在发生相应变化。根据这些变化和产品不同的使用环境、不同的使用任务及不同的失效模式,不同种类的废旧产品再制造技术保障应采取不同的措施,因而再制造技术也随之不断地弃旧纳新或梯次更新,呈现出动态性的特征。同时,这种变化亦要求再制造技术在继承传统的基础上善于创新,不断采用新方法、新工艺、新设备,以解决产品因性能落后而被淘汰的问题。只有不断创新,再制造技术才能保持活力,适应变化。可见,创新性是再制造技术的又一个显著特征。

## 6.2 再制造拆解技术方法

### 6.2.1 概述

#### 6.2.1.1 再制造拆解的定义

废旧产品的再制造拆解是再制造过程中的重要工序,科学的再制造拆解工艺能够有效保证再制造零部件的质量性能、几何精度,并显著减少再制造周期,降低再制造费用,提高再制造产品质量。再制造拆解作为实现有效再制造的重要手段,不仅有助于零部件的重用和再制造,而且有助于材料的再生利用,实现废旧产品的高品质回收策略。

再制造拆解是指从将再制造的废旧产品及其部件有规律地按顺序分解成全部零部件的过程,同时保证满足后续再制造工艺对拆解后可再制造零部件的性能要求。废旧产品再制造拆解后,全部的零部件可分为3类:

(1)可直接利用的零部件(指经过清洗检测后不需要再制造加工,可直接应用在再制造装配中)。

(2)可再制造的零部件(指通过再制造加工可以达到再制造装配的质

量标准)。

(3)报废件(指无法进行再制造或直接再利用,需要进行材料的再循环处理或者其他无害化处理)。

#### 6.2.1.2 再制造拆解的分类

1. 按拆解方式分类

按拆解方式不同,拆解可分为破坏性拆解、部分破坏性拆解和非破坏性拆解。目前对再制造拆解的研究主要集中于非破坏性拆解。

2. 按拆解程度分类

按拆解程度不同,拆解可分为完全拆解(指将一个产品完全拆解成单个的零部件)、部分拆解(指将废旧产品中的部分零部件进行拆解)和目标拆解(对废旧产品中指定的零部件或部件进行拆解)。传统型废弃产品再制造需要完全拆解,但对于功能落后的旧产品采取再制造升级时也可以采取部分拆解或目标拆解。

#### 6.2.1.3 拆解的经济性分析

再制造拆解是按照一定步骤进行的,而且通常要在不同的再制造职能部门将废旧产品完全解体,拆解出所有的零部件。但废旧产品拆解并不是一定要拆解到完全程度,要根据经济性评估来确定,即拆解费用要少于获得零部件的再利用价值。如果拆解费用高于获得的零部件再利用的价值,则可以采取整件更换的方式再制造,或者采用破坏性拆解,只保留相对高附加值的核心件。因此,再制造拆解过程牵涉到拆解的经济性评估问题。再制造拆解的经济性是由诸多因素决定的,例如,随着拆解步骤的增加,获得的零部件数会提高,可再制造的零部件也在增多,由此而带来的拆解回收利润也在增加。然而对于难以分离的零部件,拆解的难度较高,回收的利润也相应较低,这时拆解的经济性就较差。因而,要对拆解所带来的回收利润与拆解成本相比较,当拆解的经济性逐渐降低的时候就应当停止拆解过程。

### 6.2.2 再制造拆解原则

再制造拆解的目的是便于零部件清洗、检查、再制造。由于废旧产品的构造各有其特点,零部件在质量、结构、精度等各方面存在差异,因此若拆解不当,将使零部件受损,造成不必要的浪费,甚至无法再制造利用。为保证再制造质量,在再制造拆解前必须周密计划,对可能遇到的问题有所估计,一般应遵循下列原则和要求,做到有步骤地进行拆解。

1. 拆解前必须先弄清楚废旧产品的构造和工作原理

产品种类繁多，构造各异，应研究设备和部件的装配图，掌握各零部件及其之间的结构特点、装配关系、连接和固定方法，以及定位销、弹簧垫圈、锁紧螺母与锁紧螺钉的位置及退出方向，对拆解程序及程度要科学设计，并制订详细的工艺路线，切忌粗心大意、盲目乱拆。对不清楚的结构，应查阅有关图纸资料，弄清装配关系、配合性质。无法获取图纸分析的，要有有经验的人员来完成拆解，并且边分析判断，边试拆，同时还需设计合适的拆解夹具和工具。

2. 拆解前做好准备工作

准备工作包括：拆解场地的选择，对零部件的分类和存放以及在拆解过程中的初步检测方案；对锈蚀的零部件进行保护；根据被拆零部件间的配合性质和装配间隙，测量出它与有关部件的相对位置，并做出标记和记录；准备好必要的通用和专用工量具，特别是自制的特殊工量具；再制造拆解班组做必要的分工，使拆解工作按计划进行，保证再制造质量。

3. 根据部件内部性能好坏确定是否拆解

从实际出发，对于能够确定性能完好的部件内部可不拆的尽量不拆，需要拆的一定要拆。再制造拆解程序与制造装配程序基本相反。在切断电源后，要先拆外部附件，再将整机拆成部件，部件拆成组件，最后拆成零部件。为减少拆解工作量和避免破坏配合性质，对于尚能确保再制造产品使用性能的部件可不全部拆解，但需进行必要的试验或诊断，确信无隐蔽缺陷。若不能肯定内部技术状态如何，必须拆解检查，确保再制造质量。

4. 使用正确的拆解方法，保证人身和机械设备安全

根据零部件连接形式和规格尺寸，选用合适的拆解工具和拆解方法。例如，用手锤敲击零部件，应该在零部件上垫好衬垫并选择适当位置；在不影响零部件完整和损伤的前提下，在拆解前应做好打印、记号工作；对于精密、稀有及关键设备，拆解时应特别谨慎；对于不可拆或拆后精度降低的结合件，在必须拆解时要注意保护；有的拆解需采取必要的支承和起重措施。

5. 对轴孔装配件应坚持拆与装所用的力相同的原则

在拆解轴孔装配件时，通常应坚持用多大的力装配，就用多大的力拆解。若出现异常情况，要查找原因，防止在拆解中将零部件碰伤、拉毛甚至损坏。热装零部件需利用加热来拆解。一般情况下不允许进行破坏性拆解。

6. 拆解应为装配创造条件

要坚持再制造拆解服务于再制造装配的原则。如被拆解设备的技术

资料不全,拆解中必须对拆解过程进行记录,以便在安装时遵照“先拆后装”的原则重新装配。在拆解精密或结构复杂的部件时,应画出再制造装配草图或在拆解时做好标记,避免误装。零部件拆解后要彻底清洗,涂油防锈、保护加工面,避免丢失和破坏。细长零部件要悬挂,注意防止弯曲变形。精密零部件要单独存放,以免损坏。细小零部件要注意防止丢失。对不能互换的零部件要成组存放或做好标记。

7. 尽量避免破坏性拆解

再制造拆解要保证废旧零部件的残余价值,尽量避免破坏性拆解,不对失效零部件产生损伤,减少再制造加工的工作量。在必须进行破坏性拆解时,要采取保护核心件的原则,即可以破坏拆解掉价值小的零部件,从而保全价值量比较大的贵重零部件,降低再制造费用。

### 6.2.3　再制造拆解技术与方法

再制造拆解按拆解的方式可分为击卸法、拉拔法、压卸法、温差法及破坏法。在拆解中应根据实际情况,采用不同的拆解方法。

1. 击卸法

击卸法是指利用锤子或其他重物在敲击或撞击零部件时产生的冲击能量把零部件拆下。它是拆解工作中最常用的一种方法,它具有使用工具简单、操作灵活方便、不需要特殊工具与设备、适用范围广泛等优点。但是,如果击卸方法不正确,容易造成零部件损伤或破坏。击卸大致分为3类:用锤子击卸,即在拆解中,由于拆解件是各种各样的,一般都是就地拆解,故使用锤子击卸十分普遍;利用零部件自重冲击拆解,在某些场合可利用零部件自重冲击能量来拆解零部件,如锻压设备锤头与锤杆的拆解往往采用这种办法;利用其他重物冲击拆解,在拆解结合牢固的大、中型轴类零部件时,往往采用重型撞锤。

2. 拉拔法

拉拔法拆解是使用专用顶拔器把零部件拆解下来的一种静力拆解方法。它具有拆解件不受冲击力、拆解比较安全、不易破坏零部件等优点;其缺点是需要制作专用拉具。它适用于对拆解精度较高、不许敲击的零部件和无法敲击的零部件。

3. 压卸法

压卸法是利用手压机、油压机进行的一种静力拆解方法,适用于拆解形状简单的过盈配合件。

4. 温差法

温差法是利用材料热胀冷缩的性能、加热包容件，使配合件在温差条件下失去过盈量，实现拆解，常用于拆解尺寸较大的零部件和热装的零部件。例如，使用液压压力机或千斤顶等工具和设备进行拆解尺寸较大、配合过盈量较大或无法用击卸、顶压等方法拆解时，或为使过盈较大、精度较高的配合件容易拆解，可用此种方法。

5. 破坏法

若必须拆解焊接、铆接等固定连接件时，或轴与套互相咬死，或为保存主件而破坏副件时，可采用车、锯、錾、钻、割等方法进行破坏性拆解。此时要尽可能地保存核心价值件或主体部位不受损坏，而对其附件可以采用破坏的方法进行拆离。

### 6.2.4 废旧发动机拆解

废旧发动机到达再制造生产线后，要放在发动机台架上进行拆解，需要合理放置，以提高工效、避免差错，并保证拆解后的零部件质量。拆解主要为以下步骤。

1. 拆下进排气歧管、气缸盖及衬垫

拆解时可用手锤木柄在气缸盖周围轻轻敲击，使其松动，也可以在气缸盖两端留两枚螺栓，将其余的缸盖螺栓全部取下，此时，扶住发动机转动曲轴，由于气缸内的空气压力作用，可以使气缸垫很容易地离开缸体，然后拆下气缸盖和气缸垫。

2. 检查离合器与飞轮的记号

将发动机放倒在台架上，检查离合器盖与飞轮上有无记号，如无记号应做记号，然后对称均匀地拆下离合器的固定螺栓，取下离合器总成。

3. 拆下油底壳

拆下油底壳、衬垫以及机油滤清器和油管，同时拆下机油泵。

4. 拆下活塞连杆组

(1)将所要拆下的连杆转到下止点，并检查活塞顶、连杆大端处有无记号，如无记号应按顺序在活塞顶、连杆大端做上记号。

(2)拆连杆螺母，取下连杆端盖、衬垫和轴承，并按顺序分开放好，以免混乱。

(3)用手推连杆，使连杆与轴颈分离。用手锤木柄，推出活塞连杆组。

(4)取出活塞连杆组后，应将连杆端盖、衬垫、螺栓和螺母按原样装上，以防错乱。

5. 拆下气门组

(1)拆下气门室边盖及衬垫,检查气门顶有无记号,如无记号应按顺序在气门顶部用钢字号码或尖铳做上记号。

(2)在气门关闭时,用气门弹簧钳将气门弹簧压缩。用起子拔下锁片或用尖嘴钳取下锁销,然后放松气门弹簧钳,取出气门、气门弹簧及弹簧座。

6. 拆下起动爪、皮带轮

拆下启动爪、扭转减振器和曲轴皮带轮,然后用拉拔器拉出曲轴皮带轮,不允许用手锤敲击皮带轮的边缘,以免皮带轮发生变形或破裂。

7. 拆下正时齿轮盖

拆下正时齿轮盖及衬垫。

8. 拆凸轮轴及气门挺杆

检查正时齿轮上有无记号,如无记号应在两个齿轮上做出相应的记号。再拆去凸轮轴前、中、后轴颈衬套固定螺栓及衬套,然后平衡地抽出凸轮轴,取出气门挺杆及挺杆架。

9. 将发动机在台架上倒放并拆下曲轴

首先撬开曲轴轴承座固定螺栓上的锁片或拆下锁丝。拆下固定螺栓,取下轴承盖及衬垫并按顺序放好,抬下曲轴,再将轴承盖及衬垫装回,并将固定螺栓拧紧少许。

10. 拆下飞轮

旋出飞轮固定螺栓,从曲轴凸缘上拆下飞轮。

11. 拆曲轴后端

拆下曲轴后端油封及飞轮壳。

12. 分解活塞连杆组

(1)用活塞环装卸钳拆下活塞环。

(2)拆下活塞销。首先在活塞顶部检查记号,再将卡环拆下,用活塞销冲子将活塞销冲出,并按顺序放好。

将发动机拆解成全部的零部件后,可以进行初步的检测,将明显不能再制造的零部件报废并登记,将可以利用或可以再制造后利用的零部件分类并加以清洗,进入下一道再制造工序。

# 6.3 再制造清洗技术方法

## 6.3.1 概述

清洗产品的零部件表面是零部件再制造过程中的重要工序,是检测零部件表面尺寸精度、几何形状精度、表面粗糙度、表面性能、磨蚀磨损及粘着情况等的前提,是零部件进行再制造的基础。零部件表面清洗的质量直接影响零部件的表面分析、表面检测、再制造加工和装配质量,进而影响再制造产品的质量。

再制造清洗是指借助清洗设备将清洗液作用于工件表面,采用机械、物理、化学或电化学方法,去除产品及其零部件表面附着的油脂、锈蚀、泥垢、水垢、积炭等污染物,并使工件表面达到所要求清洁度的过程。废旧产品拆解后的零部件根据形状、材料、类别、损坏情况等分类后应采用相应的方法进行清洗,再进行零部件再利用或者再制造的质量评判。产品的清洁度是再制造产品的一项主要质量指标,清洁度不良不但会影响产品的再制造加工,而且会造成产品的性能下降,容易出现过度磨损、精度下降、寿命缩短等现象,影响产品的质量。同时良好的产品清洁度也能够提高消费者对再制造产品质量的信心。

与拆解过程一样,清洗过程也不可能直接从普通的制造过程借鉴经验,这就需要再制造商和再制造设备供应商共同研究新的技术方法,开发新的再制造清洗设备。根据清洗的位置、目的、材料的复杂程度等的不同,在清洗过程中所使用的清洗技术和方法也不同,常常需要连续或者同时应用多种清洗方法。通常采用的清洗方法有汽油清洗、热水喷洗或者蒸汽清洗、化学清洗剂清洗或者化学净化浴、擦洗或钢刷刷洗、高压或常压喷洗、喷砂、电解清洗、气相清洗、超声波清洗及多步清洗等。

为了完成各道清洗工序,可使用一整套专用的清洗设备,包括喷淋清洗机、浸浴清洗机、喷枪机、综合清洗机、环流清洗机、专用清洗机等,对设备的需要可根据再制造的标准、要求、环保、费用及再制造场所来确定。

## 6.3.2 清洗的基本要素

待清洗的物体都存在于特定的介质环境中,一个清洗体系包括的 4 个要素,即清洗对象、污垢、介质及清洗力。

1. 清洗对象

清洗对象指待清洗的物体,组成机器零部件、电子元件及各种设备的材料主要有金属材料、陶瓷(含硅化合物)、塑料等,针对不同的清洗对象采取不同的清洗方法。

2. 污垢

污垢是指物体受到外界物理、化学或生物作用,在表面上形成的污染层或覆盖层。所谓清洗就是指从物体表面上清除污垢的过程,通常指把污垢从固体表面上去除掉。

3. 介质

在清洗过程中,提供清洗环境的物质称为清洗介质,又称为清洗媒体。清洗媒体在清洗过程中起着重要的作用:一是对清洗力起传输作用;二是防止解离下来的污垢再吸附。

4. 清洗力

清洗对象、污垢及清洗媒体三者间必须存在一种作用力,才能使得污垢从清洗对象的表面清除并将它们稳定地分散在清洗媒体中,从而完成清洗过程,这个作用力即是清洗力。在不同的清洗过程中,起作用的清洗力亦有不同,大致可分为6种力:溶解力及分散力;表面活性力;化学反应力;吸附力;物理力;酶力。

## 6.3.3 再制造清洗工作的内容

根据废旧产品再制造的工艺要求,再制造清洗包括拆解前对废旧产品外观的整体清洗和拆解后对废旧零部件的清洗两部分的内容。

### 6.3.3.1 拆解前对废旧产品外观的整体清洗

拆解前的清洗主要是指拆解前对回收的废旧产品的外部清洗,主要目的是除去废旧产品外部积存的大量尘土、油污、泥沙等脏物,以便拆解并避免将尘土、油污等带入车间内部。外部清洗一般采用自来水或高压水冲洗,即用水管将自来水或1~10 MPa压力的高压水流接到清洗部位冲洗油污,并用刮刀、刷子配合进行。对于密度较大的厚层污物,可在水中加入适量的化学清洗剂,并提高喷射压力和水的温度。

常用的外部清洗设备主要有单枪射流清洗机和多喷嘴射流清洗机。前者是靠高压连续射流或汽水射流的冲刷作用或射流与清洗剂的化学作用相配合来清除污物。后者有门框移动式和隧道固定式两种,其喷嘴的安装位置和数量根据设备的用途不同而异。

### 6.3.3.2 拆解后对废旧零部件的清洗

拆解后对废旧零部件的清洗主要包括清除油污、水垢、锈蚀、积炭、油漆等内容。

1. 清除油污

凡是和各种油料接触的零部件在解体后都要进行清除油污的工作,即除油。油可以分为两类:①可皂化的油,就是能与强碱起作用生成肥皂的油,如动物油、植物油,即高分子有机酸盐;②不可皂化的油,即不能与强碱起作用的油,如各种矿物油、润滑油、凡士林和石蜡等。这些油类都不溶于水,但可溶于有机溶剂。去除这些油类,主要是用化学方法和电化学方法。常用的清洗液有有机溶剂、碱性溶液和化学清洗液等。清洗方式则有人工方式和机械方式,包括擦洗、煮洗、喷洗、振动清洗、超声波清洗等。

2. 清除水垢

机械产品的冷却系统经过长期使用硬水或含杂质较多的水后,在冷却器及管道内壁上沉积一层黄白色的水垢,主要成分是碳酸盐、硫酸盐,部分还含有二氧化硅等。水垢使水管截面缩小、热导率降低,严重影响冷却效果,进而影响冷却系统的正常工作,因此在再制造过程中必须给予清除。水垢的清除方法一般采用化学去除法,包括磷酸盐清除法、碱溶液清除法、酸洗清除法等。对于铝合金零部件表面的水垢,可用质量分数为5%的硝酸溶液,或质量分数为10%~15%的醋酸溶液。清除水垢的化学清除液应根据水垢成分与零部件材料选用。

3. 清除锈蚀

锈蚀是因为金属表面与空气中氧分子、水分子及酸类物质接触而生成的氧化物,如$FeO$、$Fe_3O_4$、$Fe_2O_3$等,通常称为铁锈。去锈的主要方法有机械法、化学酸洗法和电化学酸蚀法等。机械法除锈主要是利用机械摩擦、切削等作用清除零部件表面锈层,常用的方法有刷、磨、抛光、喷砂等。化学法主要是利用酸对金属的溶解以及化学反应中生成的氢对锈层的机械作用而把金属表面的锈蚀产物溶解掉并脱落的酸洗法,常用的酸包括盐酸、硫酸、磷酸等。电化学酸蚀法主要是利用零部件在电解液中通直流电后产生的化学反应而达到除锈的目的,包括将被除锈的零部件作为阳极和把被除锈的零部件作为阴极两种方式。

4. 清除积炭

积炭是由于燃料和润滑油在燃烧过程中不能完全燃烧,并在高温作用下形成的一种由胶质、沥青质、润滑油和炭质等组成的复杂混合物。例如,发动机中的积炭大部分积聚在气门、活塞、气缸盖等上,这些积炭会影响发动机某些零部件的散热效果，恶化传热条件，影响其燃烧性，甚至会导致零部件过热，形成裂纹。因此，在此类零部件的再制造过程中，必须彻底地清除表面的积炭。积炭的成分与发动机的结构、零部件的部位、燃油、润滑油、工作条件及工作时间等有很大的关系。目前常使用机械法、化学法和电解法等清除积炭。机械法指用金属丝刷与刮刀去除积炭，方法简单，但效率较低，不易清除干净，并易损伤表面。采用压缩空气喷射核屑法清除积炭能够明显地提高效率。化学法指将零部件浸入苛性钠、碳酸钠等清洗液中，温度保持在80～95 ℃，使油脂溶解或乳化，积炭变软后再用毛刷刷去并清洗干净。电化学法指将碱溶液作为电解液，工件接于阴极，使其在化学反应和氢气的共同剥离作用力下去除积炭。此方法效率高，但要掌握好清除积炭的工艺参数。

5. 清除油漆

拆解后零部件表面的原漆层也需要根据其损坏程度和保护涂层的要求进行全部清除。清除后要冲洗干净，准备重新喷漆。对油漆的清除方法是将已配制好的有机溶剂、碱性溶液等作为退漆剂，先涂刷在零部件的漆层上，使之溶解软化，再借助手工工具去除漆层。

### 6.3.4　再制造清洗技术

拆解后对零部件油污、锈蚀、水垢、积炭、油漆等的清洗，要选用合适的清洗技术，主要有热能清洗技术、流液清洗技术、压力清洗技术、摩擦与研磨清洗技术、超声波清洗技术、化学清洗技术等。

#### 6.3.4.1　热能清洗技术

热能对其他清洗都有较好的促进作用。由于水和有机溶剂对污垢的溶解速度与溶解量随温度升高而增大，所以提高温度有利于溶剂发挥其溶解作用，而且还可以节约水和有机溶剂的用量。同样，清洗后用水冲洗时，较高的水温更有利于去除吸附在清洗对象表面的碱和表面活性剂。

热能可使污垢的物理状态发生变化。温度的变化会引起污垢的物理状态变化，使它变得容易去除。油脂和石蜡等固体油污很难被表面活性剂水溶液乳化，但当它们加热液化（60～70 ℃）后，就比较容易被表面活性剂水溶液乳化分散了。

热能也可以使清洗对象的物理性质发生变化，有利于清洗。当清洗对象和附着污垢的热膨胀率存在差别时，常可以利用加热的方法使污垢与清洗对象间的吸附力降低而使污垢易于解离去除。热能还可使污垢受热分解。耐热材料表面附着的有机污垢，加热到一定温度后，可能发生热分解

变成 $CO_2$ 等气体而被去除。

#### 6.3.4.2 流液清洗技术

清洗零部件时,除了可以把零部件置于洗涤剂中的静态处理外,有时为提高污垢被解离、乳化、分散的效率,还可让洗液在清洗对象表面流动,称为动态清洗。

洗液在清洗对象表面有3种流动方向:沿与清洗对象表面平行方向流动;与清洗对象表面垂直方向流动;与清洗对象表面成一定角度流动。实践表明,在第三种情况下污垢被解离的效果最好,是在喷射清洗中常用的角度。由于零部件通常呈多面体等复杂形状,这时需用搅拌使洗液形成紊流以提高清洗效果。搅拌使洗液均匀有效地流动,通常有清洗液流动、清洗对象运动以及清洗对象和洗液都运动3种方法。

#### 6.3.4.3 压力清洗技术

1. 喷射清洗技术

通过喷嘴把加压的清洗液喷射出来冲击清洗物表面的清洗方法称为喷射清洗。它包括喷射清洗的作用力、喷射所用喷嘴及喷射清洗液3部分。

2. 泡沫喷射清洗技术

在清洗垂直的壁面时,有时为充分发挥清洗能力并减少洗液,可使用发泡性强的洗液进行喷射。在清洗壁的表面形成有一定厚度的稳定性泡沫,延长泡沫与壁面接触时间,使污垢充分瓦解,然后用清水喷射,提高污垢的清除效果。清除各种产品表面的油污时都适合用这种方法。

3. 高压水射流清洗技术

高压水射流技术近年来发展很快,应用日益广泛。用120 MPa以内压力的高压水射流进行清洗,效率高、节能省时。用喷射的液体射流进行清洗时,根据射流压力的大小分为低压、中压和高压3种。低压和中压射流清洗是借助清洗液的洗涤与水流冲刷的双重去污作用,高压射流清洗是以水力冲击的清洗作用为主,清洗液所起溶解去污的作用很小。高压水射流清洗不污染环境、不腐蚀清洗物体基质,高效节能。

#### 6.3.4.4 摩擦与研磨清洗技术

1. 摩擦清洗技术

对于一些不易去除的污垢,使用摩擦力的方法往往能取得较好的效果。当用各种洗液浸泡清洗金属或玻璃材料之后,有些洗液不易去除的污垢顽渍,可配合用刷子擦洗将其去除干净。但要注意保持工具(如刷子)清洁,防止工具对清洗对象的再污染。

2. 研磨清洗技术

研磨清洗是指用机械作用力去除表面污垢的方法。研磨使用的方法包括使用研磨粉、砂轮、砂纸及其他工具对含污垢的清洗对象表面进行研磨、抛光等。研磨清洗的作用力比摩擦清洗的作用力大得多,两者有明显区别。操作方法主要有手工研磨和机械研磨。

3. 磨料喷砂清洗技术

磨料喷砂是把干的或悬浮于液体中的磨料定向喷射到零部件或产品表面的清洗方法。磨料喷砂清洗是清洗领域内广泛应用的方法之一。磨料喷砂清洗应用于清除金属表面的锈层、氧化皮、干燥污物及涂料等污垢。

#### 6.3.4.5　超声波清洗技术

在超声环境中的清除油脂过程称为超声清洗,实际上是在有机溶剂除油或酸洗过程中引入超声波,加强或加速清洗的过程。

超声波的作用包括超声波本身具有的能量作用,空穴破坏时放出的能量作用以及超声波对媒液的搅拌流动作用等。超声波清洗装置(图6.3)由超声波发生器和清洗箱两部分组成。电磁振荡器产生的单频率简谐电信号(电磁波)通过超声波发生器转化为同频超声波,通过媒液传递到清洗对象。超声波发生器通常装在清洗槽下部,也可装在清洗槽侧面,或采用移动式超声波发生器装置。

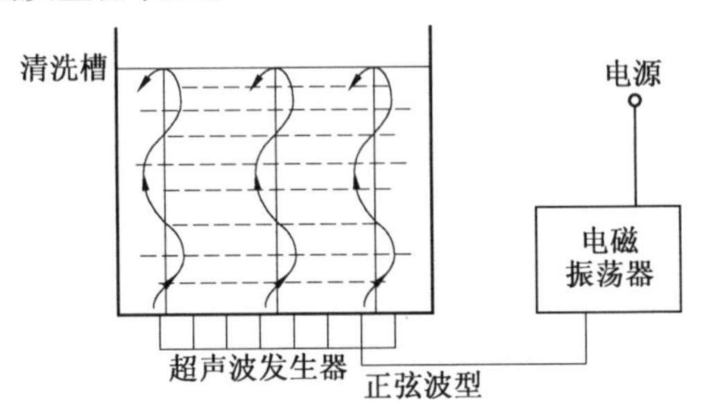


图6.3　超声波清洗装置示意图

超声波清洗工艺参数主要有工作频率、功率、清洗液温度和清洗时间。超声波清洗工艺参数选择见表6.1。

#### 6.3.4.6　电解清洗技术

电解清洗是利用电解作用将金属表面的污垢去除的清洗方法。根据去除污垢种类不同,电解清洗分为电解脱脂和电解研磨。电解是在电流作用下,物质发生化学分解的过程。在电解过程中,金属表面的污垢也随之被去除。

**表 6.1 超声波清洗工艺参数选择**

| 参数名称 | 选用范围 | 说明 |
|---|---|---|
| 振动频率 | 常用约 20 kHz<br>高频 300 ~ 800 kHz | 工件表面粗糙度较小或有小孔、狭深凹槽时,可采用高频。但高频振动衰减较快,作用范围较小,空化作用弱,清洗效率较低 |
| 功率密度 | 0.1 ~ 1.0 W/cm$^2$ | 工件形状复杂或具有深孔、盲孔,或油垢较多,清洗液黏度较大,或选用高频振动时,功率密度可较大。对铝及其合金或用乙醇、水为清洗液时,则其值可取小些 |
| 清洗时间 | 2 ~ 6 min | 工件形状复杂时取上限,表面粗糙度较小时则取下限,还应根据污垢严重程度而变化 |
| 清洗温度 | 水基清洗液: 32 ~ 50 ℃<br>三氯乙烯: 70 ℃<br>汽油或乙醚:室温 | 一般经试验确定合适的温度 |

电解脱脂是用电解方法把金属表面的各类油脂污垢加以去除。电解脱脂使用电解槽来完成(图 6.4),要清洗的金属部件与电解池的电极相连放入电解槽后,在电解时金属表面会有少量的氢气或氧气产生,这些小气泡促使污垢从被清洗金属表面剥离下来。电解脱脂分为阴极脱脂和阳极脱脂,常使用 NaOH(氢氧化钠)、$Na_2CO_3$(碳酸钠)等碱性水溶液,可增强去污作用。

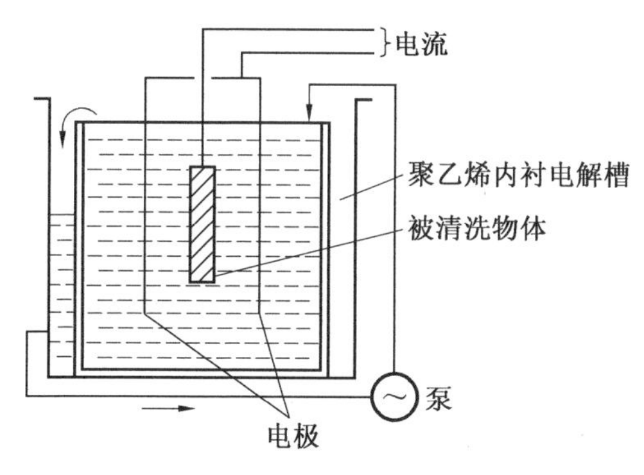


图 6.4 电解槽清洗模型

电解研磨是通过对金属表面腐蚀以将表面的氧化层及污染层去除的方法。电解研磨是向电解质溶液中通入电流使得浸渍在电解液中的金属表面上的微小突起部位优先溶解去除,获得平滑光泽的金属表面的方法。此种研磨可以得到与机械研磨不同的加工特性,适用于多种金属单质和合金材料。电解研磨通常把处理的金属置于阳极,使用酸性或碱性电解液均可。

#### 6.3.4.7 化学清洗技术

化学清洗是采用一种或几种化学药剂(或其水溶液)清除设备内侧或外侧表面污垢的方法。它是借助清洗剂对物体表面污染物或覆盖层进行化学转化、溶解、剥离,以达到清洗的目的。化学清洗的关键是清洗液,包括溶剂、表面活性剂和化学清洗剂。溶剂包括水、有机溶剂和混合溶剂,水是在清洗过程中使用最广泛、用量最大的溶剂或介质;表面活性剂是具有在两种物质的界面上聚集且能显著改变(通常是降低)液体表面张力和两相间的界面性质的一类物质;化学清洗剂是指化学清洗中所使用的化学药剂,常用的有酸、碱、氧化剂、金属离子螯合剂、杀生剂等。

1. 无机酸清洗

酸是处理金属表面污垢最常用的化学药剂,常用的有以下几种:

(1)硫酸($H_2SO_4$)。化学清洗用的硫酸一般质量分数在15%以下,对不锈钢和铝合金设备无腐蚀性,适合清洗这些特殊的金属设备。

(2)盐酸(HCl)。使用盐酸作为清洗液时,一般在常温下使用质量分数在10%以下的盐酸,常用于清除碳酸盐水垢、铁锈、铜锈、铝锈等,适用于碳钢、黄铜、紫铜及其他铜合金材料的设备清洗,不宜用于不锈钢和铝材表面污垢的清洗。

(3)硝酸($HNO_3$)。用于酸洗的硝酸的质量分数一般在5%左右,可以去除水垢和铁锈,对碳酸盐水垢、$Fe_2O_3$和$Fe_3O_4$锈垢溶解能力强,去除氧化铁皮、铁垢的速度快。

(4)磷酸($H_3PO_4$)。在去除钢铁表面锈污时,通常用15%~20%(质量分数)以上的磷酸溶液,温度控制在40~80 ℃。酸洗时采用的磷酸的质量分数为10%~15%,温度控制在40~60 ℃。用磷酸清洗生锈的金属表面,在去锈的同时形成磷化保护膜,对金属起保护作用。

2. 有机酸清洗

用于酸洗的有机酸很多,常用的有氨基磺酸、羟基乙酸、柠檬酸、乙二胺四乙酸等。与无机酸相比,有机酸对金属的腐蚀性小、污染小、无毒、无废物排放、清洗时较安全,清洗效果好,但成本较高,需要在较高温度下操作,清洗耗费时间长。

3. 碱清洗

碱清洗是一种以碱性物质为主剂的化学清洗方法,清洗成本低,主要用于清除油脂垢、无机盐、金属氧化物、有机涂层和蛋白质垢等。用碱洗除锈、除垢等,不会造成金属的严重腐蚀,不会引起工件尺寸的明显改变,不存在因清洗过程中析氢而造成对金属的损伤,金属表面在清洗后与钝化之前,也不会快速返锈。

#### 6.3.4.8　其他先进清洗技术

1. 干冰清洗技术

干冰清洗技术是将液态的 $CO_2$ 通过干冰制备机(造粒机)制作成一定规格(直径为 2 ~ 14 mm)的干冰球状颗粒,以压缩空气为动力源,通过喷射清洗机将干冰球状颗粒以较高速度喷射到被清洗物体表面。其工作原理与喷砂工艺原理类似,干冰颗粒不但对污垢表面有磨削和冲击作用,低温(-78 ℃)的干冰颗粒用高压喷射到被清洗物的表面,使污垢冷却以致脆化,进而与其所接触的材质产生不同的冷却收缩效果,减小了污垢在零部件表面的黏附力。干冰颗粒钻入污垢裂缝,随即汽化,其体积膨胀 800 倍,这种气掀作用把污垢从被清洗物体的表面剥离。同时加上干冰颗粒的磨削和冲击以及压缩空气的吹扫剪切,使污垢从被清洗表面以固态形式被剥离,达到了清除污垢的目的。干冰清洗技术的优点是清洗后清洗对象表面干燥洁净,无介质残留,不损伤清洗对象,不会使金属表面返锈;清洗过程不污染环境,速度快,效率高,价格便宜,操作简单方便,特别适用于不能进行液体清洗的场合。

2. 紫外线清洗技术

紫外线是一种波长在 100 ~ 400 nm 的电磁波,具有较高的能量,一些物质分子吸收紫外线后会处于高能激发态,有解离或电离倾向。同时紫外线还能促进臭氧分子的生成,并生成有强氧化力的激发态氧气分子。波长为 253.7nm 的紫外线能激发有机物污垢分子,而波长为 184.9 nm 的紫外线能激发氧气生成臭氧,并与紫外线发生协同作用促进有机物氧化,使有机物污垢分子分解成挥发性小的分子($CO_2$、$H_2O$ 及 $N_2$ 等)。这两种波长的紫外线复合使用,会大大加快清洗速度。

3. 等离子体清洗技术

等离子体清洗技术分为用不活泼气体产生的等离子体进行清洗和用活泼气体等离子体清洗两种方法。等离子体清洗可用来对玻璃和金属表面微量吸着的残留水膜和有机污垢进行去除,而且有利于防止清洗对象被再污染。在微电子行业,可用等离子体清洗硅晶片表面上的光致抗蚀膜,但用等离子体法需考虑废气对物体的再污染及过量的腐蚀问题。

4. 离子束射线清洗

在高真空度下,用强电场对电子加速撞击金属表面可以产生离子束,加速后的离子束有很强的清洗作用。

5. 激光清洗

激光是一种具有高能量的单色光束,聚焦后的激光可形成功率密度为 $10^2 \sim 10^{15}$ W/cm$^2$ 的照射。目前国外已开始研究把激光应用于清洗领域。当把激光束聚焦于物体表面时,在极短时间内把光能变成热能,使表面的污垢熔化而被去除,可在不熔化金属的前提下把金属表面的氧化物锈垢除去。另外,激光清洗技术还可以改变金属物体的金相组织结构,使其达到清洗的目的,目前该技术已被应用于去除古迹或青铜雕塑表面的氧化物污垢及去除放射性污染,是一种物理清洗新技术。

## 6.4　再制造检测技术方法

### 6.4.1　概述

#### 6.4.1.1　再制造检测的基本概念

再制造检测是指在再制造过程中借助各种检测技术和方法,确定拆解后废旧零部件的表面尺寸及其性能状态等,以决定其弃用或再制造加工的过程。废旧零部件通常都是经长期使用过的零部件,这些零部件的工况对再制造零部件的最终质量有相当重要的影响。零部件的损伤不管是内在质量还是外观变形,都要经过仔细的检测,根据检测结果,进行再制造性综合评价,决定该零部件在技术上和经济上进行再制造的可行性。

拆解后废旧零部件的鉴定与检测工作是产品再制造过程的重要环节,是保证再制造产品质量的重要步骤。它不但能决定毛坯的弃用,影响再制造成本,提高再制造产品的质量稳定性,还能帮助决策失效毛坯的再制造加工方式,是再制造过程中一项至关重要的工作。因此鉴定与检测工作是保证最佳化资源回收和再制造产品质量的关键环节,应给予高度的重视。

#### 6.4.1.2　再制造检测的要求和作用

(1)在保证质量的前提下,尽量缩短再制造时间,节约原材料、新品件、工时,提高毛坯的再制造度和再制造率,降低再制造成本。

(2)充分利用先进的无损检测技术,提高毛坯检测质量的准确性和完好率,尽量减少或消除误差,建立科学的检测程序和制度。

(3)严格掌握检测技术要求和操作规范,结合再制造性评估,正确区分直接再利用件、需再制造件、材料再循环件及环保处理件的界限,从技术、经济、环保、资源利用等方面综合考虑,使得环保处理量最小化、再利用和再制造量最大化。

(4)根据检测结果和再制造经验,对检测后毛坯进行分类,并为需再制造的零部件提供信息支持。

#### 6.4.1.3 再制造毛坯检测的内容

用于再制造的毛坯要根据经验和要求进行全面的质量检测,同时根据毛坯的具体情况,各有侧重。一般检测包括以下几方面的内容:

(1)毛坯的几何精度。包括毛坯零部件的尺寸、形状和表面相互位置精度等,这些信息均对产品的装配和质量造成影响。通常需要检测零部件的尺寸、圆柱度、圆度、平面度、直线度、同轴度、垂直度、跳动等。根据再制造产品的特点及质量要求,在检测中应注意零部件装配后的配合精度要求。

(2)毛坯的表面质量。包括表面粗糙度、擦伤、腐蚀、磨损、裂纹、剥落、烧损等缺陷,并对存在缺陷的毛坯确定再制造方法。

(3)毛坯的理化性能。包括零部件硬度、硬化层深度、应力状态、弹性、刚度、平衡状况及振动等。

(4)毛坯的潜在缺陷。包括毛坯内部夹渣、气孔、疏松、空洞、焊缝及微观裂纹等。

(5)毛坯的材料性质。包括毛坯的合金成分、渗碳层含碳量、各部分材料的均匀性、高分子类材料的老化变质程度等。

(6)毛坯的磨损程度。根据再制造产品的寿命周期要求,正确检测判断摩擦磨损零部件的磨损程度,并预测其再使用时的情况。

(7)毛坯表层材料与基体的结合强度。如电刷镀层、喷涂层、堆焊层和基体金属的结合强度等。

### 6.4.2 再制造毛坯的检测方法

#### 6.4.2.1 感官检测法

感官检测法是指不借助量具和仪器,只凭检测人员的经验和感觉来鉴别毛坯技术状况的方法。这类方法精度不高,只适于分辨缺陷明显(如断裂等)或精度要求低的毛坯,并要求检测人员具有丰富的实践检测经验和技术。具体方法有:

(1)目测。用眼睛或借助放大镜来对毛坯进行观察和宏观检测,观察倒角、裂纹、断裂、疲劳剥落、磨损、刮伤、蚀损、变形、老化等。

(2)听测。借助于敲击毛坯时的声响判断技术状态。零部件无缺陷时声响清脆,内部有缩孔时声音相对低沉,内部有裂纹时声音“嘶哑”。听声音可以进行初步的检测,对重点件还需要进行精确检测。

(3)触测。用手与被检测的毛坯接触,可判断零部件的表面温度和表面粗糙程度、明显裂纹等;使配合件做相对运动,可判断配合间隙的大小。

#### 6.4.2.2　测量工具检测法

测量工具检测法是指借助测量工具和仪器,较为精确地对零部件的表面尺寸精度和性能等技术状况进行检测的方法。这类方法相对简单,操作方便,费用较低,一般均可达到检测精度要求,所以在再制造毛坯检测中应用广泛。主要检测内容有:

(1)用各种测量工具(如卡钳、钢直尺、游标卡尺、百分尺、千分尺或百分表、千分表、塞规、量块、齿轮规等)和仪器,检验毛坯的几何尺寸、形状、相互位置精度等。

(2)用专用仪器、设备对毛坯的应力、强度、硬度、冲击韧性等力学性能进行检测。

(3)用平衡试验机对高速运转的零部件做静、动平衡检测。

(4)用弹簧检测仪检测弹簧的弹力和刚度。

(5)对承受内部介质压力并需防泄漏的零部件,在专用设备上进行密封性能检测。

在必要时还可以借助金相显微镜等仪器设备来检测毛坯的金属组织、晶粒形状及尺寸、显微缺陷、化学成分等。根据快速再制造和复杂曲面再制造的要求,快速三维扫描测量系统也在再制造检测中得到了初步应用,能够进行曲面模型的快速重构,并用于再制造加工建模。

#### 6.4.2.3　无损检测法

无损检测法是指利用电、磁、光、声、热等物理量,通过再制造毛坯所引起的变化来测定毛坯的内部缺陷等技术状况,目前已被广泛使用的这类方法有超声检测技术、射线检测技术、磁记忆效应检测技术、涡流检测技术等。可用来检查再制造毛坯是否存在裂纹、孔隙、强应力集中点等影响再制造后零部件使用性能的内部缺陷。因这类方法不会对毛坯本体造成破坏、分离和损伤,是先进高效的再制造检测方法,也是提高再制造毛坯质量检测精度和科学性的前沿手段。

### 6.4.3　废旧零部件的检测技术

#### 6.4.3.1　典型零部件几何量的检测技术

废旧零部件的几何量是影响零部件质量的重要参数。废旧机械产品中大量存在着各种各样的零部件，在再制造中，必须对这些废旧零部件进行几何量的检测，鉴定其可用性和可再制造性。对零部件进行几何量鉴定要根据尺寸、公差等技术要求进行测量和判定。了解零部件的尺寸变化，判定零部件是否能够继续使用，以协助选择零部件的再制造策略，并进行必要的筹措准备。一般来说，轴和箱体类零部件都属于材料性能要求比较高、制造工序复杂、制造费用较高、对产品的价格影响较大的核心零部件，因此要求在再制造中尽量恢复其使用性能，以降低再制造费用。下面就废旧产品中典型零部件箱体和轴的几何量的检测方法进行介绍。

1. 箱体类零部件的检测

箱体是传动系统中支撑各传动零部件、形成密闭内环境的重要零部件。箱体件在工作中主要因支撑孔的磨损、变形等原因而造成几何尺寸的变化，因此在拆解后，应对其进行以下检测。

(1)箱体结合面平面度的检测。

检测时可将两个相互结合的零部件(如变速箱上、下箱体)扣合在一起或将零部件平面向下放在平台上。当它们呈稳定接触时，用厚薄规沿四周进行测量，如图6.5所示，此时测得的最大间隙就是表面的平面度误差值，当它们不是稳定接触时，最大间隙与该部位摆动时的间隙变动量的中值之差称为平面度误差。

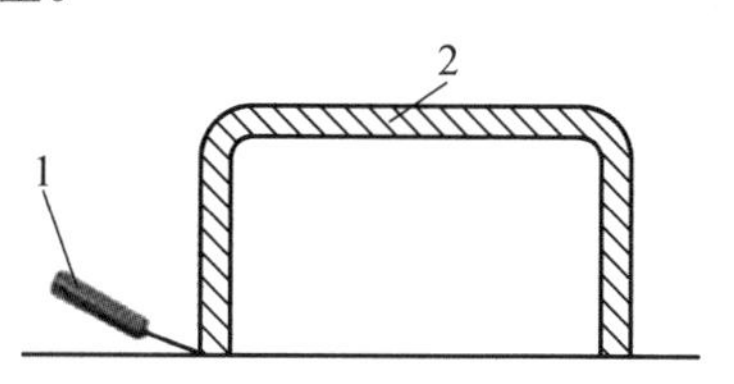


图6.5　箱体结合面的平面度检测

1—厚薄规;2—箱体

(2)箱体轴承座孔变形与磨损的检测。

退役后的箱体存在座孔局部过度磨损或尺寸变大及座孔变形失圆等失效情况。测量箱体座孔的最大直径和椭圆度可反映座孔的变形和磨损情况。用内径百分表检查轴承座孔的直径，如超过制造时的尺寸公差，则要求通过热喷涂或刷镀等恢复其原来的尺寸公差范围;在允许的情况下，也可以采用尺寸修复法，即通过刮削轴承座孔，消除失圆，并选配与其配合的轴承外圈。

随零部件工作条件的不同，座孔的检测项目也不同。座孔的椭圆度是在垂直于其轴线的截面上所测得的最大($a$)与最小直径($b$)之差的绝对值;而内锥度是在轴线方向的一定长度内,两个横截面上的直径之差与该长度之比,如图6.6的左图。对于箱体类零部件上的孔(如变速箱轴承固定套座孔、轮毂轴承座孔等),由于长度较短,只需测量其最大直径和椭圆度,可不测量其内锥度。

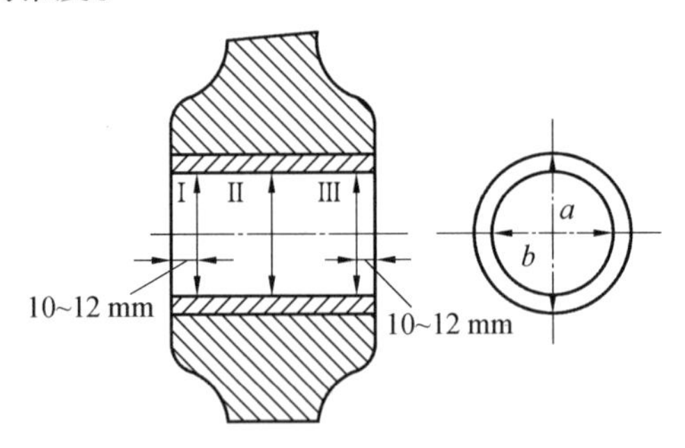


图6.6　椭圆度的测量

测量座孔应采用内径分厘卡、游标卡尺或塞规。图6.7所示是测量轴承座孔的塞规,其一端塞规用于鉴定前滚动轴承座孔,另一端塞规用于鉴定后滚动轴承座孔。对于磨损后出现台阶的孔不宜采用塞规。

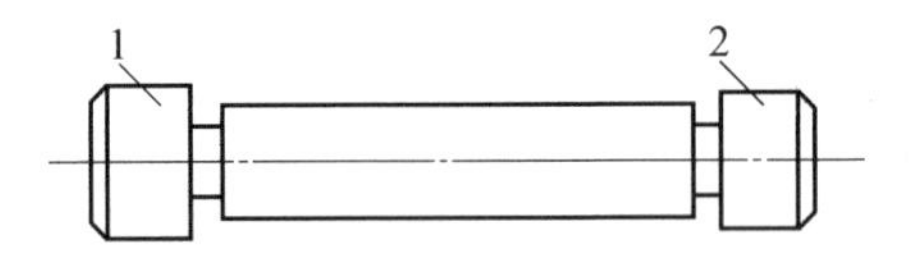


图6.7　测量轴承座孔的塞规

1—前座孔塞规;2—后座孔塞规

(3)座孔配合面积的检测。

对于箱体上的轴承座孔,通常要求轴承、轴承固定套能与箱体紧密结合,常用印油法进行贴合度鉴定。其方法是清理干净座孔表面后,在与座孔配合的零部件外表面上均匀地涂上一层印油,然后将其安装到相应的座孔上,适当转动零部件,再将配合件取走,测量座孔内表面沾有印油的面积占总表面面积的百分比。一般来说,这个比例应大于65%。

(4)座孔平行度的检测。

座孔平行度包括座孔之间的平行度和座孔与结合面之间的平行度。座孔与结合面平行度的测量如图6.8所示。测量前,应先检查壳体平面是否符合技术要求,然后将平面部分放在平台上,在被测箱体的座孔中装上定心套和测量轴,用百分表测量出同一测量轴两端的高度差,同一测量轴两端的高度差值,即为轴承座孔与箱体平面的平行度。座孔之间平行度的测量如图6.9所示。测量前,在被测箱体的座孔中装上定心套和测量轴,用外径分厘卡测出两轴间的距离，其距离的差值就是两座孔中心线在全长上的平行度。

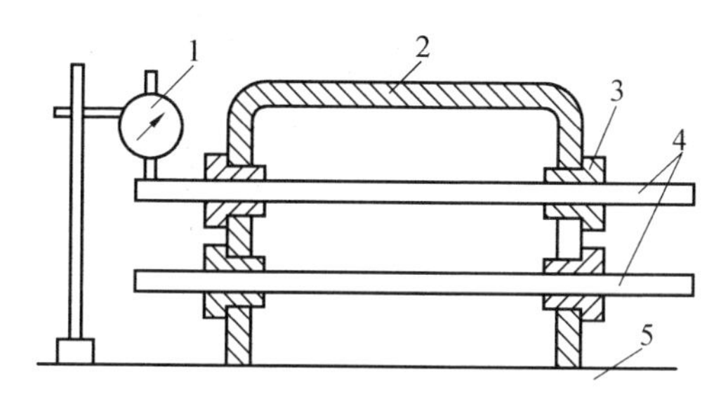


图 6.8　座孔与结合面平行度的测量

1—百分表；2—被测箱体；3—衬套；4—测量轴；5—平板

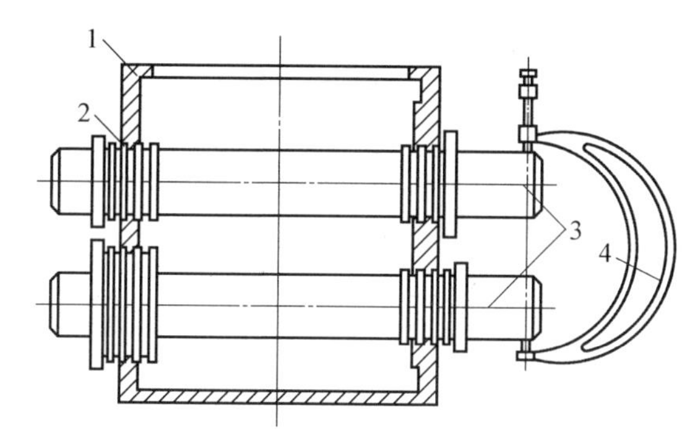


图 6.9　座孔之间平行度的测量

1—被测箱体；2—定位套；3—测量轴；4—外径分厘卡

（5）座孔垂直度的检测。

对于含有圆锥齿轮对的箱体，相互垂直的两个传动轴的座孔垂直度是影响圆锥齿轮装配质量的重要因素，在箱体鉴定中应进行鉴定。检测两轴孔中心线是否垂直及是否在同一平面的方法，如图 6.10 所示，将检验棒 1、2 分别插入箱体的座孔中，检验棒 2 的小轴颈能顺利地穿入检验棒 1 的横孔，说明两孔中心线垂直并且处在同一平面内。垂直座孔中心线夹角，可用图 6.11 所示的方法检测。将检验棒和检验样板放好，用塞尺检测样板 $a$、$b$ 两点与检验棒之间的间隙，若两处间隙一致，则两孔的中心线垂直。

2. 轴的鉴定

轴类零部件是产品机械系统中的重要零部件，也是在产品使用中容易产生损伤的零部件。轴的几何量检测主要有以下内容。

（1）轴表面磨损与变形的检测。

轴表面的磨损与变形可通过检测轴体的圆度与圆柱度来反映。圆度

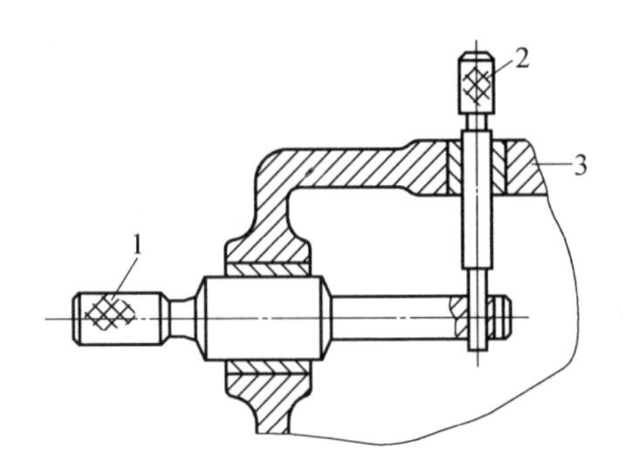


图6.10　垂直座孔中心线垂直度的测量

1，2—检验棒；3—箱体

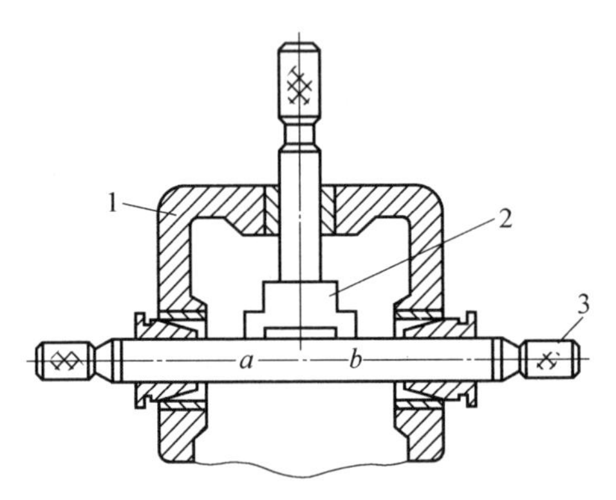


图6.11　垂直座孔中心线夹角的测量

1—箱体；2—检验样板；3—检验棒

公差是在同一横截面上实际圆对理想圆所允许的最大变动量，常用两点法进行测量，检测结果完全可以满足技术标准的要求。轴圆柱度的检测如图6.12所示，可以利用V形块测量轴的圆柱度。在轴回转一周的过程中，用千分表测量某一横截面上指示表的最大示值和最小示值。按上述方法连续测量几个横截面，然后取所测量的读数中最大读数和最小读数差值的一半，作为轴圆柱度的误差值。

（2）轴体弯曲的检测。

细长轴中心线弯曲的检测是通过检测轴的直线度来完成的。轴线的直线度是指轴线中心要素的形状误差。在实际再制造中通常用近似的方法进行轴线直线度误差的测量，如图6.13所示。先将轴安装好，调整轴两端与水平面等高。然后读出各轴颈截面上下两素线的指示器数值$M_a$，$M_b$，并计算各测点读数差值的一半，这些数值中最大与最小的差值，即为该轴

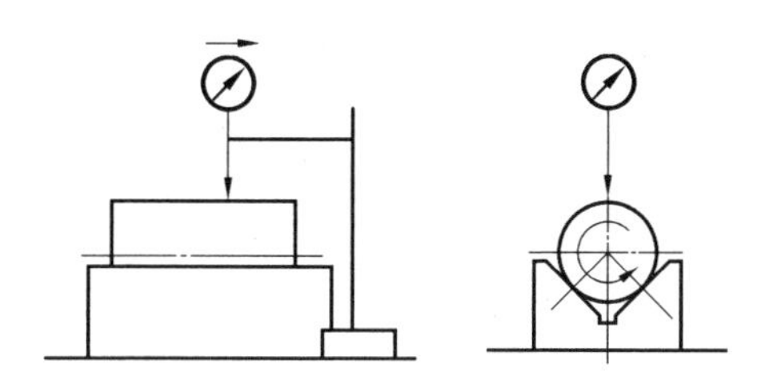

图 6.12 轴圆柱度的检测

截面中心线的直线度误差。按照上述方法测出不同方向素线的直线度误差,取其最大值,作为轴线的直线度误差。利用这种测量方法,当旋转轴线与实际轴线偏移时,测量结果不受影响,但该方法复杂、耗时多。

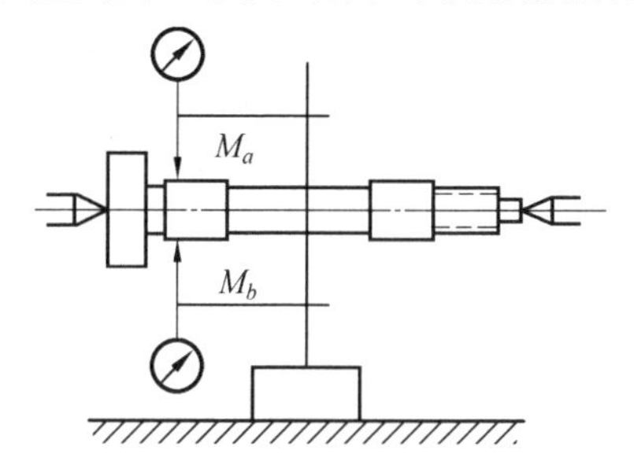


图 6.13 轴线直线度误差的测量

实践中经常使用的一种检测方法是测量径向圆跳动,如图 6.14 所示。首先检查和校正中心孔的位置,使两端中心线位于同一水平高度。检测时,转动传动轴并在轴向的不同位置进行测量,记下最大径向圆跳动的部位与数值,则最大圆跳动数值的一半即可作为轴线直线度误差,以此作为校正的依据。

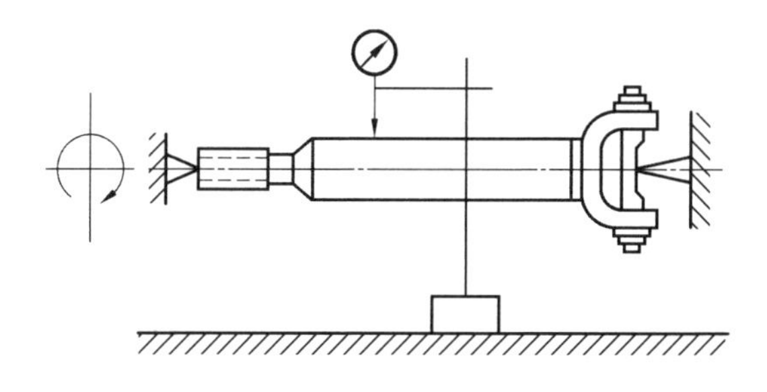

图 6.14 测量径向圆跳动

(3)花键的检测。

在产品再制造过程中,通常要检测花键轴上各配合部位的键顶外径是否小于制造尺寸极限,键槽宽度是否大于制造尺寸极限或键齿厚度是否小于制造尺寸极限,齿面台阶状磨损深度是否大于制造尺寸极限。键齿厚度及键槽宽度如图6.15所示,图中$A$为键槽的宽度。花键轴内径和外径及花键的宽度用外径分厘卡或量规检验,如图6.16(a)所示;花键槽宽度用样板规检验,常用样板规如图6.16(b)所示。

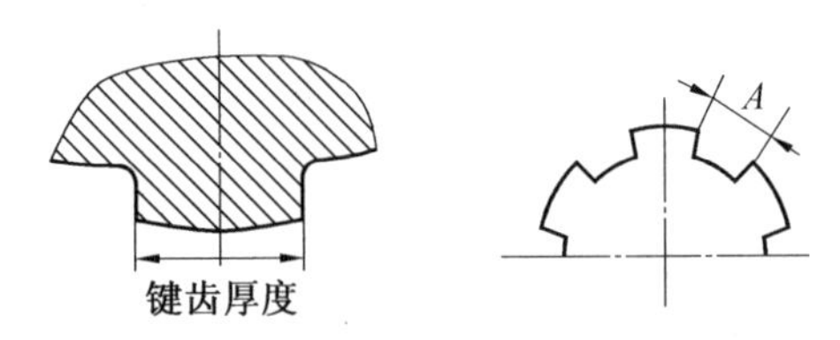


图6.15 键齿厚度与键槽宽度

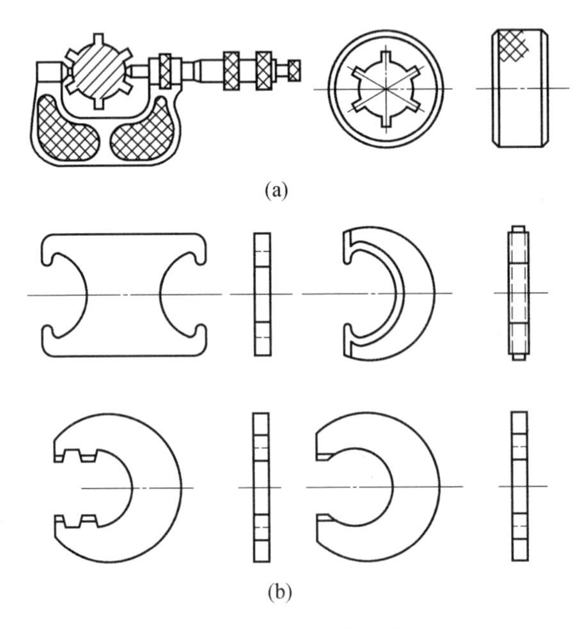


图6.16 花键轴检测量规

在轴颈的一端或两端有承受推力的台肩端面,应检测轴颈的长度和圆角圆弧半径等。对于再制造生产厂,可采用如图6.17所示的卡规等界限量规来测定轴颈的磨损量,提高工作效率。

#### 6.4.3.2 零部件机械性能检测技术

在产品再制造过程中,拆解后的这些零部件是否能够再制造后使用,不仅取决于其几何量,还与其机械性能有关。根据产品性能劣化规律,废旧产品零部件除磨损和断裂外,主要的机械性能变化是硬度下降,另外,还

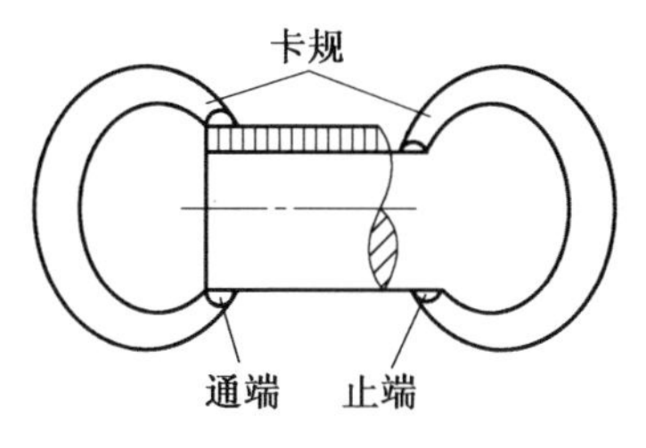


图 6.17　卡规

有高速旋转机件动平衡失衡、弹簧类零部件弹性下降、高分子材料的老化等。

1. 零部件硬度测量

硬度指金属材料抵抗更硬物体压入的能力，或者说金属表面对局部塑性变形的抵抗能力。目前测量硬度最常用的是压入试验法，它是用一定几何形状的压头在一定载荷下压入被测试的金属材料表面，根据被压入程度来测量其硬度值。常用的有布氏硬度（HB）、洛氏硬度（HRA、HRB、HRC）和维氏硬度（HV）等。

布氏硬度测量时可采用专用的硬度检测仪，如 HB-3000 型布氏硬度计等，表示方法有 HBS（采用淬火钢球）和 HBW（采用硬质合金球）。布氏硬度试验压痕面积大，代表性全面，能反映金属表面较大体积范围内各组成相综合平均的性能数据，应用对象主要有铸铁、有色金属，退火、正火、调质处理的钢等。洛氏硬度测量时通常使用洛氏硬度计进行，如 HR-150 型洛氏硬度计等，常用的表示方法有 HRA、HRB、HRC，测量规范见表 6.2。维氏硬度的测量原理和布氏硬度的测量原理相同，测量时用维氏硬度计进行，如 HV-120 型维氏硬度计等。

**表 6.2　洛氏硬度测量规范**

| 符号 | 压头 | 载荷/kgf | 硬度值有效范围 | 适用范围 |
| --- | --- | --- | --- | --- |
| HRA | 120°金刚石圆锥体 | 60 | >HRA70 | 用于硬度极高的材料、薄板或硬脆材料，如硬质合金等 |
| HRB | $\phi$1.588 mm 淬火钢球 | 100 | HRB25 ~ 100 | 用于硬度较低的材料，如退火钢、铸铁及有色金属等 |
| HRC | 120°金刚石圆锥体 | 150 | HRC20 ~ 67 | 用于硬度很高的材料，如淬火钢等 |

2. 动平衡检测

动平衡的作用是提高转动件及其装配成品的质量,减小旋转机件高速旋转时的噪声,减小旋转时产生的振动,降低作用在支承部件上的不平衡动载荷,提高支承部件(轴承)的使用寿命,降低使用者的不舒适感,降低产品因动不平衡带来的额外功耗。平衡机就是对转动体在旋转状态下进行动平衡校验的专用装置。动平衡技术可分为工艺平衡法、现场整机平衡法及自动在线平衡法3类。工艺平衡法检测系统一般包括驱动系统、支撑系统、解算电路、幅相测量指标系统等。动平衡机的结构原理如图6.18所示。

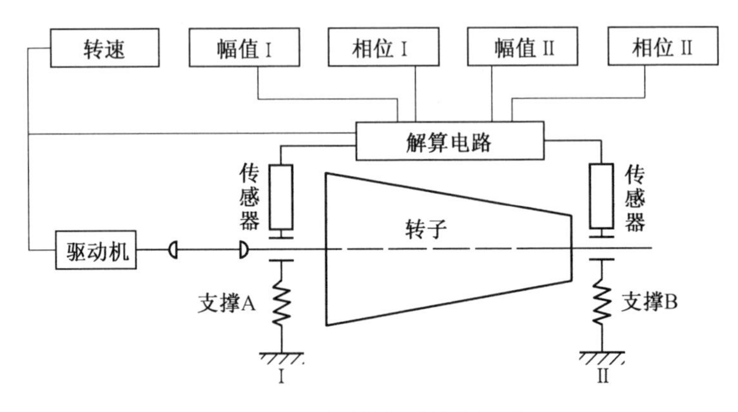


图6.18　动平衡机的结构原理

进行旋转零部件的动平衡校验应在动平衡机上进行,基本过程如下:

(1)驱动系统驱动转子以选定转速旋转。

(2)支撑系统支撑被测零部件,在不平衡力激发下做确定的振动,经传感器转变成电信号,传输给解算电路。

(3)解算电路将传感器送来的信号加以分析和变换,针对具体的转子和选定的校正位置,分离两个校正面的相互影响,确定指示系统灵敏度。

(4)根据解算结果,幅值和相位指示系统指出校正质量的大小与方位。

#### 6.4.3.3　零部件缺陷检测技术

使用各种量具可以测量零部件的尺寸、形状或位置等,可以准确地了解零部件的表面状况及变化,得出是否满足直接使用和再制造要求的结论。但零部件内部的损伤或缺陷,从外观上无法识别,很难进行定量的鉴定和检查。因此,零部件的缺陷和损伤主要使用无损检测技术来检测。无损检测在再制造生产领域获得了广泛应用,成为控制再制造产品生产质量的重要技术手段。无损检测的方法很多,常见的有超声波检测、渗透检测、磁粉检测、涡流检测及射线检测等。

1. 超声波检测

超声波检测是利用超声波探头产生超声波脉冲,超声波射入被检工件后在工件中传播,如果工件内部有缺陷,则一部分入射的超声波在缺陷处被反射,由探头接收并在示波器上表现出来,根据反射波的特点来判断缺陷的部位及其大小。使用频率高的超声波具有指向性好、缺陷的分辨率高等特点。

在超声波检测法中,有根据缺陷回波和底面回波来进行判断的脉冲反射法,有根据缺陷的影形来判断缺陷情况的穿透法,还有由被测工件所发生的超声驻波来判断缺陷情况或者判断板厚的共振法。目前,脉冲反射法用得最多。

超声波检测可应用于厚板、圆钢、锻件、铸件、管子、焊缝、薄板、腐蚀部分厚度及表面缺陷等各种被测工件的检测。超声波对钢板的层叠、分层和裂纹的检测分辨率比较高,但对单个气孔的检测分辨率则很低。检测时要注意选择探头和扫描方法,使超声波尽量能垂直地射向缺陷面。

2. 渗透检测

渗透检测就是把受检验零部件表面处理干净以后,敷以专用的渗透液,由于表面细微裂纹缺陷的毛细作用将渗透液吸入其中。然后把零部件表面残存的渗透液清洗掉,再涂敷显像剂将缺陷中的渗透液吸出,从而显现缺陷图像。

渗透检测的基本流程包括 4 个阶段(图 6.19):

(1)渗透过程。把被检验零部件的表面处理干净后,让荧光渗透液或着色渗透液与零部件接触,使渗透液渗入到零部件表面裂纹缺陷中。

(2)清洗过程。用水或溶剂清洗零部件表面所附着的残存渗透液。

(3)显像过程。清洗过的零部件经干燥后,施加显像剂(白色粉末),使渗入缺陷中的渗透液吸出到零部件的表面。

(4)观察过程。被吸出的渗透液在紫外线的照射下发出明亮的荧光,或在白光(或自然光)照射下显出颜色和缺陷的图像。

这种检测方法简单有效,局限性在于只能检测表面裂纹缺陷,对于藏在表面以下的内部缺陷无能为力;因其缺陷图像很难辨认清楚,不适合检查多孔性材料或多孔性表面缺陷。

3. 磁粉检测

如图 6.20 所示,把一根中间有横向裂纹的强磁性材料(钢铁等)试件

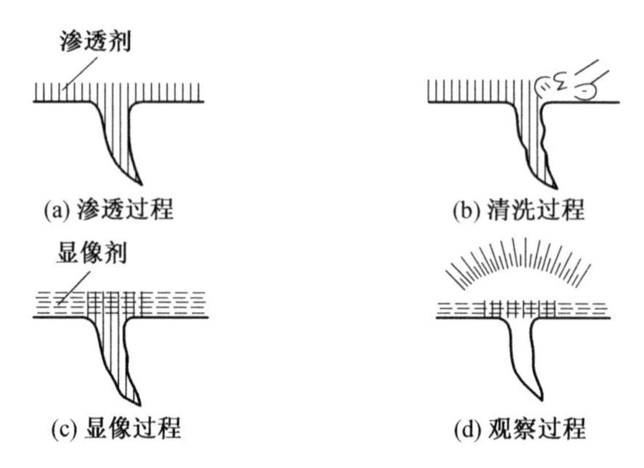


图6.19　渗透检测的基本流程

进行磁化处理后,可以认为磁化的材料是许多小磁铁的集合体,在没有缺陷的连续部分,由于小磁铁的N、S磁极互相抵消,而不呈现出磁极,而在裂纹等缺陷处,由于磁性的不连续而呈现磁极。在缺陷附近的磁力线绕过空间出现在外面,此即缺陷漏磁,如图6.21所示。对于缺陷附近所产生的漏磁场,其强度取决于缺陷的尺寸、位置及试件的磁化强度等。这样,当把磁粉散落在试件上时,在裂纹处就会吸附磁粉。磁粉检测就是利用磁化后的试件材料在缺陷处吸附磁粉,以此来显示缺陷存在的一种检测方法。

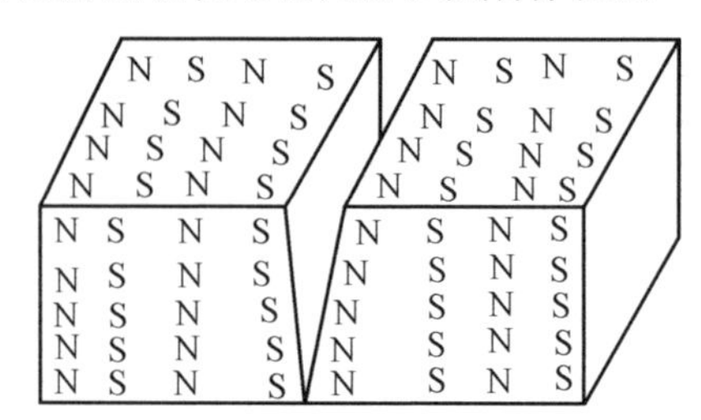

图6.20　磁棒的磁极

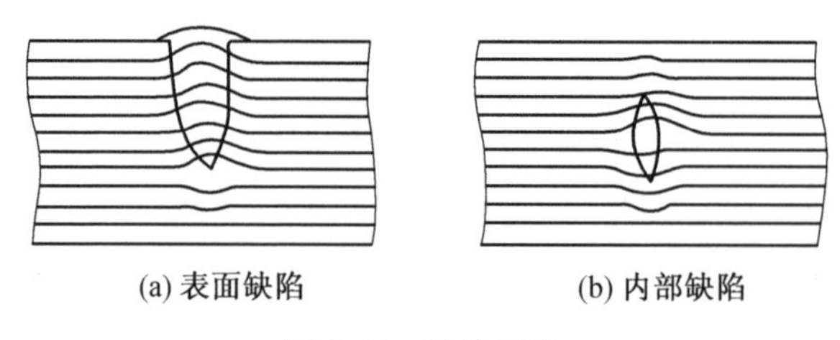


图6.21　缺陷漏磁

磁粉检测的基本步骤包括:

(1)预处理。用溶剂等把试件表面的油脂、涂料及铁锈等去掉,以免妨碍磁粉附着在缺陷上。使用干磁粉前还要保证试件表面干燥。组装的部件要一件件拆开后再进行检测。

(2)磁化。磁化是磁粉检测的关键步骤。首先应根据缺陷特性与试件形状选定磁化方法,包括轴向通电法、直角通电法、电极刺入法、线圈法、电流贯通法、极间法、磁通贯通法等典型的磁化方法。其次还应根据磁化方法、磁粉以及试件的材质、形状、尺寸等确定磁化电流值,使试件的表面有效磁场的磁通密度达到试件材料饱和磁通密度的80% ~90%。

(3)施加磁粉。磁粉是用几微米至几十微米的铁粉等材料制成,分白色及黑色的、非荧光的和荧光的。把粉或磁悬液撒在磁化的试件上称为施加磁粉。它分为连续法和剩磁法两种。连续法是在试件加有磁场的状态下施加磁粉,且磁场一直持续到施加完成为止;而剩磁法则是在磁化过后施加磁粉,可以用于工具钢等矫顽力较大的材料。

(4)观察与记录。观察磁粉痕迹是在施加磁粉后进行的。用非荧光磁粉时,在光线明亮的地方进行观察;而用荧光磁粉时,则在暗室等暗处用紫外灯进行观察。在材质改变的界面处和截面大小突然变化的部位,即使没有缺陷,有时也会出现磁粉痕迹,此即假痕迹。要确认磁粉痕迹是不是缺陷,需用其他检测方法重新进行检测才能确定。

(5)后处理。检测完成后,按需要进行退磁、除去磁粉和防锈处理。退磁时,一边使磁场反向,一边降低磁场强度。

磁粉检测适用于检测钢铁材料的裂纹等表面缺陷,如铸件、锻件、焊缝和机械加工的零部件等的表面缺陷,特别适宜对钢铁等强磁性材料的表面缺陷进行检测,对于深度很浅的裂纹也可以探测出来。磁粉检测不适用于奥氏体不锈钢那样的非磁性材料,此外,对内部缺陷的检测还有困难。

4. 涡流检测

(1)涡流检测基本原理。

如图6.22所示,在线圈中通以交变电流,就会产生交变磁场 $H_p$。若将试件(导体)放在线圈磁场附近,或放在线圈中,试件在线圈产生的交变磁场作用下,就会在其表面感应出旋涡状的电流,称为涡流。涡流又产生交变反磁场 $H_s$。根据楞次定律,$H_s$的方向与原有激励磁场 $H_p$的方向相反。$H_p$与 $H_s$两个交变磁场叠加形成一个合成磁场,使线圈内磁场发生了变化。因而流经线圈的电流 $I$ 也跟着变化。如果加于线圈两端的电压 $U$ 恒定,则电流 $I$ 随线圈阻抗 $Z$ 的变化而变化。

磁场的改变导致了探测线圈阻抗改变,涡流磁场的大小与试件导电率 $\sigma$、试件直径 $d$、磁导率 $\mu$ 及试件中的缺陷(裂纹或气孔等)有关。由此可

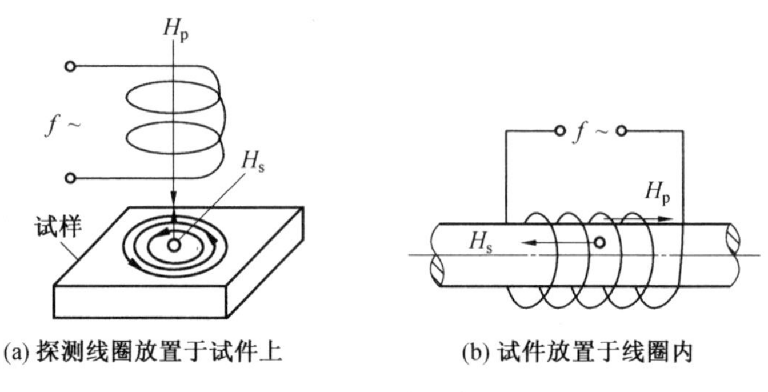


图6.22　探测线圈与试件放置图

见,涡流磁场就直接反映出材料内部性能的信息,只要测量出线圈阻抗的变化也就可以测量出材料有关信息(如电导率、磁导率和缺陷等)。但涡流探测线圈测出的阻抗变化是各种信息的综合,若需要测出材料内部某一特定信息(如裂纹),就必须依靠线圈的设计以及仪器的合理组成,抑制掉不需要的干扰信息,突出所需检测的信息。一般是将探头线圈接收到的信号变成电信号输入到涡流仪中,进行不同的信号处理,在示波器或记录仪上显示出来,以表示材料中是否有缺陷。如试件表面有裂纹,会阻碍涡流流过或使它流过的途径发生扭曲,最终影响了涡流磁场。使用探测线圈便可把这些变化情况检测出来。

(2)涡流检测的特点。

涡流检测的主要优点如下:

①涡流检测适用范围广。涡流检测特别适合导电材料表面(或近表面)检测,灵敏度高,可自动显示、报警、标记、记录,并常用于材料分选、电导率测定、膜厚测定、尺寸测定等。

②探测效率高。涡流检测不用耦合剂,探头可以不接触零部件。因此,可以实现高速度、高效率自动检测和其他自动检测。目前对管材、棒材、丝材成批生产中涡流检测速度已高达2 500 m/min以上。

③可用于高温检测。涡流检测使用的是电磁场信号,电磁场传播不受材料温度变化的限制,可用于高温检测。

④可适应特殊场合要求。例如,可对复杂型面的汽轮机叶片裂纹、内孔表面裂纹进行检测,对细小的钨丝、薄皮管材也可用涡流法检测其缺陷。

⑤涡流检测还可根据显示器或记录器的指示,估算出缺陷的位置和大小。

涡流检测的缺点如下:

①由于涡流表面的趋肤效应，距表面较深的缺陷难以检测出来。

②影响涡流的因素多，检测缺陷时其指示往往受材质变化和传送装置振动等干扰因素的影响，必须采用信息处理方法将干扰信号抑制掉，才能显示出需要的缺陷（如裂纹）信号。

③要准确判断缺陷的种类、形状和大小是困难的，需做模拟试验或做标准试块予以对比，因此对检测人员要求具有一定水平的专业知识和实践经验。

④涡流对形状复杂的零部件存在边界效应，检测时较困难，一般复杂零部件很少采用此法。

5. 射线检测

X 射线、γ 射线和中子射线因易于穿透物质而在产品质量检测中获得了应用。它们的作用原理为：射线在穿过物质的过程中，由于受到物质的散射和吸收作用而使其强度降低，强度降低的程度取决于物体材料的种类、射线种类及其穿透距离。这样，当把强度均匀的射线照射到物体（如平板）的一个侧面，通过在物体的另一侧检测射线在穿过物体后的强度变化，就可检测出物体表面或内部的缺陷，包括缺陷的种类、大小和分布状况。

射线检测包括 X 射线、γ 射线和中子射线三种。对射线穿过物质后的强度检测方法有直接照相法、间接照相法及透视法等多种。其中，对微小缺陷的检测以 X 射线和 γ 射线的直接照相法最为理想，如图 6.23 所示。其典型操作的简单过程为：把被检物安放在离 X 射线装置或 γ 射线装置 0.5 ~ 1 m 的地方（将被检物按射线穿透厚度为最小的方向放置），把胶片盒紧贴在被检物的背后，让 X 射线或 γ 射线照射适当的时间（几分钟至几

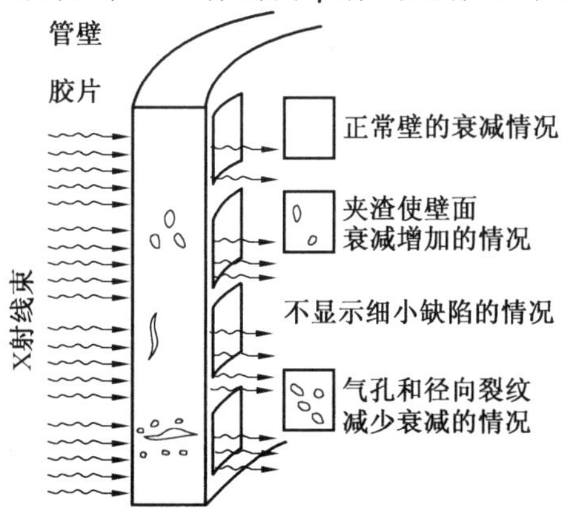


图 6.23　X 射线直接照相法检测

十分钟不等)进行充分曝光。把曝光后的胶片在暗室中进行显影、定影、水洗和干燥。将干燥的底片放在显示屏的观察灯上观察,根据底片的黑度和图像来判断缺陷的种类、大小和数量,随后按通行的要求和标准对缺陷进行等级分类。

对厚的被检测物可使用硬 X 射线或 γ 射线;对薄的被检物则使用软 X 射线。射线穿透物质的最大厚度:钢铁约 450 mm、铜约 350 mm、铝约 1 200 mm。

对于气孔、夹渣和铸造孔洞等缺陷,在 X 射线透射方向有较明显的厚度差别,即使很小的缺陷也较容易被检查出来。而对于如裂纹等虽有一定的投影面积但厚度很薄的一类缺陷,只有用与裂纹方向平行的 X 射线照射时,才能够检查出缺陷来,而用与裂纹面几乎垂直的射线照射时就很难查出缺陷。因此,有时要改变照射方向来进行照相。

# 6.5 再制造加工技术方法

## 6.5.1 概述

退役的机械设备都经过了一个寿命周期的使用运转,拆解后,会有大量的零部件因磨损、腐蚀、氧化、刮伤、变形等原因而失去其原有的尺寸及性能要求,无法再直接使用。针对这些失效的零部件,最简单的处理方法是报废并更换新件,但这无疑会造成材料和资金的消耗,采用合理的、先进的再制造加工工艺对这些废旧失效零部件进行修复,恢复其几何尺寸要求及性能要求,可以有效地减少原材料及新备件的消耗,降低废旧机械设备再制造过程中的投入成本,必要时还可以解决进口备件缺乏的问题。

再制造加工是指对废旧产品的失效零部件进行几何尺寸和性能恢复或升级的过程。再制造加工主要有两种方法,即机械加工方法和表面工程技术方法。

实际上有许多失效报废的金属零部件是可以采用再制造加工工艺加以恢复的。而且在许多情况下,恢复后的零部件质量和性能不仅可以达到甚至可以超过新件。例如,采用热喷涂技术修复的曲轴,寿命可以赶上和超过新轴;采用埋弧堆焊修复的轧辊寿命可超过新辊;采用等离子堆焊恢复的发动机阀门,寿命可达到新品寿命的 2 倍以上;采用低真空熔敷技术修复的发动机排气阀门,寿命相当于新品寿命的 3 ~5 倍。

### 6.5.2 零部件再制造加工的条件

并非所有的废旧拆解后失效零部件都适于再制造加工恢复。一般来说,失效零部件可再制造要满足下述条件:

(1)再制造成本明显低于新件制造成本。再制造加工主要针对附加值比较高的核心件进行,对低成本的易耗件一般直接进行换件;但当针对某类废旧产品再制造时而无法获得某个备件,则针对该备件的再制造通常不把成本问题放在首位,而通过对该零部件的再制造加工来保证整体产品再制造的完成。

(2)再制造件能达到原件的尺寸精度、表面粗糙度、硬度、强度、刚度等尺寸及性能的技术条件。

(3)再制造后零部件的寿命至少能维持再制造产品使用允许的一个最小寿命周期,满足再制造产品性能不低于新品的要求。

(4)失效零部件本身成分符合环保要求,不含有环境保护相关法规中禁止使用的有毒有害物质。对环境保护的重视使再制造相对制造过程受到更多的环境法规的约束,许多原制造中允许使用的物质可能在再制造产品中不允许继续使用,针对这些违反规定的零部件不进行再制造加工。

失效零部件的再制造加工恢复技术及方法涉及许多学科的基础理论,如金属材料学、焊接学、电化学、摩擦学、腐蚀与防护理论及多种机械制造工艺理论。失效零部件的再制造加工恢复也是一个实践性很强的专业,其工艺技术内容相当繁多,在实践中不存在一种万能技术可以对各种零部件进行再制造加工恢复。恰好相反,对于一个具体的失效零部件,经常要复合应用几种技术才能使失效零部件的再制造取得良好的质量和效益。

### 6.5.3 再制造加工方法的分类与选择

废旧产品失效零部件常用的再制造加工方法可以按照图6.24进行分类。

再制造加工工艺选择的基本原则是工艺的合理性。所谓合理是指在经济允许、技术条件具备的情况下,所选工艺要尽可能满足对失效零部件的尺寸及性能要求,达到质量不低于新品的目标。主要需考虑以下因素:

(1)再制造加工工艺对零部件材质的适应性。

(2)各种恢复用覆层工艺可修补的厚度。

(3)各种恢复用覆层与基体的结合强度。

(4)恢复层的耐磨性。

(5)恢复层对零部件疲劳强度的影响。

(6)再制造加工技术的环保性,需满足当前环保要求。

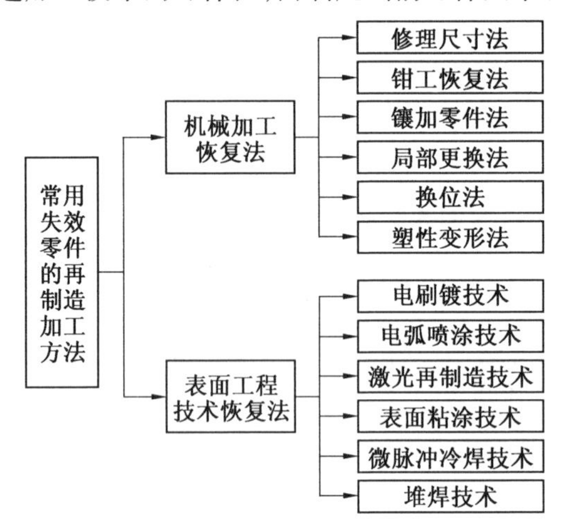


图6.24　废旧产品失效零部件常用的再制造加工方法

## 6.5.4　失效零部件再制造加工方法与技术

失效零部件的再制造加工方法主要有两种,即机械加工恢复法和表面工程技术恢复法。前者需要部分专用的再制造加工设备,后者是在尺寸恢复与性能提升中得到广泛应用的再制造加工技术,包括电刷镀、热喷涂、熔敷等内容,是提高失效零部件再制造率的主要途径。对常用技术方法,具体技术工艺内容,请参考相关专著。

### 6.5.4.1　机械加工恢复法

1. 机械加工恢复法的特点

在零部件再制造恢复中,机械加工恢复法是最重要、最基本的方法。多数失效零部件需要经过机械加工来消除缺陷,最终达到配合精度和表面粗糙度等要求。它不但可以作为一种独立的工艺手段获得再制造修理尺寸,直接恢复零部件,而且也是其他再制造加工方法操作前工艺准备和最后加工不可缺少的工序。

再制造恢复旧件的机械加工与新制件加工相比有其不同的特点。产品制造过程中的生产过程一般是先根据设计选用材料,然后用铸造、压力加工或焊接等方法将材料制作成零部件的毛坯(或半成品),再经切削加工制成符合尺寸精度要求的零部件,最后将零部件装配成为机器。而再制造过程中的机械加工所面对的对象是废旧或经过表面工程处理的零部件,通过机械加工来完成其尺寸及性能要求。其加工对象是失效的定型零部件;一般加工余量小;原有基准多已破坏,给装夹定位带来困难;加工表面性能已定,一般不能用工序来调整,只能以加工方法来适应;工件失效形式多样,加工表面多样,组织生产比较困难。

2. 修理尺寸法

在失效零部件的再制造修复中,再制造后达到原设计尺寸和其他技术要求称为标准尺寸再制造恢复法。再制造时不考虑原来的设计尺寸,而采用切削加工和其他加工方法恢复其形状精度、位置精度、表面粗糙度和其他技术条件,从而获得一个新尺寸,称为再制造的修理尺寸。而与此相配合的零部件则按再制造的修理尺寸配制新件或修复。这种方法称为再制造中的修理尺寸法,其实质是恢复零部件配合尺寸链的方法,在调整法、修配法中,组成环需要的再制造修复多为修理尺寸法,如修轴颈、换套或扩孔镶套,键槽加宽一级、重配键等均为较简单的实例。

在确定再制造修理尺寸,即去除表面层厚度时,首先应考虑零部件结构上的可能性和再制造加工后零部件的强度、刚度是否满足需要。如轴颈尺寸减小量一般不得超过原设计尺寸的10%,轴上键槽可扩大一级。为了得到有限的互换性,可将零部件再制造修理尺寸标准化,如内燃机的气缸套的再制造修理尺寸,通常可规定几个标准尺寸,以适应尺寸分级的活塞备件;曲轴轴颈的修理尺寸分为16级,第一级尺寸缩小量为0.125 mm,最大缩小量为不得超过2 mm。曲轴轴颈的修理尺寸见表6.3。

**表6.3 曲轴轴颈的修理尺寸** mm

| 车型 | 轴颈 | 曲轴轴颈尺寸 | | | |
|---|---|---|---|---|---|
| | | 标准尺寸 0.00 | 第一修理尺寸 −0.25 | 第二修理尺寸 −0.50 | 第三修理尺寸 −0.75 |
| 桑塔纳 1.6 L | 主轴轴颈 | $54.00_{-0.042}^{-0.022}$ | $53.75_{-0.042}^{-0.022}$ | $53.50_{-0.042}^{-0.022}$ | $53.25_{-0.042}^{-0.022}$ |
| | 连杆轴颈 | $46.00_{-0.042}^{-0.022}$ | $45.75_{-0.042}^{-0.022}$ | $45.50_{-0.042}^{-0.022}$ | $45.25_{-0.042}^{-0.022}$ |
| 桑塔纳 1.8 L | 主轴轴颈 | $54.00_{-0.042}^{-0.022}$ | $53.75_{-0.042}^{-0.022}$ | $53.50_{-0.042}^{-0.022}$ | $53.25_{-0.042}^{-0.022}$ |
| | 连杆轴颈 | $47.80_{-0.042}^{-0.022}$ | $47.55_{-0.042}^{-0.022}$ | $47.30_{-0.042}^{-0.022}$ | $47.05_{-0.042}^{-0.022}$ |
| 丰田 2Y,3Y | 主轴轴颈 | $54.00_{-0.015}^{-0.000}$ | $53.75_{-0.015}^{-0.000}$ | $53.50_{-0.015}^{-0.000}$ | $53.25_{-0.015}^{-0.000}$ |
| | 连杆轴颈 | $48.00_{-0.015}^{-0.000}$ | $47.75_{-0.015}^{-0.000}$ | $47.50_{-0.015}^{-0.000}$ | $47.25_{-0.015}^{-0.000}$ |

失效零部件加工后的表面粗糙度对零部件的性能和寿命影响也很大，如直接影响配合精度、耐磨性、疲劳强度、抗腐蚀性等。对承受冲击和交变载荷、重载、高速的零部件尤其要注意表面质量，同时要注意轴类零部件圆角的半径和表面粗糙度。此外，对高速旋转的零部件，再制造加工时还应保证应有的静平衡和动平衡要求。

旧件的待再制造恢复表面和定位基准多已损坏或变形，在加工余量很小的情况下，盲目使用原有定位基准，或只考虑加工表面本身的精度，往往会造成零部件的进一步损伤，导致报废。因此，再制造加工前必须检查、分析，校正变形，修整定位基准，再进行加工方可保证加工表面与其他要素的相互位置精度，并使加工余量尽可能地小，必要时需设计专用夹具。

再制造修理尺寸法应用极为普遍，是国外最常采用的再制造生产方法，通常也是最小再制造加工工作量的方法，工作简单易行，经济性好，同时可恢复零部件的使用寿命，尤其对贵重零部件意义重大。但使用该方法时，一定要判断是否减弱零部件的强度和刚性，满足再制造产品使用周期的寿命要求，保证再制造产品质量。

3. 钳工恢复法

钳工再制造恢复也是失效零部件机械加工恢复过程中最主要、最基本、最广泛应用的工艺方法。它既可以作为一种独立的手段直接修复零部件，也可以是其他再制造方法（如焊、镀、涂等工艺）的准备或最后加工必不可少的工序。钳工再制造恢复主要有铰孔、研磨、刮研等方法。

4. 镶加零部件法

相配合零部件磨损后，在结构和强度允许的条件下，用增加一个零部件来补偿由于磨损和修复去掉的部分，以恢复原配合精度，这种方法称为镶加零部件法。例如，箱体或复杂零部件上的内螺纹损坏后，可扩孔以后再加工直径大一级的螺纹孔来恢复。

5. 局部更换法

有些零部件在使用过程中，各部位可能出现不均匀的磨损，某个部位磨损严重，而其余部位完好或磨损轻微。在这种情况下，一般不宜将整个零部件报废。如果零部件结构允许，可把损坏的部分除去，重新制作一个新的部分，并以一定的方法使新换上的部分与原有零部件的基本部分连接成为整体，从而恢复零部件的工作能力，这种再制造恢复方法称为局部更换法。例如，多联齿轮和有花键孔的齿轮，当齿部损坏时，可用镶齿圈的方法修复。新齿圈可先加工好，也可压入后再加工。

6. 换位法

有些零部件在使用时产生单边磨损,或磨损有明显的方向性,而对称的另一边磨损较小。如果结构允许,在不具备彻底对零部件进行修复的条件下,可以利用零部件未磨损的一边,将它换一个方向安装即可继续使用,这种方法称为换位法。

7. 塑性变形法

塑性变形法是利用外力的作用使金属产生塑性变形,恢复零部件的几何形状,或使零部件非工作部分的金属向磨损部分移动,以补偿磨损掉的金属,恢复零部件工作表面原来的尺寸精度和形状精度。根据金属材料可塑性的不同,分为常温下进行的冷压加工和热态下进行的热压加工。常用的方法有镦粗法、扩张法、缩小法、压延法和校正。

无论采用以上哪一种机械加工恢复法,最主要的原则就是保证再制造恢复后的零部件性能满足再制造产品的质量要求,保证再制造产品使用一个寿命周期。

#### 6.5.4.2 电刷镀技术

电刷镀技术是电镀技术的发展,是表面再制造工程的重要组成内容,它具有设备轻便、工艺灵活、沉积速度快、镀层种类多、结合强度高、适应范围广等一系列优点,是机械零部件再制造修复和强化的有效手段。

1. 基本原理

电刷镀技术采用专用的直流电源设备(图 6.25),电源的正极接镀笔作为刷镀时的阳极,电源的负极接工件,作为刷镀时的阴极。镀笔通常采用高纯细石墨块作阳极材料,石墨块外面包裹上棉花和耐磨的涤棉套。刷镀时使浸满镀液的镀笔以一定的相对运动速度在工件表面上移动,并保持适当的压力。这样在镀笔与工件接触的那些部位,镀液中的金属离子在电场力的作用下扩散到工件表面,并在工件表面获得电子被还原成金属原子,这些金属原子沉积结晶就形成了镀层。随着刷镀时间的增加,镀层的厚度增加。

2. 电刷镀技术的特点

电刷镀技术的基本原理与槽镀相同,但其特点显著区别于槽镀,主要有以下 3 个方面。

(1)设备特点。

电刷镀设备多为便携式或可移动式,体积小、质量轻,便于现场使用或野外抢修。

不需要镀槽和挂具,设备数量少,占用场地少,设备对场地设施的要求

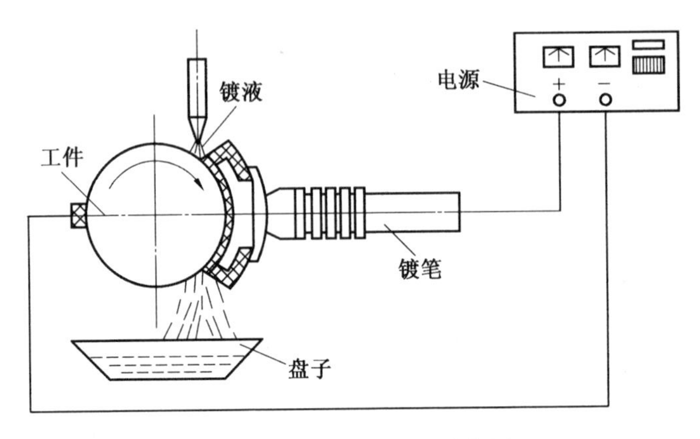


图6.25　电刷镀基本原理示意图

大大降低。一套设备可以完成多种镀层的刷镀。

镀笔(阳极)材料主要采用高纯细石墨,是不溶性阳极。石墨的形状可根据需要制成各种样式,以适应被镀工件表面形状为宜。刷镀某些镀液时,也可以采用金属材料作阳极。设备的用电量、用水量比槽镀少得多,可以节约能源和资源。

(2)镀液的特点。

电刷镀溶液大多数是金属有机络合物水溶液,络合物在水中有相当大的溶解度,并且有很好的稳定性,因而镀液中金属离子含量通常比槽镀高几倍到几十倍。

不同镀液有不同的颜色,透明清晰,没有浑浊或沉淀现象,便于鉴别。

性能稳定,能在较宽的电流密度和温度范围内使用,使用中不必调整金属离子浓度。

不燃、不爆、无毒性,大多数镀液接近中性,腐蚀性小,因而能保证手工操作的安全,也便于运输和储存。除金、银等个别镀液外均不采用有毒的络合剂和添加剂。

(3)工艺特点。

电刷镀区别于电镀(槽镀)的最大工艺特点是镀笔与工件必须保持一定的相对运动速度。由于镀笔与工件有相对运动,散热条件好,在使用大电流密度刷镀时,不易使工件过热。其镀层的形成是一个断续结晶过程,镀液中的金属离子只是在镀笔与工件接触的那些部位放电还原结晶。镀笔的移动限制了晶粒的长大和排列,因而镀层中存在大量的超细晶粒和高密度的位错,这是镀层强化的重要原因。镀液能随镀笔及时供送到工件表面,大大缩短了金属离子扩散过程,不易产生金属离子的贫乏现象。加上镀液中金属离子的含量很高,允许使用比槽镀大得多的电流密度,因而镀层的沉积速度快。

3. 电刷镀技术在再制造中的应用

(1)恢复退役机械设备磨损零部件的尺寸精度与几何精度。

(2)填补退役设备零部件表面的划伤沟槽、压坑。

(3)补救再制造机械加工中的超差零部件。

(4)强化再制造零部件表面。

(5)提高零部件的耐高温性能。

(6)减小零部件表面的摩擦系数。

(7)提高零部件表面的防腐性。

(8)装饰零部件表面。

#### 6.5.4.3 电弧喷涂技术

热喷涂是指将熔融状态的喷涂材料,通过高速气流使其雾化喷射在零部件表面上,形成喷涂层的一种金属表面加工方法。根据热源来分,热喷涂有4种基本方法:火焰喷涂、电弧喷涂、等离子喷涂和特种喷涂。火焰喷涂就是以气体火焰为热源的热喷涂,又可按火焰喷射速度分为火焰喷涂、气体爆燃式喷涂(爆炸喷涂)及超音速火焰喷涂3种;电弧喷涂是以电弧为热源的热喷涂;等离子喷涂是以等离子弧为热源的热喷涂。热喷涂技术在设备维修和再制造中得到广泛应用,主要用来有效地恢复磨损和腐蚀的废旧零部件的表面尺寸及性能。下面以电弧喷涂为例对热喷涂技术进行介绍。

1. 电弧喷涂原理

电弧喷涂是以电弧为热源,将熔化的金属丝用高速气流雾化,并以高速喷射到工件表面形成涂层的一种工艺。喷涂时,两根丝状喷涂材料经送丝机构均匀、连续地送进喷枪的两个导电嘴内,导电嘴分别接喷涂电源的正、负极,并保证两根丝材端部接触前的绝缘性。当两根丝材端部接触时,由于短路产生电弧。高压空气将电弧熔化的金属雾化成微熔滴,并将微熔滴加速喷射到工件表面,经冷却、沉积过程形成涂层。图6.26所示是电弧喷涂原理示意图。此项技术可赋予工件表面优异的耐磨、防腐、防滑、耐高温等性能,在机械制造、电力电子和修复领域中获得了广泛的应用。

2. 电弧喷涂系统

图6.27所示为电弧喷涂系统简图。电弧喷涂系统由电弧喷枪、控制箱、电源、送丝机构和压缩空气系统组成:

(1)电弧喷涂电源。现在电弧喷涂电源多采用平的伏安特性。传统的采用直流电焊机作为电弧喷涂电源,由于电焊机具有陡降的外特性,电弧工作电压在40 V以上,使喷涂过程中喷涂丝的含碳量烧损较大,降低涂

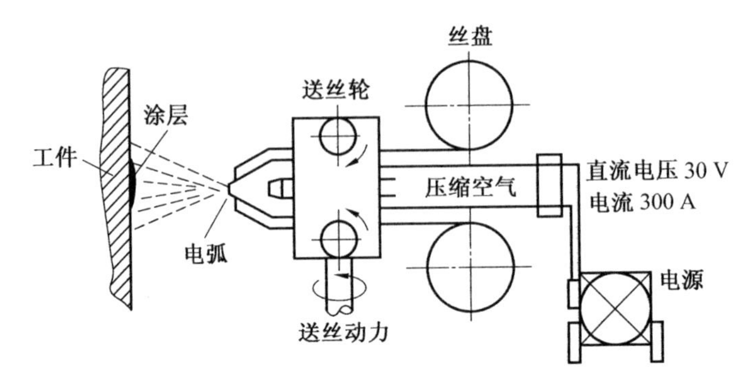


图 6.26　电弧喷涂原理示意图

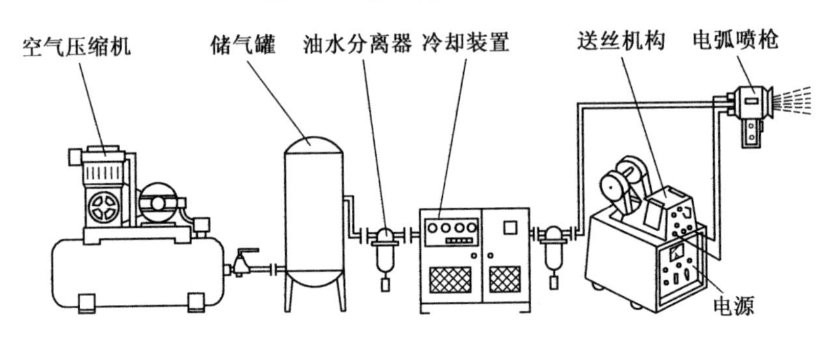


图 6.27　电弧喷涂系统简图

层硬度。平的安伏特性的电弧喷涂电源可以在较低的电压下喷涂，使喷涂层中的碳烧损量大为减少（约减少 50%），可以保持良好的弧长自调节作用，能有效地控制电弧电压。平特性的电源在送丝速度变化时，喷涂电流迅速变化，按正比增大或减小，维持稳定的电弧喷涂过程。该电源的操作使用也很方便。根据喷涂丝材选择一定的空载电压，改变送丝速度可以自动调节电弧喷涂电流，从而控制电弧喷涂的生产效率。

（2）电弧喷涂枪。电弧喷涂枪是电弧喷涂设备的关键装置。其工作原理是将连续送进的丝材在喷涂枪前部以一定的角度相交，由于丝材各自接于直流电源的两极而产生电弧，从喷嘴喷射出的压缩空气流将熔化金属吹散，形成稳定的雾化粒子流，从而形成喷涂层。

（3）送丝机构。送丝机构分为推式送丝机构和拉式送丝机构，目前应用较多的是推式送丝机构。

3. 电弧喷涂的技术特点

（1）涂层性能优异。应用电弧喷涂技术，可以在不提高工件温度、不使用贵重底材的情况下获得性能好、结合强度高的表面涂层。一般电弧喷涂涂层的结合强度是火焰喷涂层结合强度的 2.5 倍。

(2)喷涂效率高。电弧喷涂单位时间内喷涂金属的质量大。电弧喷涂效率正比于电弧电流,例如,当电弧喷涂电流为 300 A 时,Zn 的喷涂效率为 30 kg/h,Al 的喷涂效率为 10 kg/h,不锈钢的喷涂效率为 15 kg/h,比火焰的喷涂效率提高了 2 ~6 倍。

(3)节约能源。电弧喷涂的能源利用率明显高于其他喷涂方法的能源利用率,电弧喷涂的能源利用率达 57%,而等离子喷涂和火焰喷涂的能源利用率分别只有 12% 和 13%。

(4)经济性好。电弧喷涂的能源利用率很高,加之电能的价格又远远低于氧气和乙炔,其费用通常约为火焰喷涂费用的 1/10。设备投资一般不足等离子喷涂设备投资的 1/5。

(5)安全性好。电弧喷涂技术仅使用电和压缩空气,不用氧气或乙炔等助燃、易燃气体,安全性高。

(6)设备相对简单,便于现场施工。与超音速火焰喷涂技术、等离子喷涂技术、气体爆燃喷涂技术相比,电弧喷涂设备体积小,质量轻,使用、调试非常简便,使得该设备能方便地运到现场,对不便移动的大型零部件进行处理。

表 6.4 列出了热喷涂工艺的特点。

**表 6.4 热喷涂工艺的特点**

| | 等离子喷涂法 | 火焰喷涂法 | 电弧喷涂法 | 气体爆燃式喷涂法 |
|---|---|---|---|---|
| 冲击速度/($m \cdot s^{-1}$) | 400 | 150 | 200 | 1 500 |
| 温度/℃ | 12 000 | 3 000 | 5 000 | 4 000 |
| 典型涂层的孔隙率/% | 1 ~ 10 | 10 ~ 15 | 10 ~ 15 | 1 ~ 2 |
| 典型涂层的结合强度/MPa | 30 ~ 70 | 5 ~ 10 | 10 ~ 20 | 80 ~ 100 |
| 优点 | 孔隙率低,结合性好,多用途,基材温度低,污染低 | 设备简单,工艺灵活 | 成本低,效率高,污染低,基材温度低 | 孔隙率非常低,结合性极佳,基材温度低 |
| 限制 | 成本较高 | 通常孔隙率高,结合性差,对工件要加热 | 只应用于导电喷涂材料,通常孔隙率较高 | 成本高,效率低 |

热喷涂技术在应用上已由制备装饰性涂层发展为制备各种功能性涂层,如耐磨、抗氧化、隔热、导电、绝缘、减摩、润滑、防辐射等涂层,热喷涂着眼于改善表面的材质,这比起整体提高材质无疑要经济得多。热喷涂在再制造领域已经得到了广泛的应用,用其修复零部件的寿命不仅达到了新产品的寿命,而且对产品质量还起到了改善作用,显著提高了零部件的再制造率。

#### 6.5.4.4　激光再制造技术

1. 概述

激光再制造技术是指应用激光束对废旧零部件进行再制造处理的各种激光技术的统称。按激光束对零部件材料作用结果的不同,激光再制造技术主要可分为两大类,即激光表面改性技术和激光加工成形技术。激光相变硬化、激光表面合金化、激光表面熔凝、激光表面非晶化等都是典型的激光技术。

目前,激光再制造技术主要针对表面磨损、腐蚀、冲蚀、缺损等零部件局部损伤及尺寸变化进行结构尺寸恢复,同时提高零部件的服役性能。激光熔覆技术是工业中应用最为广泛的激光再制造技术。

2. 激光熔覆

激光熔覆又称为激光涂敷,是指在被涂覆基体表面上,以不同的添料方式放置选择的涂层材料,经激光辐照使之和基体表面薄层同时熔化,快速凝固后形成稀释度极低、与基体金属形成冶金结合的涂层,从而显著改善基体材料表面的耐磨、耐蚀、耐热、抗氧化等性能的工艺方法。它是一种经济效益较高的表面改性技术和废旧零部件维修与再制造技术,可以在低性能廉价钢材上制备出高性能的合金表面,以降低材料成本,节约贵重稀有金属材料。

按照激光束工作方式的不同,激光熔覆技术可以分为脉冲激光熔覆和连续激光熔覆。脉冲激光熔覆一般采用 YAG 脉冲激光器,连续激光熔覆多采用连续波 $CO_2$激光器。表 6.5 列出了脉冲激光熔覆和连续激光熔覆的技术特点。

**表6.5　脉冲激光熔覆和连续激光熔覆的技术特点**

| 工艺种类 | 控制的主要技术工艺参数 | 技术特点 |
| --- | --- | --- |
| 脉冲激光熔覆 | 激光束的能量、脉冲宽度、脉冲频率、光斑几何形状及工件移动速度(或激光束扫描速度) | (1)加热速度和冷却速度急快,温度梯度大<br>(2)可以在相当大的范围内调节合金元素在基体中的饱和程度<br>(3)生产效率低,表面易出现鳞片状宏观组织 |
| 连续激光熔覆 | 光束形状、扫描速度、功率密度、保护气种类及其流向和流量、熔覆材料成分及其供给量和供给方式、熔覆层稀释度 | (1)生产效率高<br>(2)容易处理任何形状的表面<br>(3)层深均匀一致 |

激光熔覆工艺包括两方面,即优化和控制激光加热工艺参数和确定熔覆材料向工件表面的供给方式。针对工业中广泛应用的$CO_2$激光器激光熔覆处理工艺,需要优化和控制的激光熔覆工艺参数主要包括激光输出功率、光斑尺寸及扫描速度等。激光熔覆材料主要是指形成熔覆层所用的原材料。熔覆材料的状态一般有粉末状、丝状、片状及膏状等,其中,粉末状材料应用最为广泛。目前,激光熔覆粉末材料一般是借用热喷涂用粉末材料和自行设计开发粉末材料,主要包括自熔性合金粉末、金属与陶瓷复合(混合)粉末及各应用单位自行设计开发的合金粉末等。所用的合金粉末主要以镍基、钴基、铁基及铜基等合金为主。表6.6列出了激光熔覆常用的部分基体与熔覆材料。熔覆材料供给方式主要分为预置法和同步法等。

**表6.6　激光熔覆常用的部分基体与熔覆材料**

| 基体材料 | 熔覆材料 | 应用范围 |
| --- | --- | --- |
| 碳钢、铸铁、不锈钢、合金钢、铝合金、铜合金、镍基合金、钛基合金等 | 纯金属及其合金,如Cr、Ni及钴基、镍基、铁基合金等 | 提高工件表面的耐热、耐磨、耐蚀等性能 |
| | 氧化物陶瓷,如$Al_2O_3$、$ZrO_2$、$SiO_2$、$Y_2O_3$等 | 提高工件表面绝热、耐高温、抗氧化及耐磨等性能 |
| | 金属、类金属与C、N、B、Si等元素组成的化合物,如TiC、WC、SiC、$B_4C$、TiN等并以镍基或钴基材料为黏结金属 | 提高硬度、耐磨性、耐蚀性等 |

为了使熔覆层具有优良的质量、力学性能和成形工艺性能，减小其裂纹敏感性，必须合理设计或选用熔覆材料，在考虑热膨胀系数相近、熔点相近、润湿性等原则的基础上，结合激光熔覆工艺进行优化。激光熔覆层质量控制主要是减少激光熔覆层的成分污染、裂纹和气孔以及防止氧化与烧损等，提高熔覆层质量。

3. 激光仿形熔铸再制造技术

激光熔铸通常采用预置涂层或喷吹送粉方法加入熔铸金属，利用激光束聚焦能量极高的特点，在瞬间将基体表面微熔，同时使熔覆金属粉末（与基体材质相同或相近）全部熔化，激光离去后快速凝固，获得以基体为冶金结合的致密覆层，使零部件表面恢复几何外形尺寸，而且使表面涂层强化。图6.28给出了激光仿形熔铸再制造技术正在加工工件的过程，其基本原理和技术实质与激光熔覆快速成形再制造技术相同。

图6.28　激光仿形熔铸再制造技术正在加工工件

激光熔铸仿形再制造技术解决了振动焊、氩弧焊、喷涂、镀层等传统修理方法无法解决的材料选用局限性、工艺过程热应力、热变形、材料晶粒粗大、基体材料结合强度难以保证等问题。该技术具有如下特点：

（1）激光熔铸层与基体为冶金结合，结合强度不低于原本体材料的90%。

（2）基体材料在激光加工过程中仅表面微熔，微熔层为0.05～0.1 mm，基体热影响区极小，一般为0.1～0.2 mm。

（3）激光加工过程中基体温升不超过80℃，激光加工后无热变形。

（4）激光熔铸技术可控性好，易实现自动化控制。

（5）熔铸层与基体均无粗大的铸造组织，熔覆层及其界面组织致密，晶体细小，无孔洞，无夹杂裂纹等缺陷。

(6)激光熔铸层为由底层、中间层及面层组成的各具特点的梯度功能材料,底层具有与基体浸润性好、结合强度高等特点,中间层具有强度和硬度高、抗裂性好等优点,面层具有抗冲刷、耐磨损和耐腐蚀等性能,使修复后的设备在安全和使用性能上更加有保障。

#### 6.5.4.5 表面粘涂技术

1. 概述

表面粘涂技术是指以高分子聚合物与特殊填料(如石墨、二硫化钼、金属粉末、陶瓷粉末和纤维)组成的复合材料胶黏剂涂敷于零部件表面以实现特定用途(如耐磨、抗蚀、绝缘、导电、保温、防辐射及其复合等)的一种表面工程技术。表面粘涂技术工艺简单,安全可靠,无须专门设备,是一种快速经济的再制造修复技术,有着十分广泛的应用前景。但由于胶黏剂性能的局限性,目前其应用受到耐温性不高、复杂环境下寿命短、易燃、安全等一些限制。因此,在选择粘涂技术应用于再制造时,必须考虑再制造修复后零部件的性能,能否满足再制造产品使用周期的寿命要求,如果无法满足,则必须更换其他方法进行再制造修复。

2. 表面粘涂技术的工艺

(1)初清洗。初清洗主要是除掉待修复表面的油污、锈迹,以便测量、制定粘涂修复工艺和预加工。零部件的初清洗可在汽油、柴油或煤油中粗洗,最后用丙酮清洗。

(2)预加工。为了保证零部件的修复表面有一定厚度的涂层,在涂胶前必须对零部件进行机械加工,零部件的待修表面的预加工厚度一般为0.5~3 mm。为了有效地防止涂层边缘损伤,待粘涂面加工时,两侧应该留1~2 mm宽的边。为了增强涂层与基体的结合强度,被粘涂面应加工成锯齿形,带有齿形的粗糙表面可以增加粘涂面积,提高粘涂强度。

(3)最后清洗及活化处理。最后清洗可用丙酮清洗;有条件时可以对粘涂表面喷砂,进行粗化、活化处理,彻底清除表面氧化层,也可进行火焰处理、化学处理等,提高粘涂表面活性。

(4)配胶。粘涂层材料通常由A、B两组分组成。为了获得最佳效果,必须按比例配制。粘涂材料在完全搅拌均匀之后,应立即使用。

(5)粘涂涂层。涂层的施工有刮涂法、刷涂压印法、模具成形法等。

(6)固化。涂层的固化反应速度与环境温度有关,温度高,固化快。一般涂层室温固化需24 h,达到最高性能需7天,若加温80 ℃固化,则只需2~3 h。

(7)修整、清理或后加工。对于不需后续加工的涂层,可用锯片、锉刀等修整零部件边缘多余的粘涂料。涂层表面若有大于1 mm的气孔,则先用丙酮清洗干净,再用胶修补,固化后研干。对于需要后续加工的涂层,可用车削或磨削的方法进行加工,以达到修复尺寸和精度。

3. 表面粘涂技术的再制造应用

粘涂技术在设备维修与再制造领域中的应用十分广泛,可再制造修复零部件上的多种缺陷,如裂纹、划伤、尺寸超差、铸造缺陷等。表面粘涂技术在设备维修领域的主要应用如下:

(1)铸造缺陷的修补。铸造缺陷(气孔、缩孔)一直是耗费资金的大问题。修复不合格铸件常规方法需要熟练工人,耗费时间,并消耗大量材料;采用表面粘涂技术修补铸造缺陷简便易行,省时省工且效果良好,修补后的颜色可保持与铸铁、铸钢、铸铝、铸铜一致。

(2)零部件磨损及尺寸超差的修复。磨损失效的零部件,可采用耐磨修补胶直接涂敷于磨损的表面,然后采用机械加工或打磨,使零部件尺寸恢复到设计要求,该方法与传统的堆焊、热喷涂、电镀、电刷镀方法相比,具有可修复对温度敏感性强的金属零部件的优势和修复层厚度可调性的特点。

#### 6.5.4.6　特形面的微脉冲冷焊技术

1. 工作原理

微脉冲电阻焊技术利用电流通过电阻产生的高温,将补材施焊到工件母材上去。在有电脉冲的瞬时,电阻热在金属补材和基材之间产生焦耳热,并形成一个微小的熔融区,构成微区脉冲焊接的一个基本修补单元;在无电脉冲的时段,高温状态的工件依靠热传导将前一瞬间的熔融区的高温迅速冷却下来。由于无电脉冲的时间足够长,这个冷却过程完成得十分充分。从宏观上看,在施焊修补过程中,工件在修补区整体温升很小。因此,微脉冲电阻焊技术,是一种“冷焊”技术。

GM-3450系列微脉冲冷焊设备有3种机型,一次最大储能分别为125 J、250 J和375 J。图6.29为GM-3450A型微脉冲冷焊设备外形图。整机由主电路、控制电路、保护电路构成。

2. 微区脉冲电阻焊特点

微脉冲电阻焊的主要特点可归纳为以下几点:

(1)脉冲输出能量小。单个脉冲的最大输出能量为125~250 J,与通常的电阻焊机相比,其输出能量小得多。

(2)脉冲输出时间短。脉冲输出时间为毫秒级,输出装置提供不超过10 ms的电脉冲,即脉冲放电时间不超过10 ms。

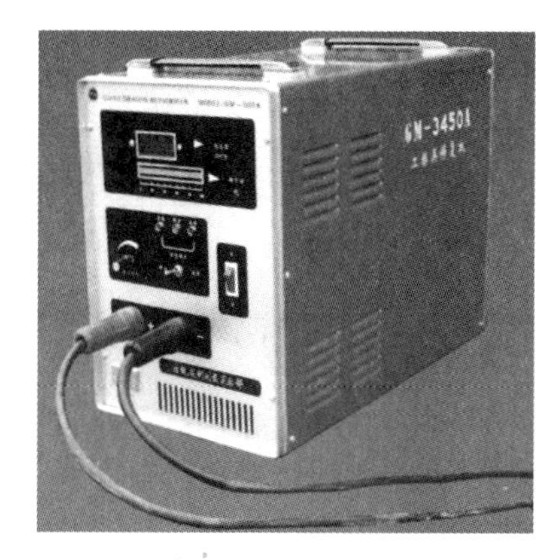


图 6.29 GM-3450A 型微脉冲冷焊设备外形图

(3)脉冲的占空比很小。脉冲间隔为 250 ~ 300 ms 间,它与脉冲输出时间相比很大,即占空比很小。

(4)单个脉冲焊接的区域小。通常焊点直径在 0.50 ~ 1.00 mm,比其他焊接方式的焊点小。

3. 修复原理

微脉冲电阻焊试验设备选用 GM-3450A 型工模具修补机,实际操作示意图如图 6.30 所示。其主要技术参数为:电源,220 V±10 %,50 Hz,输出脉冲电压在 35 ~ 450 V 可调;一次最大储能为 125 J;输出装置提供不超过 3 ms 的电脉冲,脉冲间隔在 250 ~ 300 ms(即连续工作模式工作频率为 3.6 次/s)。

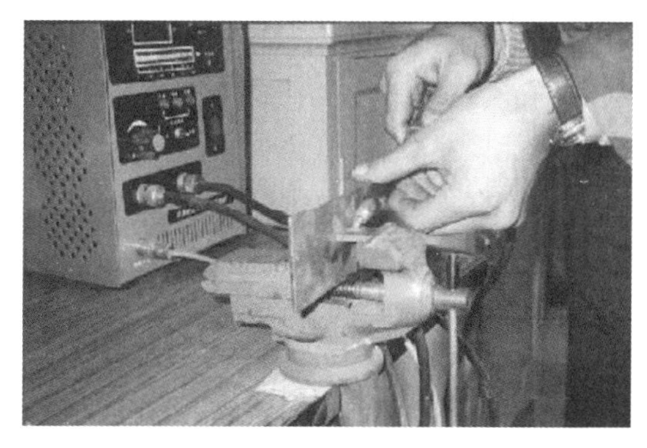

图 6.30 微脉冲电阻焊焊补操作示意图

在零部件的待修补处,用电极把修补金属和基体金属压紧,当电源设备有电能输出时,修补层金属和基体金属均有部分熔化,形成牢固的冶金结合,从而使零部件恢复尺寸,再经过磨削处理,恢复零部件表面粗糙度要求,即可重新使用。为了使零部件表面缺陷处与修补金属层结合牢固,修补前,还要进行一些预处理工作。首先要使缺陷处表面干净,去油、去锈、去氧化物,这样才能使修补金属层与基体可靠接触,进而使修补层与基体形成冶金结合。然后选用合适形状和大小的材料,再选用合适的脉冲电阻焊接工艺进行焊接修补工作。

修补时,当电脉冲输出时,一个脉冲使基材与修补层金属形成一个冶金结合点,单个脉冲输出时即是这种情况。当使用连续脉冲输出模式时每个脉冲输出情况与单个脉冲时相同,同时电极可以移动,在电极连续移动的过程中,即形成一系列的冶金结合点,这样可得到比较致密的冶金结合的修补层,同时从电源电流输出波形可以看出,电流输出时前沿很陡,而后沿较缓,这样也可使基体温度瞬间提高很快,而温度下降得比较缓慢,因此基体不易出现裂纹。

工艺试验给出如下工艺特点:

(1)脉冲电压、电极压力对焊接质量影响较大。在其他参数不变的情况下,电极压力的大小、脉冲电压的增减,对结合强度影响很大。其中,电极压力对较软材料1Cr18Ni9Ti的影响比对较硬材料65Mn的影响大。

(2)表面处理状态对焊接质量的影响明显。

(3)电极与补材之间的接触电阻占整个焊接区中总电阻的比例较大,对焊接质量影响较大。如果能够减少电极与补材之间的接触电阻,增大补材与基材之间的接触电阻,将会进一步提高焊接质量。

4. 微区脉冲电阻焊技术的应用

微脉冲修补技术适用于对零部件局部缺损进行修复,特别适合对已经过热处理的、异形表面的、合金含量高的、表面粗糙度要求高的精密零部件的少量缺损的修复,既能修复小工件,也可应用于大型工件。在再制造工程中,特型面微弧脉冲冷焊技术特别适用于对旧零部件局部损伤(压坑、腐蚀坑、划伤、磨损等)的修补。微脉冲修补技可用于再制造以下零部件:

(1)精密液压件,如液压柱塞杆、各类液压缸体、油泵和各种阀体的修复。

(2)各种辊类零部件的修复,如塑料薄膜压辊(图6.31)、印花布辊子、无纺布压辊等。

(3)各种轴类零部件,如电机转子、发动机曲轴、离合器弹子槽、机车大曲轴(图6.32)等的修复。

(4)铸件表面缺陷,特别是精密铸件的表面微小缺陷的修补,如机床床面、水泵泵体等。

(5)特形表面或异形结构件的修复,如汽车凸轮轴曲面、军用产品中特形零部件(图6.33)、多头铣刀盘的刀架等。

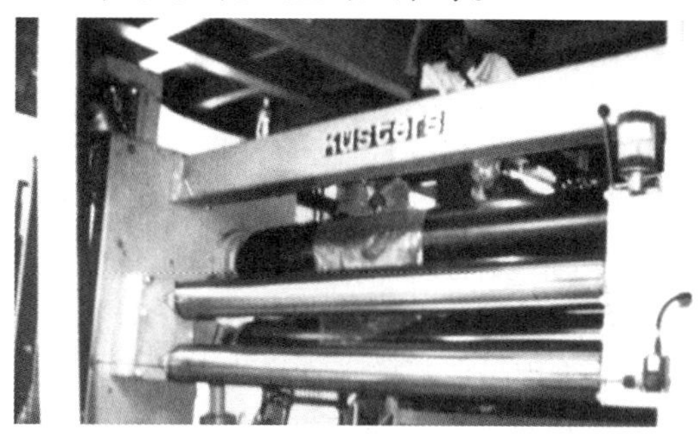

图6.31　塑料薄膜压辊的修复

图6.32　机车大曲轴修复

图6.33　特形表面的修复

上述零部件的损伤原因可以是正常磨损和腐蚀,也可以是事故造成的损伤或铸造缺陷,均匀磨损、崩棱、钝边、划伤、气孔、砂眼等损伤形式都可用微脉冲电阻焊修补技术进行修复。

因此,微脉冲修补技术的出现实现了修补层与基体结合强度高,母材不产生热变形和热损伤的目的，而且清洁环保、经济实惠，在失效零部件的再制造修复中具有很大的实际应用价值。

#### 6.5.4.7　堆焊技术

堆焊技术是利用焊接方法在机械零部件表面熔敷一层特殊的合金涂层，使表面具有防腐、耐磨、耐热等性能，并同时恢复因磨损或腐蚀而缺损的零部件尺寸。堆焊最初的目的是对已损坏的零部件进行修复，使其恢复尺寸，并使表面性能得到一定程度的加强。

手工电弧堆焊的特点是设备简单、工艺灵活，不受焊接位置及工件表面形状的限制，因此是应用最广泛的一种堆焊方法。由于工件的工作条件十分复杂，堆焊时必须根据工件的材质及工作条件选用合适的焊条。例如，在被磨损的零部件表面进行堆焊，通常要根据表面的硬度要求选择具有相同硬度等级的焊条；当堆焊耐热钢、不锈钢零部件时，要选择和基体金属化学成分相近的焊条，其目的是保证堆焊金属和基体有相近的性质。但随着焊接材料的发展和工艺方法的改进，应用范围将更加广泛。

振动电弧堆焊是一种复合技术。它在普通电弧堆焊的基础上，给焊丝端部加上了振动。其特点是熔深浅，堆焊层薄而均匀，工件受热少，堆焊层耐磨性好，生产率高，成本较低。振动电弧堆焊目前已经在汽车、拖拉机的旧件修复中得到全面推广。应用 $CO_2$、水蒸气及熔剂层下保护的振动电弧堆焊工艺，可使堆焊层的质量和性能得到进一步的提高。

宽带极堆焊是利用金属带作为填充材料的一种焊剂层下的堆焊方法，是一种生产率极高的堆焊方法，每小时可堆焊 1 $m^2$，堆焊层高度为 3 ~ 5 mm。利用已成形的合金带，可以在达 300 mm 的宽度上一次堆焊成形。且熔深浅，合金元素损失少，效率高，特别适用于对大面积的平整表面进行表面改性。由于受材料延展性的限制，带极堆焊材料以不锈钢类为主，也可见到马氏体钢和珠光体钢的带极产品。

等离子堆焊是以联合型或转移型等离子弧作为热源，以合金粉末或焊丝作为填充金属的一种熔化焊工艺。与其他堆焊工艺相比，等离子堆焊的弧柱稳定，温度高，热量集中，规范参数可调性好，熔池平静，可控制熔深和熔合比；熔敷效率高，堆焊焊道宽，易于实现自动化；粉末等离子堆焊还有堆焊材料来源广的特点。其缺点是：设备成本高，噪声大，紫外线强，产生臭氧污染等。

氧-乙炔火焰堆焊的特点是火焰温度低，堆焊后可保持复合材料中硬质合金的原有形貌和性能，是目前应用较广泛的抗磨堆焊工艺。

# 6.6 再制造装配技术方法

## 6.6.1 概述

### 6.6.1.1 再制造装配的定义

再制造装配就是按再制造产品规定的技术要求和精度，将已再制造加工后性能合格的零部件、可直接利用的零部件以及其他报废后更换的新零部件安装成组件、部件或再制造产品，并达到再制造产品所规定的精度和使用性能的整个工艺过程。再制造装配是产品再制造的重要环节，其工作的好坏对再制造产品的性能、再制造工期和再制造成本等起着重要影响。

再制造装配中把3类零部件（再制造零部件、直接利用的零部件、新零部件）装配成组件，或把零部件和组件装配成部件，以及把零部件、组件和部件装配成最终产品的过程，可以按照制造过程的模式，将其称为组装、部装和总装。而再制造装配的顺序一般是：先是组件和部件的装配，最后是产品的总装配。做好充分周密的准备工作以及正确选择与遵守装配工艺规程是再制造装配的两个基本要求。

### 6.6.1.2 再制造装配的类型

再制造企业的生产纲领决定了再制造生产类型，并对应不同的再制造装配组织形式、装配方法和工艺产品等。参照制造企业的各种生产类型的装配工作特点，可知再制造装配的类型和相关特点，见表6.7。

### 6.6.1.3 再制造装配的工作内容

再制造装配的准备工作包括零部件清洗、尺寸和质量分选、平衡等，再制造装配过程中的零部件装入、连接、部装、总装及检验、调整等都是再制造装配工作的内容。再制造装配不但是决定再制造产品质量的重要环节，而且还可以发现废旧零部件修复加工等再制造过程中存在的问题，为改进和提高再制造产品质量提供依据。

装配工作量在产品再制造过程中占有很大的比例，尤其对于因无法大量获得废旧毛坯而采用小批量再制造产品的生产中，再制造装配工时往往占再制造加工工时的一半左右；在大批量生产中，再制造装配工时也占有较大的比例。因再制造尚属我国新兴的发展企业，所以相对制造企业来讲，再制造企业普遍生产规模小，再制造装配工作大部分靠手工完成，所以不断提高装配效率尤为重要。选择合适的装配方法、制订合理的装配工艺规程,不仅是保证产品质量的重要手段,也是提高劳动生产率、降低制造成本的有力措施。

**表6.7　不同再制造生产类型的装配特点**

| 再制造装配特点 | 再制造生产类型 | | |
|---|---|---|---|
| | 大批量生产 | 成批生产 | 单件小批生产 |
| 组织形式 | 多采用流水线装配 | 批量小时采用固定流水装配,批量较大时采用流水装配 | 多采用固定装配或固定式流水装配进行总装 |
| 装配方法 | 多互换法装配,允许少量调整 | 主要采用互换法,部分采用调整法、修配法装配 | 以修配法及调整法为主 |
| 工艺过程 | 装配工艺过程划分很细 | 划分依批量大小而定 | 一般不制订详细工艺文件,工序可适当调整 |
| 工艺产品 | 专业化程度高,采用专用产品,易实现自动化 | 通用设备较多,也有部分专用设备 | 一般为通用设备及工夹量具 |
| 手工操作要求 | 手工操作少,熟练程度易提高 | 手工操作较多,技术要求较高 | 手工操作多,要求工人技术熟练 |

#### 6.6.1.4　再制造装配精度要求

再制造产品是在原废旧产品的基础上进行的性能恢复或提升的产品,所以其质量保证主要取决于再制造工艺中对废旧零部件再制造加工的质量以及产品再制造装配的精度,即再制造产品性能最终由再制造装配精度给予保证。

再制造产品的装配精度是指装配后再制造产品质量与技术规格的符合程度,一般包括距离精度、相互位置精度、相对运动精度、配合表面的配合精度和接触精度等。距离精度是指为保证一定的间隙、配合质量、尺寸要求等,相关零部件、部件间距离尺寸的准确程度;相互位置精度是指相关零部件间的平行度、垂直度和同轴度等;相对运动精度是指产品中相对运动的零部件间在运动方向上的平行度和垂直度,以及相对速度上传动的准确程度;配合表面的配合精度是指两个配合零部件间的间隙或过盈的程度;接触精度是指配合表面或连接表面间接触面积的大小和接触斑点的分布状况。影响再制造装配精度的主要因素是:零部件本身加工或再制造后质量的好坏;装配过程中的选配和加工质量;装配后的调整与质量检验。

再制造装配精度的要求都是通过再制造装配工艺保证的。一般来说,零部件的精度高,装配精度也会相应地高;但生产实际表明,即使零部件精度较高,若装配工艺不合理,也达不到较高的装配精度。在再制造产品的装配工作中,如何保证和提高装配精度,达到经济高效的目的,是再制造装配工艺研究的核心内容。

## 6.6.2 再制造装配方法

根据再制造生产特点和具体生产情况,并借鉴产品制造过程中的装配方法,再制造的装配方法可以分为互换法、选配法、修配法和调整法。

### 6.6.2.1 互换法再制造装配

互换法再制造装配指用控制再制造加工零部件或购置零部件的误差来保证装配精度的方法。按互换的程度不同,互换法可分为完全互换法与部分互换法。

完全互换法指再制造产品在装配过程中每个待装配零部件不需挑选、修配和调整,直接抽取装配后就能达到装配的精度要求。此类装配工作较为简单,生产率高,有利于组织生产协作和流水作业,对工人技术要求较低。

部分互换法是指将各相关再制造零部件、新品零部件的公差适当放大,使再制造加工或者购买配件容易而经济,又能保证绝大多数再制造产品达到装配要求。部分互换法是以概率论为基础的,可以将再制造装配中可能出现的废品控制在一个极小的比例之内。

### 6.6.2.2 选配法再制造装配

选配法再制造装配就是当再制造产品的装配精度要求极高,零部件公差限制很严时,将再制造中零部件的加工公差放大到经济可行的程度,然后在批量再制造产品装配中选配合适的零部件进行装配,以保证再制造装配精度。根据选配方式不同,选配法又可分为直接选配法、分组装配法和复合选配法。

直接选配法是指废旧零部件按经济精度再制造加工,凭工人经验直接从待装的再制造零部件中,选配合适的零部件进行装配。这种方法简单,装配质量与装配工时在很大程度上取决于工人的技术水平,一般用于装配精度要求相对不高、装配节奏要求不严的小批量生产的装配中。例如,发动机再制造中的活塞与活塞环的装配。

分组装配法是指对于公差要求很严的互配零部件,将其公差放大到经济再制造精度,然后进行测量并按原公差分组,按对应组分别装配。

复合选配法是上述两种方法的复合。先将零部件测量分组,装配时再在各对应组内凭工人的经验直接选择装配。这种装配方法的特点是配合公差可以不等,其装配质量高,速度较快,能满足一定生产节拍的要求。

#### 6.6.2.3　修配法再制造装配

修配法再制造装配是指预先选定某个零部件为修配对象,并预留修配量,在装配过程中,根据实测结果,用锉、刮、研等方法,修去多余的金属,使装配精度达到要求。修配法能利用较低的零部件加工精度来获得很高的装配精度,但修配工作量大,且多为手工劳动,要求较高的操作技术。此法主要适用于小批量的再制造生产类型。在实际再制造生产中,利用修配法原理来达到装配精度的具体方法有按件修配法、就地加工修配法、合并加工修配法等。

按件修配法是指进行再制造装配时,对于预定的修配零部件,采用去除金属材料的办法改变其尺寸,以达到装配要求的方法。就地加工修配法主要用于机床再制造制造业中,指在机床装配初步完成后,运用机床自身具有的加工手段,对该机床上预定的修配对象进行自我加工,以达到某一项或几项装配要求。合并加工修配法是将两个或多个零部件装配在一起后,进行合并加工修配,以减少累积误差,减少修配工作量。

#### 6.6.2.4　调整法再制造装配

调整法再制造装配是指用一个可调整零部件,装配时或者调整它在机器中的位置,或者增加一个定尺寸零部件(如垫片、套筒等),以达到装配精度的方法。用来起调整作用的这两种零部件,都起到补偿装配累积误差的作用,称为补偿件。常用的具体调整法有两种:可动调整法,采用移动调整件位置来保证装配精度,调整过程中不需拆解调整件,比较方便;固定调整法,即选定某一零部件为调整件,根据装配要求来确定该调整件的尺寸,以达到装配精度。但无论采用哪种方法,一定要保证装配后产品的质量,满足寿命周期的使用要求,否则就要采用尺寸恢复法来恢复零部件尺寸的公差要求。

### 6.6.3　再制造装配工艺制订

再制造装配工艺是指将合理的装配工艺过程按一定的格式编写成的书面文件,是再制造过程中组织装配工作、指导装配作业、设计或改建装配车间的基本依据之一。制订再制造装配工艺规程可参照产品制造过程的装配工艺,按以下步骤进行。

1. 再制造产品分析

再制造产品是原产品的再创造,应根据再制造方式的不同对再制造产品进行分析,必要时会同设计人员共同进行。

2. 产品图样分析

通过分析图纸,熟悉再制造装配的技术要求和验收标准。

3. 进行产品结构的尺寸分析和工艺分析

尺寸分析指进行再制造装配尺寸链的分析和计算,确定保证装配精度的装配工艺方法;工艺分析指对产品装配结构的工艺性进行分析,确定产品结构是否便于装配。在审查过程中,如发现属于设计结构上的问题或有更好的改进设计意见,应及时会同再制造设计人员加以解决。

4. "装配单元"分解方案

一般情况下再制造装配单元可划分5个等级:零部件、合件、组件、部件和产品,以便组织平行、流水作业。表示装配单元划分的方案,称为装配单元系统示意图。同一级的装配单元在进入总装前互相独立,可以同时平行装配。各级单元之间可以流水作业,这对组织装配、安排计划、提高效率和保证质量十分有利。

5. 确定装配的组织形式

装配的组织形式可根据产品的批量、尺寸和质量的大小分为固定式和移动式两种。单件小批、尺寸大、质量重的再制造产品用固定装配的组织形式,其余用移动式装配。再制造产品的装配方式、工作点分布、工序的分散与集中以及每道工序的具体内容都要根据装配的组织形式来确定。

6. 拟定装配工艺过程

装配单元划分后,各装配单元的装配顺序应当以理想的顺序进行。这一步中应考虑的内容有:确定装配工作的具体内容;确定装配工艺方法及装配设备;确定装配顺序;确定工时定额及工人的技术等级。

7. 编写工艺文件

编写工艺文件指装配工艺规程设计完成后,将其内容固定下来的工艺文件,主要包括装配图(产品设计的装配总图)、装配工艺系统图、装配工艺过程卡片或装配工序卡片、装配工艺设计说明书等,可以参考制造过程中的装配工艺规程编写要求进行。

### 6.6.4 再制造发动机的总装配

再制造发动机的装配工艺过程的安排必须根据发动机自身的构造、特点、工具设备、技术条件和劳动组合等来安排,但也不是千篇一律的。发动机中每个零部件都属于一定的装配级别,低级别零部件一般都是在流水线外进行分装,把低级别零部件组合成为总成零部件,总成零部件再组成为高一级别的零部件,如进气管总成、活塞总成、缸盖总成等。高级别零部件和总成零部件在流水线上进行装配。在开始装配发动机前,应细致地检查和彻底地清洗气缸体和各油道,然后按照顺序将零部件清洗擦拭干净,检查后进行装配。一般可按下列顺序进行再制造发动机的总装配。

1. 安装曲轴

将气缸体倒置在工作台上,把主油道堵头螺塞涂漆拧紧;装上飞轮壳;将主轴承各上片放入轴承座内,涂上清洁机油;将装好飞轮的曲轴放在轴承内;将原有垫片和各轴承盖装在各轴颈上,并涂上清洁机油,按规定扭矩依次旋紧主轴承螺栓,每上紧一道轴承时,转动曲轴几圈,可及时察觉有何变化,当全部轴承拧紧后,用手扳动飞轮或曲轴臂时,应能转动,曲轴轴向间隙应符合要求,然后用铁丝将螺栓锁住。

2. 安装活塞连杆组

将气缸体侧放,使凸轮轴轴承孔的一端向上,将不带活塞环的活塞连杆组气缸装合,检查活塞偏缸情况,并注意装好轴承、按规定扭力拧紧连杆螺母,检查活塞头部前后两方在上、下止点中部与缸壁的配合间隙,允许相差不大于0.10 mm,否则应校正连杆,检查后,将活塞连杆抽出,安装活塞环,有内切角的气环为第一环,切角面向上。第二环和第三环有外切角的一面向下。装入气缸前,在活塞外圆、销孔、活塞环槽、气缸壁和轴承表面,均涂以清洁机油。然后将环的开口在圆周上按120°均匀错开。用活塞环箍压紧活塞环,用手锤木柄推入气缸。按规定扭矩拧紧连杆螺母,扭矩为118~128 N·m。装好防松装置;装好后,用手锤沿曲轴轴线前后轻敲轴承盖时连杆能轻微移动,全部装合后转动曲轴,应松紧适度。

3. 安装凸轮轴

先将隔圈、止推突缘及正时齿轮装配在凸轮轴上。安装凸轮轴时,将凸轮轴各道轴颈涂上机油,装入凸轮轴轴承。装上凸轮轴后,应与轴上的正时齿轮记号对正,然后拧紧凸轮止推突缘紧固螺栓,并检查正时齿轮啮合间隙。

4. 安装正时齿轮盖

先将主油道减压阀装好,出油门应朝向正时齿轮。再装上正时齿轮旁盖。将正时齿轮衬垫和已装好油封的正时齿轮盖装上。再装上发动机支架(平面朝前)、装好皮带轮和起动爪,然后均匀对称地将正时齿轮盖拧紧。

5. 安装机油泵和油底壳

将发动机制置，装好机油泵（泵内灌满机油）和集滤器。装好分电器传动轴，凹槽应与曲轴平行。清洁曲轴箱下平面，在衬垫上涂以黄油或胶黏剂，扣上油底壳（机油盘），均匀对称地拧紧全部螺栓。放油塞应重紧一次。

6. 安装气缸盖

顶置式气门的发动机装气缸盖之前，先将气门、气门弹簧等装好。然后装上气缸垫和气缸盖，按规定顺序和扭矩拧紧螺栓。然后将气门摇臂和摇臂轴装入摇臂轴座，并一起装在气缸盖上。装上气门挺杆和推杆，调整气门间隙，装上气门室盖。在装配气门、摇臂及摇臂轴时，均应涂上清洁机油。安装侧置式气门发动机缸盖时，气缸垫光滑的一面向着气缸体平面，转动曲轴，检查确认活塞不碰气缸垫后，再装上气缸盖。最后按规定顺序分两步按规定扭矩拧紧气缸盖螺栓（螺母）。

7. 安装进、排气歧管（注意装好衬垫）和离合器

装上衬垫（光滑面向进、排气歧管）和进、排气歧管。将飞轮、离合器压盘、中间压盘工作面和摩擦片擦拭干净。用变速器第一轴作导杆，套上离合器总成（两个被动盘的短毂相对），然后均匀拧紧螺栓，将离合器固定在飞轮上。

8. 安装电气设备及附件

（1）安装水泵、发电机、空气压缩机和风扇皮带，并调整风扇皮带的松紧度，安装节温器及气缸盖出水管；安装水温表传感器。

（2）安装机油滤清器（粗、细），安装机油压力表传感器。

（3）安装启动机。

（4）安装分电器、火花塞和高压线，并按发动机工作顺序，校正点火正时，接好点火系线路（如冷磨可暂时不接）。

（5）安装汽油泵、化油器、空气滤清器及其连接管。

（6）安装曲轴箱加油管，插入检查油尺。

（7）安装并固定在试验台架上，加注机油、冷却水，并进行检查，准备冷磨和热试。

## 6.7　再制造产品磨合试验技术方法

### 6.7.1　基本概念

经过装配获得的再制造产品在投入正常使用之前一般要进行磨合试验,以保证再制造产品的使用质量。

再制造磨合是指再制造产品装配之后,通过一段时间的运转,使相互配合的零部件间关系趋于稳定,主要是指配合零部件在摩擦初期表面几何形状和材料表层物理机械性能的变化过程。它通常表现为摩擦条件不变时,摩擦力、磨损率和温度的降低,并趋于稳定值(最小值)。其目的是:发现再制造加工和装配中的缺陷并及时加以排除;改善配合零部件的表面质量,使其能承受额定的载荷;减少初始阶段的磨损量,保证正常的配合关系,延长产品的使用寿命;在磨合试验中调整各机构,使零部件之间相互协调工作,得到最佳的动力性和经济性。

磨合的初期,摩擦副处于边界摩擦或混合摩擦状态。为了防止磨合中擦伤、胶合、咬死的发生以及提高磨合质量,缩短磨合时间,还采用磨损类型转化的方法,将严重的粘着磨损转化为轻微的腐蚀磨损或研磨磨损。如根据金属表面与周围介质相互作用可以改变表面性能的现象,在磨合用润滑油中加入硫化添加剂、氯化添加剂、磷化添加剂或聚合物(如聚乙烯、聚四氟乙烯)等。这些添加剂在一定的条件下与表面金属起作用,生成硫化物、磷化物或其他物质,它们都是易剪切的。又如在发动机磨合时,可以在燃油中加入油酸铬,使燃烧后能生成细小颗粒的氧化铬。氧化铬对摩擦表面起研磨抛光作用,因此可抑制严重粘着磨损的发生和缩短磨合时间。

试验是指对产品或其零部件的特性进行的试验或测定,并将结果与规定的要求进行比较,以确定其符合程度的活动。试验应按试验规范进行。试验规范是试验时应遵守的技术文件,通常规定试验条件(如温度、湿度等)、试验方法(包括样品准备、操作程序和结果处理)和试验用仪器、试剂等。根据规范进行试验,所得结果与原定标准相互比较,可以评定被试对象的质量和性能。

### 6.7.2　磨合的影响因素

#### 6.7.2.1　负荷和速度

负荷、速度以及负荷和速度的组合对磨合质量和磨合时间影响很大。

在磨合一开始，摩擦表面薄层的塑性变形部分随负荷的增加而增加，使总功、发热量和能量消耗随之增加。试验研究表明，对一定的摩擦副，当其承受的负荷不超过临界值时，表面粗糙度减小，表面质量得到改善；当其承受的负荷超过临界值时，磨合表面将变得粗糙，摩擦系数和磨损率都将提高。速度是影响摩擦表面发热和润滑过程的重要参数。因此，初始速度不能太高，但也不可过低，终止速度应接近正常工作时的速度。

#### 6.7.2.2 磨合前零部件表面的状态

零部件表面状态主要指零部件的表面粗糙度和物理机械性质。磨合前零部件的表面粗糙度对磨合质量产生直接影响。在一定的表面粗糙度下，由于粗糙不平的两个表面只能在轮廓的峰顶接触。在两表面间有相对运动时，由于实际接触面积小，易于磨损掉。同时，磨合过程中轻微的磨痕有助于保持油膜，改善润滑状况。当零部件表面粗糙度值过大时，在规定的初始磨合规范下，形成了大量、较深的划痕或擦伤，其后的整个磨合过程都不易将这些过量磨损消除，要达到预期磨合质量标准，就需延长磨合时间，增大磨损量，结果使组件的配合间隙增大，影响了正常工作，还缩短了使用寿命。相反，如果零部件表面粗糙度值过小时，因为表面过于光滑，表面金属不易磨掉。同时，由于表面贮油性能差，可能发生粘着，加剧磨损。

在磨合过程中，表面粗糙度不断变化并趋于某一稳定值，即平衡粗糙度。平衡粗糙度是在该摩擦条件下的最佳粗糙度，与之相对应的磨损率最低，摩擦系数最小。平衡粗糙度与原始粗糙度无关是磨合的重要规律之一。虽然原始粗糙度不影响平衡粗糙度，但它影响磨合的持续时间和磨合时的磨损量。因此，使零部件表面的原始微观几何形状接近于正常使用条件下的微观几何形状就可以大大缩短磨合时间，节省能源。

#### 6.7.2.3 润滑油的性质

与磨合质量直接有关的润滑油的性质是油性、导热性和黏度。油性是润滑油在金属表面上的附着能力，油性好能减少磨合过程中金属直接接触的机会和减轻接触的程度。导热性是油的散热性，散热性好可以降低金属的温度，减轻热粘着磨损的程度或防止其产生，同时散热好可以减少或避免润滑油的汽化。黏度影响液体流动的性质，黏度低的油流动性好，油浸入较窄的裂纹中起到润滑和冷却作用，带走磨屑，降低零部件表面的温度。

在磨合期，摩擦力大，摩擦表面温度高，磨损产物多，因此对润滑油的要求是流动性好，散热能力强。为了减小磨合到平衡粗糙度时的磨损量，防止零部件表面在磨合中擦伤，润滑油还必须具有较强的形成边界膜（吸附膜和反应膜）的能力。

## 6.7.3 再制造产品的整装试验

再制造试验是按照试验规范进行操作,以检验再制造零部件质量,试验合格后才能转入下一工序。整装试验的主要任务是检查总装配的质量,各零部件之间的协调配合工作关系,并进行相互连接的局部调整。整装试验一般包括试运转、空载试运转及负载试运转。

### 6.7.3.1 试运转

试运转的目的是综合检验产品的运转质量,发现和消除产品由于设计、制造、维修、储存及运输等原因造成的缺陷,并进行初步磨合,使产品达到规定的技术性能,工作在最佳的运行状态。产品试运转工作对正常运转质量有着决定性的影响,应引起高度重视。

为了防止产品的隐蔽缺陷在试运转中造成重大事故,试运转之前应依据使用维护说明书或试验规范对设备进行较全面的检查、调整和冷却润滑剂的添加。同时,试运转必须遵守先单机后联机、先空载后负载、先局部后全体、先低速后高速、先短时后长时的原则。

### 6.7.3.2 空载试运转

空载试运转是为了检查产品各个部分相互连接的正确性和进行磨合。通常是先做调整试运转再进行连续空载试运转。其目的在于揭露和消除产品存在的某些隐蔽缺陷。

产品启动前必须严格清除现场一切遗漏的工具和杂物,特别是要检查产品旋转机件附近是否有散落的零部件、工具及杂物等;检查紧固件有无松动;对各润滑点,应根据规定按质按量地加注相应类型的润滑油或润滑脂;检查供油、供水、供电、供气系统和安全装置等工作是否正常,并设置必要的警告标识,尤其是高速旋转,内含高压、高温液体的部件或位置必要时应设置防护装置,防止出现意想不到的事故伤及人身。只有确认产品完好无疑时,才允许进行运转。

经调整试运转正常后,开始连续空载试运转。连续空载试运转在于进一步试验各连接部分的工作性能和磨合有相对运动的配合表面。连续空载试运转的试验时间,根据所试验的产品或设备的使用制度确定,周期停车和短时工作的设备的试验时间可短些,长期连续工作的设备或产品的试验时间可长些,最少不少于2~3 h。对于精密配合的重要设备,有的需要空载连续运转达10 h。若在连续试运转中发生故障,经中间停车处理,仍须重新连续运转达到最低规定时间的要求。空载试运转期间,必须检查摩擦组合的润滑和发热情况,运转是否平稳,有无异常的噪声和振动,各连接部分是否密封或紧固性是否良好等。若有失常现象,应立即停车检查并加以排除。

#### 6.7.3.3 负载试运转

负载试运转是为了确定产品或设备的承载能力和工作性能指标,应在连续空载试运转合格后进行。负载试运转应以额定速度从小载荷开始,经证实运转正常后,再逐步加大载荷,最后达到额定载荷。对于一些设备,为达到其在规定的载荷条件下能够长期有效地工作,当负载试运转时,会要求在超载10%甚至超载25%的条件下试运转。当在额定载荷下试运转时,应检查产品或设备能否达到正常工作的主要性能指标,如动力消耗、机械效率、工作速度、生产率等。

### 6.7.4 再制造产品的磨合试验系统

再制造磨合试验系统是实现磨合与试验的必要条件,其技术性能、可靠性水平、易操作性等决定着能否达到磨合与试验规范的要求,决定着能否实现磨合与试验的目的,最终决定再制造产品的质量。因此,磨合试验系统在保证再制造质量方面具有重要意义。

#### 6.7.4.1 磨合试验系统的基本要求

(1)符合试验规范的要求,达到质量控制的目的。

(2)试验检测参数要合理,数据可靠,显示直观,可对试验过程各参数进行记录,有利于对再制造质量进行分析。

(3)加强对试验过程进行控制,可对试验中出现的异常现象进行报警提示。

(4)根据试验时测取的参数生成试验结果,并可方便地保存、查询和打印。

(5)试验系统要技术先进,为进一步开发留有接口。

选择或者研制再制造后的试验设备,应考虑的主要因素有设备的适应性、对再制造质量的保证程度、生产效率、生产安全性、经济性及对环境的影响等方面。

#### 6.7.4.2 磨合试验系统的一般构成

(1)机械平台部分。通常由底座、动力传动装置、操纵装置、支架等构成,主要完成各被试件的支撑、动力的传递、在试验过程中对被试件的操控。

(2)动力及电气控制系统。通常由电机(常用动力源)、电机控制装置、电气保护装置等组成,主要为试验提供动力,完成试验系统的通断控制、电力分配、过载保护控制、电机控制等主要功能。

(3)数据采集、处理及显示系统。主要由信息采集装置(传感器)、信号预处理装置(放大器、滤波器)、数据采集及处理系统等组成,通过多种类型的传感器,实现了多种被测参数的采集,通过放大、滤波等预处理转换为可采集的标准信号。通过数据采集,实现信号的模数转换,经数字滤波和标定后,由计算机或仪表进行显示。

## 6.8　再制造产品涂装技术方法

### 6.8.1　再制造产品的油漆涂装

#### 6.8.1.1　概述

在再制造产品磨合试验后,合格产品要进行喷涂包装,即油漆涂装。再制造产品的油漆涂装指将油漆涂料涂覆于再制造产品基底表面形成特定涂层的过程。再制造产品油漆涂装的作用主要可分为保护作用、装饰作用、色彩标志作用和特殊防护作用4种。

用于油漆涂装的涂料是由多种原料混合制成的,每个产品所用原料的品种和数量各不相同,根据它们的性能和作用,综合起来可分为主要成膜物质、次要成膜物质和辅助成膜物质3个部分。主要成膜物质是构成涂料的基础,指涂料中所用的各种油料和树脂,它可以单独成膜,也可与颜料等物质共同成膜。次要成膜物质指涂料中的各种颜料和增韧剂,其作用是构成漆膜色彩,增强漆膜硬度,隔绝紫外线的破坏,提高耐久性能。增韧剂是增强漆膜韧性,防止漆膜发脆,延长漆膜寿命的一种材料。辅助成膜物质指涂料中的各种溶剂和助剂,它不能单独成膜,只对涂料在成膜过程中的涂膜性能起辅助促进作用,按其作用不同分为催干剂、润湿剂、悬浮剂等,一般用量不大。溶剂在涂料(粉末涂料除外)中所占比例较大,但在涂料成膜后即全部挥发,故称为挥发分。留在物面上不挥发的油料(油脂)、树脂、颜料和助剂,总称为涂料的固体分,即“漆膜”。

#### 6.8.1.2　油漆涂装的设备

涂装工具是提高涂装工效和质量的重要手段,只有工具齐全,品质优良,才能使涂装施工速度快、效率高、质量好。油漆涂装使用的工具种类很多,包括:

(1)清理工具。常用清理工具有钢丝刷、扁铲、钢刮刀、钢铲刀、嵌刀、凿刀、敲锤等，其中钢丝刷、扁铲、钢刮刀、钢铲刀及敲锤，主要用于金属基层表面的锈蚀、焊渣以及旧漆的清除等。

(2)刷涂工具。常用刷涂工具有猪鬃刷(毛刷)、羊毛刷(羊毛排笔)、鬃毛刷等。

(3)刮涂工具。刮涂工具按用途可分为木柄刮刀(简称刮刀或批刀)、钢片刮板、铜片刮板、木刮板、骨刮板、橡胶刮板等。

(4)喷涂工具。喷涂工具主要指手工喷枪，市场上出售的有进口喷枪和国产喷枪。同时，还需备有压缩空气机、空气滤清器等设备，以及相应的通风设施。

(5)擦涂工具。擦涂工具主要指擦涂用的各种类干净布等。

(6)修饰工具。油漆涂装常用的修饰工具主要有大画笔、小画笔及毛笔等。

#### 6.8.1.3 油漆涂装操作

油漆涂装要经过基层处理、刷涂、刮涂与打磨等预处理工序，然后进行喷涂或擦涂，完成最后的涂装工序。

基层处理是指彻底地除去待喷漆的表面的锈蚀、污垢等杂物并清洗干净，并对不需涂漆的部位加以遮盖。基层处理操作的质量高低，不仅影响下道工序的进行，同时对下道工序的施工质量也有不同程度的影响。机械设备的基层处理多采用机械处理与手工处理两种方式。机械处理法即喷砂除锈法，铸铁工件因表面易残留砂粒，手工处理时应先清除残砂，再用砂布全面打磨光滑，用压缩空气或毛刷清除死角处的积灰。

油漆涂装的最后工序是喷涂或擦涂。喷涂是油漆涂装中最常用的工艺方法，擦涂是油漆涂装行业技能要求较高的手工工艺。目前的喷涂操作方法主要有立面喷涂、平面喷涂与异形物面喷涂 3 种操作方法。

立面喷涂即垂直物面喷涂。由于喷涂方向与物面垂直，喷涂时易产生流淌或流挂。喷涂立面的技能要求正确掌握喷涂间距、喷涂角度、移动速度等因素。

平面喷涂较立面喷涂好掌握，厚喷时不存在流淌、流挂现象，喷涂时的视线好，眼睛能随喷枪的移动直视于被喷物面，观察漆膜的厚薄(均匀度)，以便及时回枪进行补喷。目视中要顺光线检查喷后的漆膜情况，如有漏枪(局部漆膜过薄而显示的粗糙面)，要及时补喷均匀。

对异形物面的喷涂中，除控制好适宜的喷涂黏度与喷涂角度外，还应掌握好喷枪的移动速度、压缩空气压力的大小、喷涂使用的涂料种类以及涂层的结构等。通常来说，喷涂异形物面时，操作要灵活机动，快而敏捷，时喷时关,即勤喷涂勤关枪。对如螺栓、圆棱等较多的部位,要勤关枪,少喷涂,以防产生流淌、流挂。喷涂时,要枪到眼到,边喷涂边检查,如有漏喷或露枪(漆膜过薄),应及时回枪喷涂均匀。喷涂时的气压宜小不宜大,否则喷出的射流量足,易产生流漆或积漆。每件制品喷过后,应及时从上到下,从里到外地进行检查。若次要部位出现流漆严重,可待漆膜干后用砂纸或砂布将流漆(流淌或流挂)磨平;若主要部位(主要饰面)出现流漆,则必须用溶剂将流漆擦净,重新喷涂。

## 6.8.2　再制造产品包装

### 6.8.2.1　概述

包装是现代产品生产不可分割的一部分,其定义为"为在流通中保护产品、方便储运、促进销售,按一定的技术方法,对所采用的容器、材料和辅助物施加的全部操作活动"。再制造产品的包装是指为了保证再制造产品的原有状态及质量,在运输、流动、交易、储存及使用中,为达到保护产品、方便运输、促进销售的目的,而对再制造产品所采取的一系列技术手段。包装的作用主要有以下3点:保护功能,指使产品不受各种外力的损坏;便利功能,指便于使用、携带、存放、拆解等;销售功能,指能直接吸引需求者的视线,让需求者产生强烈的购买欲,从而达到促销的目的。

### 6.8.2.2　产品包装材料及容器

产品包装材料包括基本材料(纸类材料、塑料材料、玻璃材料、金属材料、陶瓷材料、竹木材料及其他复合材料等)和辅助材料(黏合剂、涂料和油墨等)两大部分,是包装功能得以实现的物质基础,直接关系到包装的整体功能、经济成本、生产加工方式及包装废弃物的回收处理等多方面的问题。

再制造产品大多为机电产品,从现代包装功能来看,再制造产品的包装材料应具有的性能有保护性能、可操作性能、附加价值性能、方便使用性能、良好的经济性能、良好的安全性能等。机电类再制造产品的包装材料以塑料、纸、木材、金属和其他辅助材料为主。其中本质材料指木材、胶合板和纤维板等;纸质材料按是否经过再加工可分为原纸、原纸板和加工纸、加工纸板等;金属材料主要有钢板(包括黑铁皮、白铁皮、马口铁和镀铬钢板)、铝板(包括纯铝板、合金铝板)和铝箔等;塑料包装材料包括薄膜、片材、泡沫塑料等;辅助材料包括防锈、防潮和防霉等材料。

机电类再制造产品包装容器按材料不同,通常分为木容器、纸容器、金属容器、塑料容器等。机电产品常用运输包装的木容器主要为木箱,可分为普通木箱、滑木箱和框架木箱3类;包装用纸箱主要是瓦楞纸箱,包括单瓦楞纸箱和双瓦楞纸箱;金属容器主要用薄钢板、薄铁板、铝板等金属材料制成的包装容器,多为金属箱和专用金属罐。

#### 6.8.2.3 包装技术

与机电类再制造产品相关的包装技术主要有防震保护技术、防破损保护技术、防锈包装技术、防霉腐包装技术、特种包装技术等。

1. 防震保护技术

防震包装又称缓冲包装,在各种包装方法中占有重要的地位。产品从生产出来到开始使用要经过一系列的运输、保管、堆码和装卸过程,置于一定的环境之中。在任何环境中都会有力作用在产品之上,并使产品发生机械性损坏。为了防止产品遭受损坏,就要设法减小外力的影响,所谓防震包装就是指为减缓内装物受到冲击和振动,保护其免受损坏所采取的一定防护措施的包装。防震包装主要有3种方法:全面防震包装方法、部分防震包装方法和悬浮式防震包装方法。

2. 防破损保护技术

缓冲包装有较强的防破损能力,因而是防破损包装技术中有效的一类。此外还可以采取的防破损保护技术有:①捆扎及裹紧技术,通过使杂货、散货形成一个牢固整体,以增加整体性,便于处理及防止散堆来减少破损;②集装技术,利用集装,减少与货体的接触,从而防止破损;③选择高强保护材料,通过外包装材料的高强度来防止内装物受外力作用而发生破损。

3. 防锈包装技术

(1)防锈油防锈包装技术。通过防锈油使金属表面与引起大气锈蚀的各种因素隔绝(即将金属表面保护起来),达到防止金属大气锈蚀的目的。用防锈油封装金属制品,要求油层要有一定厚度、连续性好、涂层完整。不同类型的防锈油要采用不同的方法进行涂覆。

(2)气相防锈包装技术。气相防锈包装技术指用气相缓蚀剂(挥发性缓蚀剂),在密封包装容器中对金属制品进行防锈处理的技术。气相缓蚀剂是一种能减慢或完全停止金属在侵蚀性介质中破坏过程的物质,它在常温下具有挥发性,在密封包装容器中,在很短的时间内挥发或升华出的缓蚀气体就能充满整个包装容器,同时吸附在金属制品的表面上,从而起到抑制大气对金属锈蚀的作用。

4. 防霉腐包装技术

防霉腐包装主要针对的是各类食品的包装,通常是采用冷冻包装、真空包装或高温灭菌的方法。如果再制造后的机电产品有相关的防霉腐要求,则可以使用防霉剂。包装机电产品的大型封闭箱可酌情开设通风孔或通风窗等相应的防霉措施。

5. 特种包装技术

(1)充气包装。充气包装是采用二氧化碳气体或氮气等不活泼气体置换包装容器中空气的一种包装技术方法,因此也称为气体置换包装,主要是达到防霉、防腐和保鲜的目的。

(2)真空包装。真空包装是将物品装入气密性容器后,在容器封口之前抽真空,使密封后的容器内基本没有空气的一种包装方法。

(3)收缩包装。收缩包装就是用收缩薄膜裹包物品(或内包装件),然后对薄膜进行适当加热处理,使薄膜收缩而紧贴于物品(或内包装件)的包装技术方法。

(4)拉伸包装。拉伸包装是依靠机械装置在常温下将弹性薄膜围绕被包装件拉伸、紧裹,并在其末端进行封合的一种包装方法。由于拉伸包装不需进行加热,所以消耗的能源只有收缩包装的1/20。拉伸包装可以捆包单件物品,也可用于托盘包装之类的集合包装。

#### 6.8.2.4　再制造产品的绿色包装

绿色包装是指对生态环境和人体健康无害,能重复使用或再生利用,符合可持续发展原则的包装。绿色包装要求在产品包装的全寿命周期内,既能经济地满足包装的功能要求,同时又特别强调了环境协调性,要求实现包装的减量化、再利用、再循环的3R原则。

合理的包装结构设计和材料选择是实施绿色包装的重要前提和条件,它对包装的整个寿命周期环境影响起着关键性的作用。再制造产品的绿色包装设计要素包括:

(1)通过合理的包装结构设计,提高包装的刚度和强度,节约材料。合理的包装结构设计不仅可以保护产品,而且还会因为包装强度和刚度提高,降低对二次包装和运输包装的要求,减少包装材料的使用。例如,对于箱形薄壁容器,为了防止容器边缘的变形,可以采用在容器边缘局部增加壁厚的结构形式提高容器边缘的刚度。研究表明,增加其产品的内部结构强度,可以减少54%的包装材料,降低62%的包装费用。

(2)通过合理的包装形态设计,节约材料。包装形态的设计取决于被包装物的形态、产品运输方式等因素,而不同的包装形状对应的材料利用率也是不同的,合理的形状可有效减少材料的使用。在各种几何体中,若容积相同,则球形体的表面积最小;对于棱柱体来说,立方体的表面积要比长方体的表面积小;对于圆柱体来说,当圆柱体的高等于底面圆的直径时,其表面积最小。

(3)从材料的优化下料出发,实现节省材料。合理的板材下料组合可达到最大的材料利用率。在生产实际中,通过采用计算机硬件及软件技术,输入原材料规格及各种零部件的尺寸、数量,即可得到优化的下料方案,能有效地解决各种板材合理的套裁问题,最大化节约材料。

(4)避免过度包装。过度包装是指超出产品包装功能要求之外的包装。为了避免过度包装,可采取以下措施:减少包装物的使用数量;尽可能减少材料的使用;选择合适品质的包装材料。

(5)在包装材料的明显之处,标出各种回收标志及材料名称。完整的回收标志及材料名称将大大减少人工分离不同材料所需的时间,提高分离的纯度,极大地方便包装材料的回收和利用。

(6)合理选择包装材料。绿色包装设计中的材料选择应遵循的几个原则是:轻量化、薄型化、易分离、高性能的包装材料;可回收和可再生的包装材料;可降解包装材料;利用自然资源开发的天然包装材料;尽量选用纸包装。

### 6.8.3 再制造产品说明书编写

在完成的再制造产品包装中,还应该包含再制造产品的说明书和质保单。再制造产品说明书和质量保证单的编写,也是再制造过程中的重要内容。再制造产品说明书可参照原产品的说明书内容编写,主要内容包括产品简介、产品使用说明书、产品维修手册等内容。

1. 产品简介

产品简介的主要使用对象是经销单位和使用单位的采购人员、工程技术人员和有关领导。产品简介的作用是直观、形象地向顾客介绍产品,作为宣传、推销产品的手段。在产品简介中,对产品的用途、主要技术性能、规格、应用范围、使用特点、注意事项等,要做出简要的文字说明,并配以图片。尤其是在编写中要突出再制造产品的特色,突出绿色产品的概念,明确与原制造产品在结构和性能上的异同点。还可以就生产企业的生产规模、技术优势、质量保证能力等基本情况做一介绍,使用户对企业概貌也有所了解,增进用户对生产企业及其产品的信任感。

2. 产品使用说明书

产品使用说明书的使用对象是消费者个人或主机厂的操作人员,它的作用在于使用户能够正确使用或操作,充分发挥产品的功能。同时,它还要使用户了解安全使用、防止意外伤害的要点。因此，编写简明、直观、形象的使用说明书，是技术服务中一项十分重要的工作内容。产品使用说明书的主要内容可包括：

(1)规格。主要是技术参数、性能。

(2)安装。指产品启封后使用的装配、连接方法。

(3)操作键。产品上各种可操作的开关、旋钮、按键名称，以及指示灯、数码管、蜂鸣器、显示屏等显示、报警装置的位置和作用。

(4)工作程序。指为实现产品各种功能必须遵守的使用、操作方法和程序。

(5)维护。要求在产品使用过程中应采取的清洁、润滑、维护方法。

(6)故障排除方法。主要是常见的一般故障的排除方法。

(7)注意事项。主要是根据产品特点提出的维修保养、防止错误操作、避免人身伤害等安全要求。

(8)维修点介绍。工厂维修服务部门或特约维修点的地址、电话号码和邮政编码。

(9)信息反馈要求。如附加的征询用户意见的质量信息反馈单等。

3. 产品维修手册

再制造产品维修手册的使用对象主要是专业维修人员。维修手册在介绍再制造产品基本工作原型的基础上，应该侧重于讲解维修方法，而且应具有很强的可操作性。维修手册或资料应强调以下内容：

(1)区别于同类产品的特点，包括单元电路的作用原理、机械结构、拆解和装配方法。

(2)新型零配件的性能、特点、互换性、可替代用品。

(3)产品与通用或专用仪器、仪表的连接和检查测试方法。

(4)专用检测点的相关参数标准和专用工具的应用。

(5)查找各类故障原因的程序和方法。

4. 质量保证单

再制造产品的质量要求不低于新品，因此其质量保证书可以参考新品的质量保证期限制定。质量保证书内容要包括提供退换货的条件、质量保证的期限、质量保证的范围、提供免费维护的内容等。

## 本章参考文献

[1] 姚巨坤，时小军. 废旧产品再制造工艺与技术综述[J]. 新技术新工

艺,2009(1):4-6.
[2] 时小军,姚巨坤. 再制造拆装工艺与技术[J]. 新技术新工艺,2009(2):33-35.
[3] 崔培枝,姚巨坤. 再制造清洗工艺与技术[J]. 新技术新工艺,2009(3):25-28.
[4] 姚巨坤,崔培枝. 再制造检测工艺与技术[J]. 新技术新工艺,2009(4):1-4.
[5] 姚巨坤,崔培枝. 再制造加工及其机械加工方法[J]. 新技术新工艺,2009(5):1-3.
[6] 姚巨坤,何嘉武. 再制造产品磨合及试验方法与技术[J]. 新技术新工艺,2009(10):1-3.
[7] 姚巨坤,崔培枝. 再制造产品涂装工艺与技术[J]. 新技术新工艺,2009(11):1-3.
[8] 崔培枝,姚巨坤. 先进信息化再制造思想与技术[J]. 新技术新工艺,2009(12):1-3.
[9] 朱胜,姚巨坤. 再制造技术与工艺[M]. 北京:机械工业出版社,2011.
[10] 张耀辉. 装备维修技术[M]. 北京:国防工业出版社,2008.
[11] 朱胜,姚巨坤. 电刷镀再制造工艺技术[J]. 新技术新工艺,2009(6):1-3.
[12] 朱胜,姚巨坤. 热喷涂再制造工艺技术[J]. 新技术新工艺,2009(7):1-3.
[13] 朱胜,姚巨坤. 激光再制造工艺技术[J]. 新技术新工艺,2009(8):1-3.
[14] 徐滨士,朱绍化. 表面工程的理论与技术[M]. 北京:国防工业出版社,1999.

# 第 7 章　再制造工程管理设计方法

## 7.1　再制造工程管理概述

### 7.1.1　基本概念

在产品再制造的全部工程活动中,为了实现再制造工程的目标,应当运用现代管理的科学理论和方法对产品再制造工作进行政策指导、组织、指挥与控制,协调再制造过程中人员及部门之间的关系,以及人力、财力、物力的合理分配,对再制造过程各个环节进行预测、调节、检验和核算,以求实现最佳的再制造效果以及经济效益和环境效益。再制造管理的最终目的是科学地利用各种再制造资源,以最低的资源消耗,恢复或升级产品的性能,满足产品新的寿命周期使用要求。因此,再制造管理可以定义为:以产品的再制造为对象,以高新技术和理念为手段,以获取最大经济和环境效益为目的,对产品多寿命周期中的再制造全过程进行科学管理的活动。

再制造活动位于产品寿命周期中的各个阶段,对其进行科学的管理能够显著提高产品的利用率,缩短再制造生产周期,满足产品个性化需求,降低生产成本,减少废物排放量。根据产品中再制造活动时间和内容的特点,可以将再制造管理分为 3 个阶段:产品设计阶段的再制造管理、产品使用阶段的再制造管理及退役后所有再制造活动的管理。每个阶段的再制造管理在时间上相互独立,在内容上相互联系补充。本节将对前两阶段的再制造管理进行简单描述,第三阶段是再制造管理的重要内容,包括再制造的逆向物流管理、生产管理、质量管理、器材管理及信息管理等,将在后文进行专题讲述。

### 7.1.2　产品设计阶段的再制造管理

产品设计的再制造管理直接影响废旧产品再制造能力的大小,影响再制造产品的经济利益和环境效益。在产品设计阶段进行再制造管理,需要综合考虑产品的功能要求及环境要求。产品末端的再制造能力设计包括设定产品的再制造性标准、确定再制造性的分配方法、明确再制造性评价及验证方法等内容。只有对产品进行再制造性设计，才能为产品退役后的再制造创造良好条件。为此，再制造管理（技术保障）部门必须协同科研、订购部门一起做好产品设计中的再制造性设计等各项管理工作，使产品真正在满足所有使用性能的同时，还要满足再制造性的要求。这一阶段的再制造管理工作主要有：

（1）提出产品再制造性相关的定性和定量设计要求及指标。

（2）提供类似产品的再制造资料，如再制造环境、设施、设备、工具、备件、技术资料、人员素质、数量以及再制造管理方式、管理方针和管理原则等信息。

（3）提供类似产品有关再制造性和再制造费用方面的信息，特别是现役产品在这些方面存在的问题及实际达到的水平，提出防止产品出现同类问题的建议等。

（4）进行产品保障性分析，提出新产品再制造方案的建议及新产品再制造保障系统要求与现役产品再制造保障系统相协调的建议。

（5）参与组织新产品在试验及试用中对其再制造性及再制造保障系统适用性的评价，并提出改进建议。

### 7.1.3 产品使用中的再制造管理

产品使用阶段的再制造管理，主要由技术保障管理部门负责实施，主要任务是对产品再制造的信息进行收集和反馈，记录产品的使用服役信息，为退役产品制定再制造方案提供技术信息依据。在产品使用初始阶段，会因设计缺陷、生产缺陷等原因产生较多问题，如果这些问题直接影响了产品的使用性能或者使用安全，则需召回产品并对其进行再制造升级设计，对制造或生产缺陷进行升级改进。此时期产品暴露的问题比较多，应做好数据的收集、分析及评估，评估新产品的再制造保障资源及再制造制度和机构的适用程度，提出修改完善建议。

在产品正常使用时期的再制造管理的具体任务主要有：分析和掌握产品的技术状况，适时组织对产品进行再制造性维护，以保持产品退役时具有最大的再制造性；适时实施再制造设施的建设，再制造设备、工具、备件、消耗品等再制造器材的筹措、储存和供应工作，及时保证退役产品批量再制造的需要；组织实施产品使用和再制造数据的统计工作，完善再制造管理信息系统，为科学再制造和产品升级提供可靠依据。上述再制造管理的任务需要由各级再制造管理部门共同完成。

## 7.1.4　再制造管理设计的基本要求

产品现代化程度的日益提高，对产品再制造管理也提出了新要求。按照再制造工程的观点，应对产品再制造进行全系统和全寿命过程的科学管理。

### 7.1.4.1　实行全系统和全寿命过程的管理

全系统管理是从产品系统的整体效益出发，把产品退役后的再制造看作是产品系统的一个子系统，使再制造系统与主产品相匹配。在产品再制造系统内不仅要管理产品的再制造生产，还要对与再制造有关的各种要素（如再制造的规章制度、编配标准及有关再制造的人、财、物、信息等）实行全面的管理，并不断使之优化，最大限度地发挥这些资源的作用，使再制造生产系统按预定目标有效地运行。

全寿命过程的管理就是对产品从论证、研制、生产、使用直至退役的全寿命过程进行管理。对于再制造来说，就是要在产品论证研制的初期，就对产品的再制造性等提出定性和定量的要求，并及时做好再制造生产保障的规划。上述要求和规划还必须在产品寿命周期各阶段，通过设计分析、监督、评估和不断完善来保证产品再制造管理目标的实现。

### 7.1.4.2　再制造管理要以预防为主

再制造管理的目的是提高产品的再制造能力及组织再制造生产，因此各项管理工作要以“预防为主”，首先要防止产品核心零部件不可再制造情况的发生，即必须要影响产品设计，监督产品生产，提高产品的再制造性，使再制造生产系统与产品匹配实现整体优化，从根本上减少零部件的不可逆失效形式；其次，应按照现代再制造理论，科学地制定产品的再制造时间及再制造方案，以最少的资源消耗，有效地保证产品使用的安全、可靠、环保，延长产品的绿色使用寿命；此外，还要在具体的再制造工作中，严格执行产品再制造的各项制度，预防各种事故发生。

### 7.1.4.3　再制造管理要以科学为依靠

再制造的科学管理主要是指依靠科学技术进步，科学地确定再制造的种类、时机和再制造的工艺程序，采用先进的再制造手段和方法，提高再制造的质量和效益，减少再制造资源的消耗等。同时，再制造的科学管理还要合理地利用以往的再制造经验，改变不合适的再制造制度与方法，使再制造管理水平不断得以提高。

### 7.1.4.4　再制造管理要突出环保

再制造产品属于绿色产品，环保性是再制造生产的重要属性，因此再制造管理要突出环保性。首先要尽量多地再利用废旧产品中的零部件，增加废旧产品现有资源的回收率，减少新资源的消耗。同时，再制造管理还要以清洁生产为目标，减少再制造生产本身消耗的能源和资源，减少污染的排放。

#### 7.1.4.5　再制造管理要保证质量

保证再制造产品质量是对再制造工作基本的和首要的要求。再制造质量关系到产品性能和功能，直接关系到再制造产品的市场、销售及售后服务，并最终影响着企业的生产利润。如果再制造产品无法达到再制造的质量标准和要求，就谈不上再制造的生产效益，也无法实现再制造本身的环保效益。

全面正确地理解和贯彻产品再制造管理的基本要求，将会有效地促进产品再制造工作的开展。

## 7.2　再制造逆向物流管理

### 7.2.1　基本概念

建立完善的再制造逆向物流体系可以为再制造生产提供充足的生产“毛坯”，是实施再制造生产的“生命线”。加强再制造物流的管理，不但可以保障丰富的再制造原料供应，还可以优化回收、检测、分类、仓储及再制造生产和销售等环节，降低再制造的生产成本。

#### 7.2.1.1　逆向物流

物流是人类社会一切活动的物质基础。在经济社会中，生产、流通和消费是构成经济活动的三大组成部分，流通是联系生产和消费的关键性环节，而物资流动是流通领域的重要组成部分。人们已经认识到物流是继劳动力、资源后的第三大利润源泉。通常将产品由生产者向消费者的物流体系称为“正向物流”。对废旧物质回收中的物流，人们的认识和理解经历了一个不断完善和逐步深化的漫长过程。逆向物流已经对工业经济和社会产生了重要的经济影响。

逆向物流是指产品从一定的渠道中由消费者向资源化商（可能是原生产商，也可以是专门的处理商）流动的活动。它包含投诉退货、终端退回、商业退回、维修退回、生产报废及包装等6大类。其概念的界定包括末端产品回收的全过程：收购、贮存、运输、装卸、分类、包装及管理等。逆向物流与一般意义上的由厂家到客户的正向物流模式有很大的区别。正常的物流模式中，产品是由厂家流向客户，各厂家均有自己的配送渠道，其物流是金字塔形的（图7.1）。而资源化中的逆向物流则是末端产品由众多的客户流向资源化工厂，其物流呈倒金字塔的形状（图7.2），需要特殊的运作模式、激励机制，才能使得末端产品由分散的客户向资源化加工厂进行汇集。逆向物流通常需要借助第三方来完成。

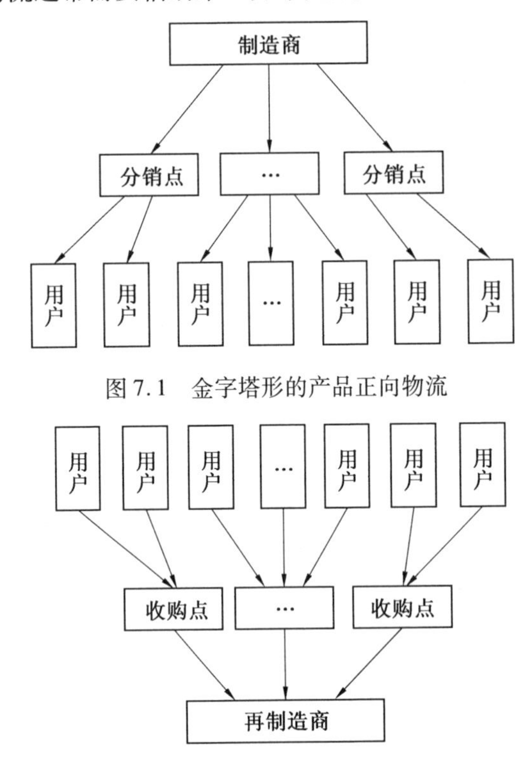


图7.1　金字塔形的产品正向物流

图7.2　倒金字塔形的末端产品逆向物流

#### 7.2.1.2　再制造逆向物流

再制造逆向物流是逆向物流的重要组成部分，它是指以再制造生产为目的，为重新获取废旧产品的利用价值，使其从消费地到再制造生产企业的流动过程。对于再制造企业来说，通过完善的逆向物流体系获得足够的生产“毛坯”是实施再制造的生命线。

由于末端产品本身的特性，如低价值、无包装、易污染、用户（再制造厂）少等特点，其回收过程通常不能采用正向物流中的运输、分类等方式。而且不同的末端产品由于使用时间、工作环境及报废原因等状况的不同，决定了其品质具有明显的个体性,不如新品刚出厂时具有统一的质量标准,这均为其物流系统的建设增加了难度。

图7.3所示为包含再制造的物流闭环供应链模式。再制造的逆向物流体系包括图中的逆向物流与再制造产品流。再制造逆向物流并不是孤立存在的,它与传统正向物流共同构成产品的闭环供应链。

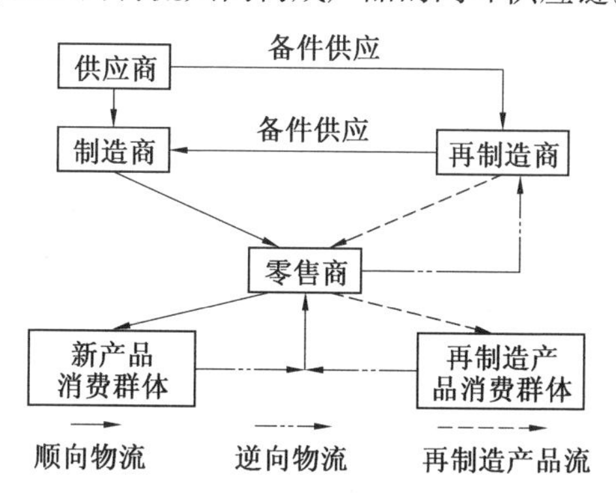


图7.3 包含再制造的物流闭环供应链模式

#### 7.2.1.3 再制造逆向物流的特点

相比于传统的制造物流活动,再制造逆向物流具有以下几个特点:①回收产品到达的时间和数量不确定;②维持回收与需求间平衡的困难性大;③产品的可拆解性及拆解时间不确定;④产品可再制造率不确定;⑤再制造加工路线和加工时间不确定;⑥对再制造产品的销售需求不确定。

再制造逆向物流具有的不确定性加大了对其管理的难度,有必要优化控制再制造生产活动的各环节,以降低生产成本,保证产品质量。例如,通过研究影响废旧产品回收的各种因素建立预测模型,以估计产品的回收率、回收量及回收时间;研究新的库存模型,以适应再制造生产条件下库存的复杂性;研究新的拆解工具和拆解序列,以提高产品的可拆解性和拆解效率;研究废旧产品的剩余寿命评估技术和评价模型,以准确评价产品的可再制造性等。

### 7.2.2 逆向物流流程分析

末端产品的再制造是最优化的资源化形式。再制造对逆向物流的要求不同于以材料回收为特点的再循环过程。再制造要求物流中保证末端产品的相对完好性,对废旧产品的包装要求高;而再循环则需要尽量减少末端产品的运输体积,可以预先根据材料的种类进行必要的拆解分类等。

根据再制造对毛坯要求的特点，逆向物流体系中末端产品的流动过程如图7.4所示。

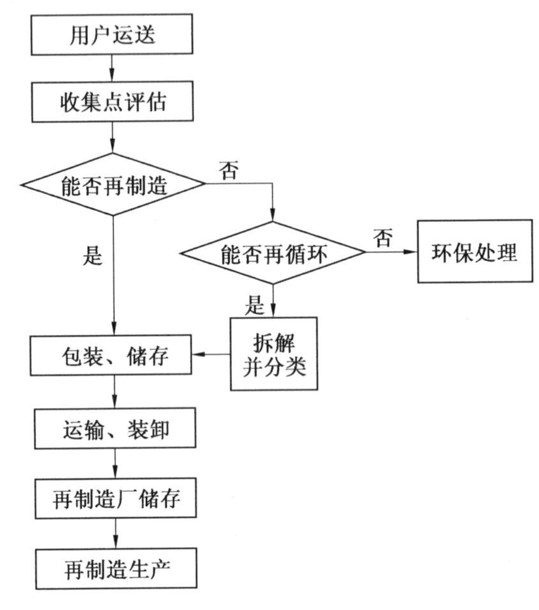


图7.4　再制造逆向物流流程图

由图可知，末端产品在被用户认定报废后，经过用户运送或者收购人员收集的形式送达收集点。根据产品的品质和法规规定等情况，采用不同的付费方式。例如，德国报废汽车由车主把要报废的车送到汽车拆解厂，或企业上门去取（收费服务）。然后经评估师评估，决定由谁付钱：车况好一些的，企业向车主付钱；有些车辆两方均不付钱；而有些车辆要车主付钱（污染者付费原则）。

对末端产品的品质进行评估，并根据目前末端处理水平，对其处理方式进行初步的评价。首先决定产品是否具有可再制造性，若其有再制造价值，则对末端产品进行合适的包装和储存；若不具有再制造价值，则评估其是否具有可再循环性；若不具备资源化价值，则进行必要的拆解、分类，减小产品体积，明确运送目的，将相同材料的零部件包装后储存；若不具备资源化价值，则直接进行环保处理。

末端产品形成批量后，根据再制造厂的需求情况，及时输送，以保证再制造工厂生产中对末端产品的需求。

在我国逆向物流发展初期，存在着各种不同的处理模式，但目前我国的资源化工厂主要是再循环处理模式，大多尚未形成完善的回收体系，末端产品主要通过社会不同层次收购人员收集，这增加了末端产品的质量、数量的不确定性，给企业生产规划的制定带来了困难。

## 7.2.3　再制造逆向物流的管理环节

根据再制造逆向物流的流程特点，再制造逆向物流的管理主要包括以下几个主要环节。

### 7.2.3.1　回收

回收是指顾客将所持有的废旧产品通过有偿或无偿的方式返回收集中心，再由收集中心运送到再制造工厂的活动。这里的收集中心可能是供应链上的任何一个节点，如来自顾客的退役产品可能返回到上游的供应商、制造商，也可能是下游的配送商、零售商，还有可能是专门为再制造设立的收集点。回收通常包括收集、运输、仓储等活动。

### 7.2.3.2　初步分类、储存

根据产品结构特点以及产品和各零部件的性能，对回收产品进行测试分析，并确定可行的处理方案，主要评估回收产品的可再制造性。经评估后退役产品大致分为以下3类：整机可再制造、整机不可再制造及核心部件可再制造。对产品核心部件可再制造的要进行拆解，挑选出可再制造部件，然后将可再制造和不可再制造的产品及部件分开储存。对回收产品的初步分类与储存，可以避免将无再制造价值的产品输送到再制造企业，减少不必要的运输，从而降低运输成本。

### 7.2.3.3　包装、运输与仓储

回收的废旧产品一般具有脏、污染环境的特点，为了装卸搬运的方便并防止产品污染环境，要对回收产品进行必要的捆扎、打包和包装。对回收产品的运输，要根据物品的形状、单件质量、容积、危险性、变质性等选择合理的运输手段。对于原始设备制造商的再制造体系，由于再制造生产的时效性不是很强，因此可以利用新产品销售的回程车队运送回收产品，以节约运输成本。

## 7.2.4　再制造的仓储管理

仓储是逆向物流的重要组成部分，也是再制造企业的一项昂贵的投资，其目的是保持生产连续进行和满足客户的需求。良好的仓储管理能够提升企业资金的使用效率和周转速度，增加投资收益，同时，提高物流系统效率、增强企业竞争力。

仓储的经济意义在于支持生产，提供货物和满足客户需求。加强再制

造仓储管理的意义为:①平衡供求关系,由于回收品到达的数量、质量和时间的不确定性,以及客户对再制造产品需求的不确定性,需要通过仓储以缓冲对回收品和再制造产品的供求不平衡;②实现再制造企业的规模经济,再制造企业如果要实现大规模生产和经营活动,必须具备废旧产品回收、再制造加工、再制造产品的销售等系统,为使这一系统有效运作,拥有适当的仓储十分必要;③帮助逆向物流系统合理化,再制造企业在建立仓储时,考虑到物流各环节的费用,要尽量合理选择有利地址,减少再制造毛坯至仓库和产成品从仓库至客户的运输费用,这样可以有效地节约费用和节省时间。

废旧产品在回收过程中及回收到再制造企业后,仓储管理是十分复杂的,既要考虑外购原材料、半成品以及在制零部件/部件的临时仓储,又要考虑回收品、拆解过程中产品及再制造产生的成品仓储(图7.5)。同时,还要考虑回收品的回收率(数量)、质量和及时性对仓储的影响,因为生产者对此没有控制的能力。如何将制造过程中的仓储和再制造过程中的仓储集成起来是一个亟须解决的问题。

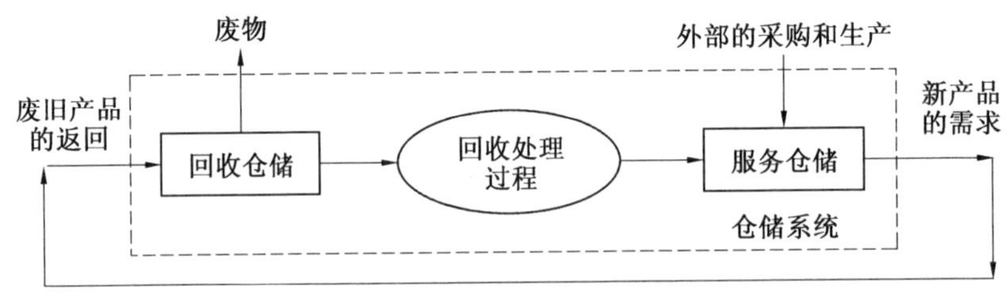


图7.5　再制造仓储模型

再制造仓储的管理工作主要有:

(1)建立能够对原材料需求提供可视的系统和模型。

(2)建立再制造的批量模型,充分考虑原材料匹配限制和策略。

(3)研究再制造对物流需求计划的影响问题。

(4)在考虑废旧产品返回率的情况下,建立仓储/生产的联合模型。

(5)建立充分考虑返回产品的大批量仓储模型。

# 7.3 再制造生产管理

## 7.3.1 再制造生产管理的要求及特点

### 7.3.1.1 再制造生产管理的要求

再制造生产管理是在完成废旧产品再制造加工任务过程中,具体协调人员、时间、现场、器材、能源、经费等相关作业要素实现作业目标的管理活动,是产品再制造管理中最核心的内容。再制造生产管理的要求包括以下几点:

(1)制订和量化生产管理指标,全面完成业务部门规定的产品再制造年度生产量。

(2)合理编制生产作业计划,做好生产准备,实现均衡生产。

(3)明确作业方式,在生产过程中,适时进行调度、控制。

(4)抓好车间生产管理制度的建立和落实,做好再制造工艺过程的全程管理工作。

(5)加强科学管理,合理使用能源,不断提高能源利用率。

(6)建立健全再制造经费及其他专项业务经费的使用和管理制度。

### 7.3.1.2 再制造生产管理的特点

再制造活动的内容包括收集(回收、运输、储存)、预处理(清洗、拆解、分类)、回收可重用零部件(清洗、检测、再制造加工、储存、运输)、回收再生材料(破碎、材料提取、储存、运输)、废弃物管理等活动。一般包括以下几个阶段:收集→拆解→检测/分类→再加工→再装配→检测→销售/配送。这几个阶段在传统的制造业中也有体现,但是在再制造领域,它们的角色和特性发生了巨大变化,原因是再制造本身具有不确定性的特点,即回收产品的数量、时间和质量(如损耗程度、污染程度、材料的混合程度等)的不确定性。在再制造过程中,这些参数不是由系统本身所决定的,它受外界的影响,因此很难进行预测。影响再制造生产管理的特点可总结为以下6点。

1. 回收产品到达的时间和数量不确定

回收产品到达时间和数量的不确定性是产品使用寿命的不确定性和销售的随机性的一个反映。很多因素都会影响回收率,如产品处于寿命周期的哪一阶段、技术更新的速度、销售状况等。这个特点要求对回收产品到达的时间和数量做出预计，将预计能回收的旧产品数量与预测需求和实有需求相比，看数量上是否合适。据有关调查，超过半数(61.5%)的公司对旧产品到达的时间和数量不做控制；剩余的对其进行一定控制的公司基本上都建立了一个旧产品累积系统，当有需求时就从库存的旧产品中取出一部分用于再制造。由于回收中的不确定性，再制造工厂的旧产品库存量一般是实际投入再制造数量的3倍。

回收过程的不确定性要求各职能部门之间互相协调，建立回收旧产品和购买(或生产)新部件之间的平衡，因为替换部件的数量取决于旧产品的批量和状况。当替换部件出现短缺时，可拆解多余的旧产品，以得到所需的替换部件。人员调度、生产规划和资源分配也依赖于旧产品的数量和到达时间。尤其当新部件的生产与再制造共用相同的资源时，这个信息变得更为关键。

2. 平衡回收与需求的困难性

为了得到最大利润，再制造工厂就必须考虑把回收产品的数量与对再制造产品的需求平衡起来。当然，这给库存管理带来了较大的困难，因为这需要避免两类问题：回收产品的大量库存和不能及时满足顾客的需求。国外再制造业超过半数的公司基于实有需求和预测需求来平衡回收，而剩下近1/3的公司只针对实有需求来控制回收量。这两类公司采用的控制策略也不同。只针对实际需求来控制回收量的公司通常采用MTO(Make To Order，按订单生产)和ATO(Assembly To Order，按订单装配)的策略，而其余大部分的公司同时选择使用MTO、ATO和MTS(Make To Stock，按库存生产)的策略。

3. 回收产品的可拆解性及拆解效率不确定

回收的产品必须是可以拆解的，因为拆解以后才能进行分类处理和仓储。要把拆解和仓储、再制造和再装配高度协调起来，才能避免过高的库存和不良的客户服务。拆解是再制造过程的第一步，会影响再制造的各个方面，是部件进入再制造的门槛。产品被拆解成部件，并对各个部件的可再制造性做出评估。有再制造价值的部件被再处理，没有达到可再制造最低标准的部件被卖给废品收购企业做下一步处理。拆解的信息要及时传递给各职能部门，尤其是采购部，以保证采购到的替换部件在类别和数目上与所需要的相匹配。产品的初始设计对拆解有决定性的影响，因为一个好的装配设计不一定是一个好的拆解设计。美国目前有2/3的再制造工厂配备有专门的工程师设计拆解方案和解决拆解中遇到的问题，结果既费时又费钱。有调查数据显示，3/4的产品在设计时没有考虑到以后的拆解问题。这样的产品在拆解时不但费时,而且在拆解过程中易损坏零部件,其可再制造率就比较低,需要更多的替换件,造成较大的资源浪费。这些问题都影响了再制造的进行。

拆解在时间上具有很大的不确定性,同样产品的拆解时间也很可能不一样,这使得估计作业时间、设定准确的提前期几乎是不可能的。

4. 回收产品可再制造率不确定

相同旧产品拆解后得到的可以再制造的部件往往是不同的,因为部件根据其状态的不同,可以被用作多种用途。除了被再制造之外,还可以当作备件卖给下一级回收商、当作材料再利用等,这个不确定性给库存管理和采购带来很多问题。回收产品可再制造率的不确定性可用物资需求计划(Material Requirement Planning,MRP)指标来衡量,代表废旧产品可以再制造的比例。国外大多数的再制造公司用简单平均的方法来计算 MRP 值。大多数部件的 MRP 值比较稳定,范围从完全可以预测到完全不可以预测不等。产品既包括可预知回收率的部件,也包括不知回收率的部件,而且可能性差不多。回收产品的可再制造率,可以帮助确定购买批量和再制造批量的大小,并在使用 MRP 的系统中发挥着重要的作用。

5. 再制造物流网络的复杂性

再制造物流网络是将旧产品从消费者手中收回,运送到再制造工厂进行再制造,然后将再制造产品运送到需求市场的系统网络。再制造物流网络的建立涉及回收中心的数量和选址、产品回收的激励措施、运输方法、第三方物流的选择、再加工设备的能力和数量的选择等众多问题。再制造物流网络要有一定的健壮性,才能消除各种不确定因素的影响。此外,最大限度地利用传统物流网络建立再制造物流网络也是研究的热点。在传统网络基础上进行再制造物流网络的设计,与重新设计一个新的再制造物流网络相比,不仅更经济,而且可操作性更强。

6. 再制造加工路线和加工时间不确定

再制造加工路线和加工时间不确定,是实际生产和规划时最关心的问题。加工路线不确定是回收产品的个体状况不确定的一种反映,高度变动的加工时间也是回收产品可利用状况的函数。资源计划、调度、车间作业管理及物料管理等,都因为这些不确定性因素而变得复杂。

在再制造操作中,有些任务已经比较确切地知道,如清洗,但其他的生产路线可能是随机的,并高度依赖于部件的使用年限和状况。并不是所有的部件都需要通过相同的操作或工作中心,实际上只有少数部件通过相同的操作成为新部件,这增加了资源计划、调度和库存控制的复杂性。因为部件的材料和大小多种多样,平均有20%的总处理时间花在了清洗上,几乎半数的再制造公司都认为在清洗过程中有额外的困难。部件必须在清洗、测试和评价之后才能决定是否被再制造,再制造决策的滞后使得计划提前期变短,加大了购买和生产能力计划的复杂性。部件状况的变动会使得加工设备的相关设置产生问题。这些不可预计的变动因素,使得精确估计物流时间变得困难。

### 7.3.2 再制造生产管理与新品制造生产管理的区别

再制造生产管理与新品制造生产管理的区别主要在于供应源的不同。新品制造是以新的原材料作为输入,经过加工制成产品,供应是一个典型的内部变量,其时间、数量、质量是由内部需求决定的。而再制造是以废弃产品中那些可以继续使用或通过再制造加工可以再使用的零部件作为毛坯输入,供应基本上是一个外部变量,很难预测。因为供应源是从消费者流向再制造商,所以相对于新品制造活动,具有逆向、流量小、分支多、品种杂、品质参差不齐等特点。

与制造系统相比,由于再制造生产具有更多的不确定性,包括回收对象的不确定性、随机性、动态性、提前期、工艺时变性、时延性和产品更新换代加快等,所以带来了许多特殊的管理问题。加上顾客的要求越来越多,选择性产品和零部件增加,再制造者必须寻求更为柔性的工艺方法,而不是常规的制造方法。供应的不确定性是再制造生产与新品制造活动之间的主要区别。传统的生产/销售体系不存在"拆解/检测"这一环节,物流的最终目标是确定的;而再制造生产则不可缺少"拆解/检测"这一环节,并且物料的去向由其自身状态决定,具有更大的不确定性。从生产方面比较,再制造的具体步骤与旧产品的个体状态直接相关,这加大了生产计划的制订、生产路线的设计、仓储等的复杂性;从销售方面比较,需求的不确定性是再制造产品市场相对于传统市场的主要区别。再制造产品市场的不完善以及人们对再制造产品接受程度的差异,都影响了再制造产品的销售。

### 7.3.3 再制造生产计划管理

单纯就生产制造过程而言,再制造与传统的生产过程没有区别。但再制造包含着大量的不确定性因素,特别是在要求拆解工作在制造之前完成的情况下,再制造生产任务的安排将是一个很困难的事情。分解的程度和回收物流的到达时间、质量与数量的不确定性增加了生产任务安排的难度。由于不同零部件之间高度的相互依赖性导致必须对生产的过程进行协调,当几个零部件需要同时共用同一设备时,设备的能力将会出现问题。即便在技术上可以解决不同回收品的再制造问题,但在经济上是否可行还需要进行评估。再制造生产任务的安排需要解决以下问题:①拆解的可行性评估模型;②拆解和重新组装过程的协调性;③拆解的工艺路线,重新装配工艺的调度,车间计划的编排问题;④再制造的批量模型;⑤再制造的主生产计划模型。

图7.6描述了再制造工厂的基本组成要素。一个再制造工厂一般至少由3个独立的子系统组成:拆解车间、再制造车间和重新组装车间。在对再制造生产进行计划和控制时,必须全面考虑到这3个领域的复杂性。拆解车间的主要任务是完成回收产品的拆解,同时还包括清洗和检测等工作,通过对拆解后的产品或零部件的性能评估,确定哪些废品或零部件具有再利用和再制造价值,然后让这些有价值的产品或零部件进入到再制造程序。再制造车间的主要任务是将拆解后的零部件/部件恢复到新的状态,其中还包括通过更换一些小的零部件达到恢复产品性能的目标。在再制造过程中,不同的工位或者工作间所完成的工作可能不一样,因此会涉及零部件的运输和工作位置的选择以及工作的顺序过程的安排。而重新组装过程则是将恢复的零部件重新组装为成品。

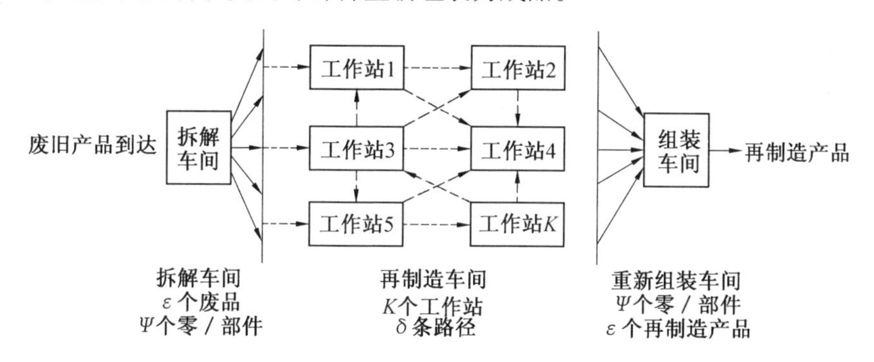


图7.6 再制造工厂的基本组成要素

再制造生产任务的安排主要是为了使“再制造毛坯”顺利地从一个子系统到达另外一个子系统,保证各子系统生产任务的协调。复杂的产品结构必须要选择合适的分解方案以及对分解零部件的处理方法。必须要在分解、再制造加工和原材料回收价值之间找到一种平衡,采用数学优化的方法建立平衡公式。同时,回收品分解计划在决定分解费用最小化和分解过程自动化以及分解产品质量的最优化方面要发挥很大作用。

## 7.3.4　再制造生产过程管理

### 7.3.4.1　再制造生产过程

再制造生产过程是指废旧产品进入再制造生产领域到成为再制造产品的全部活动过程,包括劳动过程和自然过程。前者是劳动者使用劳动手段直接作用于废旧产品,使其按预定的目的变成再制造产品的过程;后者是在某些情况下,生产借助自然力的作用,使劳动对象发生物理或化学的变化,如冷却、干燥、自然失效等。

### 7.3.4.2　合理组织生产过程的要求

再制造生产过程是由许多工艺阶段和工步、工序组成的,合理地组织生产就使整个生产的各个环节都能相互衔接、协调配合,使人力、设备、生产面积得到充分利用,取得最佳效果。为此,在生产过程的组织中必须注意以下几点要求:

(1)生产过程的连续性。连续生产是指在生产过程中的各阶段、各工序之间在时间上是紧密衔接的。劳动对象在整个生产过程中始终处于运动状态,如解体、检验、加工、装配等。连续性对于大量生产是指流水线的连续,对于成批生产是指其周期性轮番连续,对于单件小批生产是指计划性衔接连续,生产过程的连续性是获得高效生产的重要条件。它可以缩短产品的生产周期,减少在制品和零部件的保管、停放的损失,节约流动资金,提高设备、生产面积的利用率。提高生产过程的连续性程度,取决于生产过程中要有一套科学严密的组织工作,采用先进的生产组织形式,提高生产过程的机械化、自动化水平和现代化管理水平,包括物资准备、合理布局、工序的紧密衔接等。

(2)生产过程的协调性。生产过程的协调性是指生产过程组织的4个阶段(生产技术准备、基本生产、辅助生产、生产服务)之间、各工序阶段之间、各工序之间以及各环节之间在生产能力(即在人员、设备、空间等方面)上保证合理的协调关系,以便生产产品计划协调的成套生产。为适应产品任务的变化,必须采取措施,调整好上述各方面的比例,严防失调,不影响生产的连续性。

(3)生产过程的均衡性。均衡生产要求在生产过程各阶段的产量相等或稳步上升,也指大量、大批生产中有节奏的均衡生产,中小批生产中按一定间隔期轮番生产。生产过程的均衡性不仅指产品产出的均衡性,而且指生产和投入的各个环节、各项工作都能按均衡性要求组织,否则会影响工艺流程的畅通,产生前松后紧、时松时紧的现象,严重时不但影响产品数量,还会影响产品质量和工厂资金的运转。要搞好生产过程的节奏性,必须加强生产的计划性,使材料供应、产品生产、运输调度、设备保障等各环节都要紧密配合,协同动作。

此外,再制造究竟采用哪种生产类型,受废旧产品数量、质量、经济及环境等客观条件的限制。一般只有通过经济分析,才能选定适宜的生产过程组织方案。应该根据产品生产的客观规律,积极创造条件,争取最好的生产效果。为此可以增加同品种的零部件产量;可以改进工艺,使工艺方案典型化,能够采用成组加工工艺,增加零部件的生产批量;可以组织同类零部件进行集中生产,加强计划的合理安排,减少同期生产的品种数目,提高工作的专业化程度。

#### 7.3.4.3 生产现场管理

现场管理的主要任务是在生产现场有效地协调组织生产活动,消除生产活动的障碍,挖掘生产中的潜力。现场管理是生产实施管理中的一个主要内容,是对生产第一线的综合性管理。加强现场管理,可以消除无效劳动和浪费,排除不适应生产活动的异常现象和不合理现象,使生产过程更加协调,不断提高劳动生产率,提高经济效益。再制造生产的现场管理应主要抓好以下几项工作:

(1)制定和执行现场作业标准,实行标准作业。标准作业是现场有效地进行生产的依据,是生产力三要素有效组合的反映,它包括生产节拍、工艺流程、操作规程等。

(2)建立以生产线操作人员为主体的劳动组织。现场管理的实施要保证生产第一线人员能够连续生产,为生产第一线操作人员创造、准备好一切生产条件。

(3)彻底消除无效劳动和浪费。无效劳动和浪费的具体体现有:提前、超额生产所带来的浪费,由于大量流水生产是同步进行的,某一部分的提前超额生产只能是增加再制品、不必要的资金占用和无效的搬运工作;窝工的浪费,生产作业计划、厂内运输、设备故障、质量等问题造成的停工;无效搬运,由于没有一定的工位器具、加工件在地上随便堆放而引起;生产作业中多余的动作;生产过程中的废品、返修品所耗用的工时、材料等。为消除这些无效劳动和浪费现象,现场管理人员应不定期地配合生产第一线人员分析工时利用、生产动作、作业顺序、操作方法和工艺流程,进行查定,以不断加强与完善现场管理,增强日程管理的有效性。

(4)目视管理。目视管理的目的是要让每一个工作人员和现场管理者一目了然地了解生产进行的情况,为此需要建立一系列标准:生产线平面布置标准化,在平面布置图表上应注明设备位置、每个工作地和每个人员的岗位以及各工序管理的布局,并张贴于生产现场;标准作业图及作业指导书,应发至每一工作地或每一工作岗位;明确标示在制品储备定额及工位器具的场地区域;安装现场生产线、装配线生产动态指示灯、显示屏;明确标示安全、防火装置布局等。

(5)作业组合的改善。现场作业布置和组织以及操作规程应随着技术革新的步伐不断完善,要应用工业工程的理论和方法,经常不断地对生产系统中的物流、人流、工艺流、信息流的合理性、经济性进行分析,寻求生产过程组织、设备布置和作业方法的不断合理化,提出布局的改善意见,使生产现场的作业始终保持良好、经济、高效地运行。

(6)增强设备的自动检测能力。根据生产线以及设备的特点,可以设法给机床上加上相应的自动检测装置,如定位停车装置、满负荷运转装置、避免失误装置、自动计数定量装置和设备异常时的报警装置等,生产一旦发生异常,设备就能自动停车,这可以大大改善现场管理,有效地进行优质、高效率的生产。

(7)建立安全、文明的生产保证体系。安全、文明生产是现场管理的基础。现场管理应致力于治理生产现场松、散、脏、乱、差的毛病,实施整顿、整理、清扫、清洁、礼貌的文明生产,建立安全、文明生产的保证体系。

## 7.4 再制造质量管理

### 7.4.1 概述

再制造产品的质量也是再制造管理工作质量的反映,要有高的再制造产品质量必须要有高的再制造管理工作质量及科学的再制造决策。现代产品对再制造质量管理提出了更高的要求。产品越先进,功能越多,结构越复杂,对再制造的要求越高。复杂产品退役后的再制造不仅要有相应的技术条件,而且还必须有一套科学的质量管理方法。

再制造质量管理是指为确保再制造产品生产质量所进行的管理活动,也就是用现代科学管理的手段,充分发挥组织管理和专业技术的作用,合理地利用再制造资源以实现再制造产品的高质量、低消耗。再制造质量管理在具体的要求和实现措施上更加具有目的性。实际上,质量管理的思想来源于产品质量形成需求,再制造过程同样是产品的生产过程,再制造后产品的质量与制造的新产品相似，是通过再制造活动再次形成的。

再制造生产过程中质量管理的主要目标是确保反映产品质量特性的那些指标在再制造生产过程中得以保持，减少因再制造设计决策不同、再制造方案不同、再制造设备不同、操作人员不同以及再制造工艺不同等而产生的质量差异，并尽早地发现和消除这些差异，减少差异的数量，提高再制造产品的质量。

## 7.4.2 再制造产品质量的波动性

再制造使用的生产原料是情况复杂的废旧产品，因此再制造过程比制造过程更为复杂，生成的再制造产品质量具有更加明显的波动性，同一产品在不同时期进行再制造也会使得再制造质量存在客观的差异。因此，再制造质量的波动性是客观存在的，了解再制造质量波动的客观规律，能够对再制造产品质量实施有效的管理。

### 7.4.2.1 再制造产品质量波动性的影响因素

影响再制造产品质量波动性的因素通常有以下几个方面：

(1)再制造生产原料。再制造生产使用的原材料是废旧产品，不同的产品的故障或失效模式不一样，原料的差异性使得再制造过程不可能如制造过程一样统一，而这种废旧产品的差异及其再制造过程的不同是再制造质量波动的直接原因。

(2)再制造生产设备。优异的专用设备是获得高质量再制造产品的基础保障。

(3)再制造生产技术。先进的再制造技术手段及工艺将为再制造产品的性能提供充分的保证。

(4)再制造生产环境。再制造生产环境包括地点、时间、温度、湿度等再制造的工作环境。

(5)再制造操作人员。再制造操作人员相关因素包括操作者的技术水平、熟练程度、工作态度、身体条件及心理素质等。

(6)再制造生产的目的。不同再制造目的所生产的产品也会存在差异，如升级型再制造、应急型再制造、恢复型再制造等。

### 7.4.2.2 再制造质量的波动性来源

造成再制造质量的波动性的原因可分为偶然性原因和系统性原因两个方面。

1. 偶然性原因

偶然性原因是指由于技术工艺材料的细微差异、再制造设备的正常磨损、再制造人员工作的不稳定性等一些偶然因素所造成的质量波动性，它的出现是随机性因素造成的，不易识别和测量。随机因素是不可避免的、经常存在的，所以，偶然性原因是正常原因，是一种经常起作用的无规律的原因。

2. 系统性原因

系统性原因是指由于设备严重磨损、设备不正确调整、再制造人员偏离操作规程、技术工艺材料的固定性偏差等而造成的质量波动性，它们容易被发现和管理，并可以通过加强管理、改进技术设备等措施来消除。

无规律的偶然性原因所造成的再制造产品质量波动称为正常波动，这时的再制造过程处于可管理状态；有规律的系统性原因所造成的再制造产品质量波动称为异常波动，这时的再制造过程处于非管理状态。再制造过程处于管理状态时，再制造数据具有统计规律性，当处于非管理状态时，再制造数据统计就不具备规律性。因此，再制造质量管理的重要任务之一就是要根据再制造的目的，分析再制造质量特性数据的规律性，从中发现异常数据并追查原因，并采取一定的技术手段来消除异常因素，增加再制造产品质量的稳定性。

### 7.4.3　再制造过程的质量管理

产品再制造实施过程中的质量管理，不仅是要对该过程的各环节进行质量检验，严格把关，使不合格的毛坯零部件不能进入再制造使用，不用不合格的备件并使再制造不合格的产品不能进入销售环节，而且更为重要的是通过质量分析，找出再制造产品质量问题的原因，采取预防措施，把废品、次品、返修品的数量减少到最低限度。下面主要从严格执行再制造工艺规程、合理选择检验方式和开展质量状况的统计和分析3个方面开展工作。

#### 7.4.3.1　严格执行再制造工艺规程

严格执行再制造工艺规程，就是要全面掌握和控制影响产品质量的各个主要因素。而在制造、再制造过程中影响产品质量的因素很多，可概括为以下6个方面：

（1）人员。人员是执行产品再制造的主体和首要因素，对人的要求就是要使再制造质量的管理者熟悉技术领域内的详细要求，使工艺过程的操作者达到技术熟练、标准明确，对确保再制造质量的意义的认识更加深入，同时，由于人的自身条件也会影响产品质量，从全过程控制的角度，还要使参与再制造的人员的身体状况和工作能力与再制造要求相适应。

(2)机器设备。机器设备是确保产品再制造的物质条件,而对机器设备的要求通常包括精度、效率、质量稳定性和基本的维护保养质量与效果等,确保产品再制造的各项物质条件与产品质量目标达到最佳匹配。

(3)原材料(器材备件)。原材料是产品质量形成的基础,没有合格的原材料作保障,也就没有产品再制造质量的保证。再制造所用的原材料是废旧产品,由于其在失效形式上具有明显的个体化特点,所以要加强对废旧产品的检测,要从它们所具有的物理特性、化学性能、形状规格等方面进行约束。

(4)技术方法。在再制造过程中,掌握科学、合理的再制造方法,采用先进的工艺技术和手段也成为保证产品质量的根本。这里的技术方法不仅包括在再制造过程中采取的技术措施,还包括在整个过程中所遵循和依据的工艺规程、操作规程等。

(5)磨合试验。再制造产品磨合试验的作用是发现产品再制造和质量控制过程中存在的技术与管理问题,获取产品准确的技术参数,可以为分析评估再制造质量管理活动效果提供有效的依据。

(6)环境。环境指在产品再制造过程中,所依托的场所的温度、湿度、照明、噪声干扰等外部条件。在产品再制造过程中,必须要使其中的各节点或主要工作始终在最适宜的环境条件下进行。

#### 7.4.3.2 合理选择检验方式

检验是质量控制的直接手段,是获取质量信息和数据的直接途径。对于不同的检验内容、检验方法和技术等,要充分考虑检测的特殊性,确定有针对性的质量检验范围和原则,针对检验的对象和内容选择科学合理的检验方式。通常在再制造清洗后、加工和装配过程中设立检测点,对已产生质量波动、影响产品质量的关键工序要加强检验,监视和控制再制造状况,确保再制造产品的质量。检验方法有很多且有不同的分类方式,应视情况选择,常见的分类方法是按检验实施过程及检验对象数量进行分类。

按再制造过程的先后顺序可分为预先检验、中间检验与最后检验。预先检验是指在再制造前对废旧产品的技术状况等进行检查,以便制订有针对性的再制造工艺措施,确定科学合理的保障条件和方案;中间检验指在再制造过程中对某工序前后的检查,如分解后检查、清洗后零部件的形状和性能检查、再制造加工后检验等;最后检验指在产品再制造工作全部完成后,对该再制造产品做总体磨合及试验,检验和测试其总体质量。

按检验的数量,检验方式可分为全数检查和抽样检查两种。全数检查又称普查,是指对所有产品进行逐件检查,由此分析判断再制造质量;抽样检查是指按事先规定的抽样方案进行抽检,是再制造过程中常采用的检查方式。

#### 7.4.3.3　开展质量状况的统计和分析

为了经常地、系统地准确掌握产品的质量动态,就要按规定的质量指标(包括产品质量和工作质量)进行统计分析,及时查找问题原因,加强控制措施,重视数据的积累,建立健全质量的原始信息记录,定期检查、整理、分析。在关键的再制造工序、部位以及质量不稳定的再制造加工岗位都应设立管理点,加强统计管理,制定再制造过程质量管理的重要措施,为再制造工作的质量管理提供决策支持。

### 7.4.4　再制造质量管理方法

#### 7.4.4.1　再制造生产过程产品质量管理方法

再制造生产过程产品质量管理所采用的主要方法是全面质量管理。再制造全面质量管理是再制造企业发动全体员工,综合运用各种现代管理技术、专业技术和各种统计方法与手段,通过对产品再制造寿命周期的全过程、全因素的管理,保证用最经济、最环保的方法生产出质优价廉的再制造产品,并提供优质服务的一套科学管理技术。其主要特点是:全员参与质量管理;对产品质量的产生、形成和实现的全过程进行管理;管理对象全面性,不仅包含产品质量,也包含工作质量;管理方法全面性,综合运用各种现代管理技术、专业技术和各种统计方法与手段;经济效益和环境效益全面性。

#### 7.4.4.2　再制造工序的质量管理

再制造的生产过程包括从废旧产品的回收、拆解、清洗、检测、再制造加工、组装、检验、包装直至再制造产品出厂的全过程,在这一过程中,再制造工序质量管理是保证再制造产品质量的核心。

工序质量管理是根据再制造产品工艺的要求,研究再制造产品的波动规律,判断造成异常波动的工艺因素,并采取各种管理措施,使波动保持在技术要求的范围内,其目的是使再制造工序长期处于稳定运行状态。为了确保工序质量管理,要做好以下几点内容:

(1)制定再制造的质量管理标准,如再制造产品的标准、工序作业标准、再制造加工设备保证标准等。

(2)收集再制造过程的质量数据并对数据进行处理,得出质量数据的统计特征,将实际执行结果与质量标准比较,得出质量偏差,分析质量问题并找出产生质量问题的原因。

(3)进行再制造工序能力分析,判断工序是否处于受控状态和分析工序处于管理状态下的实际再制造加工能力。

(4)对影响工序质量的操作者、机器设备、材料、加工方法、环境等因素进行管理,以及对关键工序与测试条件进行管理,使之满足再制造产品的加工质量要求。

通过工序质量管理,能及时发现和预报再制造生产全过程中的质量问题,确定问题范畴,消除可能的原因,并加以处理和管理,包括进行再制造升级、更改再制造工艺、更换组织程序等,从而有效地减少与消除不合格产品,实现再制造质量的不断提高。工序质量管理的主要方法是统计工序管理,采用的主要工具为管理图。

#### 7.4.4.3　再制造产品的质量管理技术

再制造产品的质量管理技术主要包括再制造毛坯的质量检测技术、再制造加工过程的质量管理技术及再制造产品的检测技术。

1. 再制造毛坯的质量检测技术

再制造毛坯由于其作为再制造生产原料的独特性及其质量性能的不稳定性,对其进行质量检测是再制造质量管理的第一个环节。对于废旧产品的零部件,需要进行全部的质量检测,无论是内在质量还是外观几何形状,并根据检测结果,结合再制造性综合评价,决定零部件能否进行再制造,并确定再制造的方案。对于再制造毛坯的内在质量检测,主要是采用一些无损检测技术,检查再制造毛坯存在的裂纹、孔隙、强应力集中点等影响再制造后零部件使用性能的缺陷。一般可采用超声检测技术、射线检测技术、磁记忆效应检测技术、涡流检测技术、磁粉检测技术、渗透检测技术、工业内窥镜检测技术等。再制造毛坯外观质量检测主要是检测零部件的外形尺寸、表层性能的改变等情况,对于简单形状的再制造毛坯几何尺寸测量,采用一般常用工具即可满足测量要求,对于复杂的三维空间零部件的尺寸测量,可采用专业工具(如三坐标测量机等)。

2. 再制造加工过程的质量管理技术

再制造加工过程的质量管理技术指对零部件或产品在工序过程中所进行的检验,包括再制造工序检验、再制造工艺管理检测、再制造零部件检验、再制造组装质量检验等。再制造过程中,再制造质量的监控主要是对再制造具体技术工艺过程与参数的监控。对再制造零部件进行质量在线监控,可分为3个层次:再制造生产过程管理、再制造工艺参数管理、再制造加工质量与尺寸形状精度的在线动态检测和修正。再制造质量的在线监控常用的有模糊管理技术、自适应管理技术、表面质量自动检测系统、复杂零部件空间尺寸检测系统、管棒材涡流自动检测系统、实时测温及管理系统等。

3. 再制造产品的检验技术

再制造成品检验是指对组装后的再制造产品在准备入库或出厂前所进行的检验,包括外观、精度、性能、参数及包装等的检查与检验。再制造产品质量检验通常采取新品或者更严格的质量检验标准,目的是判断产品质量是否合格和确定产品质量等级或产品缺陷的严重程度,为质量改进提供依据。质量检验过程包括测量、比较判断、符合性判定及实施处理。再制造成品的质量管理包括再制造产品性能与质量的无损检测、破坏性抽测以及再制造产品的性能和质量评价3方面内容。

## 7.5　再制造器材管理

### 7.5.1　概述

再制造器材是指再制造装配时所需的各种零部件(包括采购件、直接再利用件和再制造后可利用件)及各种原材料等,如备件、附品、装具、原材料、油料等,是实施产品再制造工作的基本物质条件。再制造过程中所需器材主要包括两类:①再制造产品装配中所需的各种零部件,这些零部件主要有两个来源,首先是废旧产品中可直接利用件和再制造加工修复件,其次是从市场采购的标准件,以替代废旧产品中无法再制造或不具备再制造价值的零部件;②再制造拆解、清洗、检测、再制造加工过程中所需的各种原材料,如用于失效件再制造喷涂加工的金属粉末和用于废旧件清洗的清洗液等原材料。再制造器材管理是组织实施产品再制造器材计划、筹措、储备、保管、供应等一系列活动的总称,是提高产品再制造效益的重要保证,具有十分重要的意义。

再制造器材管理的基本任务,就是根据产品数量及其技术状况、器材消耗规律、经济条件和市场供求变化趋势等,运用管理科学理论与方法,对器材的筹措、储备、保管、供应等环节进行计划、组织、协调和控制,机动、灵活、快速、有效地保障产品再制造所需的器材。其主要内容有:

(1)器材筹措。根据废旧产品再制造的计划、供应标准、市场供求发展趋势、器材资源量和再制造生产的实际需求量,以及可能提供的经费,通过采购、组织旧品修复或改造等手段,获取所需的再制造器材。

(2)器材储备。根据产品再制造的种类及任务、器材消耗规律、器材的再制造利用率、生产与供货情况、经费条件等制定器材储备标准和器材周转储备定额,并按储备标准与计划适时进行储备。

(3)器材供应。按照器材的供应渠道、供应范围和供应办法,根据实际需要和定额标准,实施及时、准确的供应,保障产品能按计划均衡地实施再制造。

(4)库存管理。根据器材的理化性质、存储要求、仓储条件、自然环境条件的变化规律,对储备的器材进行科学管理,适时进行保养,做到型号、品种、规格齐全配套、数量准确、质量完好,保持器材的原有使用价值不变,并为器材适时订购提供依据。

(5)基础工作。根据再制造器材的保障规律,做好器材管理活动中共性的基础性工作,推动再制造器材管理的科学化、规范化,提高器材管理水平和效益。主要包括器材标准化、器材管理规章制度的制定、器材原始资料的收集和统计、各种器材定额的制订,以及组织再制造器材保障专业技术训练等。

## 7.5.2 再制造器材计划管理

器材计划是指从查明器材需求和资源开始,经过供需之间的综合平衡、器材分配,直至供应到使用单位为止的整个过程所编制的各种计划的总称。再制造器材计划管理是器材部门依据器材需求规律、筹措和供应的特点,运用科学方法制订计划并实施的管理。计划管理是器材部门实现预定目标、提高工作效率的有效途径。

再制造器材计划管理的基本任务就是掌握器材供需规律,不断发现和解决不同类型废旧产品再制造器材供应和需求之间的矛盾,搞好器材的供需平衡,合理分配和利用器材资源,在保障产品再制造所需器材前提下,不断提高经济效益。

### 7.5.2.1 查明再制造器材的资源和需求,搞好供需综合平衡

资源是计划期内可供分配使用的各种器材的来源;需求是计划期内产品再制造需用器材的数量与质量要求。器材供需平衡,是指利用掌握的计划期内器材资源和需求的准确信息,经过计算、对比、分析、调节,使器材在供需之间实现数量、品种、时间、构成上的相对平衡,使资源与需求很好地相互衔接,最大限度地满足产品再制造对器材的需要。查明再制造器材的需求,是发现和解决再制造器材的供需矛盾,求得供需相对平衡,制订再制造器材计划的基础。搞好再制造器材供需平衡,是再制造器材计划的中心

环节。

#### 7.5.2.2　实现再制造器材的合理分配和供应，充分发挥现有器材的经济效益

在搞好供需平衡的基础上，本着统筹兼顾、适当安排、保障重点的原则，确定合理的分配比例关系，科学地进行再制造器材分配。要及时掌握货源的供货情况，根据需求做到及时、准确、齐全、配套的供应。为此，要随时监督和调节再制造器材的使用、周转和积压情况。对于周转慢、积压多、浪费大的单位，应采取调出库存、调换品种、减少供应等措施进行控制；对周转快、消耗多、库存少的单位，则应适时、合理地供应所需的再制造器材。总之，要通过各种计划管理的形式和调节手段，提高再制造器材的利用率，充分发挥再制造器材的经济效益。

#### 7.5.2.3　深入实际调查研究，做好计划的执行和控制

再制造器材计划管理包括计划的制订、执行、检查和处理。计划的制订只是计划管理的开始，更重要的是通过计划的执行、检查和处理，保证计划的落实。再制造器材计划确定后，必须认真组织实施，做到及时、准确、齐全、配套地供应。在执行过程中，通过统计等手段，对计划执行情况进行定期检查和科学控制，及时发现和解决计划执行过程中出现的问题，适时对计划进行补充和调整。

### 7.5.3　再制造器材筹措

#### 7.5.3.1　基本概念

再制造器材筹措，就是再制造器材主管部门通过各种形式和渠道，有组织、有计划、有选择地进行采购、订货、生产等一系列筹集器材的活动。再制造器材筹措总的要求，是以再制造生产计划为指导，经济合理、适时可靠地获得数量与质量符合产品再制造要求的器材。要科学合理地制订器材筹措计划，从再制造的总体规划出发，根据器材消耗规律和合理储备的需要，科学地确定筹措量，正确选择筹措方式、供货单位、购货批量、购货时机等，以提高器材供应的时效性。要强化信息管理，及时、全面、准确地获取器材筹措各方面有关信息，建立快速、准确的器材管理信息系统。不断完善器材质量保证体系，严把器材质量关，做好器材接收的检验工作。

#### 7.5.3.2　再制造器材筹措的一般过程

器材筹措是由器材使用单位提出需求开始，至生产企业或物资企业运送器材到使用单位或再制造器材管理机构，办理完财务结算手续为止的工作过程。整个过程大体可分为 3 个阶段，即筹措决策阶段、供需衔接阶段

和进货作业阶段,如图 7.7 所示。

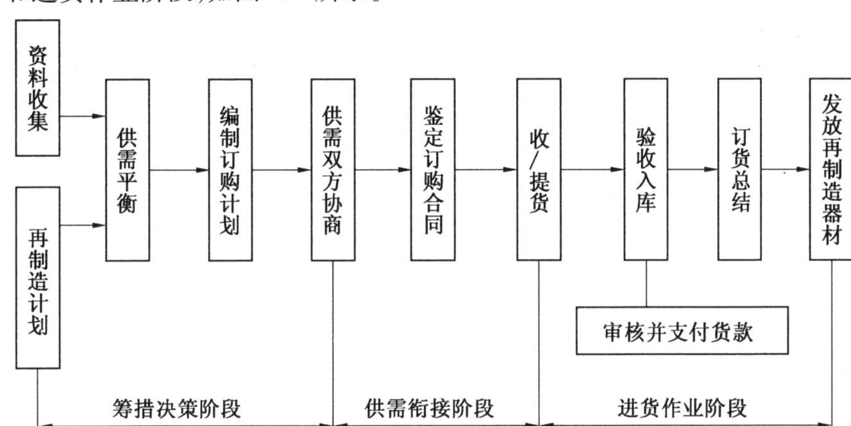


图 7.7 再制造器材筹措的一般过程

1. 筹措决策阶段

这一阶段的主要任务是根据器材筹措整个过程中存在的主要矛盾和问题,确定筹措目标,以及为实现目标可能采用的各种策略,并按一定准则做出相应的决定。然后根据确定的目标和策略,以文字和数字的形式,在时间和空间上对所要采取的措施做出预见性安排。

2. 供需衔接阶段

供需双方一般通过协商,按品种、数量、质量、时间和价格等多方面的条件进行平衡,在平等互利的原则上消除供需双方之间的矛盾,取得在品种、数量、质量、时间、价格、交货地点、运输方式、货款支付、售后服务、信息反馈等方面的统一,然后签订合同,以合同形式确定供需关系。

3. 进货作业阶段

这一阶段是器材资源由供方转移到需方的过程。主要内容包括订货合同的审查登记、及时了解合同执行情况、根据合同条款编制运输计划、组织接运或提货、验收入库、付款结算等环节。验收入库时,如发现货物与合同不符,应及时通知供货和运输等有关单位或部门协商解决,并通知财务部门暂停货款结算。

#### 7.5.3.3 器材筹措方案的选择

一般是按价值标准进行筹措方案的选择。它是泛指一个方案的作用、效果、益处、意义等,目的是实现筹措目标,越是符合目标要求的方案就越好。

1. 筹措方式的选择

器材筹措方式受供需衔接方式的影响和制约,主要方式有计划订购、市场采购、国外进口、修复与自制等。筹措方式的选择,主要考虑市场的物资管理体制、企业对器材的需求情况以及企业所在地区的生产能力和资源情况等因素。

2. 供货单位的选择

选择供货单位,通常以产品质量、费用水平和服务水平3个因素为主要判据。此外,对供货单位的生产能力、技术力量、成品储备能力、生产稳定性、供货的及时性和管理水平等方面也要进行比较,这样有助于正确选择供货单位。

3. 自制与购买决策

对于具有比较完善的产品再制造保障体系,较强的器材加工制配能力的单位,可以考虑利用企业自己的加工设备和技术力量,自制部分器材和进行旧品翻新等,以解决部分器材的来源问题,还可起到培训员工、提高保障能力的作用。

在自制与购买决策中,质量和成本是重要的因素,但不是唯一的因素。当自制器材的成本与质量优于或类同于购买的器材时,选择企业自制是不言而喻的。有时,为适应企业和长远发展建设需要,以经济上的损失为代价,选择企业自制也是必要的。

### 7.5.4　再制造器材储备

#### 7.5.4.1　基本概念

再制造器材储备是再制造生产所需的器材到达再制造企业但尚未进入其所需要的产品再制造过程的时间间隔内的放置与停留,是保证产品再制造能够正常进行的必要条件。深入研究器材流转过程和器材需求的客观规律,合理确定和控制器材储备的数量、品种的结构以及空间的科学配置,对于及时地发挥存储器材的使用效能,提高再制造器材管理能力和经济效益具有重要意义。

#### 7.5.4.2　库存控制的目标与要求

概括地讲,再制造器材库存控制的目标是:通过有效的方法,使器材库存量在满足产品再制造需求的条件下,保持在经济合理的水平上。库存控制的要求如下:

(1)数量准确,满足储备定额规定。器材库存数量要在规定的上、下限范围之内,如果一旦超过规定的上限或下限,就要采取措施加以调整。

在这种动态变化的全过程中,都必须做到数量准确无误。

(2)质量优良,符合技术要求。各类器材在储存过程中,由于受到储存环境的影响,往往要发生质量变化,器材品种不同,变化速度也不一样,应通过有效的管理手段和技术措施,减少器材的储备期,使各类储备器材质量处于良好状态,符合有关规定。当质量指标已经接近临界点时,应采取有效措施加以控制调整。

(3)结构合理,满足储备规划要求。器材储备规划对储备结构的规定,是经过科学分析、综合论证得出的结论。因此平时对器材储备的管理与控制,要逐步使储备结构趋于合理,向规划的要求标准步步逼近。尤其当器材储备中的若干重点器材品种发生变化时,更要及时采取措施加以补充或调整。

(4)减少库存,加强器材的流动。尽量根据统计规律和生产计划,加强器材的流动性,减少器材的库存量,节约库存费用,实现采购与生产同步。例如,对于废旧件经再制造加工后达到质量要求的备件,可以直接送到再制造装配工序进行组装,不进入仓储环节。减少器材的储备既可以加强资金的流动性,又可以减少仓储面积。

#### 7.5.4.3 再制造器材的库存控制过程

再制造器材来自于再制造企业自身和外购,再制造企业通过再制造加工获得的备件及自制件库存比较简单,如果不立即进行再制造装配,则可以直接送到仓库进行库存,待装配时进行供应。一个完整的外购器材库存过程,包括以下 4 个过程:

(1)订货过程。订货过程指购件即自订货准备开始(包括器材资源调查、确定订货计划、订货经费准备等),直至签订订货合同为止的过程。订货成交后需方在账面上增加了的仓库器材库存量,称为“名义库存量”。

(2)进货过程。进货过程指把订购的器材从供方所在地运抵再制造方仓库并经验收入库的过程。进货过程在实体上增加了库存量,称为实际库存量。

(3)保管过程。保管过程指器材入库以后直至器材供应为止的过程。

(4)供应过程。供应过程指向使用单位供应各种器材的过程,是器材库存量逐渐减少的过程。

从上述 4 个过程可以看出,影响外购件库存量大小的有订货、进货和供应三个过程。订货、进货过程使库存量增加,供应过程使库存量减少。相对来看,供应的数量是根据使用单位器材需求量决定的,它的确定是被动的;而订货、进货的数量则是由器材管理部门根据多方面条件决定的,它的确定是主动的。因此,保持器材库存量的经济合理,关键是制订一个合适的订货策略。

### 7.5.5　再制造器材的分配与供应

再制造器材的供应是器材部门向再制造生产过程实施再制造器材保障的过程。器材分配是根据产品再制造各工序的生产计划安排,确定各需用单位所得器材的种类及数量的活动。器材分配是器材供应的基础和前提。器材供应是器材部门及时、准确、齐全配套、经济地向各再制造各工序提供器材的活动。通过供应活动,把器材转移到需用者手中,保障各再制造工序工作计划的顺利进行。

再制造器材一般是按再制造生产的计划和进度,按照各岗位所需要的品种、规格、数量以及筹措的资源情况,在综合平衡的基础上进行分配,保证各岗位再制造工作按时完成。分配时既要做到品种、规格、数量齐全配套,又要使器材的分配不存在浪费,满足再制造生产的需求,减少待工或停机时间,增加再制造生产效率。当需求器材大于可以供应器材数量时,要综合考虑整个生产线流程,重点保障关键岗位,避免造成重大损失。

再制造器材供应在具体组织实施上,可根据产品特点,可以采取计划申请与临时申请相结合、自领与下送相结合、配套供应与单品种供应相结合等方式进行。器材供应的关键是掌握再制造生产计划及各零部件的再制造率,适时地向各工序供应所需器材,保障各工序的工作效率。

## 7.6　再制造信息管理

### 7.6.1　基本概念

信息是指事物运动的状态和方式,以及这种状态和方式的含义与效用,信息反映了各种事物的状态和特征,同时,又是事物之间普遍联系的一种媒体。信息是再制造系统中的一项重要资源,是掌握再制造规律、发现问题、分析原因、采取措施、不断提高再制造质量和经济效益的必不可少的依据。

再制造信息是指经过处理的,与再制造工作直接或间接相关的数据、技术文件、定额标准、情报资料、条例、条令及规章制度的总称。当然,严格地说,信息是指数据、文件、资料等所包含的确切内容和消息,它们之间属于内容和形式的关系。其中,尤以数据形式表达的信息,是管理中应用最为广泛的一种信息,再制造管理定量化,离不开反映事物特征的数据。因此,经过加工处理的数据是最有价值的信息。在管理工作中往往将数据等同于信息,将数据管理等同于信息管理,但信息管理是更为广义的数据管理。

废旧产品再制造信息以文字、图表、数据、音像等形式存入在书面、磁带(盘)、光盘等载体中,其基本内容有公文类、数据类、理论类、标准类、情报类、资料类等内容。

## 7.6.2 再制造信息的管理

### 7.6.2.1 概述

再制造信息管理是再制造企业在完成再制造任务过程中,建立再制造信息网络,采集、处理、运用再制造信息所从事的管理活动。产品再制造管理要以信息为依据,获得的信息越及时、越准确、越完整,越能保证再制造管理准确、迅速、高效。在产品全系统全寿命管理过程中,与产品再制造有关的信息种类繁多、数量庞大、联系紧密,必须进行有效的管理,才能不断提高产品再制造水平,并及时将再制造信息反馈到产品的设计过程。

再制造信息管理的基本要求是:建立健全产品再制造业务管理信息系统;及时收集国内外产品再制造过程中的技术信息;组织信息调查,对反映再制造各环节中的基本数据,原始记录,检验登记进行整理、分类、归档;信息数据准确,分类清楚,处理方法科学、系统、规范;信息管理应逐步实现系统化、规范化、自动化。

### 7.6.2.2 管理活动中的信息流

废旧产品的再制造活动与人们所从事的其他管理活动一样,可概括为两大类活动:一类是再制造生产活动,此类活动输入的各种资源(人员、设备、器材等),经过各道再制造加工工序,最后转化为再制造产品;另一类是围绕再制造活动不断地进行计划、决策、检查、协调等管理活动,以控制再制造生产按次序有效地进行。生产活动中,从输入到输出,是一种形式的物到另一种形式的物的转换,通常称为物流。而对再制造生产活动的管理则是通过反映再制造生产活动的各种信息来进行的,是一种信息的流动,即信息流,如图 7.8 所示。

再制造的信息流具有鲜明的特点。信息流是一个从上到下和从下到上的双向流动过程,向低层流动的是各种指令和文件,向上提供的是各种统计数据报表和业务报告。在信息转换中必然使信息发生量和质的变化,

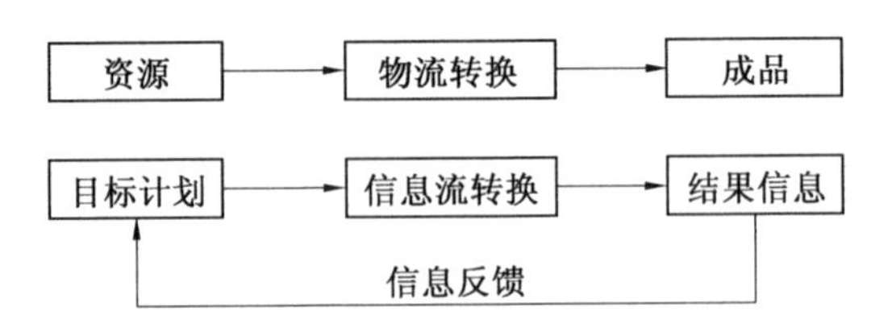


图7.8 物流与信息流

是一个去伪存真、从简到繁、从不确定到确定的过程。信息流在双向流动中具有反馈特性。再制造的信息管理过程就是再制造信息的输入、转化、输出、反馈、调整的不断循环直至完成预期目标的过程(图7.9)。

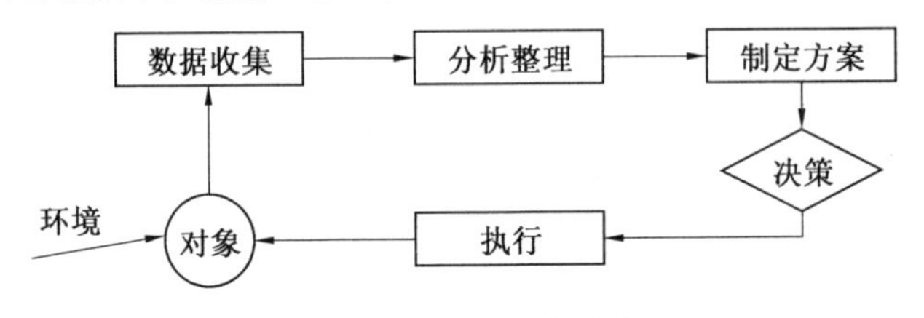


图7.9 管理过程与信息

### 7.6.2.3 再制造信息管理的工作流程

信息管理的工作流程包括信息收集、信息加工、信息储存、信息输出及对信息利用情况的跟踪。信息的价值和作用只有通过信息流程才能得以实现,因此,对信息流程的每个环节都要实施科学的管理,保证信息流的畅通。图7.10是一个简化的信息管理工作流程图。

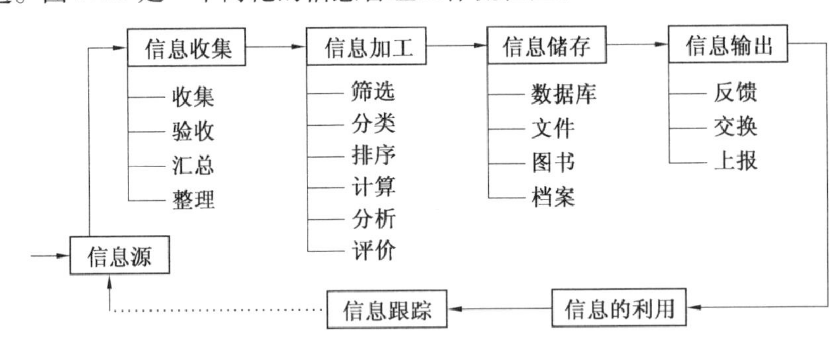


图7.10 简化的信息管理工作流程图

1. 再制造信息的收集

开展信息工作的关键和难点就在于是否能做好产品再制造信息的收集工作。产品再制造信息的收集方法一般分为两种:常规收集和非常规收集。常规收集是对常规信息的经常连续收集。常规收集的信息通常有两大特点，一是内容稳定，二是格式统一。这种信息一般要求全数取样，并使用统一规定的表格和卡片。非常规收集指的是不定期需要某些信息的收集。收集的信息有时是全面信息，有时是专题信息。专题信息的收集又可分为普查（全数取样）、重点调查、随机取样及典型调查。产品再制造信息收集方法主要有调查统计表、卡片形式、图形形式及文字报告形式。再制造信息收集的基本程序为：确定信息收集的内容和来源；编制规范的信息收集表格；采集、审核和汇总信息。

2. 再制造信息的加工处理

产品再制造信息的加工处理主要是指对所收集到的分散的原始信息，按照一定的程序和方法进行审查、筛选、分类、统计计算、分析的过程。信息加工处理应满足真实准确、实用、系统、浓缩、简明、经济的基本要求。信息加工处理的程序及其内容一般应包括审查筛选、分类排序、统计计算、分析判断及编制报告输出信息。

3. 再制造信息的储存及反馈

产品再制造信息经过加工处理后，无论是否立刻向外传递，都要分类储存起来，以便于随时查询使用。信息的储存有多种多样的方式，如文件、缩微胶片、计算机和声像设备等。过去传统的办法一般是采用文件的方式来储存信息。随着信息量的猛增以及计算机的广泛使用，信息的储存将逐渐被计算机数据库的方式所替代。应根据信息的利用价值和查询、检索要求以及技术与经济条件来确定不同管理层次信息的储存方式。

信息反馈是把决策信息实施的结果输送回来，以便再输出新的信息，用以修正决策目标和控制、调节受控系统活动有效运行的过程。其中，输送回来的信息就是反馈信息。信息反馈是一个不断循环的闭环控制过程，是一种用系统活动的结果来控制和调节系统活动的方法。在产品再制造活动中，信息反馈的作用更加突出，其反馈信息能够辅助制造设计部门进行设计上的改进，以保证退役产品的再制造性。通过对这些反馈信息的分析判断，作为修正决策目标和实施计划的依据，以便指导和控制产品再制造工作的正常进行。

### 7.6.3 再制造信息管理系统软件的设计与开发

装备再制造技术国防科技重点实验室在对再制造信息管理研究的基础上，初步构建了管理决策软件架构模型，并进行了再制造信息管理软件设计开发，提供了再制造信息管理系统（Remanufacturing Information Management System, RIMS）的原型软件。

#### 7.6.3.1　RIMS 概述

再制造信息管理系统(RIMS)是指根据再制造管理各部门业务工作的需要,建立的由人、计算机等组成的能进行再制造管理信息收集、传递、储存、加工、维护、使用和升级的管理决策系统。随着产品复杂程度的日益提高,产品再制造的复杂程度日渐加大,建立和完善再制造信息管理决策系统日益显得重要。

按照一般信息系统的开发方法,根据不同的管理侧重点进行开发,可以形成不同类型的管理信息系统。装备再制造技术国防科技重点实验室开发的系统主要针对不同类型的废旧产品进行信息采集,并通过案例分析及综合评价的方式进行再制造性决策,同时根据再制造技术要求,提供最优的再制造技术方案。形成的案例可以为今后相似的再制造决策提供参考依据。根据再制造管理决策系统的特点,再制造信息在系统中的流程图如图 7.11 所示。

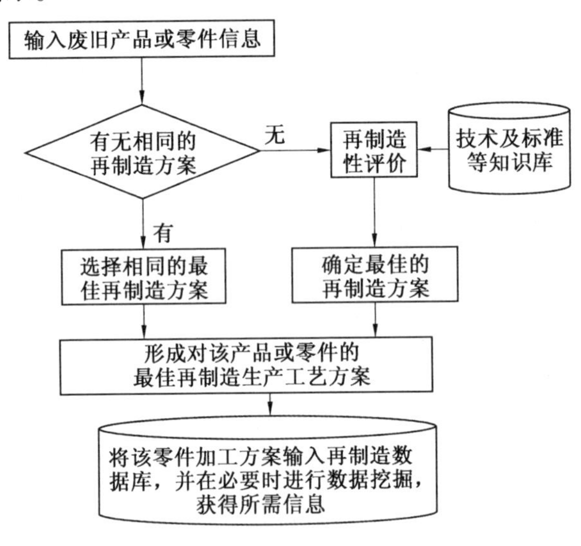


图 7.11　再制造信息在系统中的流程

#### 7.6.3.2　RIMS 的结构框架

根据再制造信息管理系统的设计原则和开发目标,构建了以再制造信息为中心的管理系统,如图 7.12 所示。RIMS 包括 3 个功能模块,即再制造性评价模块、再制造工艺支持模块及再制造信息数据管理模块,各个模块的数据库之间采取开放式设计,可以根据具体需求对相关数据库数据字段进行配置。

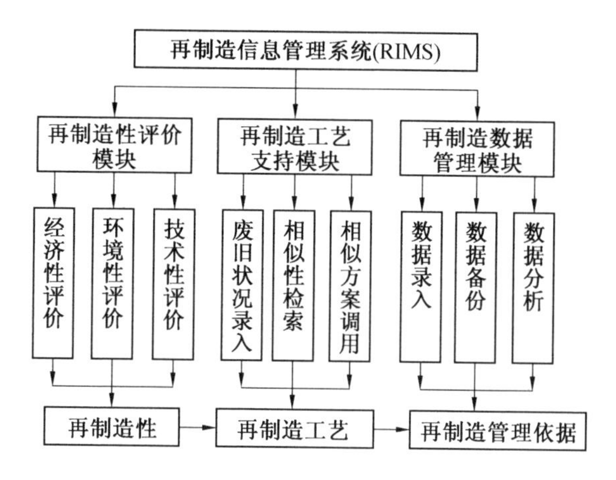


图 7.12　再制造信息管理系统

1. 再制造性评价模块

再制造性评价模块的主要功能是完成待再制造产品或零部件的再制造性评价。首先根据待再制造的废旧装备及零部件的相关信息输入,并对其再制造性进行检索,将检索到的再制造情况作为再制造的重要参考。如果没有关于该类废旧装备再制造性量值的记录,则需要进行新的评价。采用基于层次分析法的再制造性综合评价方法,完成对废旧产品再制造过程中的技术性、环境性及经济性的评价,确定该产品的再制造性量值,并对评价的再制造结果进行记录。将最高再制造量值的再制造方案作为进行再制造生产的指导方案。

2. 再制造工艺支持模块

再制造工艺支持模块主要是再制造技术工艺数据库及查询系统,使用中通过对收录相关再制造技术工艺的数据库进行信息检索,匹配出最佳的再制造方案,用已经存在的再制造方案来指导待再制造产品及其零部件的加工生产。

3. 再制造信息数据管理模块

再制造信息数据管理模块主要用于对再制造相关数据进行管理,并进行数据挖掘,整理后可用于向产品设计阶段反馈信息,了解产品的平均再制造度、某种故障模式的发生概率等相关数据,并可对产品的相关数据进行管理。

这 3 个模块中再制造数据管理模块是支撑,主要是不断丰富再制造信息数据库,为科学管理提供参考;再制造工艺支持模块是基础,主要完成再制造决策中的技术支持;再制造性评价模块是应用,主要完成再制造性评价,确定最佳再制造方案。

### 7.6.3.3　RIMS 的特点及开发

根据以上开放式、可配置、模块化的软件设计开发理念,在 Windows 环境下,以 Delphi 作为编程工具,初步开发了 RIMS 软件的部分功能模块。该软件采用生动直观的人机交互界面,具有较强的数据库管理能力,并且具有可扩展性和可配置性。

1. 再制造信息管理系统

开发的再制造信息管理模块,可以对再制造的数据、案例及技术进行查询、添加、修改等操作。

通过图 7.13(a)、图 7.13(b)所示的再制造产品信息主界面和再制造产品箱,可以对再制造产品的信息进行方便的浏览、查询,并可根据权限对相关内容进行修改、添加、删除等操作。用右键点击选定的产品,可以出现如图 7.13(c)所示的再制造装备管理功能,实现对产品详细的基本信息、再制造信息进行浏览及管理,并可增加或删除产品。图 7.13(d)所示界面

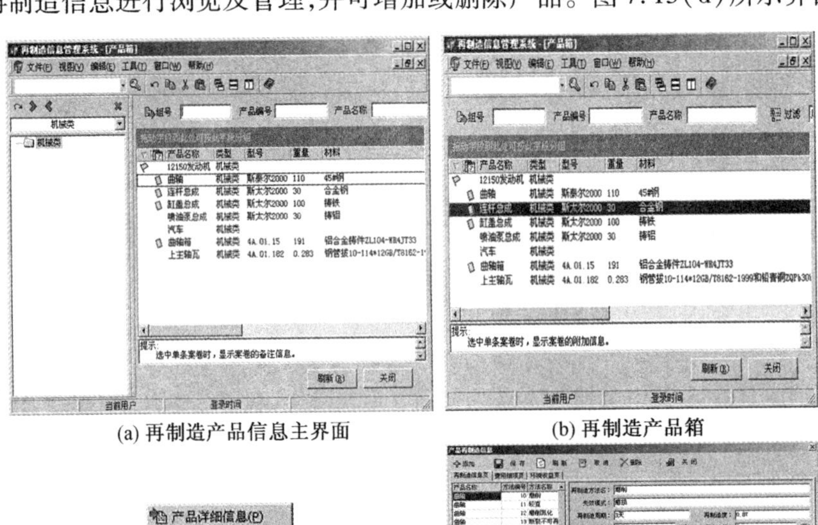


(a) 再制造产品信息主界面　　(b) 再制造产品箱

(c) 再制造装备管理功能　　(d) 装备零部件再制造信息管理界面

图 7.13　再制造产品信息管理界面

为装备零部件再制造信息管理界面,可以对相关的再制造装备信息进行管理,包括再制造加工方法、再制造费用、再制造度等。

2. 再制造性评价

开发了再制造性评价流程向导,可逐步按照评价步骤进行再制造性的确定。在该软件评价过程中对各种费用可以进行动态的配置和设定,并且可以对评价结果和参数进行保存,对多项再制造方案的具体工艺、费用和评价结果进行比较,给出最优方案,可以用最优方案指导再制造加工。最终评价的结果会储存在数据库中,以直接指导相似类别产品的再制造性查询及评价。再制造性量值的评价如图 7.14 所示。

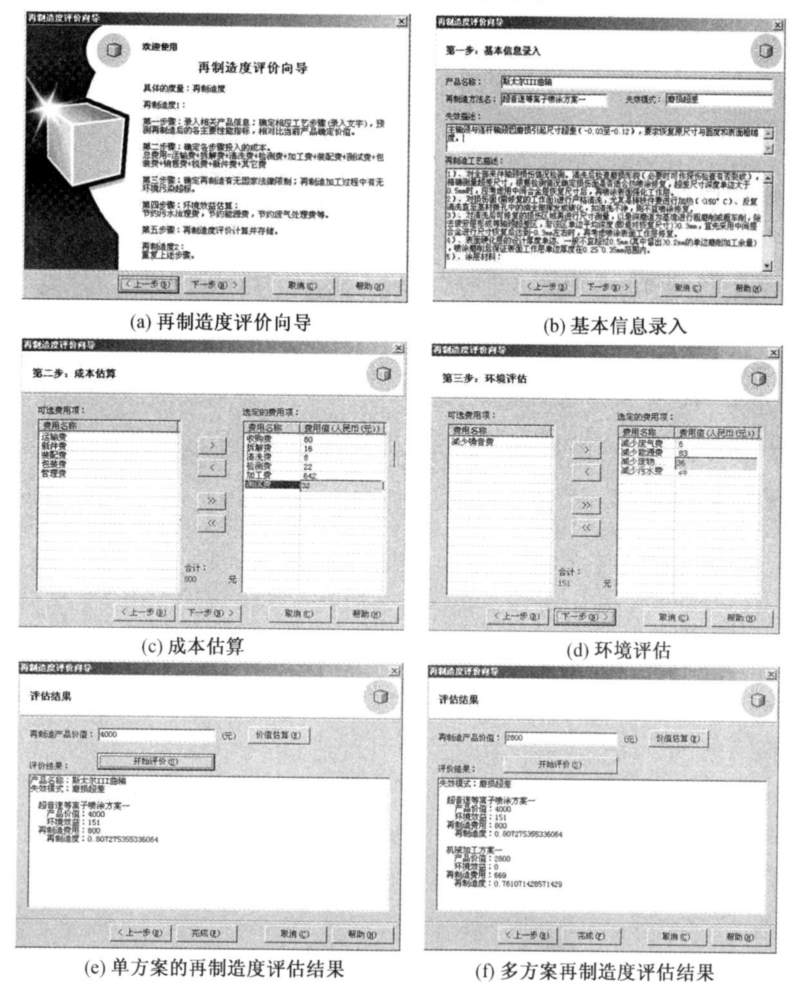


(a) 再制造度评价向导　(b) 基本信息录入

(c) 成本估算　(d) 环境评估

(e) 单方案的再制造度评估结果　(f) 多方案再制造度评估结果

图 7.14　再制造性量值的评价

3. 角色设定及识别

登录系统可以进行人员角色的设定，包括一般办公人员、管理决策人员、系统管理员等身份，可进行相应的用户注册，待系统管理员确定后生效。一般办公人员可以进行数据的查询、打印及再制造性评价，系统管理员可以进行系统字典的管理及数据的录入、修改、删除等管理。系统还可以根据相关权限选择再制造性评价、再制造性信息查询及再制造方法和产品的管理。

以上只是对 RIMS 软件部分功能的初步开发，相关内容根据需要还有待进一步的完善，并对再制造性评价中费用的计算方法进行补充，增强其科学性和可操作性。

## 本章参考文献

[1] 姚巨坤，朱胜，崔培枝. 再制造管理——产品多寿命周期管理的重要环节[J]. 科学技术与工程，2003，3(4)：374-378.

[2] 姚巨坤，朱胜，崔培枝. 面向再制造全过程的再制造设计[J]. 机械工程师，2004(1)：27-29.

[3] 朱胜，姚巨坤. 再制造设计理论及应用[M]. 北京：机械工业出版社，2009.

[4] 向永华，姚巨坤，徐滨士. 再制造的逆向物流体系[J]. 新技术新工艺，2004(6)：16-17.

[5] 陈翔宇，梁工谦. 再制造业及其生产模式研究综述——美国的经验与中国的方向[J]. 中国软科学，2006(5)：80-88.

[6] 徐滨士. 再制造工程基础及其应用[M]. 哈尔滨：哈尔滨工业大学出版社，2005.

[7] 崔培枝，姚巨坤. 面向再制造全过程的管理[J]. 新技术新工艺，2004(7)：17-19.

[8] 姚巨坤，杨俊娥，朱胜. 废旧产品再制造质量控制研究[J]. 中国表面工程，2006，19(5+)：115-117.

# 第8章　绿色智能再制造设计

## 8.1　网络化再制造

老旧产品再制造是实现批量化废旧产品再利用的重要途径，是实现资源节约的有效技术手段，已经在汽车、机床等领域得到了广泛的再制造应用。但随着信息技术和互联网的迅速发展，市场和业务活动的全球化将进一步加剧，产品的大批量刚性生产方式逐渐被大批量订制化生产模式所取代，产品逐渐呈现以个性化和小批量为主，这给传统的以大批量老旧产品作为毛坯来源的再制造企业生产模式带来了挑战，迫使再制造企业也不断地进行着变化和调整，以适应快速发展的技术和生产。结合当前"互联网+"的发展环境，依托网络化制造理念，结合再制造中物流、生产、设计等特点，构建网络化再制造生产模式，对于应对产品发展特点、促进再制造转型具有重要的意义。

### 8.1.1　网络化再制造的基本概念

#### 8.1.1.1　网络化制造

网络化制造(Networked Manufacturing, NM)的概念是在上述背景下由美国"下一代制造"研究报告于1995年提出的。网络化制造是企业为应对知识经济和制造全球化的挑战而实施的以快速响应市场需求和提高企业(企业群体)竞争力为主要目标的一种先进制造模式。其在广义上表现为使用网络的企业与企业之间可以跨地域的协同设计、协同制造、信息共享、远程监控及远程服务，以及企业与社会之间的供应、销售、服务等内容；在狭义上表现为企业内部的网络化，将企业内部的管理部门、设计部门、生产部门在网络数据库支持下进行集成。网络制造将改变企业的组织结构形式和工作方式，提高企业的工作效率，增强新产品的开发能力，缩短上市周期，扩大市场销售空间，从而提高企业的市场竞争能力。

#### 8.1.1.2　网络化再制造

网络化再制造是指在一定的地域范围内，利用"互联网+"理念，采用市场调控、产学研相结合的组织模式，在计算机网络和数据库的支撑下，动态集成一定区域内的再制造单位(包括企业、高校、研究院所及其再制造资源和科技资源),形成一个基于网络化且以再制造信息系统、资源系统、生产系统、销售系统、物流系统等为支撑的再制造系统。实施网络化再制造是为了适应当前全球化经济发展、产品小批量多类型特点和快速响应市场需求、提高再制造企业竞争力的需求而采用的一种先进的管理与生产模式,也是实施敏捷再制造和动态联盟的需要。网络化再制造是企业为了自身发展而采取的加强合作、参与竞争、开拓市场、降低成本和实现定制式再制造生产的需要。

#### 8.1.1.3　网络化再制造系统

网络化再制造系统是企业在网络化再制造模式的指导思想、相关理论和方法的指导下,在网络化再制造集成平台和软件工具的支持下,结合再制造产品需求,设计实施的基于"互联网+"的再制造系统。网络化再制造既包括传统的再制造车间生产,也包括再制造企业的其他业务。根据企业的不同需求和应用范围,设计实施的网络化再制造系统可以具有不同的形态,每个系统的功能也会有差异,但是,它们在本质上都是基于网络的再制造系统,如网络化再制造产品定制系统、网络化废旧产品逆向物流系统、网络化协同再制造系统、网络化再制造产品营销系统、网络化再制造资源共享系统、网络化再制造管理系统、网络化设备监控系统、网络化售后服务系统和网络化采购系统等。

### 8.1.2　网络化再制造的特征

网络化再制造以市场需求驱动,以数字化、柔性化、敏捷化为基本特征。柔性化与敏捷化是快速响应客户化需求的前提,表现为结构上的快速重组、性能上的快速响应、过程中的并行性与分布式决策。借鉴网络化制造的特点,结合再制造的生产要求,可知网络化再制造具有以下基本特征:

(1)面向再制造全周期。网络化再制造技术可以用来支持企业生产经营的所有活动,也可以覆盖再制造产品全寿命周期的各个环节,可以减少再制造生产物流和工艺的不确定性。

(2)网络化再制造是一种基于网络技术的再制造模式。它是在因特网和企业内外网环境下,再制造企业用以组织和管理其再制造生产经营过程的先进管理理论与方法。

(3)可以快速响应市场对再制造产品的需求。通过网络化制造,可以提高再制造企业对市场的响应速度,实现再制造产品的快速再设计和生产,从而提高企业的竞争能力。

(4)实现区域性或全国的一体化再制造生产。网络化再制造生产模式是通过网络实现区域或全国再制造产品相关企业的联合,突破了空间差距给再制造企业生产经营和企业间协同造成的障碍。

(5)促进企业协作与全社会资源共享。通过再制造企业间的协作和资源共享,提高再制造企业群体的再制造能力,实现再制造的低成本和高速度。

(6)具有多种形态和功能系统。结合不同企业的具体情况和应用需求,网络化再制造系统具有多种不同的形态和应用模式。在不同的形态和模式下,可以构建出多种具有不同功能的网络化再制造应用系统,如面向产品再设计的前端系统、面向回收旧件的逆向物流系统、面向再制造的不同零部件再制造系统等。

### 8.1.3 网络化再制造的关键技术

网络化再制造的实施可利用互联网、企业内部网构建网络化再制造集成平台,建立有关企业和高校、研究所、研究中心等组合成一体的网络化再制造体系,实现基于网络的信息资源共享和设计制造过程的集成建立以网络为基础的,面向广大中小型企业的先进再制造技术虚拟服务中心和培训中心。在网络化再制造的研究与应用实施中,涉及大量的组织、使能、平台、工具、系统实施和运行管理技术,对这些技术的研究和应用,可以深化网络化再制造系统的应用。网络化再制造涉及的技术大致可以分为总体技术、基础技术、集成技术与应用实施技术:

(1)总体技术。总体技术主要是指从系统的角度,研究网络化再制造系统的结构、组织与运行等方面的技术,包括网络化再制造的模式、网络化再制造系统的体系结构、网络化再制造系统的构建与组织实施方法、网络化再制造系统的运行管理、产品全寿命周期管理和协同产品商务技术等。

(2)基础技术。基础技术是指网络化再制造中应用的共性与基础性技术,这些技术不完全是网络化再制造所特有的技术,包括网络化再制造的基础理论与方法、网络化再制造系统的协议与规范技术、网络化系统的标准化技术、业务流和工作流技术、多代理系统技术、虚拟企业与动态联盟技术和知识管理与知识集成技术等。

(3)集成技术。集成技术主要是指网络化再制造系统设计、开发与实施中需要的系统集成与使能技术,包括设计再制造资源库与知识库开发技术、企业应用集成技术、ASP 服务平台技术、集成平台与集成框架技术、电子商务与 EDI 技术,以及 COM+、信息智能搜索技术等。

(4)应用实施技术。应用实施技术是支持网络化再制造系统应用的技术,包括网络化再制造实施途径、资源共享与优化配置技术、区域动态联盟与企业协同技术、资源(设备)封装与接口技术、数据中心与数据管理(安全)技术和网络安全技术等。

网络化再制造是适应网络经济和知识经济的先进再制造生产模式,其研究和应用,对于促进再制造产业的发展,特别是中小再制造企业的发展具有非常重要的意义。当前需要加大网络化再制造体系及技术研究力度,并选择实施基础好的企业,开展网络化再制造的示范应用,在取得经验的基础上推广和普及网络化再制造这一先进生产模式。

### 8.1.4　区域性网络化再制造系统模式

网络化再制造系统是一个运行在异构分布环境下的制造系统。在网络化再制造集成平台的支持下,帮助再制造企业在网络环境下开展再制造业务活动和实现不同企业之间的协作,包括协同再制造设计及生产、协同商务、网上采购与销售、资源共享和供应链管理等。借鉴网络化制造系统有关知识,图8.1给出了区域性网络化再制造系统的功能模式结构。

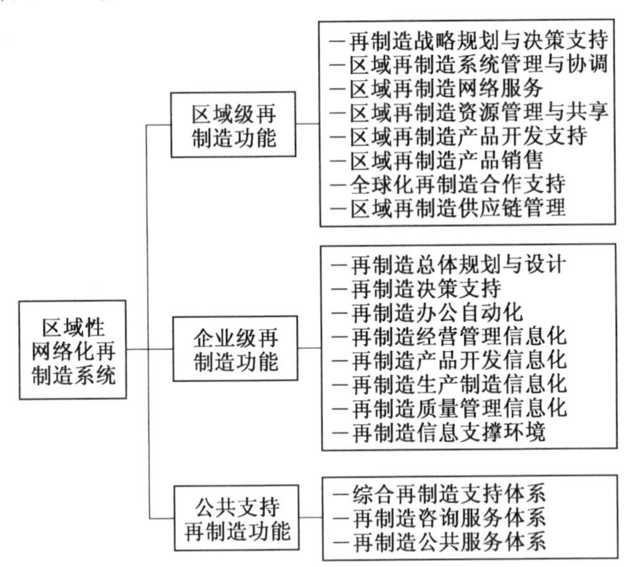


图8.1　区域性网络化再制造系统的功能模式结构

区域性网络化再制造系统模式的构成和层次关系为:

(1)面向市场。整个网络化再制造系统以市场为中心,提高本区域再制造业及相关企业的市场竞争能力，包括市场对再制造产品的快速响应能力、再制造产品的市场销售及服务能力、再制造资源的优化利用及再制造生产能力、现代化的再制造生产管理水平以及再制造战略决策能力、逆向物流的精确保障能力。

（2）企业主体。网络化再制造系统的主体仍然是相关企业为主，最终由企业实现再制造产品的物化，另外还包括政府、高校、研究单位和文化单位，是产、政、学、研、文五位一体的新概念。

（3）信息支撑。实现网络化再制造的基本条件是由网络、数据库系统构成现代信息化的再制造支撑环境。

（4）区域控制。整个系统运行由相对稳定的区域战略研究与决策支持中心、系统管理与协调中心、技术支持与网络服务中心这 3 大中心支持，其中战略研究与中心负责全市再制造业发展战略与规划，对战略级重大问题进行决策；系统管理与协调中心负责对系统运行负责、控制与协调；技术支持与网络服务中心负责对系统运行中各种技术性问题的支持和服务。

（5）应用系统。主要有废旧产品再制造的资源、市场、开发、供应等各个领域的应用系统，实现网络再制造系统的动态性和可重构性，既可以以本区域为主体，也可以实现全球化再制造物流运作。

### 8.1.5 企业级再制造网络化生产系统模式

企业级再制造网络化生产系统可以是一种基于敏捷制造理念的再制造企业生产模式，它能够利用不同地区的现有资源，快速地以合理的成本生产再制造产品，以响应市场的多变和用户的需要。网络化再制造企业可以构建基础框架、参考结构和关键技术。企业级再制造网络化生产系统模型的首要任务就是确定网络系统的业务环境、组织和管理结构。

图 8.2 显示了一个通常的企业级再制造网络化系统的生产模式。在每个网络化企业生产环境里，都是由敏捷的再制造车间单元组成的，每个车间既是再制造服务的提供者，如针对旧品的拆解、清洗、检测、再制造加工等车间，又是其他服务提供者的客户。网络化再制造企业的基础框架可分为 3 层（图 8.2），即企业管理层、设备层和车间层。它是由许多通用模块组成，这些模块包含了功能、资源和组织等多方面的信息。在企业层，必须设计出再制造具体方案，使地理上分散、能力上互补的相关数量众多的公司能够为完成一个共同的再制造产品生产任务，而组成一个“虚拟再制造企业”。在车间层，设定的具体生产计划能够依据每个车间的特点分配再制造作业，而这些车间完全可以处在不同的地区和不同的企业内。采用

这样的网络化再制造模式，可以使得再制造企业之间、再制造合作伙伴之间的联系更加密切，可以快速为再制造企业之间的合作提供中介体，实现异地企业间的作业计划快速合作，能够更好地促进再制造企业的模块化和专业化发展，从而提升再制造效益。

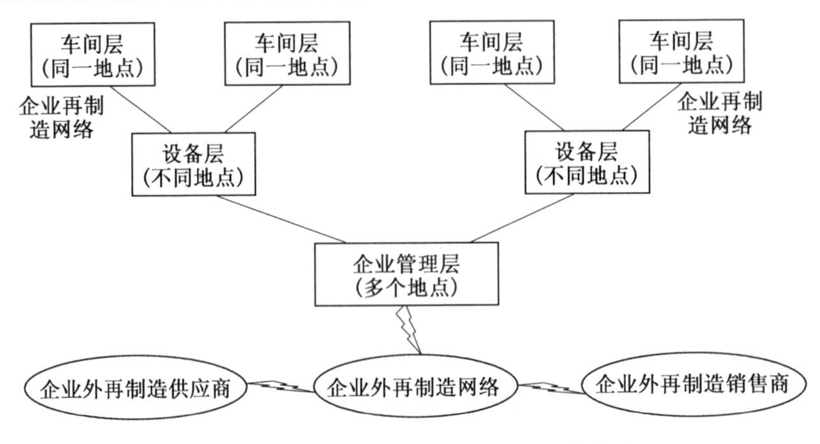


图8.2　企业级再制造网络化系统的生产模式

网络化再制造是适应产品制造发展趋势与“互联网+”的先进制造模式，其研究和应用对于促进我国循环经济的发展，特别是再制造企业的发展具有非常重要的意义。但当前我国再制造发展也面临着政策实施、毛坯保障、企业生产等方面的问题，进一步结合“互联网+”理念来引入再制造，实现网络化再制造模式，不但能够提升再制造的针对性和效益，适应新制造模式，还能够解决传统再制造生产中的毛坯保障、需求预测等再制造模式中存在的传统问题。

网络化再制造的应用也还处于刚刚起步的阶段，只是在部分方面实现了探索，对网络化再制造的相关理论、技术、应用等还需要开展大量的研究工作。因此，加强网络化再制造研究与相关系统的研究力度，密切关注一些新兴网络技术的发展，如高速网络技术等，及时将其成果引入到网络化再制造中，促进网络化再制造技术与系统的发展。同时，可选择基础好的企业和科研院所开展网络化再制造的示范应用，并在取得经验的基础上推广和普及网络化再制造这一先进的制造模式。

# 8.2 柔性再制造

## 8.2.1 柔性再制造的基本概念及特点

再制造加工的“毛坯”是由制造业生产、经过使用后到达寿命末端的废旧产品。当前制造业生产的产品趋势是品种增加、批量减少、个性化加强,因此造成了产品退役情况的多样性,这都对传统的再制造业发展提出了严峻考验,要求再制造业发展对废旧产品种类及失效形式适应性强、生产周期短、加工成本低、产品质量高的柔性再制造系统,以应对再制造业的巨大变化。

柔性再制造是以先进的信息技术、再制造技术和管理技术为基础,通过再制造系统的柔性、可预测性和优化控制,最大限度地减少再制造产品的生产时间,优化物流,提高对市场的响应能力,保证产品的质量,实现对多品种、小批量、不同退役形式的末端产品进行个性化再制造。

制造业的加工对象是性质相同的材料及零部件,而再制造的加工对象则是废旧产品。由于产品在服役期间的工况不同、退役原因不同、失效形式不同、来源数量不确定等特点,使得再制造的对象具有个体性及动态性等特点,因此,柔性再制造系统相对传统的再制造系统来说,具有明显的特点和特定的难度。参照制造体系中柔性装配系统的特点,可知柔性再制造系统应具有以下特点:同时对多种产品进行再制造;通过快速重组现有硬件及软件资源,实现新类型产品的再制造;动态响应不同失效形式的再制造加工;根据市场需求,快速改变再制造方案;具有高度的可扩充性、可重构性、可重用性及可兼容性,实现模块化、标准化的生产线。以上特点可以显著地提高再制造适应废旧产品种类、失效形式等产品的个性化因素,使再制造产品具有适应消费者个性化需求的能力,从而增强再制造产业的生命力。

## 8.2.2 柔性再制造系统组成

借鉴柔性制造系统结构组成,典型的柔性再制造系统一般也由 3 个子系统组成,分别是再制造加工系统、物流系统和控制与管理系统(各子系统的构成框图及功能特性如图 8.3 所示):

(1)再制造加工系统。再制造加工系统实际执行废旧件性能及尺寸

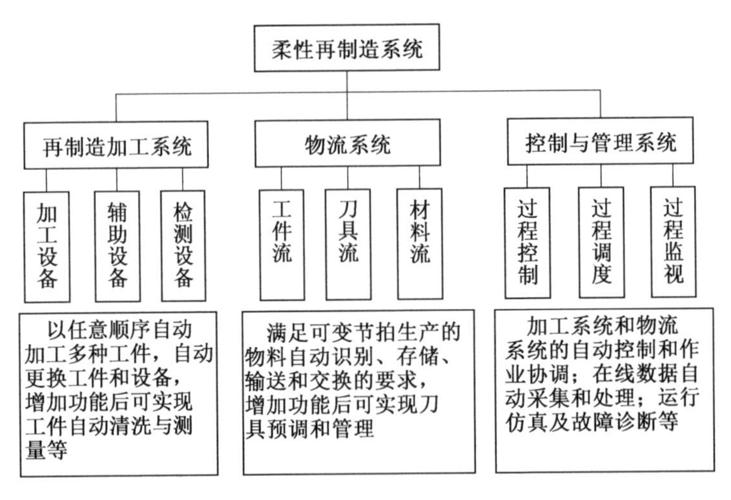


图 8.3　柔性再制造各子系统的构成框图及功能特性

恢复等加工工作，把工件从废旧毛坯转变为再制造产品零部件的执行系统，主要有数控机床、表面加工等加工设备，系统中的加工设备在工件、刀具和控制 3 个方面都具有可与其他子系统相连接的标准接口。从柔性再制造系统的含义可知，加工系统的性能直接影响着柔性再制造系统的性能，且加工系统在柔性再制造系统中又是耗资最多的部分，因此恰当地选用加工系统是柔性再制造系统成功与否的关键。

(2)物流系统。物流系统用以实现毛坯件及加工设备的自动供给和装卸，以及完成工序间的自动传送、调运和储存工作，包括各种传送带、自动导引小车、工业机器人及专用起吊运送机等。

(3)控制与管理系统。控制与管理系统包括计算机控制系统和系统软件。前者用以处理柔性再制造系统的各种信息，输出控制 CNC 机床和物料系统等自动操作所需的信息，通常采用 3 级(设备级、工作站级、单元级)分布式计算机控制系统，其中单元级控制系统(单元控制器)是 FMS 的核心。后者是用以确保 FMS 有效地适应中小批量多品种生产的管理、控制及优化工作，包括根据使用要求和用户经验所发展的专门应用软件，大体上包括控制软件(控制机床、物料储运系统、检验装置和监视系统)、计划管理软件(调度管理、质量管理、库存管理、工装管理等)和数据管理软件(仿真、检索和各种数据库)等。

3 个子系统的有机结合构成了一个再制造系统的能量流(通过再制造工艺改变工件的形状和尺寸)、物料流(主要指工件流、刀具流、材料流)和信息流(再制造过程的信息和数据处理)。

## 8.2.3 柔性再制造系统的技术模块

根据再制造生产工艺步骤,柔性再制造系统主要分为以下技术模块。

### 8.2.3.1 柔性再制造加工中心

再制造加工主要包括对缺损零部件的再制造恢复及升级,所采用的表面工程技术是再制造中的主要技术和关键技术。再制造加工中心的柔性主要体现在加工设备可以通过操作指令的变化而变化,以对不同种类零部件的不同失效模式,都能进行自动化故障检测,并通过逆向建模,实现对失效件的科学自动化再制造加工恢复。

### 8.2.3.2 柔性预处理中心

再制造毛坯到达再制造工厂后,首先要进行拆解、清洗和分类,这 3 步是再制造加工和装配的重要准备过程。对不同类型产品的拆解、不同污染情况零部件的清洗以及零部件的分类储存,都具有非常强的个体性,也是再制造过程中劳动密集的步骤,对其采用柔性化设计,主要是增强设备的适应性及自动化程度,减少预处理时间,提高预处理质量,降低预处理费用。

### 8.2.3.3 柔性物流系统

废旧产品由消费者运送到再制造工厂的过程称为逆向物流,其直接为再制造提供毛坯,是再制造的重要组成部分。但柔性再制造系统中的物流主要考虑废旧产品及零部件在再制造工厂内部各单元间的流动,包括零部件再制造前后的储存、物料在各单元间的传输时间及方式、新零部件的需求及调用、零部件及产品的包装等,其中重要的是实现不同单元间及单元内部物流传输的柔性化,使相同的设备能够适应多类零部件的传输,以及经过重组后能够适应新类型产品再制造的物流需求。理想的柔性再制造物流系统具有传输多类物品、可调的传输速度、离线或实时控制能力、可快速重构、空间占用小等特点。

### 8.2.3.4 柔性管理决策中心

柔性管理决策中心是柔性再制造系统的神经中枢,具有对各单元的控制能力,可通过数据传输动态、实时地收集各单元数据,形成决策,发布命令,实现对各单元操作的自动化控制。通过柔性管理决策中心,可以实现再制造企业的各要素(如人员、技术、管理、设备、过程等)的实时协调,对生产过程中的个性化特点迅速响应,形成最优化决策。其主要是利用各单元与决策中心之间的数据线、监视设备来完成数据交换。

#### 8.2.3.5　柔性装配及检测中心

对再制造后所有零部件的组装及对再制造产品性能的检测，是保证再制造产品质量和市场竞争力的最后步骤。采用模块化设备，可以增加对不同类型产品装配及性能检测的适应性。

### 8.2.4　柔性再制造的关键技术

#### 8.2.4.1　人工智能及智能传感器技术

柔性制造和再制造技术中所采用的人工智能大多指基于规则的专家系统。专家系统利用专家知识和推理规则进行推理，求解各类问题（如解释、预测、诊断、查找故障、设计、计划、监视、修复、命令及控制等）。展望未来，以知识密集为特征，以知识处理为手段的人工智能（包括专家系统）技术必将在柔性制造业（尤其智能型）中起着日趋重要的关键性作用。智能制造技术（IMT）旨在将人工智能融入制造过程的各个环节，借助模拟专家的智能活动，取代或延伸制造环境中人的部分脑力劳动。智能传感器技术是未来智能化柔性制造技术中一个正在急速发展的领域，是伴随计算机应用技术和人工智能而产生的，它使传感器具备内在的“决策”功能。

#### 8.2.4.2　计算机辅助设计技术

计算机辅助设计（CAD）技术是基于计算机环境下的完整设计过程，是一项产品建模技术（将产品的物理模型转换为产品的数据模型）。无论是制造产品的设计，还是再制造前修正原产品功能的再设计，都需要采用CAD 技术。

#### 8.2.4.3　模糊控制技术

目前模糊控制技术正处于稳定发展阶段，其实际应用是模糊控制器。最近开发出的高性能模糊控制器具有自学习功能，可在控制过程中不断获取新的信息并自动地对控制量作调整，使系统性能大为改善，其中尤其以基于人工神经网络的自学方法更引起广泛的研究，在柔性制造和再制造的控制系统中有良好的应用。

#### 8.2.4.4　人工神经网络技术

人工神经网络（ANN）是由许多神经元按照拓扑结构相互连接而成的，模拟人的神经网络对信息进行并行处理的一种网络系统。故人工神经网络也就是一种人工智能工具。在自动控制领域，人工神经网络技术的发展趋势是其与专家系统和模糊控制技术的结合，成为现代自动化系统中的一个组成部分。

#### 8.2.4.5 机电一体化技术

机电一体化技术是机械、电子、信息、计算机等多学科的相互融合和交叉,特别是机械、信息学科的融合交叉。从这个意义上说,其内涵是机械产品的信息化,它由机械、信息处理和传感器3大部分组成。近年来,微电子机械系统作为机电一体化的一个发展方向得到了特别重视和研究。

#### 8.2.4.6 虚拟现实与多媒体技术

虚拟现实(Virtual Reality, VR)是人造的计算机环境,使处在这种环境中的人有身临其境的感觉,并强调人的操作与介入。VR技术在21世纪制造业中将有广泛的应用,它可以用于培训、制造系统仿真,实现基于制造仿真的设计与制造、集成设计与制造,实现集成人的设计等。多媒体介质采用多种介质来储存、处理多种信息,融文字、语音、图像、动画于一体,给人一种真实感。

### 8.2.5 柔性再制造系统的应用

在开发用于再制造的柔性生产系统时,不仅要考虑各单元操作功能的完善,而且要考虑到该单元或模块是否有助于提高整个生产系统的柔性;不仅要改善各单元设备的硬件功能,还要为这些设备配备相应的传感器、监控设备及驱动器,以便能通过决策中心对它们进行有效控制。同时,系统单元间还应具有较好的信息交换能力,实现系统的科学决策。通常柔性再制造系统的建立需要考虑两个因素:人力与自动化,而人是生产中最具有柔性的因素。如果在系统建立中单纯强调系统的自动化程度,而忽略了人的因素,在条件不成熟的情况下实现自动化的柔性再制造系统,则可能所需设备非常复杂,并减少产品质量的可靠性。所以,在一定的条件下,采用自动化操作与人工相结合的方法建立该系统,可以保证再制造工厂的最大利润。

图8.4所示是再制造工厂内部应用柔性再制造生产系统的框架示意图。由图可知,当废旧产品进入到再制造厂后,首先进入物流系统,并由物流系统向柔性管理决策中心进行报告,并根据柔性管理中心的命令,进行仓库或者直接进入预处理中心;预处理中心根据决策中心的指令选定预处理方法,对物流系统运输进来的废旧产品进行处理,并将处理结果上报决策中心,同时将处理后的产品由物流系统运输到仓库或者进入再制造加工中心;再制造加工中心根据决策中心的指令选定相应的再制造方法,并经过对缺损件的具体测量形成具体生产程序并上报决策中心,由决策中心确定零部件的自动化再制造恢复或改造方案,然后将恢复后的零部件根据决

策中心的指令由物流系统运输到仓库或者装配检测中心；装配检测中心在接收到决策中心的指令后，将物流系统运输进的零部件进行装配和产品检测，并将检测结果报告给决策中心，并由物流系统将合格成品运出并包装后进行仓储，不合格产品根据决策中心指令重新进入再制造相应环节。最后是物流系统根据决策中心指令及时从仓库中提取再制造产品并投放到市场。柔性管理决策中心在整个柔性系统中的作用是中央处理器，不断地接收各单元的信息，并经过分析后向各单元发布决策指令。

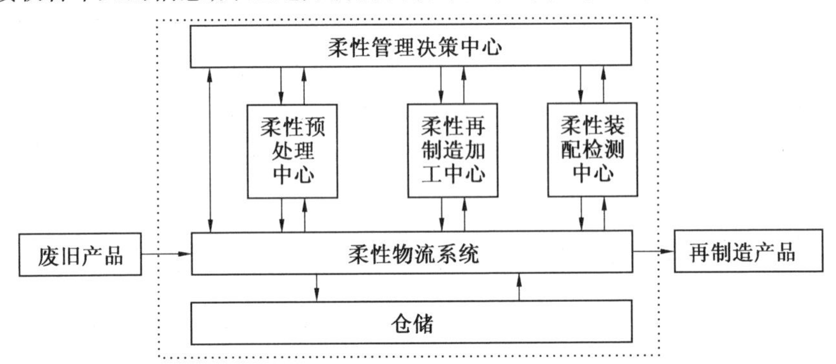


图8.4　再制造工厂内部应用柔性再制造生产系统的框架示意图

柔性再制造的柔性化还体现在设备的可扩充、可重组等方面。实现柔性再制造系统的设备柔性化、技术柔性化、产品柔性化是一个复杂的系统工程，需要众多的先进信息技术及设备的支持和先进管理方法的运用。

# 8.3　虚拟再制造

## 8.3.1　虚拟再制造的基本定义及特点

### 8.3.1.1　基本定义

虚拟再制造（Virtual Remanufacturing）是实际再制造过程在计算机上的本质实现，采用计算机仿真与虚拟现实技术，在计算机上实现再制造过程中的虚拟检测、虚拟加工、虚拟控制、虚拟试验、虚拟管理等再制造本质过程，以增强对再制造过程各级的决策与控制能力。虚拟再制造是以软件为主，软硬结合的新技术，需要与原产品设计及再制造产品设计、再制造技术、仿真、管理、质检等方面的人员协同并行工作，主要应用计算机仿真来对毛坯虚拟再制造，并得到虚拟再制造产品，进行虚拟质量检测试验，所有流程都在计算机上完成,在真实废旧产品的再制造活动之前,就能预测产品的功能以及制造系统状态,从而可以做出前瞻性的决策和优化的实施方案。

#### 8.3.1.2 虚拟再制造的特点

(1)通过虚拟废旧产品的再制造设计,无须实物样机就可以预测产品再制造后的性能,节约生产加工成本,缩短产品生产周期,提高产品质量。

(2)在产品再制造设计中,根据用户对产品的要求,对虚拟再制造产品原型的结构、功能、性能、加工、装配制造过程以及生产过程在虚拟环境下进行仿真,并根据产品评价体系提供的方法、规范和指标,为再制造设计修改和优化提供指导和依据。同时还可以及早发现问题,实现及时的反馈和更正,为再制造过程提供依据。

(3)以软件模拟形式进行新种类再制造产品的开发,可以在再制造前通过虚拟再制造设计来改进原产品设计中的缺陷,升级再制造产品性能,虚拟再制造过程。

(4)再制造企业管理模式基于 Intranet 或 Internet,整个制造活动具有高度的并行性。又由于开发进程的加快,能够实现对多个解决方案的比较和选择。

#### 8.3.1.3 虚拟再制造与虚拟制造的关系

虚拟再制造可以借鉴虚拟制造的相关理论,但前者具有明显不同于后者的特点。前者虚拟的初始对象是废旧产品,是成形的废旧毛坯,其品质具有明显的个体性,对产品的虚拟再制造设计约束比较大,再制造过程较复杂,而且废旧产品数量源具有不确定性,再制造管理难度较大;后者虚拟的初始对象是原材料,来源稳定,可塑性强,虚拟产品设计约束度小,制造工艺较为稳定,质量相对统一。所以,虚拟再制造技术是基于虚拟制造技术之上,相比后者更具有一定复杂程度的高新技术,具有明显的个体性。

### 8.3.2 虚拟再制造系统的开发环境

虚拟再制造系统在功能上与现实再制造系统具有一致性,在结构上与现实再制造系统具有相似性,软、硬件组织要具有适应生产变化的柔性,系统应实现集成化和智能化。借鉴虚拟制造的系统开发架构,如图 8.5 所示,可将虚拟再制造系统的开发环境分为 3 个层次:

(1)模型构造层。模型构造层提供用于描述再制造活动及其对象的基本建模结构,有两种通用模型:产品/过程模型和活动模型。产品/过程模型按自然规律描述可实现每一物品及其特征,如物体的干涉、重力的影

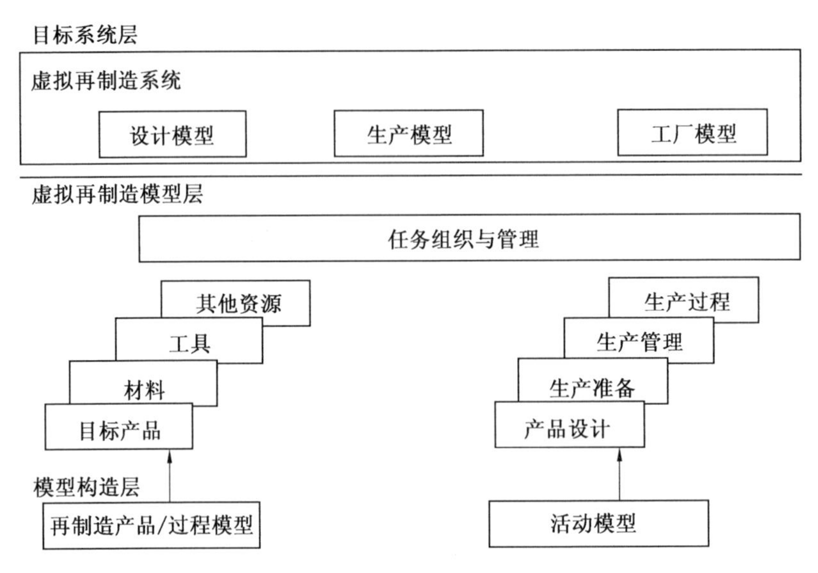


图8.5　虚拟再制造系统的开发环境

响等;活动模型描述人和系统的各种活动。产品模型描述出现在制造过程中的每一物品,不仅包括目标产品,而且包括制造资源,如机床、材料等。过程模型描述产品属性、功能及每一制造工艺的执行,过程模型包括像牛顿动力学这种很有规律的过程,也包括像金属切削、成形这种较复杂的工艺过程。

(2)虚拟再制造模型层。通过使用产品/过程模型和活动模型定义有关再制造活动与过程的各种模型,这些模型包括各种工程活动,如产品再设计、生产设备、生产管理、生产过程以及相应的目标产品、材料、半成品、工具和其他再制造资源。这些模型应该根据产品类型、工业和国家的不同而不同,但是通过使用低层的模型构造层容易实现各种模型的建立与扩展。任务组织与管理模型用来实现制造活动的灵活组织与管理,以便构造各种虚拟制造/再制造系统。

(3)目标系统层。根据市场变化和用户的不同需求,通过低层的虚拟再制造模型层来组成各种专用的虚拟再制造系统。

## 8.3.3　虚拟再制造系统体系结构

借鉴"虚拟总线"的VM体系结构划分,可以将虚拟再制造的体系结构分为5层:数据层、活动层、应用层、控制层及界面层。根据虚拟再制造的技术模块及虚拟再制造的功能特点,可以构建如图8.6所示的虚拟再制造系统体系综合结构。该体系结构最底层为对虚拟再制造形成支撑的集成支撑环境,包括技术和硬件环境;虚拟再制造的应用基础则是各种数据库,包括 EDB、产品再制造设计数据库、生产过程数据库、再制造资源数据库等;基于这些数据信息处理基础,并根据管理决策、产品决策及生产决策的具体要求,可以形成相互具有影响作用的虚拟再制造产品设计、工艺设计、过程设计;在这些设计基础上,可以形成数字再制造产品,通过分析成本、市场、效益/风险,进而影响再制造的管理、产品、生产过程决策,并将数字再制造产品的性能评价结果反馈至集成支撑环境,优化集成支撑技术。

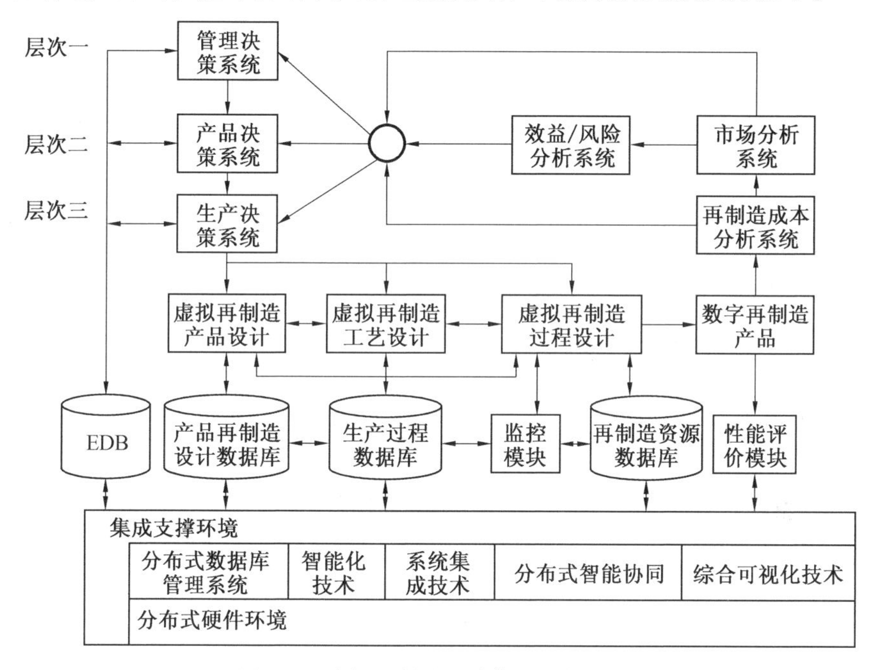


图 8.6 虚拟再制造系统体系综合结构

## 8.3.4 虚拟再制造关键技术

### 8.3.4.1 虚拟再制造系统信息挖掘技术

虚拟再制造是对再制造过程(指从废旧产品到达再制造企业后至生成再制造产品出厂前的阶段)的本质实现,牵涉的单位多(涉及原制造企业、销售企业、环保部门等),要完成的任务多,而且企业内部所面临的技术、人员、设备等各种信息多,所以如何在繁杂的信息中利用先进技术,挖掘出有用信息,进行合理的虚拟再制造设计及实现,将是虚拟再制造技术的研究基础。

#### 8.3.4.2　虚拟环境下再制造加工建模技术

再制造所面对的毛坯不是原材料，而是废旧的产品，不同的废旧产品因工况、地域、时间等条件的不同，其报废的原因不同，具有的质量也不同，显现出明显的个体性，而在再制造加工中对损坏零部件恢复或者原产品的改造，均需要建立原产品正常工况下模型、废旧产品模型、再制造加工恢复或改造的操作成形模型、再制造后的再制造产品模型，而且这些模型之间需要具有统一的数据结构和分布式数据管理系统，各模型具有紧密的联系。所要求建立的模型不仅代表了产品的形状信息，而且代表了产品的性能、特征，具有可视性，能够进行处理、分析、加工、生产组织等虚拟再制造各个环节所面临的问题。这些模型的建立是虚拟再制造进行的技术基础。

#### 8.3.4.3　虚拟环境下系统最优决策控制技术

虚拟环境是对真实环境在计算机上的体现，废旧产品的再制造可能面临多种方案的选择，不同的方案所产生的经济、社会、环境效益不同，而在虚拟再制造过程中对再制造方案进行设计分析和评估，可以有效地优化设计决策，使再制造产品满足高质量、低成本、周期短的要求。如何采用数学模型来确定优化方法，怎样形成最优化的决策系统，是实现虚拟再制造最优决策的主要研究内容。

#### 8.3.4.4　虚拟环境及虚拟再制造加工技术

虚拟再制造加工是虚拟再制造的核心内容，不但可以节约再制造产品开发的投资，而且还可以大大缩短产品的开发周期。虚拟再制造加工包括虚拟工艺规程、虚拟加工、产品性能估计等内容。再制造加工包括对废旧产品的拆解、清洗、分类、修复或改造、检测、装配等过程的仿真，而建立基于真实动感的再制造各个加工过程的虚拟仿真，是虚拟再制造的主要内容。通过建立加工过程的虚拟仿真，可以实现再制造的虚拟生产，为再制造的实际决策提供科学依据。

#### 8.3.4.5　虚拟质量控制及检测技术

再制造产品的质量是再制造产业价值的重要衡量标准，关系到其生存发展。通过研究数学方法和物理方法相互融合的虚拟检测技术，实现对再制造产品虚拟生产中的几何参量、机械参量和物理参量的动态模型检测，可以保证再制造产品的质量。同时，通过对虚拟再制造加工过程的全程监控，可以在线实时监控生产误差，调整工艺过程，保证产品质量。虚拟再制造检测还包括开发虚拟试验仪器模块，组装虚拟试验仪器，对生产的再制造产品进行虚拟试验测试。

#### 8.3.4.6 基于虚拟实现与多媒体的可视化技术

虚拟再制造的可视化技术是指将虚拟再制造的数据结果转换为图形和动画的方式,使仿真结果可视化并具有直观性。采用文本、图形、动画、影像、声音等多媒体手段,实现虚拟再制造在计算机上的实景仿真,获得再制造的虚拟现实,将可视化、临场感、交互、激发想象结合到一起产生沉浸感,是虚拟再制造实现人机协同交互的重要方面。该部分的研究内容包括可视化映射技术、人机界面技术、数据管理与操纵技术等。

#### 8.3.4.7 虚拟再制造企业的管理技术

虚拟再制造是建立于虚拟企业的基础之上,对其全部生产及管理过程的仿真,虚拟再制造企业的管理策略是虚拟再制造的重要组成部分,其研究内容包括决策系统仿真建模、决策行为的仿真建模、管理系统的仿真建模以及由模型生成虚拟场景的技术研究。

### 8.3.5 虚拟再制造的应用

#### 8.3.5.1 虚拟再制造企业

在面对多变的毛坯供应及再制造产品的市场需求下,虚拟再制造企业具有加快新种类再制造产品开发速度、提高再制造产品质量、降低再制造生产成本、快速响应用户的需求、缩短产品生产周期等优点。因此虚拟再制造企业可以快速响应市场需求的变化,能在商战中为企业把握机遇和带来优势。虚拟再制造企业的特征是企业地域分散化、企业组织临时化、企业功能不完整化及企业信息共享化。

#### 8.3.5.2 虚拟再制造产品设计

现在的产品退役往往是因为技术落后,而传统的以性能恢复为基础的再制造方式已经无法满足这种产品再制造的要求,因此需要对废旧产品进行性能或功能的升级,即在产品再制造前对废旧产品进行升级设计,这种设计是在原有废旧产品框架的基础上进行的,但又要考虑经过结构改进及模块嵌入等方式实现性能升级,满足新用户需求,因此对需性能升级废旧产品的再制造设计具有更大的约束度和更大的难度。这也为虚拟再制造产品设计提供了广阔的应用前景。因此,开展对废旧产品的再制造虚拟设计将会极大地促进以产品性能升级为目标的再制造模式的发展。

#### 8.3.5.3 虚拟再制造生产过程

再制造生产往往具有对象复杂、工艺复杂、生产不确定性高等特点,因此,利用设计中建立的各种生产和产品模型,将仿真能力加入到生产计划模型中,可以方便和快捷地评价多种生产计划,检验再制造拆解、加工、装配等工艺流程的可信度，预测产品的生产工艺步骤、性能、成本和报价，主要目的是通过再制造仿真来优化产品的生产工艺过程。通过虚拟再制造生产过程，可以优化人力资源、制造资源、物料库存、生产调度、生产系统的规划等，从而合理配置人力资源、制造资源，对缩短产品制造/再制造生产周期、降低成本意义重大。

#### 8.3.5.4　虚拟再制造控制过程

以控制为中心的虚拟再制造过程是将仿真技术引入控制模型，提供模拟实际生产过程的虚拟环境，使企业在考虑车间控制行为的基础上，对再制造过程进行优化控制。虚拟再制造控制是以计算机建模和仿真技术为重要的实现手段，通过对再制造过程进行统一建模，用仿真支持设计过程和模拟制造过程，来进行成本估算和生产调度。

## 8.4　快速响应再制造

### 8.4.1　基本概念

工业发达国家制造业企业竞争战略在20世纪60年代强调规模效益，70年代强调价格，80年代强调质量，90年代则强调对市场需求的响应速度。由于市场需求的多变，产品的寿命周期越来越短，这种趋势进入21世纪后日趋强劲。因此，快速响应再制造技术也必将成为再制造生产的重要模式。

快速响应再制造技术是指对市场现有需求和潜在需求做出快速响应的再制造技术集成。它将信息技术、柔性增材再制造技术、虚拟再制造技术、管理科学等集成，充分利用因特网和再制造业的资源，采用新的再制造设计理论和方法、再制造工艺、新的管理思想和企业组织结构，将再制造产品市场、废旧产品的再制造设计和再制造生产有机地结合起来，以便快速、经济地响应市场对产品个性化的需求。再制造业的价值如制造业一样，也取决于两个方向——面向产品和面向顾客，后者也称客户化生产，而快速响应再制造技术和快速再制造系统就是针对客户化生产而提出。进入21世纪以来，消费者的行为更加具有选择性，“客户化，小批量，快速交货”的要求不断增加，产品的个性化和多样化将在市场竞争中发挥越来越大的作用，而传统的以恢复产品性能为基础的再制造方式生产出的再制造产品，必将无法满足快速发展的市场需求。因此，开展快速响应再制造技术的研究与应用具有十分重要的意义。

## 8.4.2 快速响应再制造的作用

通过对部分产品的快速响应再制造，可以充分利用产品的附加值，在短期内批量提高服役产品的功能水平，使产品能够迅速适应不同环境要求，延长产品的服役寿命。另外，快速响应再制造还可以对特殊条件下的产品进行快速的评价和再制造，也实现恢复产品的全部或部分功能，保持产品的服役性能。例如，我国从国外购置的一些国防尖端设备在使用中，往往在关键零部件要受制于人，而通过发展再制造技术，可以逆向反求出原零部件的信息特征，生产一定的备用件或者修复原件，从而解决无法采购到备件的问题。

以信息技术为特点的高科技在产品中的应用，也使得产品的发展具有了明显的特点，如小型化、多样化、高效化等，这也对产品的再制造提出了严峻的挑战，需要建立柔性化的快速响应再制造生产线，来适应生产线对不同种类产品进行快速再制造的能力，从而节约时间、提高效率、减少成本，快速响应再制造可以快速提高产品的性能和适应环境需求的变化，短期内实现再制造产品的功能或性能与当前需求保持一致，可以使产品保持本身的可持续发展，即由静态降阶使用发展到动态进阶使用，实现产品的“与时俱进”，使其具有适应各种工作条件要求的“柔性”。

总体来讲，快速响应再制造可以对不同的产品进行快速再制造，一是可以实现正常服役时期产品保持性能的不断更新，延长产品的服役寿命；二是在特殊环境应用前，通过批量的快速响应再制造，使产品可以在短期内提高适应特殊环境的要求，提高产品的生命力和战斗力；三是可以通过对损伤产品应用快速响应再制造系统，进行快速的诊断和应急再制造，恢复产品的全部或部分功能，保持产品的性能。

## 8.4.3 快速响应再制造的关键技术

### 8.4.3.1 快速再制造设计技术

快速再制造设计技术是指针对用户或市场需求，以信息化为基础，通过并行设计、协同设计、虚拟设计等手段，科学地进行再制造方案、再制造资源、再制造工艺及再制造产品质量的总体设计，以满足客户或使用环境对再制造产品先进性、个体性的需求。

并行设计主要是重视再制造产品设计开发过程的重组和优化，强调多学科团队协同工作，通过在再制造产品设计早期阶段充分考虑再制造的各种因素，提高再制造设计的一次成功率，达到提高质量、降低成本、缩短产品开发周期和产品上市时间及最大限度地满足用户需求的目的。

协同设计是随着计算机网络的发展而形成的设计方式，它促使不同的设计人员之间、不同的设计组织之间、不同部门的工作人员之间均可实现资源共享，实施交互协同参与，合作设计。

虚拟设计是以虚拟现实技术为基础，由从事产品设计、分析、仿真、制造和支持等方面的人员组成“虚拟”产品设计小组，通过网络合作并行工作，在计算机上“虚拟”地建立产品数字模型，并在计算机上对这一模型产生的形式、配合和功能进行评审、修改，最终确定实物原形，实现一次性加工成型的设计技术。虚拟再制造设计不仅可以节省再制造费用和时间，还可以使设计师在再制造之前就对再制造中的可加工性、可装配性、可拆解性等有所了解，及时对设计中存在的问题及时修改，提高工作效率。

#### 8.4.3.2 柔性增材再制造技术

柔性增材再制造是基于离散/堆积成形原理，利用快速反求、高速电弧喷涂、微弧等离子、MIG/MAG 堆焊或激光快速成形等技术，针对损毁零部件的材料性能要求，采用实现材料单元的定点堆积，自下而上组成全新零部件或对零部件缺损部位进行堆积修复，快速恢复缺损零部件的表面尺寸及性能的一种再制造生产方法。

#### 8.4.3.3 快速再制造升级技术

再制造升级主要指在对废旧机电产品进行再制造过程中利用以信息化技术为特点的高新技术，通过模块替换、结构改造、性能优化等综合手段，实现产品在性能或功能上信息化程度的提升，满足用户的更高需求。

#### 8.4.3.4 可重组制造系统(RMS)

可重组制造系统指能适应市场需求的产品变化，按系统规划的要求，以重排、重复利用、革新组元或子系统的方式，快速调整再制造过程、再制造功能和再制造生产能力的一类新型可变再制造系统。它是基于可利用的现有的或可获得的新再制造设备和其他组元，可动态组态(重组)的新一代再制造系统。该系统具有可变性、可集成性、订货化、模块化、可诊断性、经济可承受性和敏捷性等特点。

#### 8.4.3.5 客户化生产

客户化生产方式包括模块化再制造设计、再制造拆解与清洗、再制造工艺编程、再制造、装配，以及客户生产的组织管理方式和资源的重组、变形零部件的设计与再制造技术、再制造商与客户的信息交流等。

快速响应再制造技术通常需要通过虚拟再制造技术、柔性再制造技术、网络化再制造技术等来实现。

## 8.5　精益再制造生产

再制造是实现资源节约和解决环境污染的重要途径,日益得到了工业化推广应用。再制造企业以废旧产品作为生产毛坯,以再制造产品作为生产目标,其生产模式也引起了人们的广泛关注。精益生产(Lean Production,LP)是制造企业为提高生产效益而采用的一种综合生产管理方式。再制造生产面临着毛坯物流不确定性而带来的生产工艺和工程管理等问题,造成了传统再制造生产过程中的资源浪费。采用精准生产的理念,分析再制造生产特点,建立精益再制造生产模式,能够显著提高再制造企业的生产效率和资源利用效益。

### 8.5.1　精益再制造的基本概念及特点

#### 8.5.1.1　精益生产

精益生产就是有效地运用现代先进制造技术和管理技术成就,以整体优化的观点,以社会需求为依据,以发挥人的因素为根本,有效配置和合理使用企业资源,把产品形成全过程的诸要素进行优化组合,以必要的劳动,确保在必要的时间内按必要的数量,生产必要的零部件,达到杜绝超量生产,消除无效劳动和浪费,降低成本、提高产品质量,用最少的投入实现最大的产出,最大限度地为企业谋求利益的一种新型生产方式。

#### 8.5.1.2　精益再制造

精益再制造生产是指在充分分析再制造生产与制造生产异同点的基础上,借鉴制造生产中的精益生产管理模式,在再制造生产的全过程(拆解、清洗、检测、加工、装配、试验及涂装等)进行精益管理,以实现再制造生产过程的资源回收最大化、环境污染最小化、经济利润最佳化,实现再制造企业与社会的最大综合效益。精益再制造生产模式主要是在再制造企业里同时获得高的再制造产品生产效率、高的再制造产品质量和高的再制造生产柔性。精益再制造生产组织中不强调过细的分工,而强调再制造企业各部门、各再制造工序间密切合作的综合集成,重视再制造产品设计、生产准备和再制造生产之间的合作与集成。

#### 8.5.1.3　主要特点

再制造生产管理与新品制造管理的区别主要在于供应源的不同。新品制造是以新的原材料作为输入,经过加工制成产品,供应是一个典型的内部变量，其时间、数量、质量是由内部需求决定的。而再制造是以废弃产品中那些可以继续使用或通过再制造加工可以再使用的零部件作为毛坯输入，供应基本上是一个外部变量，很难预测。因为供应源是从消费者流向再制造商，所以相对于新品制造活动，具有逆向、流量小、分支多、品种杂、品质参差不齐等特点。与制造系统相比较，再制造生产具有更多的不确定性，包括回收对象的不确定性、随机性、动态性、提前期、工艺时变性、时延性和产品更新换代加快等。而且这些不确定性不是由系统本身所决定的，而是受外界的影响，因此很难进行预测，这造成实际的再制造组织生产难度比制造更高。因此，在充分借鉴制造企业的精益生产方式，建立再制造企业的精益再制造生产模式，能够显著提高再制造企业的生产效率。

## 8.5.2 精益再制造生产的目标及表现

### 8.5.2.1 精益再制造生产的目标

精益再制造生产主要借鉴精益生产的理念，结合再制造生产的特点，实现再制造生产过程的精益化控制和高效化运行。精益再制造生产不同于单件的维修生产方式，而是对传统的大批量再制造生产方式的优化。精益再制造生产强调以实现再制造生产的最大效益为目标，以生产中的员工为中心，倡导最大限度地激发人的主观能动性，并面向再制造的生产组织与生产过程的全周期，从再制造产品设计、废旧产品物流、再制造生产工艺及再制造产品的销售及服务等一系列的生产经营要素，进行科学合理的组合，杜绝一切无效无意义的工作，使再制造生产的工人、设备、投资、场地及时间等一切投入都大为减少，而再制造出的产品质量却能更好地满足市场需求，从而形成一个能够适应产品市场及环境变化的管理体制，达到以最少的投入来实现最大效益。

精益再制造生产方式需要及时地按照再制造产品顾客的需求来拉动生产资源流，再制造生产过程是再制造产品需求牵引和废旧毛坯物流推动式的生产过程。从再制造产品的质量检测和整体装配开始，每个工序岗位的每道工序需求，都应该按照准时制生产模式，向前一道岗位和工序提出需要的再制造零部件种类和数量，而前面工序生产则完全按要求进行，同时后一道工序负责对前一道工序进行检验，保证物流数量和质量的精准性，这有助于及时发现、解决问题、减少库存。在再制造过程中持续控制质量，从质量形成的根源上来保证质量，减少对销售、工序检验技术服务等功能的质量控制。

### 8.5.2.2 精益再制造生产的表现

精益再制造针对小批量、高品质再制造生产特点，以同时获得高生产效率、高产品质量和高生产柔性为目标。与大批量生产的刚性的泰勒方式相反，其生产组织更强调企业内各部门、各工序相互密切合作的综合集成，重视再制造物流、生产准备和再制造生产之间的合作与集成。精益再制造生产的主要表现特征如下：

(1)以再制造产品需求用户为核心。再制造产品面向可能的需求用户，按订单或精准用户需求组织生产，并与再制造产品用户保持及时联系，快速供货并提供优质售后服务。

(2)重视员工的中心地位作用。在精益再制造生产模式中，员工是企业的主人翁和雇员，被看作是企业最重要的资产，把雇员看得比机器等资源更重要，将作业人员从设备的奴役中解放出来，注意充分发挥员工主人翁的主观能动性，形成新型的人机合作关系。采用适度自动化生产系统，充分发挥员工的积极性和创造性，不断培训，提高工作技能和创新思想，使他们具有较强的责任感，成为公司的重要资源。推动建立独立自主的以岗位为基础的再制造生产小组的工作方式，小组中每个人的工作都能彼此替代和相互监督。

(3)以“精简”为手段。简化是实现精益生产的核心方法和手段。精简产品开发、设计、生产、管理过程中一切不产生附加值的环节，对各项活动进行成本核算，消除生产过程中的种种浪费，提高企业生产中各项活动的效率，实现从组织管理到生产过程整体优化，产品质量精益求精。精简组织机构，减少非直接生产工人的数量，使每个工人的工作都能让产品增值。简化与协作厂的关系，削减库存，减少积压浪费，将库存量降低至最小限度，争取实现“零库存”。简化生产检验环节，采用一体化的质量保证系统。简化产品检验环节，以流水线旁的生产小组为质量保证基础，取消了检验场所和修补加工区。

(4)实行“并行工程”。在产品开发一开始就将设计、工艺和工程等方面的人员组成项目组，简化组织机构和信息传递，以协同工作组方式，组织各方面专业人员并行开发设计产品，缩短产品开发时间，杜绝不必要的返工浪费，提高产品开发的成功率，降低资源的投入和消耗。

(5)产品质量追求“零缺陷”。在提高企业整体效益方针的指导下，通过持续不断地在系统结构、人员组织、运行方式和市场供求等方面进行变革，使生产系统能很快地适应用户需求而不断变化，精简生产过程中一切多余的东西，在所需要的精确时间内，实施全面质量管理，并以此确保有质量问题的废次品不往后传递,高质量地生产所需数量的产品,将最好的产品提交用户。

(6)采用成组技术,实现面向订单的多品种高效再制造生产。

### 8.5.3　精益再制造生产管理模式及应用

精益再制造相对于大批量粗放式生产而言,可以大大降低生产成本,强化企业的竞争力。精益再制造生产管理综合了现代的多种管理理论与先进制造技术方法(图8.7),成为再制造生产资源节约和效益提升的重要手段。

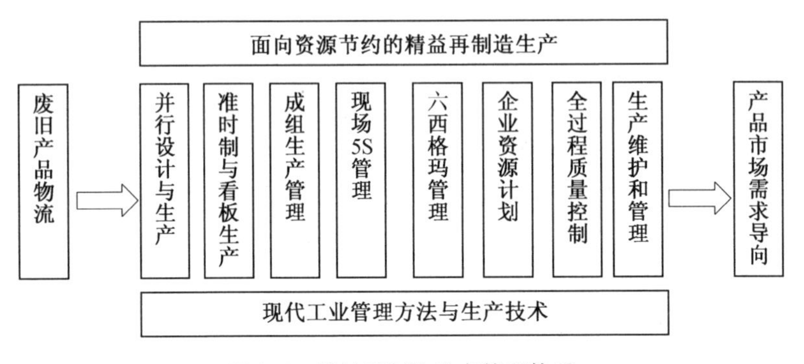


图8.7　精益再制造生产管理体系

精益再制造生产需要把"尽善尽美"作为再制造产品生产不懈追求的目标,持续不断地改进再制造生产中的拆解、清洗、加工、检测等技术工艺和再制造生产方式,不断增加资源回收率,降低环境污染和再制造成本,力争再制造生产的无废品、零库存和再制造产品品种的多样化。再制造生产中追求以"人为中心"、以"简化"为手段,正是达到这种"尽善尽美"理想境界的人员和组织管理保证。具体来讲,需要做好以下精益再制造生产内容的改进。

#### 8.5.3.1　充分发挥再制造企业员工的潜力

一是充分认识工人是企业的主人,发挥企业职工的创造性。在再制造的精益生产模式中,企业不仅将任务和责任最大限度地托付给在再制造生产线上创造实际价值的工人,而且还根据再制造工艺中的拆解、检测、清洗等具体工艺要求和变化,通过培训等方式扩大工人的知识技能,提高他们的生产能力,使他们学会相关再制造工序作业组的所有工作,不仅是再制造生产、再制造设备保养、简单维修,甚至还包括工时、费用统计预算。工人在这里既受到企业重视又能掌握多种生产技能,不再枯燥无味地重复同一个动作,必然会以主人翁的态度积极地、创造性地对待自己所负责的工作。二是在精益再制造生产中,工人享有充分的自主权。生产线上的每一个工人在生产出现故障时都应有权让一个工区的生产停下来,并立即与小组人员一起查找故障原因,做出决策,解决问题,排除故障。三是再制造生产中要以用户为“上帝”,再制造产品开发中要面向用户,按订单组织并根据废旧产品资源及时生产,并与再制造产品用户保持密切联系,快速及时地提供再制造产品和优质的售后服务。

#### 8.5.3.2 简化再制造生产组织机构

再制造产品的生产需要对物流、加工、销售等全过程进行设计,因此,可以在再制造设计中采用并行设计与生产方法,在确定某种废旧产品的再制造项目后,由再制造产品性能改造设计、生产工艺和销售等方面的工程人员组成项目组,各专业的人员及时处理大量的再制造信息,简化信息传递,使系统对市场用户反应灵活。遇到的冲突和问题尽可能在开始阶段得到解决,使重新设计的再制造产品不但满足再制造工艺生产要求,还能最大限度地符合用户的功能和费用要求。

#### 8.5.3.3 简化再制造生产过程,减少非生产性费用

在精益再制造生产中,凡是不直接使再制造产品增值的环节和工作岗位都看成是浪费,因此精益再制造生产也可以采用准时制生产方式。但由于再制造毛坯具有不确定性,因此应该提高物流预测的可靠性,即从废旧产品物流至再制造工厂生成再制造产品并销售的全部活动,采用尽量少中间存储(中间库)的、不停流动的、无阻力的再制造生产流程。同时,工厂需要适当撤销间接工作岗位和中间管理层,从而减少资金积压,减少非生产性费用。在再制造拆解、清洗、加工等工艺中尽量采用成组技术,实现面向订单的多品种高效的再制造生产。

#### 8.5.3.4 简化再制造产品检验环节,强调一体化的质量保证

再制造产品的质量是再制造企业的生命,对于制造企业来说,由于废旧产品来源及质量的不确定性,再制造产品的质量更应该被给予高度重视。精益再制造生产可采用一体化质量保证系统,以再制造工序的流水线生产方式划分相应的工作小组,如拆解组、清洗组、检测组、加工组等,以这些再制造生产小组为质量保证基础。小组成员对产品零部件的质量能够快速和直接处理,拥有一旦发现故障和问题,即能迅速查找到起因的检测系统。同时,由于每个小组对自己所负责的工序零部件被给予高度的质量检测保证,可相应取消专用的零部件检验场所,只保留产品整体的检测区域。这不仅简化了再制造产品的检验程序,保证了再制造产品的高质量,

而且可节省费用。

#### 8.5.3.5　简化与协作厂的关系

再制造的协作厂包括提供废旧产品的逆向物流企业、提供替换零部件的制造企业、提供再制造产品销售的企业以及提供技术和信息支撑的相关单位。再制造的生产厂与这些协作厂之间是相互依赖的关系。在新的再制造产品开发阶段,再制造生产厂要根据以往的合作关系选定协作厂,并让协作厂参加新的再制造产品开发过程,提供相关信息和技术支持。再制造厂和协作厂采用一个确定成本、价格和利润的合理框架,通过共同的成本分析,研究如何共同获益。当协作厂设法降低成本、提高生产率时,再制造厂则积极支持、帮助并分享所获得的利润。在协作厂生产制造阶段,再制造厂仅把要再制造生产所需的零部件的性能、规格及要求提供给协作厂,协作厂则负责具体的供应。再制造厂与协作厂之间的这种相互渗透、形似一体的协作形式,不仅简化了再制造厂的产品再制造设计工作,简化了再制造厂与协作厂的关系,也从组织上保证了再制造物流工作的完成,能够最大限度地避免再制造中物流不确定性的问题。

总之,精益再制造生产以“人为中心”、以“简化”为手段、以“尽善尽美”为最终目标,这说明再制造的精益生产不仅是一种生产方式,更主要的是一种适用于现代再制造企业的组织管理方法。在再制造生产中采用精益生产方式无须大量投资,就能迅速提高再制造企业管理和技术水平。随着它在再制造企业中不断得到重视及应用,实行及时生产、减少库存、看板管理等活动,确保工作效率和再制造产品质量,将能够推动再制造企业创造显著的经济效益和社会效益。

## 8.6　清洁再制造生产

清洁生产(Cleaner Production)是指既可以满足人们的需要又可以合理使用自然资源和能源,并保护环境的实用生产方法和措施。自20世纪70年代出现以来,各国相继出台了有关清洁生产及其实施的相关政策,促进了清洁生产在产品制造中的应用。再制造是一种将废旧产品变成“如新品一样好”的再循环过程,并且被认为是废旧产品再循环的最佳形式,高效益地实现了老旧产品的资源节约,避免了老旧产品的环境污染。再制造既属于先进制造的重要内容,也与清洁生产具有相同的环保目标,实现二者的结合,通过在废旧产品再制造生产过程中设计并采用清洁生产理念及技术方法,建立全新的清洁再制造生产模式,将能够进一步促进再制造生产方式的变革，提升再制造的资源和环境效益。

### 8.6.1　清洁再制造生产的内涵

清洁再制造生产可以定义为在再制造生产过程中，采用清洁生产的理念与技术方法，以实现减少再制造生产过程的环境污染，并减少原材料资源和能源使用的先进绿色再制造生产方式。其本质是减少再制造生产过程的环境污染和资源消耗，它既是一种体现再制造宏观发展方向的重要生产工程思想与趋势，也可以从微观上对再制造生产工艺做出具体要求和规划，体现再制造资源和能源节约的优势，从生产过程中制订污染预防措施。

清洁再制造生产主要是通过再制造管理和工艺流程的优化设计，使得再制造生产过程污染排放最低，资源消耗最少，资源利用率最高，以实现最优的清洁绿色再制造生产过程。清洁再制造生产方式在再制造企业的应用，将能够有效地提升再制造生产的绿色度，解决当前制造企业面临的资源和环境问题，增强再制造产业的发展和竞争能力。

再制造与清洁生产两者都体现着节约资源和保护环境的理念，都是支撑可持续发展战略的有效技术手段，相互之间存在着密切的联系。再制造的生产方式是实现废旧产品的重新利用，这一过程实现了资源的高质量回收和环境污染排放最大化的减少，所以再制造本身就是一种清洁生产方式。同时，再制造生产本身也属于制造生产过程，所以在再制造生产过程中采用清洁生产技术，可以进一步减少再制造生产过程的资源消耗和环境污染，实现再制造资源和环境效益的全过程最大化。再制造所使用的毛坯是退役的废旧产品，本身蕴含了大量的附加值，相当于采用了最优的清洁能源完成了大量毛坯成形。而且再制造过程本身相对制造过程来说消耗的材料和能源极少，再制造生产本身也是清洁生产过程，再制造产品符合清洁生产的产品要求，属于绿色产品的范畴。

### 8.6.2　清洁再制造生产内容及控制

清洁再制造生产不但是一种生产理念，更是一套科学可行的生产程序。这套程序需要从生产设计规划开始，结合再制造全周期过程逐步深入分析，按一定的程序分析制订出再制造全工艺过程的资源消耗、污染产生及环境评估，采用清单分析方法进行生产系统资源消耗分析，采用不影响环境的资源使用方案，减少或避免在生产过程中使用有毒物质，对再制造生产全过程也进行排放的废弃物品类进行分析，避免对环境污染方案或资源的采用，从传统的以产品生产为目标的生产模式转换成生产产品和污染预防兼重的生产模式，在生产管理理念、工艺技术手段等方面，严格按照清洁生产程序组织再制造生产，达到消除或减少环境污染，最大化利用资源的目的。

清洁再制造生产需要从生产全过程来进行控制，图8.8给出了再制造企业实现清洁再制造生产的控制流程及内容框架。具体来讲，其在工厂的应用，需要从废旧产品的再制造设计阶段就进行规划，调整再制造生产过程使用的材料及能源，改进技术工艺设备，加强清洁再制造的工艺管理、技术设备管理、物流管理、生产管理、环境管理等工作，实现再制造生产过程的节能、降耗、减污，并实现废物处理的减量化、无害化。

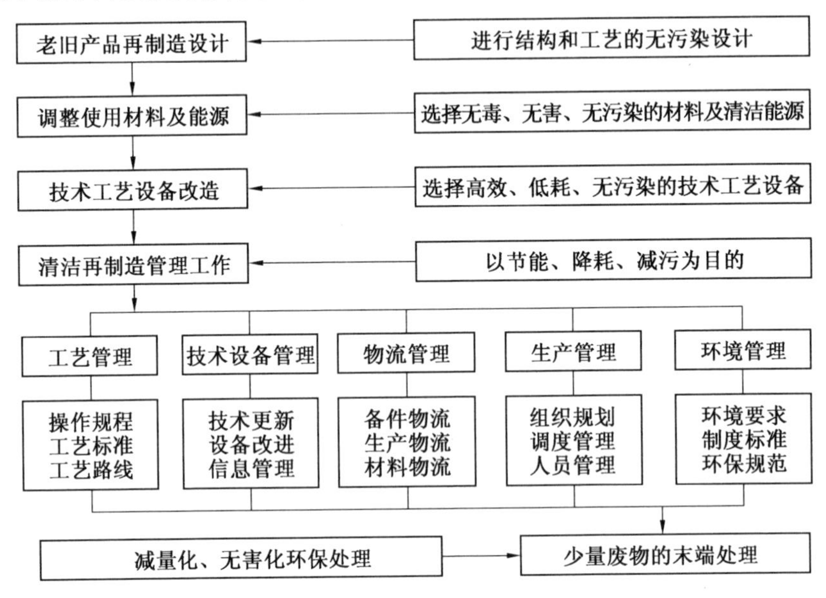


图8.8　清洁再制造生产的控制流程及内容框架

## 8.6.3　废旧发动机清洁再制造的生产应用

### 8.6.3.1　发动机清洁再制造工艺思路

再制造在我国已经得到了初步的发展，越来越多的企业加入到再制造行列。发动机再制造是我国最早开展再制造应用的领域，自20世纪90年代中期以来，在我国已经形成了一定的生产规模，并形成了成熟的生产工艺流程，其主要的生产步骤包括拆解、清洗、检测、加工、装配及包装等过程。在发动机再制造生产中，引入清洁生产理念，对发动机再制造生产方式进一步优化设计，广泛采用清洁再制造的生产方式，将进一步减少再制造过程的资源消耗和降低环境污染,增强发动机的再制造效益。

发动机清洁再制造生产,在管理层面需要推行清洁再制造全生产过程的清洁管理,即对生产全过程采用清单分析的方法,应用清洁生产审计,即在生产规划之初,对计划进行或者正在采用的再制造生产过程进行总体的污染测算和全过程的清单分析评估,对预计产生污染较多的工艺步骤进行改进或改造,尽量减少再制造生产过程中的各种危险性因素,如高温、高压、低温、低压、易燃、易爆、强噪声、强振动等,制订出最优化的清洁再制造生产工艺过程。例如,可以在检查有关生产单元技术过程、原材料和水电消耗、三废排放的来源、数量及类型的清单基础上,通过全工艺过程的定量化评估分析,综合考虑投入与产出的关系,找出不合理的污染单元,制订减少污染排放方案,进而提升环境等综合效益,建立可循环的绿色清洁再制造生产线。

#### 8.6.3.2 发动机清洁再制造生产工艺

根据清洁生产的理念和要求,结合再制造的生产关键特点,发动机清洁再制造生产需要重点做好以下工艺过程的内容要求。

1. 清洁再制造拆解过程

老旧产品的再制造拆解是实现再制造的基础步骤,是再制造的关键内容。但由于老旧产品经过使用后,本身品质下降,在拆解中面临着大量的废弃件、废弃油料的处理问题,容易造成污染,因此,采用清洁再制造拆解过程是发动机清洁生产的重要内容。为实现清洁拆解,一是建立自动化程度高的流水线拆解方式,避免人为误操作造成的旧件损伤,产生过多的资源浪费和固体废弃物;二是根据老旧发动机的特点,制订废油、废水的收集处理的方案及措施,避免泄露而造成环境污染;三是不断提高拆解技术水平,配置高效或专用的拆解设备,淘汰旧件回收率低、污染严重的老旧拆解工艺设备,提高无损拆解率。

2. 清洁再制造清洗过程

再制造清洗过程是清除废旧件表面污垢的过程,包括化学清洗和物理清洗方法,也是再制造生产中易产生高污染的过程,属于清洁再制造生产中需要重点关注并进行清洁设计的内容。传统的废旧件再制造化学清洗液中存在着污染环境、不利于环保处理的化学成分,对环境造成了严重污染。清洁再制造清洗要求:①尽量减少化学清洗液的使用,尤其减少化学清洗液中对环境污染大的成分,杜绝对环境的化学污染;②尽量采用机械清洗方式,重点实现化学溶剂清洗方法向水基的机械清洗方法发展,如摩擦、喷砂、超声、热力等清洗方式,增加物理清洗在再制造清洗中的比重,避免化学清洗的污染；③大量采用先进的清洗技术，如干冰清洗、激光清洗、感应清洗等，提高清洗效率，减少环境影响；④建立再制造清洗残留液或固体废弃物的环保处理装置，实现废液的循环利用和固体废弃物的减量化无害处理。总之，清洗环节是清洁再制造生产控制的重要内容，也是不同于清洁制造的过程，应通过清洁清洗技术、工艺、设备和管理来保证再制造清洗实现清洁、环保、高效，减少清洗过程的环境污染。

3. 清洁再制造的加工过程

对检测后存在表面或体积缺陷，需要性能恢复或升级的旧件，将进入再制造加工过程，主要包括机械尺寸修理法和表面技术恢复法。

机械尺寸修理法主要是通过机械加工设备，对损伤表面进行磨削、车削、镗削等机械加工来进行零部件表面形状公差和配合公差的恢复，其清洁生产过程与传统产品制造中清洁生产要求相同，即主要采用清洁能源和环保切削液，加强废液和切屑等固体废弃物的资源化利用和环保处理，降低设备噪声，从而实现清洁机械加工过程。

表面技术恢复法是采用表面改性、膜层、涂层、敷层等技术方法来实现表面性能的提升和尺寸恢复，通常为了达到表面配合要求，在完成表面技术处理后，还需要进行机械加工以满足表面配合精度要求，对机械加工的清洁处理可以参考旧件机械加工的清洁生产要求内容。表面技术处理过程通常会带来较大的环境污染，如化学镀液的处理、喷涂或熔敷过程中的噪声及粉尘污染等。做好表面技术加工过程的清洁生产，需要注意做好以下几点：①尽量减少化学镀液的使用，尤其是限制使用毒性较高的原材料，减少使用挥发性有机溶剂，如使用替代六价铬、镉、铅、氰化物、苯系溶剂的工艺，严格避免六价铬污染；②改造生产环境，对部分高声、光、电、粉尘污染的设备进行隔离，避免对生产环境产生污染，危害人身健康，如对于喷涂工艺设备，要建立专用房间处理，操作人员穿着防护服，对粉尘采用抽风管道进行处理等；③建立完善的“三废”处理装置，既实现有用资源的回收利用，又使最终“三废”排放均经过环保处理，将其对环境的影响降至最低；④不断发展绿色表面技术，并加强对污染重工艺技术的改造和替换，如用物理方法替代化学方法获得涂层、用易处理的镀液代替污染重的镀液等。

4. 清洁再制造涂装过程

再制造零部件与新件组装成再制造产品后，最后需要进行涂装工艺，即对表面进行喷漆等，以达到防护、装饰、标识等目的。再制造涂装由于涉及大量的挥发性有机物，易于对空气质量和环境造成严重危害，以及对人类健康造成巨大威胁。清洁再制造涂装需要从涂装对象、工艺、材料、设备、管理等方面来综合考虑,例如,对涂装对象和涂装目的进行深入分析设计,避免过度涂装,节约资源;对涂装工艺过程进行设计,采用高效可靠的技术流程;对涂装材料进行科学选择,避免采用高污染的材料;对涂装设备进行模块化规划配置,以更小的占用面积、更小的材料消耗来实现材料节约;涂装管理除强调全过程管理外,还可以采取专业化外包的方式,减少环保处理负担。

#### 8.6.3.3 发动机清洁再制造生产管理

发动机清洁再制造生产要求以减少环境污染和资源浪费为目的,面向再制造全过程进行综合管理和控制。从企业管理层面,应提出并实施清洁再制造生产管理,将环境影响作为再制造生产过程中各种决策的重要方面,对再制造产品的论证规划、再制造生产线布局及生产技术应用、再制造废弃物处理等,在规划之初就要体现清洁生产的思想,体现清洁生产战略和实施方案,从设计源头规划出再制造生产中的污染预防理念。例如,尽量采用各种方法对常规的能源采取清洁利用,如电、煤、油及各种燃气的供应等;在再制造生产过程中严格限制能源消耗高、资源浪费大、污染严重的工艺流程,对可能污染重、全寿命周期能耗高、产品性能品质劣的再制造产品实行转产;完善再制造生产管理,减少无效劳动和消耗;组织安全文明生产,倡导绿色文明、绿色文化中;落实岗位和目标责任制,防止生产事故;科学安排生产进度,改进操作程序等。在具体工艺层面,清洁再制造生产需要通过具体的工艺手段措施来实现再制造全周期过程的污染预防和资源节约。例如,对企业内部的物料进行内部循环利用;加强设备管理,杜绝跑冒滴漏,提高设备完好率和运行率;通过资源、原材料的节约和合理利用,使原材料中的所有组分通过生产过程尽可能地转化为产品,使废弃物资源化、减量化和无害化,减少污染物排放;尽量少用和不用有毒有害的原料,以防止原料及产品对人类和环境的危害;同时替代原废旧产品中毒性较大的材料及零部件,对废旧产品中的高环境污染材料和零部件进行合理处理,减少其废弃后的环境危害;在再制造所需新备件使用中,要采用无毒、无害的最新技术备件产品,防止使用过程中对人类的危害等。

运用清洁生产理念,通过科学规划,实现清洁再制造生产,不但能够提升再制造企业产品的绿色度,减少环境污染和资源消耗,还能够提升再制造企业效益,建立企业绿色文化。同时,作为先进清洁的再制造生产方式,政府部门也需要通过完善规章制度等措施,不断促使再制造企业自觉、连续、持久地推行清洁再制造生产,为社会的可持续发展做出更大的贡献。

# 8.7 再制造生产资源管理计划

## 8.7.1 概述

1965年,美国的Joseph A. OrliCky博士与Oliver W. Wight等管理专家一起在深入调查美国企业管理状况的基础上,针对制造业物料需求随机性大的特点,提出了物料需求计划(Material Resources Planning, MRP)这种新的管理思想,并在计算机上得到实现,主要用于库存控制,可以帮助人们有效地、精确地确定库存水平,跟踪材料状况,可在数周内拟定零部件需求的详细报告,用来补充订货及调整原有的订货,满足生产变化的需求。

20世纪80年代末期,人们又将生产活动中的销售、财务、成本、工程技术等主要环节与闭环MRP集成为一个系统,成为管理整个企业的一种综合性的制订计划工具,称为制造资源计划(Manufacturing Resources Planning, MRP),它可在周密的计划下有效地利用各种制造资源,控制资金占用,缩短生产周期,降低成本,实现企业整体优化,以最佳的产品和服务占领市场。

制造资源计划是以物料需求计划MRP为核心,覆盖企业生产活动所有领域、有效利用资源的生产管理思想和方法的人-机应用系统。由于制造资源计划的英文缩写与MRP相同,为了区别,在其末尾加上“II”,即成为MRP-II,表示是第二代的MRP。MRP-II系统是站在整个企业的高度进行生产、计划及一系列管理活动,通过对企业的生产经营活动做出有效的计划安排,把分散的工作中心联系起来进行统一管理。因此,MRP-II是将企业的生产、财务、销售、采购、技术管理等子系统综合起来的一体化系统,各部分相互联系,相互提供数据。

目前,美国已经有数以万计的企业采用了MRP-II技术并取得了显著的经济效益。据有关资料统计,平均每个用户减少了17%的库存,成本降低了7%,生产率提高了10%。20世纪70年代末,沈阳鼓风机厂引进IBM公司的计算机(IBM 4331)和COPICS软件,标志着MRP-II开始进入我国。目前,全球制造业为实现柔性制造、占领世界市场、取得高回报率所建立的计算机化管理信息系统越来越多地选用了MRP-II软件。

## 8.7.2 现代化再制造生产对MRP-II的需求

当代社会中,市场对产品的需求正在从重“数量”转变为重“质量”,从

“卖方市场”转变为“买方市场”，从“粗放型”转为“精细型”，从忽视环境污染变为重视绿色生产。为了适应这种变化的市场环境，不少企业也开始从“少品种大批量”生产方式转变为“多品种小批量”生产方式。再制造产品的出现是对市场、资源和环境优化适应的结果，同时，由于产品的批量变小、个性化增强、功能寿命降低，对传统的建立在大批量产品退役基础上的再制造生产模式带来了一定的冲击，要求再制造企业能够通过快速的生产资源重组和物流管理来适应这种市场产品的变化特征。从传统的大批量再制造生产，变换成小批量、个性化、柔性化、可重组的生产模式，即可以在一定的资源内，通过重组，实现多型号、多模式、多功能的再制造生产。正是在这种生产背景下，对再制造企业重视并运用 MRP-II 提出了更高要求，要求通过企业内部的资源调整和管理，来解决新形势下再制造生产中的批量与管理、批量与效益的矛盾。

与此同时，为适应毛坯供应市场和产品需求市场的条件与要求，再制造生产也面临着毛坯的不确定性、再制造产品的多样性、再制造生产过程的变动性、再制造技术条件的不确定性、再制造计划的模糊性以及再制造物料供应中毛坯件和新件库存的复杂性与动态性等多方面的问题，这些问题都不同程度地困扰着再制造企业的生产、管理和销售。多品种型号使再制造生产中毛坯质量、数量及时间等因素更加不确定，生产资金和再制造成品资金占用日益增加，总体经济效益下降。这是再制造企业寻求最大的客户服务、最小的库存投资和高效率的再制造生产 3 个目标之间在新的市场形势下表现出来的矛盾。再制造企业要想完全满足客户对多变的产品个性和功能的需求、提供最大的再制造产品客户服务，库存投资就会提高，生产效益就会降低，而因废旧件物料供应存在的不确定性而导致企业只能间断性地进行再制造生产时，这种矛盾在再制造企业就显得尤为突出。

与制造企业同时竞争的复杂多变的市场需求信息如何与再制造企业毛坯的逆向物流、再制造生产能力、再制造设备资源等内容协调一致，使之在再制造企业的管理和控制下保持物流、生产、销售等再制造过程的动态平衡，已经成为再制造企业所面临的紧迫问题。新的市场竞争要求再制造企业管理超越传统模式，不断应用现代信息科技，能够在短时间内获得更多的优质准确的信息，改变资源计划和物流中的不确定性因素，实现资源精确保障。

总体来说，MRP-II 是一种组织企业现代化大生产的技术，也是提高再制造企业竞争力的有效工具。再制造企业需要采用以 MRP-II 为核心的 MIS 系统，从产品市场竞争的实际出发，以物料定生产，以销售定生产，以再制造计划与质量控制为主线的管理模式，才能提高自己的竞争力，获得最大效益。

## 8.7.3　再制造的生产资源管理设计

再制造生产资源管理的基本内容是对生产活动进行计划与控制。

### 8.7.3.1　再制造的生产计划

因再制造生产是以废旧产品作为生产的主要原料，而废旧产品的供应显著区别于制造企业所需原料的供应，具有数量、质量、时间的不确定性，对再制造生产计划造成了直接的影响。再制造生产计划也可以分为5个层次，即综合生产计划、主控进度计划、物料需求计划、能力计划及废旧产品供应预测。

1. 综合生产计划

综合生产计划的任务是根据市场需求和企业资源能力，确定企业年度生产再制造产品的品种与产量。通常可以采用数理规划的方法制定综合生产计划。典型的线性规划模型如下：

假设再制造企业有 $m$ 种资源，用于生产 $n$ 种再制造产品，其中第 $j$ 种再制造产品的年产量为 $X_j$，若 $a_{ij}$ 表示生产一件第 $j$ 种产品所需的第 $i$ 种资源的数量，$G_j$ 表示生产一件第 $j$ 种产品所获得的利润，$b_i$ 表示第 $i$ 种资源可用的数量。试确定最佳产品品种的组合和最佳年产量。

目标函数（以再制造企业的最大利润 $z$ 为优化目标）及约束条件为

$$\max z = \sum_{j=1}^{n} G_j X_j$$

$$\text{s.t}\quad \sum_{j=1}^{n} a_{ij} X_j \leqslant b_i \quad (i = 1,2,\cdots,m)$$

$$X_j \geqslant 0 \quad (j = 1,2,\cdots,n)$$

2. 主控进度计划

主控进度计划即最终再制造产品的进度计划，是根据综合生产计划、市场需求和再制造企业资源能力而确定的。也可以采用数理规划的方法制订主控进度计划，只是此时的优化目标是企业生产资源的充分利用。例如，以机床负荷率为优化目标，其线性规划模型如下：

目标函数（以机床负荷率 $S$ 为优化目标）及约束条件为

$$\max S = \frac{\sum_{k=1}^{12} \sum_{i=1}^{p} \sum_{j=1}^{n} d_{ij} X_{jk}}{\sum_{k=1}^{12} \sum_{i=1}^{p} t_{ik}}$$

$$\text{s.t}\quad \sum_{i=1}^{n} d_{ij}X_{jk} \leqslant t_{ik} \quad (i=1,2,\cdots,p;k\text{ 取正整数})$$

$$0 \leqslant X_{jk} \leqslant X_j \quad (j=1,2,\cdots,n;k\text{ 取正整数})$$

附加约束条件为

$$\begin{cases} \sum X_{jk} = X_j & (j=1,2) \\ X_{jk} = 0 & (j=5,6,7;\ k=1,2,\cdots,6) \\ X_{45} = X_4 \\ \cdots \end{cases}$$

式中 $d_{ij}$—— 生产一件第 $j$ 种产品所需第 $i$ 种设备的台时数；

$x_{jk}$—— 第 $j$ 种产品第 $k$ 月的产量；

$t_{ik}$—— 第 $i$ 种设备第 $k$ 月的台时数；

$p$—— 设备种数。

上述模型中的附加约束条件通常由订货要求确定。

3. 物料需求计划

物料需求计划将最终的产品进度计划转化为零部件的进度计划和原材料(外购替换件)的订货计划。物料需求计划明显受废旧产品供应的数量、质量和时间的影响。

4. 能力计划

确定满足物料需求计划所需要的人力、设备和其他资源。

5. 废旧产品供应预测

通过科学预测和评估,确定一定时期内用于再制造的废旧产品所供应的数量及质量,对综合生产计划、主控进度计划和物料需求计划进行修订。

#### 8.7.3.2 再制造生产控制

再制造生产控制用于确定生产资源和原料是否满足生产计划需要,如不能满足,则需通过调整资源或更改计划使资源与计划达到匹配。再制造生产控制主要包括以下内容。

1. 原料控制

原料控制对废旧产品数量、质量进行控制,使其既满足生产要求,又不造成大量库存。

2. 车间控制

车间控制指对生产过程和生产状态进行控制,使其符合生产计划要求。

3. 库存控制

库存控制指为保证生产计划的顺利执行而对原材料、生产辅助材料、备件和废旧产品的库存进行控制。

4. 制造资源计划

制造资源计划指将物料需求计划、能力计划、车间控制、库存控制和原料控制等集成在一起,实现生产及资源的优化管理。

5. 准时制生产系统

准时制生产系统指完全根据需求进行生产的一种控制方式,可以最大限度地减少库存。

## 8.8 成组再制造

### 8.8.1 概述

随着人类生活水平的提高和社会的进步,人们追求个性化、特色化的思想日益普遍。在提供人类的生产生活所需产品的制造业中,大批量的产品越来越少,单件小批量的产品生产模式越来越多,占各类机器生产的76% ~85% 。

成组技术(Group Technology,GT)是在改变多品种、小批量生产落后面貌的过程中产生的一门生产技术科学,是合理组织中小批量生产的系统方法。它研究如何识别和发掘生产活动中有关事务的相似性,并对其进行充分利用,即把相似的问题归类成组,寻求解决这一组问题相对统一的最优方案,以取得所期望的经济效益。成组技术已发展到可以利用计算机自动进行零部件分类、分组,不仅应用到产品设计标准化、通用化、系列化及工艺规程的编制过程,而且在生产作业计划和生产组织等方面也有较多的应用。

成组技术应用于机械加工方面,是根据零部件的结构形状特点、工艺过程和加工方法的相似性,将多种零部件按其工艺的相似性分类成组以形成零部件族,把同一零部件族中零部件分散的小生产量汇集成较大的成组生产量,再针对不同零部件的特点组织相应的机床,形成不同的加工单元,对其进行加工,经过这样的重新组合可以使不同零部件在同一机床上用同一个夹具和同一组刀具,稍加调整就能加工。这样,成组技术就巧妙地把品种多转化为“少”,把生产量小转化为“大”,由于主要矛盾有条件地转化,这就为提高多品种、小批量生产的经济效益提供了一种有效的方法。

成组工艺实施的步骤为:零部件分类成组;制订零部件的成组加工工艺;设计成组工艺产品;组织成组加工生产线。

## 8.8.2 成组技术的实施

### 8.8.2.1 零部件分类编码

为了便于分析零部件的相似性,首先需对零部件的相似特征进行描述和识别。零部件分类编码系统就是用符号(数字、字母)等对产品零部件的有关特征,如功能、几何形状、尺寸、精度、材料以及某些工艺特征等进行描述和标识的一套特定的规则与依据。从总体结构来看,零部件分类编码系统有整体式和分段式两种结构形式,其中前者整个系统为一整体,中间不分段,通常功能单一,码位较少的分类编码系统常用这种结构形式;后者整个系统按码位所表示的特征性质不同,分成2~3段,通常有主辅码分段式和子系统分段式两种形式。

### 8.8.2.2 划分零部件组

所谓划分零部件组,就是按照一定的相似性准则,将品种繁多的产品零部件划分为若干个具有相似特征的零部件族(组)。一个零部件族(组)是某些特征相似的零部件的组合。零部件分类成组时,要正确地规定每一组零部件的相似性程度。如果相似性要求过高,则会出现零部件组数过多,而每组内零部件种数又很少的情况;相反,如果每组内零部件相似性要求过低,则难以取得良好的技术经济效果。零部件分类成组的基本方法有目测法、生产流程分析法和分类编码法3种。

### 8.8.2.3 建立成组生产单元

成组生产单元是实施成组技术的一种重要组织形式。在成组生产单元内,工件可以有序地游动,大大减少了工件的运动路径。另外,成组生产单元作为一种先进的生产组织形式,可使零部件加工在单元内封闭起来,有利于调动组内生产人员的积极性,提高生产效率,保证产品质量。成组生产单元按其规模、自动化程度和机床布置形式分为4种类型:

(1)成组单机。成组单机用于零部件组内零部件种数较少,加工工艺简单,全部或大部分加工工作可在一台机床上完成的情况。

(2)成组单元。成组单元将一个或几个零部件组加工所用设备集中在一起,形成一个封闭的加工单元。成组单元是成组生产单元最基本、最常见的一种形式。

(3)成组流水线。成组流水线用于零部件组内零部件种数较少,零部件之间相似程度较高,零部件生产批量较大的情况。它具有传统流水线的某些特点,但适用于一组零部件的加工,且不要求固定的生产节拍。

(4)成组柔性制造系统。这是一种高度自动化的成组生产单元,它通常由数控机床或加工中心、自动物流系统和计算机控制系统组成,没有固定的生产节拍，并可在不停机的条件下实现加工工作的自动转换。

## 8.8.3　再制造中成组技术应用设计

在制造系统，成组技术已经得到了一定的应用与发展，但因再制造与制造工艺的差别，所以成组技术尚没有在再制造企业进行推广应用。但现代化的再制造企业生产方式及生产工艺要求再制造企业不断地创造性应用成组技术，并且在拆解、清洗、加工等工艺过程中进行应用，把中、小批的再制造产品设计、再制造生产工艺及再制造生产管理等方面作为一个生产系统整体，统一协调生产活动的各个方面，不断实施成组技术以提高综合经济效益。

### 8.8.3.1　成组技术在再制造生产工艺中的应用

(1)在再制造物流中的应用。进行分类成组运输，可提高运输效率。可以根据废旧产品的种类、地点、质量、时间、距离、运送目的地、装卸方式等要素进行运输分类编码，实现不同品质废旧产品的合理科学运送，最大效率地满足生产中对毛坯的需求。

(2)在再制造拆解和装配中的应用。可根据废旧产品的连接件形式、拆装工具、拆装地点、拆装时间、技术要求、顺序要求、材料特性等要素进行拆装分类编码，有效安排拆装流程，提高拆解的规范化和科学化，另外对拆解后的零部件按要求进行分类，也便于进行检测。

(3)在再制造清洗中的应用。清洗是再制造生产中具有特色的步骤，也要占有大量的劳动量，传统的清洗方法存在分类不科学、清洗重复、效率低的缺点。按照成组技术的特点，根据零部件形状、清洗要求、清洗方式、清洗地点、清洗阶段等要素进行分类编码，可以对清洗进行全程控制，实现批量化清洗，提高清洗效率，降低环境污染。

(4)在再制造检测中的应用。因再制造需要使用原有的废旧产品的零部件作为毛坯进行生产，所以需要根据生产再制造产品的质量要求，在不同阶段，分批次地对废旧产品、拆解后的零部件、清洗后的零部件、再制造加工后的零部件及装配中的零部件进行检测。可以根据成组技术的原理，按照检测阶段、检测设备、检测特征、对象特点、质量要求等要素进行分类编码，形成不同检测方法下的批量化和规范化检测，提高检测效率和可靠性。

(5)在失效零部件再制造加工中的应用。再制造加工是采用各类机械或表面工程等技术恢复失效零部件的性能并达到新品标准，是再制造产品获得高附加值的主要方式，可大量采用成组技术来提高再制造加工效率。在再制造加工中可以按照零部件形状、失效形式、加工方法、安装方式、技术要求、生产阶段、生产批量、加工时间等要素进行分类编码。例如，可以把失效形式、零部件形状、加工方法、安装方式和机床调整相近的零部件归结为零部件组，设计出适用于该组零部件加工的成组工序。成组工序允许采用同一设备和工艺装置，以及相同或相近的机床调整来加工全组失效零部件，这样，只要能按零部件组安排生产调度计划，就可以大大减少由于失效零部件品种更换所需要的机床调整时间。此外，由于零部件组内诸零部件的安装方式和尺寸相近，可设计出应用于成组工序的公用夹具——成组夹具。只要进行少量的调整或更换某些零部件，成组夹具就可适用于全组零部件的工序安装。成组技术亦可应用于零部件加工的全工艺过程。为此，应将失效零部件的再制造加工按工艺过程相似性分类以形成加工族，然后针对加工族设计成组工艺过程。

#### 8.8.3.2 成组技术在产品再制造性设计中的应用

再制造性设计是指在产品设计阶段考虑如何提高产品末端时的再制造能力，主要包括提高产品的标准化程度，提高产品的可拆解性、零部件的可检测性、失效零部件的可恢复性，加强产品的模块化结构等。在设计中大量采用成组技术指导设计，可以赋予各类零部件以更大的相似类，提高零部件的易分类性，最大限度地实现零部件的拆装、检测、清洗、加工的批量化，提高产品易于再制造的能力。尤其在当前产品生产批量日益变小，产品种类日益增多的情况下，采用成组技术可以提高不同类产品零部件间的相似性，实现不同品种产品进行再制造时零部件加工的批量化，提高小批量产品的再制造效益。另外，由于再制造产品也具有继承性，使往年累积并经过考验的有关再制造的经验在生产中的再次应用，这有利于保证再制造产品质量的稳定。

#### 8.8.3.3 成组技术在再制造生产组织管理方面的应用

成组加工要求将零部件按一定的相似性分类形成加工族，加工同一加工族有其相应的一组机床设备。因此，成组生产系统要求按模块化原理组织生产，即采取成组生产单元的生产组织形式。在一个再制造生产单元内有一组工人操作一组设备，再制造加工一个或若干个相近的加工族，在此再制造生产单元内可完成失效零部件全部或部分的恢复型生产加工。因此，成组生产单元是以加工族为生产对象的产品专业化或工艺专业化（如热处理等）的生产基层单位。此外，采用编码技术是计算机辅助管理系统得以顺利实施的关键性基础技术，成组技术恰好能满足相似类产品及分类的编码。

总之，在多品种、中小批量再制造生产企业中实施成组技术，能够减少工艺过程设计和设备调整所需的时间与费用，缩短工件在再制造生产过程中的运输路线,提高再制造加工效率,缩短再制造产品的生产周期,提高设备的利用率,节省再制造生产面积,降低废品率,减少人员需要量,简化生产管理工作,提高对再制造产品改型的适应能力,这会给再制造企业带来显著的经济效益。

## 8.9　信息化再制造升级设计

### 8.9.1　概述

信息化再制造升级主要指在对废旧机电产品进行再制造过程中利用以信息化技术为特点的高新技术,通过模块替换、结构改造、性能优化等综合手段,实现产品在性能或功能上信息化程度的提升,满足用户的更高需求。信息化再制造升级是产品再制造中最有生命力的组成部分,其显著地区别于传统的恢复型再制造。恢复型再制造只是将废旧产品恢复到原产品的性能,并没有实现产品的性能随时代的增长,而信息化再制造升级可以使原产品的性能得到巨大提升,达到甚至超过当前产品的技术水平,对实现产品的机械化向信息化转变具有重要意义。

产品信息化再制造升级与普通信息化升级的区别在于其操作的规模性、规范性及技术的综合性、先进性。通过信息化再制造升级,不但能恢复、升级或改造原产品的技术性能,保存原产品在制造过程中注入的附加值,而且注入的信息化新技术可以高质量地增加产品功能,延长产品使用寿命,建立科学的产品多寿命使用周期,最大限度地发挥产品的资源效益。

### 8.9.2　信息化再制造升级设计

#### 8.9.2.1　信息化再制造升级的主要方式

因为信息化再制造升级的对象是具有固定结构的过时产品,对其加工有更大的约束度,是一个对技术要求更高的过程。通常信息化再制造升级技术是采用信息化技术和产品设计思想,来提高产品的信息化性能或功能,主要的再制造方式有以下几类:

(1)以采用最新信息化功能模块替换旧模块为特点的替换法。主要是直接用最新产品上安装的信息化功能新模块替换废旧产品中的旧模块,用于提高再制造后产品的信息化功能,满足当前对产品的信息化功能要求。

(2)以局部结构改造或增加新模块为特点的改造法。主要用于增加产品新的信息化功能以满足功能要求。

(3)以信息化功能重新设计为特点的重构法。主要是以最新产品的信息化功能及人们的最新需求为出发点,重新设计出再制造后产品结构及性能标准,综合优化信息化再制造升级方案,使得再制造后的产品性能超过当前新品的性能。

因为制造商是原产品信息和最新产品性能等信息的拥有者,所以对废旧产品的信息化再制造升级主要应由原产品制造商来完成再制造方案的设计,并亲自或者授权具有能力的再制造单位进行废旧产品的信息化再制造升级。

### 8.9.2.2 信息化再制造升级的工艺路线

废旧产品被送达再制造工厂后,首次进行信息化再制造升级包括以下主要步骤(图 8.9):

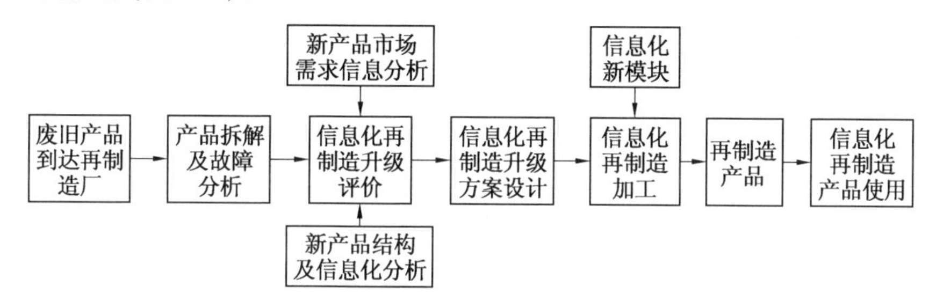


图 8.9 产品信息化再制造升级工艺路线

(1)需要进行产品的完全分解并对零部件工况进行分析。

(2)综合新产品市场需求信息和新产品结构及信息化情况等信息,明确再制造后产品的性能要求,对本产品的信息化再制造升级可行性进行评估。

(3)对适合信息化再制造升级的产品进行工艺方案设计,确定具体升级方案,明确需要增加的信息化功能模块。

(4)依据方案,采用相关高新技术进行产品的信息化再制造升级加工,并对加工后的产品进行装配。

(5)对信息化升级后的再制造产品进行性能和功能的综合检测,保证产品质量。

(6)信息化再制造升级后的产品投入市场,进行更高层次的使用。

### 8.9.2.3 影响因素

废旧机电产品信息化再制造升级活动作为产品全寿命周期的一个重要组成部分,也与产品寿命周期中其他各个阶段具有重要的相互作用,尤其在产品设计阶段,如果能够考虑产品的信息化再制造升级性,则能够明显地提高产品在末端的再制造升级能力。目前可以从定性角度考虑利于信息化再制造升级的设计，例如，在产品设计阶段考虑产品的结构，预测产品性能生长趋势，采用模块化、标准化、开放式、易拆解式的结构设计等都可以促进信息化再制造升级。

### 8.9.3　废旧车床信息化再制造升级设计应用

再制造技术国家重点实验室对 4 台机床（C620、CA6140、加长 CA6140、C630）进行了信息化再制造升级。这 4 台机床生产于 20 世纪 70 年代，主要的失效原因有磨损、划伤、疲劳损坏、碰伤、无数控化功能等。通过信息化再制造升级可以显著地提高机床的信息化程度和加工精度。在相同使用效果情况下，旧机床信息化再制造升级费用仅为购置同类型新数控车床费用的 1/5 ~ 1/3。

在该车床再制造过程中采用的信息化升级方案主要为：采用纳米复合刷镀技术、微脉冲修补技术等表面工程技术修复机床损伤和磨损，恢复机床导轨的尺寸精度和几何形状精度，达到新机床出厂时的标准。更换高精度传动部件（如滚珠丝杠），采用纳米减摩技术，运动精度达到 $X$ 向 0.005 mm/脉冲，$Z$ 向 0.01 mm/脉冲。安装微型计算机数字控制装置和相应的伺服系统以替代原有的电气控制系统，加工零部件程序可以存储在数控机床内，提升机床的控制性能与控制精度，实现零部件加工制配的自动或半自动化操作。表 8.1 为 CA6140 车床精度信息化再制造升级情况的检测报告。

**表 8.1　CA6140 车床精度信息化再制造升级情况的检测报告**

| 检验项目 | 允许误差/mm | 实测误差/mm | 升级后误差/mm |
| --- | --- | --- | --- |
| 主轴轴线对溜板移动的平行度 | $a$=0.02/300<br>$b$=0.015/300 | $a$=0.22<br>$b$=0.15 | $a$=0.02<br>$b$=0.015 |
| 溜板移动对尾座顶尖套伸出方向的平行度 | $a$=0.03/300<br>$b$=0.03/300 | $a$=0.01<br>$b$=0.015 | $a$=0.01<br>$b$=0.015 |
| 主轴轴肩支撑面的跳动 | 0.02 | 0.015 | 0.005 |
| 主轴定心轴颈的径向圆跳动 | 0.01 | 0.02 | 0.005 |
| 主轴锥孔轴线的径向跳动 | $a$=0.01<br>$b$=0.02/300 | $a$=0.05<br>$b$=0.3 | $a$=0.01<br>$b$=0.02 |
| 溜板移动在垂直平面的直线度 | 0.04 | 0.42 | 0.04 |

# 8.10 柔性增材再制造

## 8.10.1 概述

增材再制造成形是基于离散/堆积成形原理、高速电弧喷涂、微弧等离子、MIG/MAG堆焊或激光快速成形等技术,针对损毁零部件的材料性能要求,采用实现材料单元的定点堆积,自下而上组成全新零部件或对零部件缺损部位进行堆积修复,快速恢复缺损零部件的表面尺寸及性能的一种再制造生产方法。

增材再制造成形技术是最近在制造领域的快速成形技术的基础上发展起来的,但又与之有所不同。再制造成形技术是以废旧的零部件作为毛坯,通过修复成形达到原有产品的形状尺寸和性能,而直接快速成形则是从无到有,全部零部件都是堆积成形而成。因此,柔性增材再制造需要首先采用反求技术对磨损的金属零部件进行反求,获得零部件的缺损模型,通过与金属零部件的标准模型进行对比,得到零部件的再制造模型,然后结合MIG堆焊等表面成形工艺方法,进行缺损表面的快速成形。柔性增材再制造是产品零部件再制造一种重要的方法,是集信息技术、新材料、金属快速成形、先进加工、产品维修等为一体的先进再制造技术。

## 8.10.2 柔性增材再制造成形的工作思路及构成

柔性增材再制造的主要功能是实现损毁零部件的快速生成,基本工作步骤为:当平台接收到损毁产品零部件时,首先对损毁零部件进行快速损伤评估,判断可否进行再制造。如果可以进行再制造,则选用图8.10所示的步骤,即用快速高精度三维数据扫描系统对损伤零部件进行扫描,建立缺损零部件模型,并通过与数据库中零部件的原始模型进行对比,反求再制造加工模型并生成自动成形程序,根据零部件性能质量要求,选用合适的快速成形技术方案,迅速恢复零部件尺寸,并通过高速数控加工设备的后处理保证零部件的几何精度,然后检测零部件质量,达到要求的则可以迅速安装应用。

柔性增材再制造成形平台采用综合集成建设模式,主要包括4个子系统:零部件再制造数据库、快速高精度三维数据扫描及再制造建模系统、再制造快速成形系统、成形零部件的后处理数控加工系统等四部分(图

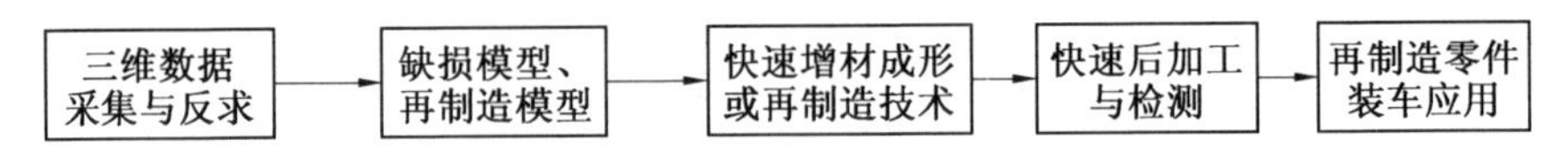


图 8.10　缺损零部件的增材再制造步骤

8.11)。这4部分通过信息技术及机器人技术的应用而融合成一体,并且形成一个开放式结构,具有持续扩展能力,将逐步在成形技术类型、成形零部件种类上予以完善、拓展。

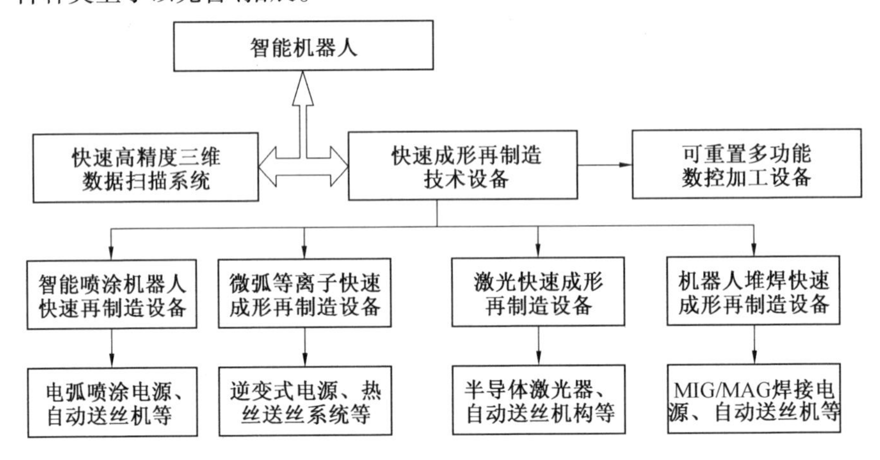


图 8.11　柔性增材再制造成形平台的系统组成

## 8.10.3　柔性增材再制造系统的工作原理及程序

再制造技术国家重点实验室利用表面工程技术领域的优势,结合 MIG 堆焊的特点,研制和开发了基于机器人 MIG 堆焊熔敷的柔性增材再制造系统。该系统在同一机器人上将机器人技术、反求测量技术、快速成形技术综合在一起,实现扫描精度高,成形快速,智能化程度高,适应范围广,开放性好,能对磨损金属零部件进行再制造成形,使得再制造成形件性能达到或超过原始件性能要求水平。图 8.12 为该系统的工作原理图。待再制造的零部件,首先进行预处理,再通过反求技术获得零部件的缺损模型,通过与金属零部件的 CAD 模型进行对比,结合 MIG 堆焊工艺,进行成形路径规划,从而进行 MIG 堆焊熔敷再制造成形。

图 8.13 为基于机器人 MIG 堆焊熔敷的柔性增材再制造成形系统框架图。由图 8.13 可以看出,系统的功能包括零部件缺损模型的获取和处理、缺损模型重构、再制造成形路径的规划、成形的仿真等。系统的工作程序如下:

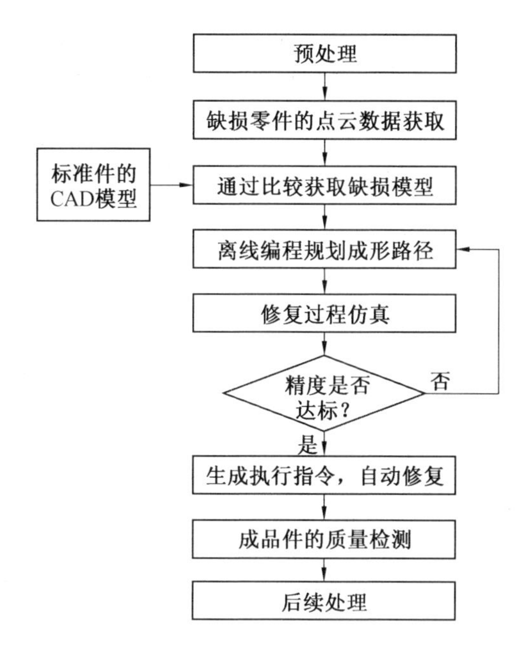


图 8.12 柔性增材再制造系统工作原理图

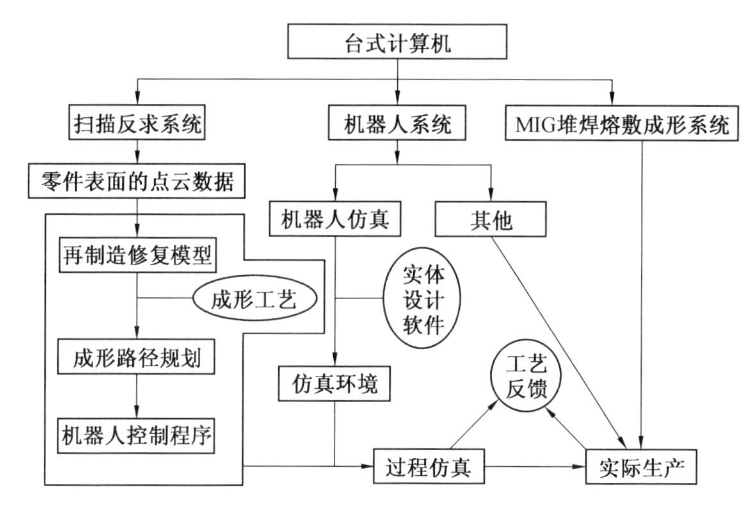


图 8.13 基于机器人 MIG 堆焊熔敷的柔性增材再制造成形系统框架图

(1)机器人抓取三维激光扫描仪对零部件表面进行点云数据的采集，获取零部件的三维模型。

(2)使用点云数据处理软件，以三维逆向工程的原理构建出再制造的修复模型。

(3)离线编程来实现修复路径的规划并生成机器人焊接的控制程序。

(4)结合焊接工艺参数,进行再制造成形路径规划和成形过程的仿真。

(5)仿真成功后,机器人执行程序,抓取焊枪进行一系列的动作,完成实际生产。

## 8.10.4　机器人 MIG 堆焊增材再制造系统设计

### 8.10.4.1　硬件系统

基于机器人 MIG 堆焊熔敷的增材再制造成形系统的硬件部分主要由4个子系统构成:作为执行机构的机器人系统;作为反求装置的三维激光扫描仪反求系统;作为熔敷成形机构的 MIG 焊接电源系统;作为中央控制器的台式计算机(图8.14)。

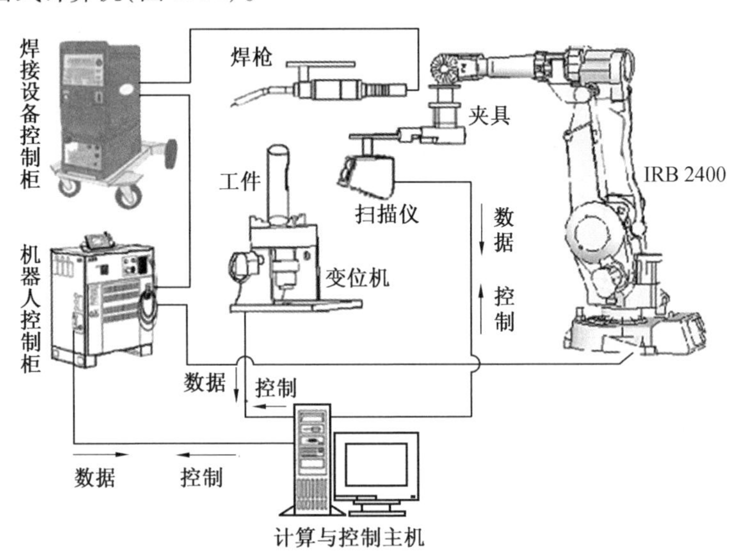


图8.14　基于机器人 MIG 堆焊熔敷的增材再制造成形系统的硬件部分

1. ABB IRB 2400/16 机器人系统

该机器人本体属于6轴关节式机器人。

运动半径:1 450 mm;承载能力:16 kg;最大速度:5 000 mm/s;在额定载荷下以1 000 mm/s 速度运动,机器人的6个轴同时动作时,其单向姿态可重复度:0.06 mm,线性路径精确度:0.45 ~1.0 mm,线性路径可重复度:0.14 ~0.25 mm。控制器为 S4Cplus,它是整个机器人系统的神经中枢,负责处理焊接机器人工作过程中的全部信息和控制其全部动作。

2. MIG 焊熔敷成形设备

焊接设备包括 Fronius 全数字 Trans Puls Synergic 4000 型脉冲 MIG 焊机、焊枪、送丝机构、供气装置等。Fronius 全数字 Trans Puls Synergic 4000 型脉冲 MIG 焊机采用脉冲电流，可用较小的平均电流进行焊接，可以精确控制到一个脉冲过渡一个熔滴，实现近似无飞溅焊接，母材的热输入量低，焊接变形小，适用于全位置焊接。Fronius 全数字焊机采用数字信号处理器(Digital Signal Processor, DSP)，只需改变计算机软件就可以控制焊机的输出特性，实现对焊接过程的精确控制，适合于对焊接质量和精度要求较高的焊接。供气装置为工业氩气瓶，气体为 80% Ar+20% $CO_2$。

3. 三维激光扫描仪反求系统

三维激光扫描仪反求系统由线激光器、Lu050(加拿大渥太华 Lumenera 公司生产)摄像机和相关控制卡组成。激光类型为 CDRH CLASS Ⅱ；摄像机图像传感器的尺寸为 1/3 in(1 in=2.54 cm)，5.8 mm×4.9 mm 阵列，有效像素数为 640×480，拍摄图像的灰度级别为 0 ~ 255 级；扫描仪通过 USB 2.0接口规范与计算机相连，由驱动程序接口实现数据和控制信号的传输，采样频率为 20 fps，扫描固定时，扫描精度为 0.048 mm。

4. 中心计算机

该系统采用一台 Pentium 586 工业控制计算机作为整个系统的过程控制中心，通过相应的接口电路控制各个子系统进行数据处理和再制造零部件的反求及成形。

5. 周边装置

周边装置是指与机器人本体、焊接设备、扫描设备共同完成某种特定工作的辅助设备，包括各种支座、工件夹具、工件(包括夹具)变位装置、安全防护装置以及焊枪喷嘴清理装置、焊丝剪切装置等，可以保证该系统顺利、安全、环保地完成再制造成形作业。

#### 8.10.4.2 软件系统

系统软件环境除各硬件系统的驱动程序及辅助设计类软件外，还包括自行开发的 Trv 文件。Trv 文件主要包括反求系统的标定模块、零部件反求扫描测量模块、数据处理模块、缺损模型重构模块、再制造成形路径的规划模块等。

1. 反求系统的标定模块

反求系统的标定模块的主要任务是确定扫描仪坐标系与机器人末端坐标系之间的变换矩阵，操作界面如图 8.15 所示。

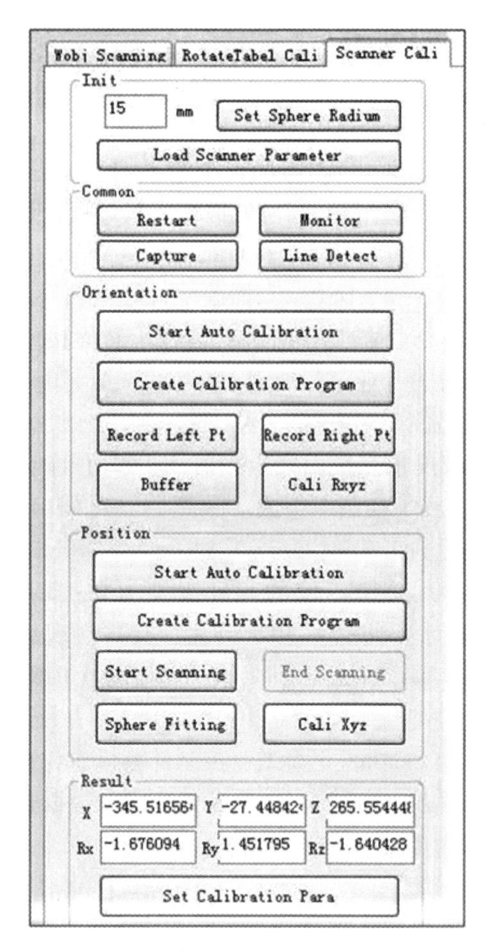


图8.15　反求系统标定模块的操作界面

2. 零部件反求扫描测量模块

零部件反求扫描测量模块的主要任务包括测量参数与方式的设定、数据采集及数据存储等。其操作界面如图8.16所示。

3. 数据处理模块

数据处理模块主要用来进行数据平滑、数据精简、数据去噪、数据拼接与分割等关键的数据处理操作。其操作界面如图8.17所示。

4. 缺损模型重构模块

基于点云数据的模型重构主要包括生成损伤零部件的三角化模型与拟合标准零部件模型两部分。该模块的操作界面如图8.18所示。

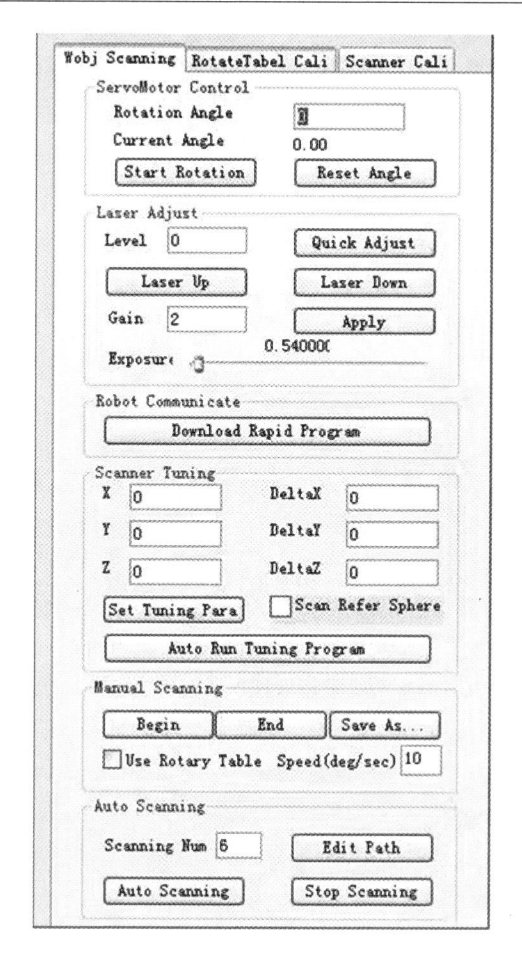


图 8.16 零部件反求扫描测量模块的操作界面

5. 再制造成形路径的规划模块

图 8.19 为再制造成形路径规划模块的操作界面。该模块主要是根据零部件缺损情况和焊道的尺寸进行熔敷成形路径规划，自动生成熔敷成形程序。

机器人 MIG 堆焊熔敷再制造成形系统是基于金属缺损零部件再制造的要求而开发的，它在同一机器人上将机器人技术、反求测量技术、快速成形技术综合在一起，能满足扫描精度高、成形快速、智能化程度高、适应范围广、开放性好等功能要求，适合于金属零部件的制造与再制造，对金属缺损零部件提供了一种可行的再制造成形方法。

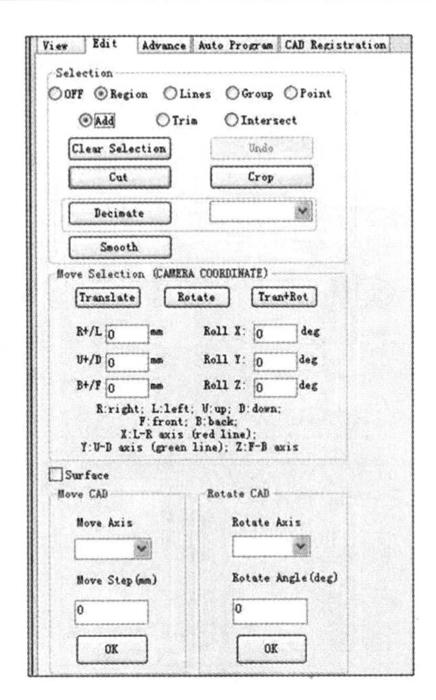


图 8.17　数据处理模块的操作界面

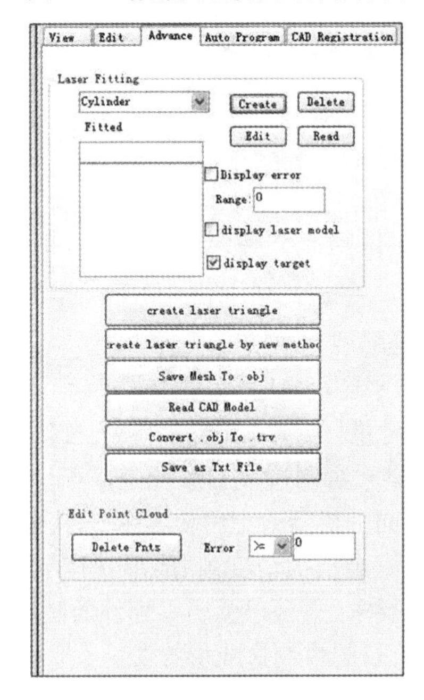


图 8.18　缺损模型重构模块操作界面

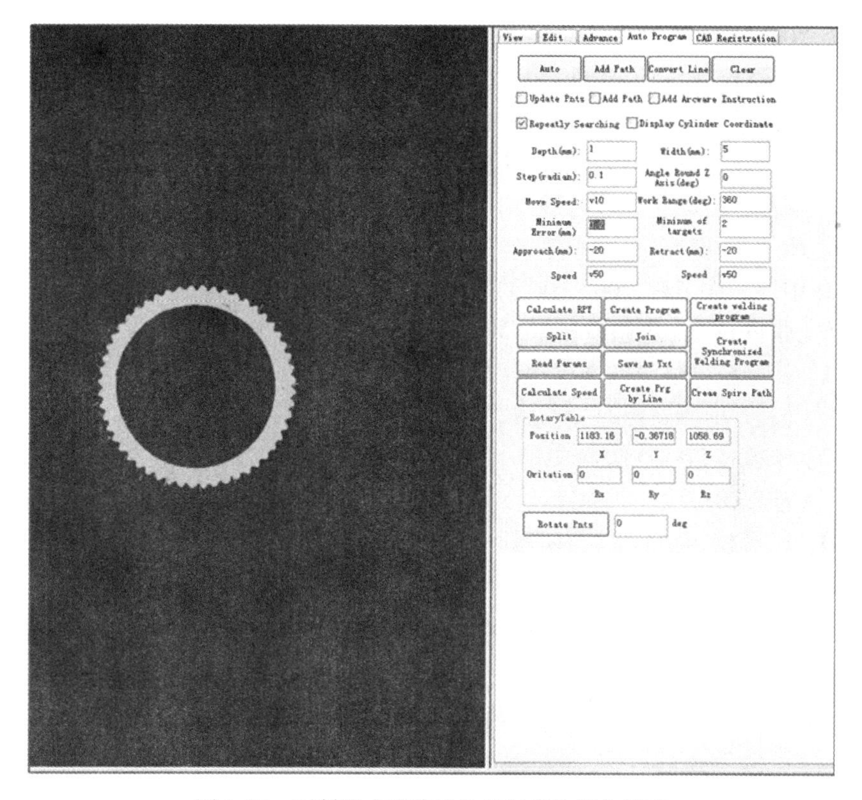


图 8.19　再制造成形路径的规划模块操作界面

# 本章参考文献


[1] 范玉顺. 网络化制造的内涵与关键技术问题[J]. 计算机集成制造系统 CIMS,2003,19(7):576-582.

[2] 朱胜,姚巨坤. 再制造设计理论及应用[M]. 北京:机械工业出版社,2009.

[3] 崔培枝,姚巨坤,杨绪啟,等. 基于"互联网+"的网络化再制造及其技术模式研究[J]. 机械制造,2017(5):52-54.

[4] 崔培枝,朱胜,姚巨坤. 柔性再制造系统研究[J]. 机械制造,2003,41(11):7-9.

[5] 崔培枝,姚巨坤,向永华. 柔性再制造体系及工程应用[J]. 工程机械. 2004,35(2):30-32.

[6] 崔培枝,姚巨坤. 先进信息化再制造思想与技术[J]. 新技术新工艺,

2009(12):1-3.
[7] 崔培枝,姚巨坤,朱胜. 虚拟再制造研究的体系框架[J]. 装甲兵工程学院学报,2003,17(2):85-87.
[8] 崔培枝,姚巨坤,朱胜. 虚拟再制造系统结构及其应用研究[J]. 机械制造与自动化,2010,39(2):117-119.
[9] 胡仲翔,滕家绪,时小军,等. 虚拟再制造工程的发展及关键技术[J]. 中国表面工程,2008,21(3):7.
[10] 张世昌. 先进制造技术[M]. 天津:天津大学出版社,2004.
[11] 崔培枝,姚巨坤,李超宇. 面向资源节约的精益再制造生产管理研究[J]. 中国资源综合利用,2017,35(1):39-42.
[12] 朱慎林,赵毅红,周中平. 清洁生产导论[M]. 北京:化学工业出版社,2001.
[13] 崔培枝,姚巨坤,杨绪啟,等. 废旧产品清洁再制造生产及其应用[J]. 再生资源与循环经济,2017,10(1):35-38.
[14] 姚巨坤,梁志杰,崔培枝. 再制造升级研究[J]. 新技术新工艺,2004(3):17-19.
[15] 姚巨坤,时小军. 废旧机电装备信息化再制造升级研究[J]. 机械制造,2007(4):1-4.
[16] 姚巨坤,朱胜. 再制造升级[M]. 北京:机械工业出版社,2017.
[17] 胡仲翔,张甲英,时小军,等. 机床数控化再制造技术研究[J]. 新技术新工艺,2004(8):17-19.
[18] 崔培枝,姚巨坤. 快速再制造成型工艺与技术[J]. 新技术新工艺,2009(9):1-3.

# 第9章　再制造设计与应用

## 9.1　发动机再制造工程设计及应用

### 9.1.1　概述

发动机再制造是将旧发动机按照再制造标准,经严格的再制造工艺后,恢复成各项性能指标达到或超过新机标准的再制造发动机的过程。汽车发动机再制造既不是一般意义上的新发动机制造,也非传统意义上的发动机维修,而是一个全新的概念。

新发动机制造是从新的原材料开始,而发动机再制造则以旧发动机为"毛坯",以可修复基础件为加工对象,充分挖掘了旧机的潜在价值。发动机再制造省去了毛坯的制造及加工过程,节约了能源、材料、费用,并减少了污染。统计资料表明,新制造发动机时,制造零部件的材料和加工费用占70%~75%,而再制造中其材料和加工费用仅占6%~10%。

发动机维修大多是以单机为作业对象,采用手工作业方式,修理周期过长,生产效率及修复质量受到了很大局限。再制造汽车发动机则采用了专业化、大批量的流水作业线生产,保证了产品的质量和性能。

发动机再制造赋予了发动机第二次生命,这是一种质的转变,具有高质量、高效率、低费用、低污染的优点,这给用户带来了极大的实惠,给企业带来了极大的利润,给环境带来了极大的效益。在人口、资源、环境协调发展的科学发展观指导下,汽车发动机再制造的内涵更加丰富,意义更显重大,尤其是把先进的表面工程技术引用到汽车发动机再制造后,构成了具有中国特色的再制造技术,对节约能源、节省材料、保护环境的贡献更加突出。由于发动机再制造在性价比方面,比发动机维修占据更明显的优势,因而以发动机再制造取代汽车发动机维修是今后的发展趋势。

### 9.1.2　发动机再制造工艺流程

如图9.1所示,发动机再制造的工艺流程包括:

(1)对旧发动机要进行全面拆解。拆解过程中直接淘汰发动机的活

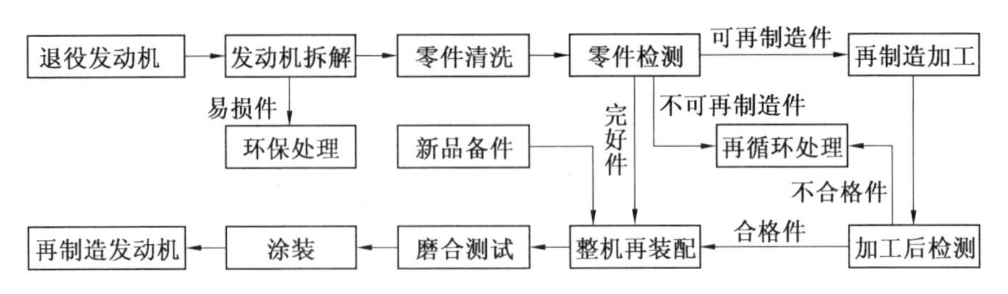


图9.1　发动机再制造工艺流程图

塞总成、主轴瓦、油封、橡胶管、气缸垫等易损零部件，一般这些零部件因磨损、老化等原因不可再制造或者没有再制造价值，装配时直接用新品替换。拆解后的发动机主要零部件如图9.2所示，部分无法再利用、需要更换新品的零部件如图9.3所示。

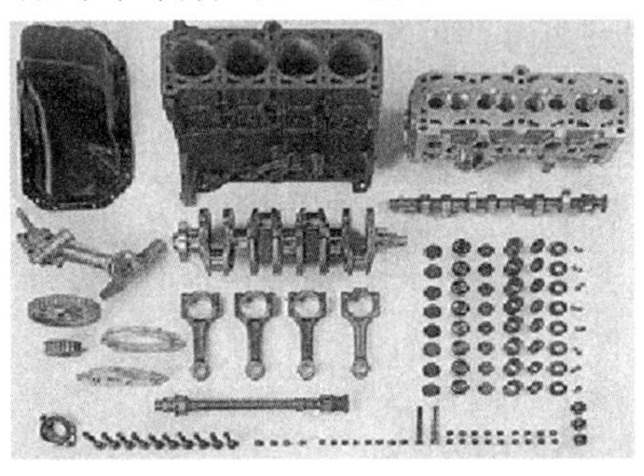

图9.2　拆解后的发动机主要零部件

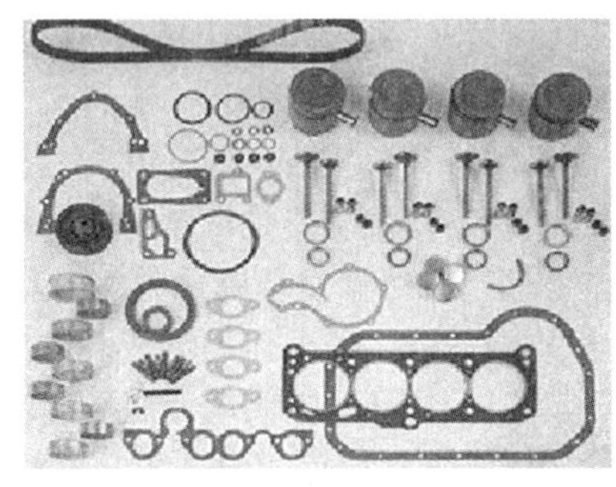

图9.3　无价值的发动机易损件

（2）清洗拆解后保留的零部件。根据零部件的用途、材料，选择不同的清洗方法，包括高温分解、化学清洗、超声波清洗、液体喷砂、干式喷砂等。清洗中采用的高温分解清洗设备如图9.4所示。

图9.4　高温分解清洗设备

（3）检测鉴定。对清洗后的零部件进行严格的检测鉴定，并对检测后的零部件进行分类。可直接使用的完好零部件送入仓库，供发动机再制造装配时使用，这类零部件主要包括进气管总成、前后排气歧管、油底壳、正时齿轮室等。可进行再制造加工的失效零部件主要包括缸体总成、连杆总成、曲轴总成、喷油泵总成、缸盖总成等，一般这类零部件可再制造的恢复率达 80% 以上。

(4)对失效零部件的再制造加工可以采用多种方法和技术，如利用先进表面技术进行表面尺寸恢复，使表面性能优于原来零部件(图 9.5)，或者采用机加技术重新加工到装配要求的尺寸，使再制造发动机达到标准的配合公差范围(图 9.6)。

图 9.5 纳米电刷镀技术用于曲轴再制造

图 9.6 采用机械加工法进行零部件再制造

(5)将全部检验合格的零部件与直接更换的新零部件，严格按照新发动机技术标准装配成再制造发动机(图 9.7)。

(6)对再制造发动机按照新机标准进行整机性能指标测试(图 9.8)。

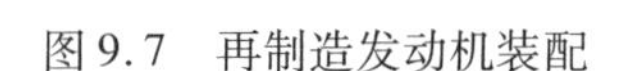

图 9.7 再制造发动机装配

图 9.8 再制造发动机性能检测

(7)发动机外表的喷漆和包装入库，或发送至用户。再制造前后的斯太尔发动机效果如图 9.9 和图 9.10 所示。

图9.9　废旧斯太尔发动机

图9.10　再制造后的斯太尔发动机

根据和用户签订的协议，如果需要对发动机改装或者技术升级，可以在再制造工序中进行零部件更换或嵌入新模块。

### 9.1.3　发动机再制造的主要设备

按照发动机再制造的工艺步骤，可将发动机再制造设备分为拆装类、清洗类、检测类、机械加工类、表面技术类及专用量具、工具和辅件等。

#### 9.1.3.1　拆装类设备

拆装类设备主要用于废旧发动机的拆解及再制造发动机的装配过程，除了扳手等通用工具外，专用设备还包括：

(1)台式液压机。结构简单，操作方便，应用广泛，可快速压入或压出缸体里的销子，尤其是过盈配合的活塞销。

(2)连杆加热器。连杆加热器能严格精确地控制加热的时间，消除热变形和过热现象。

(3)发动机支座。集发动机支座与拆解小车于一体，可用于发动机再制造时的拆解和装配。

#### 9.1.3.2　发动机总成清洗类设备

发动机再制造中清洗工序的基本要求包括：彻底清除工件表面的油污和油漆；彻底清除工件内部的机油垢和水垢；在清洗过程中保证工件不因高温而产生变形或金相组织的改变；保证工件不因化学物质而被腐蚀；保证清洗工序的残渣、废液不对环境产生污染。再制造行业拥有专门的清洗设备和清洗工艺，可最大限度地提高清洗效果、降低清洗成本并且符合绿色环保要求。清洗设备包括：

(1)热槽喷洗式清洗设备。包括喷射式清洗和热槽式清洗，前者可喷洗工件上的油、油脂和污垢，后者可清洗难清洗的工件。

(2)高压热水喷射式清洗机。用于工序转换时和装配之前零部件的清洗工序。

(3)高压热水清洗机。使用饱和蒸汽冲洗发动机外表,为下一步解体发动机做准备。

(4)预清洗工作台及废水回收装置。用于清洗操作及废水的回收处理。

#### 9.1.3.3　分类及检测类设备

(1)磁力探伤设备。有效地检测出缸体、缸盖、曲轴、连杆以及其他铁质壳体零部件上是否存在裂隙或缺陷。

(2)数控动平衡仪设备。适用于各种类型发动机的曲柄的不平衡量检测,精确至0.1 g。

(3)缸盖压力检测仪。用于缸盖的压力检测,防止缸盖裂纹及泄漏。

#### 9.1.3.4　再制造机械加工类设备

1. 缸盖加工设备

再制造汽缸盖所需要的全套设备包括压力测试、多用途缸盖工作台、气门导管/座圈加工机床和气门磨床等。经加工过的缸盖,相关部位的尺寸精度可以达到或超过原厂要求。缸盖加工设备包括:

(1)气门座、气门导管修复珩磨机。可加工从微型轿车到大型柴油机的各种汽缸盖,保证所修复的气门座、气门导管具有较好的同心度、几何精度和表面粗糙度。

(2)气门工作表面磨光机。可以进行气门端面铣削、倒角、大端面磨削等,保证修复后的气门与新品气门相同的圆度、同心度、表面粗糙度、表面角度、导杆长度和端面粗糙度。

(3)气门导管工作台。使用超精密金刚石工具,不产生磨屑,能满足工厂技术规格要求。

(4)压力机。能够快速、准确地测量压力和检测漏洞,甚至可以检测超针孔,可以发现铸铁和铝缸盖上的针孔、裂缝和其他缺陷。

(5)汽缸盖工作站。免去汽缸盖的安装与拆解工作,操作更方便、更快捷,把汽缸盖固定在工作站上,能很容易地拆除、安装和调整整个阀链。

2. 缸体加工设备

缸体珩磨设备主要用于加工缸孔,达到或者超过原厂要求的尺寸精度和表面粗糙度。缸体加工设备包括:

(1)计算机控制的立式珩缸体磨机。采用以微信息处理机为基础的控制系统,能完全控制珩磨循环中的所有状态,在循环的任一点均可调节主轴转速、冲程速度、进给速度、油石磨损补偿、尺寸控制和孔的几何形状,适合于小型、大型、特大、特重或形状奇特工件的加工。

(2)自动汽缸珩磨机。可以完成对任何种类缸体所有气缸的珩磨,并达到和新发动机气缸一样的精确尺寸和表面粗糙度,可取代镗孔和手工珩磨。

(3)主轴承孔珩磨机。可快速校准主轴承孔,在30 min内完成各种主轴承孔的校准及精加工,操作方便。

3. 连杆加工设备

整套连杆修复设备可使连杆修复得更快、更精确,包括从瓦盖修复、连杆磨床、动力冲程珩磨机到超精密的珩磨机。连杆加工设备包括:

(1)瓦盖磨床。用来加工主轴瓦盖和连杆,保证具有与新品一样的平面度和直线度。

(2)交叉网纹珩磨系统。用于连杆超精密珩磨,保证最精密的尺寸公差精度。

(3)自动珩磨机。操作简单、加工速度快、精度高,用于连杆修复。

(4)强力冲程珩磨机。保证连杆加工的精度,获得了很好的孔的几何形状和完美的交叉网纹表面,起到油膜润滑作用。

(5)连杆快速校准器。用于校准连杆的弯曲度、扭转度和偏离度。

4. 飞轮磨床设备

飞轮磨床用于各类零部件尤其是飞轮的磨削。对于大型飞轮,要求可倾斜安装砂轮。

#### 9.1.3.5　表面技术设备

表面技术在再制造中的广泛应用,是中国特色再制造的显著特点,也是大幅提高再制造效益的重要途径。因此,表面技术设备是再制造生产设备的重要组成部分,包括:

(1)电刷镀设备。用于磨损、划伤或表面缺陷量较少时零部件的尺寸恢复及表面性能恢复或提高。

(2)热喷涂设备。包括高速电弧喷涂、等离子喷涂、火焰喷涂等,主要用于恢复表面尺寸及性能。

(3)工模具修补机。用于箱体等零部件缺陷的修复。

(4)焊接设备。包括堆焊设备、喷焊设备等,主要用于断裂及表面等缺陷的加工。

(5)表面强化设备。包括表面渗氮设备、离子注入、激光强化设备等,主要强化零部件表面性能,提升零部件使用寿命。

#### 9.1.3.6　专用量具、工具和辅件

(1)量具。用于发动机缸体、缸盖、气门导管及气门座再制造所需的

量具。要求测量速度快,使用方便,准确度高。

(2)缸径表。要求读数为0.002 mm,硬质合金测量头,防磨球柄,可调的对中器。

(3)孔径测量仪。用来测量各种直径的孔,并能够保证测量精度。

(4)气门导管/座圈量表。用来检测各种类型的气门导管的尺寸和圆度。

(5)气门杆高度测量仪。用来精确测量气门杆的安装高度。

### 9.1.4 表面工程技术在发动机再制造中的应用

发动机再制造过程中如何将因磨损、腐蚀、划伤而失效的零部件再制造成具有新品性能的零部件,是提高旧件利用率、增加环保效益、降低生产成本的关键。而表面工程技术可以有效地将磨损等原因造成的表面损伤进行高性能恢复,不但恢复零部件的几何尺寸,而且可以恢复或升级零部件的表面性能。高速电弧喷涂、电刷镀等表面工程技术已经在再制造工程中得到实际应用,大大提高了发动机旧件的利用率,降低了生产成本,取得了可观的经济效益;同时,也在节能减排、减少环境污染方面取得了良好的社会效益。

#### 9.1.4.1 高速电弧喷涂技术修复缸体主轴承孔

1. 缸体的工况条件及失效形式

发动机缸体是发动机最重要的部件,其价值非常高。缸体失效的主要形式是气缸孔磨损、水套腐蚀、主轴承孔变形或划伤。缸体主轴承孔在工作状态下承受交变应力及瞬间冲击,容易导致主轴承孔变形。在发动机缺油的情况下出现烧瓦、抱轴时则会导致缸体主轴承孔严重划伤。

对主轴承孔已发生变形或划伤的缸体,一般的处理方法为直接报废,这样做会给用户造成很大的损失;也有采用传统的堆焊工艺和加厚主轴瓦补偿的办法进行修复,但效果不理想。堆焊容易造成缸体变形出现裂纹,加厚主轴瓦的办法破坏了互换性,给用户今后维修带来诸多不便。高速电弧喷涂技术以其致密的涂层组织、较高的结合强度、方便快捷的操作和非常高的性价比,应用于缸体主轴承孔修复具有明显优势,取得了显著的效果。

2. 喷涂设备和喷涂材料

喷涂设备使用北京新迪表面工程新技术公司生产的CMD-AS1620型高速电弧喷涂机(图9.11)。喷涂层材料采用低碳马氏体丝材打底,再用1Cr18Ni9Ti丝材喷涂工作层。喷涂工艺参数见表9.1。

图9.11 用高速电弧喷涂修复缸体主轴承孔

**表9.1 喷涂工艺参数**

| 喷涂材料 | 喷涂电压/V | 喷涂电流/A | 喷涂距离/mm | 空气压力/MPa |
|---|---|---|---|---|
| 低碳马氏体丝材 | 32~34 | 180~200 | 200 | 0.65 |
| 1Cr18Ni9Ti丝材 | 34~36 | 180~200 | 200 | 0.65 |

3. 喷涂工艺流程

镗底孔及螺旋槽→清洗除油→喷砂粗化处理→喷底层→喷工作涂层→加工喷涂层至标准尺寸。

预加工时，镗底孔至标准孔($D$+0.5)mm，并镗1.8 mm×0.2 mm的螺旋槽，以增加底层结合面积，有利于提高结合强度。

针对缸体的结构状况，在喷砂和喷涂前对主轴承孔内的油孔、油槽、冷却喷嘴座孔、挺柱孔、二道瓦两侧止推面及缸体内腔等处用不同材料的各种特制护具进行遮蔽防护。

喷砂处理用16#棕刚玉，喷砂用气经油水分离器和冷凝干燥机处理，喷砂时打至表面粗糙为止，不能过度喷砂。待喷涂面喷砂处理必须均匀、无死角。

4. 喷涂层组织及性能

喷涂层显微组织为层状组织，涂层与基体结合紧密，如图9.12所示。涂层硬度为HV280~308，适于后续的镗孔、珩磨加工。喷涂层与基体的结合强度值为27.6~28.1 MPa。

5. 工艺分析及讨论

喷涂层的结合强度对其使用性能有决定性影响，而影响结合强度的因素是多方面的，如表面预处理质量、喷涂工艺规范、压缩空气质量、雾化气

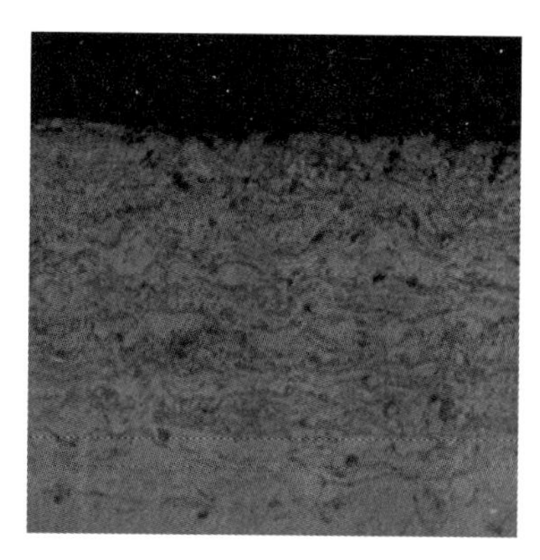

图 9.12 喷涂层显微组织(100×)

流压力与流量等。

工件表面粗糙度越高,涂层与基体接触面积越大,二者的机械嵌合作用越大,涂层的界面结合强度越高。

压缩空气中含油、水、杂质越少,压力越高,高速射流区间越大,涂层结合强度越高,实际生产中压力为0.6 MPa。

喷涂电压越高,输入的电功率增加,焊丝熔化加快,熔融粒子温度升高,粒子表面氧化严重,对结合强度不利。而喷涂电流越大,亦造成熔融粒子温度升高,粒子表面氧化严重,降低涂层颗粒间结合力。

另外,喷涂距离对结合强度影响较大,以200 mm为宜,在此区间熔融金属颗粒具有最高的动能,可以获得较高的结合强度。

6. 经济效益分析

表9.2为喷涂经济效益分析。

**表 9.2 喷涂经济效益分析**

| 零部件名称 | 喷涂成本/元 | 新件价格/元 | 成本比较 |
|---|---|---|---|
| 斯太尔缸体 | 460 | 11 000 | 4.2% |

### 9.1.4.2 采用电刷镀技术修复凸轮轴轴颈

1. 凸轮轴轴径的失效分析

发动机凸轮轴轴颈的主要失效方式是磨损或划伤,以前凸轮轴轴颈出现磨损或划伤一般采取报废处理,或者采用加厚轴瓦的办法磨削轴颈后使用,给用户的维修带来很大的麻烦。电刷镀技术具有设备简单、操作方便、安全可靠、镀积速度快的特点,用于修复凸轮轴轴颈取得明显效果。

2. 设备和工艺装备

使用再制造技术国家重点实验室研制的DSD-100-S型电刷镀机,设计制作了可调转速的轴类件专用刷镀工作台(图9.13)。

图9.13　轴类件专用刷镀工作台

3. 电刷镀工艺流程

镀前修磨→清洗除油→镀前准备→电净→一次活化→二次活化→镀打底层→镀尺寸层→镀后处理。

镀前准备包括测量和计算待镀厚度,选备石墨阳极、镀笔、镀液等。

电净除油先用镀笔蘸电净液刷工件,然后电源正接、电压14 V,镀笔蘸电净液快速擦拭表面,在除净油的前提下时间尽量缩短,以20~40 s为宜。

一次活化用2#活化液,二次活化用3#活化液,电源反接,电压为16~24 V,活化时间不宜过长,一般不超过30 s,否则会损伤工件表面。

镀打底层主要是为了提高镀层与基体的结合强度。电源正接,调至起镀电压14 V,刷镀5~10 s,起到高压冲镀的作用。再调至正常电压12 V刷镀60~120 s(观察表面均匀地沉积上一层淡黄色镍)。

镀尺寸层选择沉积速度高、能快速恢复尺寸的快速镍镀液。镀层接近最终尺寸时,应比正常电压降低1~2 V,以获得晶粒细密、表面光亮的镀层。

4. 电刷镀层检查及质量跟踪

经对凸轮轴电刷镀层进行偏车、偏磨试验,镀层无脱落、掉皮现象。在近几年的生产过程中,镀层质量比较稳定。同时对用户进行了质量跟踪,经对行驶5 000 km后的连杆进行拆检,大头孔刷镀层无脱落、缺损现象,检测磨损状况优于同等工况下的未刷镀件。

5. 工艺分析及讨论

电刷镀过程中镀笔与工件的相对运动速度对镀层质量影响极大。若相对运动速度太慢,镀笔与工件接触部位发热量大,镀层易发黑,组织易粗糙,还易被“烧焦”。而相对运动速度太快时,会降低电流效率和沉积速度,形成的镀层应力太大,镀层裂纹增加、易脱落。凸轮轴电刷镀时专用工作台电机转速定为26 r/min,相当于相对运动速度为8.5 m/min。

6. 经济效益分析(表9.3)

**表9.3 两种零部件电刷镀经济效益分析**

| 零部件名称 | 电刷镀成本/元 | 新件价格/元 | 成本比较 |
|---|---|---|---|
| 斯太尔凸轮轴 | 40 | 529 | 7.6% |
| 斯太尔连杆 | 43 | 480 | 9.0% |

## 9.1.5 再制造发动机的效益分析

### 9.1.5.1 旧斯太尔发动机3种资源化形式所占的比例

废旧机电产品资源化的基本途径是再利用、再制造和再循环。通过对3 000台斯太尔615-67型发动机的再制造统计结果表明,可直接再利用的零部件数量占23.7%,价值占12.3%;经再制造后可使用的零部件数占62%,价值占77.8%;需要更换的零部件占数量的14.3%,价值的9.9%。具体零部件的名称性能见表9.4~9.6。

**表9.4 经清洗后可直接使用的主要零部件**

| 序号 | 名称 | 材料 | 质量/kg | 判断标准 | 可直接使用率/% |
|---|---|---|---|---|---|
| 1 | 进气管总成 | 铸铝 | 10 | 原厂标准 | 95 |
| 2 | 前排气歧管 | 铸铁 | 15 | 原厂标准 | 95 |
| 3 | 后排气歧管 | 铸铁 | 15 | 原厂标准 | 95 |
| 4 | 油底壳 | 钢板 | 10 | 原厂标准 | 90 |
| 5 | 机油冷却器芯 | 铜 | 5 | 原厂标准 | 90 |
| 6 | 机油冷却器盖 | 铸铝 | 5 | 原厂标准 | 80 |
| 7 | 集滤器 | 钢板 | 1 | 原厂标准 | 95 |
| 8 | 正时齿轮室 | 铸铁 | 30 | 原厂标准 | 80 |
| 9 | 飞轮壳 | 铸铁 | 40 | 原厂标准 | 80 |

表9.5 再制造加工后可使用的主要零部件

| 序号 | 名称 | 材料 | 质量/kg | 常见失效形式 | 再制造时间/h | 可再制造率/% |
|---|---|---|---|---|---|---|
| 1 | 缸体总成 | 铸铁 | 300 | 磨损、裂纹、碰伤 | 15 | 95 |
| 2 | 缸盖总成 | 铸铁 | 100 | 裂纹、碰伤 | 8 | 95 |
| 3 | 连杆总成 | 合金钢 | 30 | 磨损、抱瓦 | 6 | 90 |
| 4 | 曲轴总成 | 合金钢 | 200 | 磨损、抱轴 | 16 | 80 |
| 5 | 喷油泵总成 | 铸铝 | 30 | 渗漏 | 10 | 90 |
| 6 | 气门 | 合金钢 | 2 | 磨损 | 1 | 60 |
| 7 | 挺柱 | 合金钢 | 2 | 端面磨损 | 1 | 80 |
| 8 | 喷油器总成 | 合金钢 | 2 | 偶件失效 | 1 | 70 |
| 9 | 空压机总成 | 合金钢 | 30 | 连杆损坏 | 4 | 70 |
| 10 | 增压器总成 | 铸铁、铸铝 | 20 | 密封环失效 | 4 | 70 |

表9.6 需要用新品替换的发动机主要零部件

| 序号 | 名称 | 材料 | 质量/kg | 常见失效原因 | 判断标准 | 替换率/% | 替换原因 |
|---|---|---|---|---|---|---|---|
| 1 | 活塞总成 | 硅铝合金 | 18 | 磨损 | 原厂标准 | 100 | 无再制造价值 |
| 2 | 活塞环 | 合金钢 | 1 | 磨损 | 原厂标准 | 100 | 无法再制造 |
| 3 | 主轴瓦 | 巴氏合金 | 0.5 | 磨损 | 原厂标准 | 100 | 无再制造价值 |
| 4 | 连杆瓦 | 巴氏合金 | 0.5 | 磨损 | 原厂标准 | 100 | 无再制造价值 |
| 5 | 油封 | 橡胶 | 0.5 | 磨损 | 原厂标准 | 100 | 老化 |
| 6 | 气缸垫 | 复合材料 | 0.5 | 损坏 | 原厂标准 | 100 | 无法再制造 |
| 7 | 橡胶管 | 橡胶 | 4 | 老化 | 原厂标准 | 100 | 老化 |
| 8 | 密封垫片 | 纸 | 0.5 | 损坏 | 原厂标准 | 100 | 无再制造价值 |
| 9 | 气缸套 | 铸铁 | 14 | 磨损 | 原厂标准 | 100 | 无再制造价值 |
| 10 | 螺栓 | 合金钢 | 10 | 价值低 | 原厂标准 | 100 | 无再制造价值 |

#### 9.1.5.2 经济效益分析

与新发动机的制造过程相比，再制造发动机生产周期短、成本低，两者对比见表9.7和表9.8。

表 9.7 新机制造与旧机再制造生产周期 天/台

| | 生产周期 | 拆解时间 | 清洗时间 | 加工时间 | 装配时间 |
|---|---|---|---|---|---|
| 再制造发动机 | 7 | 0.5 | 1 | 4 | 1.5 |
| 新发动机 | 15 | 0 | 0.5 | 14 | 0.5 |

表 9.8 新机制造与旧再制造的基本成本对比 元/台

| | 设备费 | 材料费 | 能源费 | 新加零部件费 | 人力费 | 管理费 | 合计 |
|---|---|---|---|---|---|---|---|
| 再制造发动机 | 400 | 300 | 300 | 10 000 | 1 600 | 400 | 13 000 |
| 新发动机 | 1 000 | 18 000 | 1 500 | 12 000 | 3 000 | 2 000 | 37 500 |

#### 9.1.5.3 环保效益分析

再制造发动机能够有效地回收原发动机在第一次制造过程中注入的各种附加值。据统计，每再制造 1 台斯太尔发动机，仅需要新机生产的 20% 能源，可回收原产品中质量 94.5% 的材料继续使用，减少了资源浪费，避免了产品因为采用再循环处理时所造成的二次污染，节省了垃圾存放空间。据估计，每再制造 1 万台斯太尔发动机，可以节电 1 450 万 kW·h，减少 $CO_2$ 排放量 11.3～15.3 kt。

#### 9.1.5.4 社会效益分析

每销售 1 万台再制造斯太尔发动机，购买者在获取与新机同样性能发动机的前提下，可以减少投资 2.9 亿元；若年再制造 1 万台斯太尔发动机，可提供就业 500 人。

#### 9.1.5.5 综合效益

表 9.9 对以上各项效益进行了综合，可以看出，若年再制造 1 万台斯太尔发动机，则可以回收附加值 3.23 亿元，提供就业 500 人，并可节电 0.145 亿 kW·h，减少税金 0.29 亿元，减少 $CO_2$ 排放 11.3～15.3 kt。

表 9.9 年再制造 1 万台斯太尔发动机的经济环境效益分析

| 效益 | 消费者节约投入/亿元 | 回收附加值/亿元 | 直接再用金属/万 t | 提供就业/人 | 税金/亿元 | 节电能/(亿 kW·h) | 减少 $CO_2$ 排放量/kt |
|---|---|---|---|---|---|---|---|
| 再制造 | 2.9 | 3.23 | 0.765(钢铁 0.575，铝 0.15，其他 0.04) | 500 | 0.29 | 0.145 | 11.3～15.3 |

# 9.2　机床数控化再制造升级

## 9.2.1　机床数控化再制造升级的概念

数控机床是一种高精度、高效率的自动化设备，是典型的机电一体化产品。它包括机床机械数控系统、伺服驱动及检测等部分，每部分都有各自的特性，涉及机械、电气、液压、检测及计算机等多个领域的技术。

老旧机床数控化再制造升级是利用计算机数字控制技术和表面工程等技术，对旧机床进行数控化改造，恢复或提高机床的机械精度，实现数控系统及伺服机构两方面的技术合成。再制造后数控机床的加工精度高、生产效率高、产品质量稳定，并可改善生产条件，减轻工人劳动强度，有利于实现现代化生产管理的目标。机床数控化再制造可以充分利用原有资源，减少浪费，绿色环保，并达到机床设备的更新换代和提高机床性能的目的。而资金投入要比从原材料起步进行制造的新数控机床少得多，对环境污染也少得多。

近年来，我国已积极开展了对机床数控化再制造技术的研究，如武汉华中数控股份有限公司先后完成了50多家企业、数百台设备的数控化再制造升级，为国家节约了数亿元设备购置费。一般来说，数控化再制造一台普通机床的价格不到相同功能新数控机床的一半。因此，对旧机床进行数控化再制造具有重大的意义，既能充分利用原有的旧设备资源，减少浪费，又能够以较小的代价获得性能先进的数控设备，满足现代化生产的要求，符合我国的产业政策。

为了系统全面地在机床行业实施再制造升级，本节围绕机床再制造全周期过程对机床行业再制造升级运行模式进行了研究。首先对老旧机床的再制造升级需求进行了分析，指出了其发展基础；然后综合分析确定了实施再制造升级的总体设计原则，并提出了技术方案，明确了实施内容；最后对机床再制造升级的效益进行了定性化和定量化的评价描述。

## 9.2.2　机床数控化再制造升级的总体设计及路线

### 9.2.2.1　总体原则

在保证再制造机床工作精度及性能提升的同时，兼顾一定的经济性和环境性。具体来讲，就是先从技术和环境角度对老旧机床进行分析，考察其能否进行再制造,其次要看这些老旧机床是否值得再制造,再制造的成本是多少,如果再制造成本太高的话,就不宜进行。如机床核心件已经发生严重破坏(如床身产生裂纹甚至发生断裂),这样的机床就不具备再制造的价值,必须回炉冶炼。再如,机床主轴如果发生严重变形、床头箱也已无法继续使用,则也不具备再制造的价值,虽然这类机床可通过现有的技术手段将其恢复,但再制造的成本较高。

机床零部件级再制造根据零部件的不同可以分为4个层次,即再利用、再修复、再资源化及废弃处理。床身、立柱、工作台、箱体等大中型铸造件,由于时效性和稳定性好,再制造技术难度及成本低,而重用价值高,力求完全重用。主轴、导轨、蜗轮副、转台等机床功能部件,精度及可靠性要求高,新购成本也很高,因此通常需要对其进行探伤检测及技术性检测,然后采用先进制造技术和表面工程技术对其进行再制造升级或恢复,达到或超过新制品性能要求而重用。废旧机床中还有一部分淘汰件和易损件,一般采用更换新件的方式以保证再制造机床的质量,这些废旧件的重用一般采取降低技术级别在其他产品中再使用的方式实现资源的循环重用。此外密封件、电气部分通常会做报废弃用处理。

#### 9.2.2.2 设计思路

老旧机床数控化再制造升级技术是多种技术的综合集成创新,是表面工程技术、数控技术和机床改造及修理技术的综合集成,其设计思想体现了这种集成技术的综合运用:

(1)运用高新表面工程技术和机床改造及修理技术,高质量地恢复与提升机床的机械结构性能。充分发挥我院在表面工程领域的技术优势,运用高新表面工程技术修复与强化机床导轨、溜板、尾座等磨损、划伤表面,恢复其尺寸、形状和位置精度。

(2)采用修复、强化与更换、调整传动部件等方法恢复与提高旧机床的传动精度。对机床的润滑系统及动配合部位采用纳米润滑减摩技术以提高机床的润滑、减摩性能,提高机床的工作效率。

(3)优选数控系统和机床的伺服驱动系统。通过在旧机床上安装计算机数字控制装置以及相应的伺服系统,整体提升机床的控制性能与控制精度,实现产品加工制配的自动化或半自动化操作。

#### 9.2.2.3 主要内容

(1)采用纳米表面技术、复合表面技术等先进的表面工程技术,灵活应用传统机床维修方法,修复与强化机床导轨、溜板、尾座等磨损、划伤表面,恢复其尺寸、形状和位置精度,从整体上恢复机床的机械结构精度。

(2)采用修复、强化与更新、调整等方法恢复与提高旧机床的运动精度,如通过更换滚珠丝杠提高传动精度,通过自动换刀装置提高刀具定位精度,采用多种方法提高主轴回转精度。对机床的润滑系统及动配合部位采用纳米润滑减摩技术以改善机床的润滑与减摩性能。

(3)在原设备上安装微型计算机数字控制装置和相应的伺服系统以替代原有的电气控制系统,整体提升机床的控制性能与控制精度,实现零部件加工制配的自动或半自动化操作。

(4)采用计算机数控技术、以纳米表面技术和复合表面技术为代表的机床先进修复技术和以纳米润滑添加剂技术、纳米润滑脂技术为代表的先进润滑减磨技术的综合集成,形成一套完整的老旧机床数控化再制造综合集成技术。

### 9.2.3 机床数控化再制造升级实施技术方案

根据机床数控化再制造升级的需求目标要求和再制造升级的一般工艺技术方案,可将机床数控化再制造分为机床数控化再制造升级准备阶段、机床数控化再制造升级预处理阶段、机床数控化再制造升级加工阶段、机床数控化再制造升级后处理阶段4个主要阶段。其具体的技术方案如图9.14所示。

#### 9.2.3.1 机床数控化再制造升级准备阶段

(1)待升级的老旧机床回收。再制造升级前,首先要确定进行数控化升级的老旧机床,并将选定的老旧机床通过一定的物流运送到再制造升级车间,或者针对大型不便移动的老旧机床,则可以在具备实施条件的情况下,在现场开展再制造升级工作。

(2)进行老旧机床品质的检测分析。针对待升级的老旧机床,通过查阅其服役资料,开展其技术性能的检测与分析,明确其技术状况和质量品质,了解其生产和服役历史资料,包括设备和关键零部件失效的原因,从零部件的材料、性能、受力情况、受损情况等方面进行升级可行性分析。

(3)机床数控化再制造升级的可行性评估。根据检测分析结果,从技术、经济、性能等角度对机床再制造升级可行性进行综合评估,考察是否具备再制造升级的可能性。例如,若机床的核心件发生了严重破坏,如床身裂纹甚至断裂、机床主轴严重变形、床头箱损毁等,这样的机床就无法保证再制造后的质量,或者再制造所需要的费用过高,不具备再制造价值。

(4)再制造升级方案设计。按照用户需求重要度分析的结果,确定机床再制造升级达到的性能指标,并优化形成明确的再制造升级方案,提前

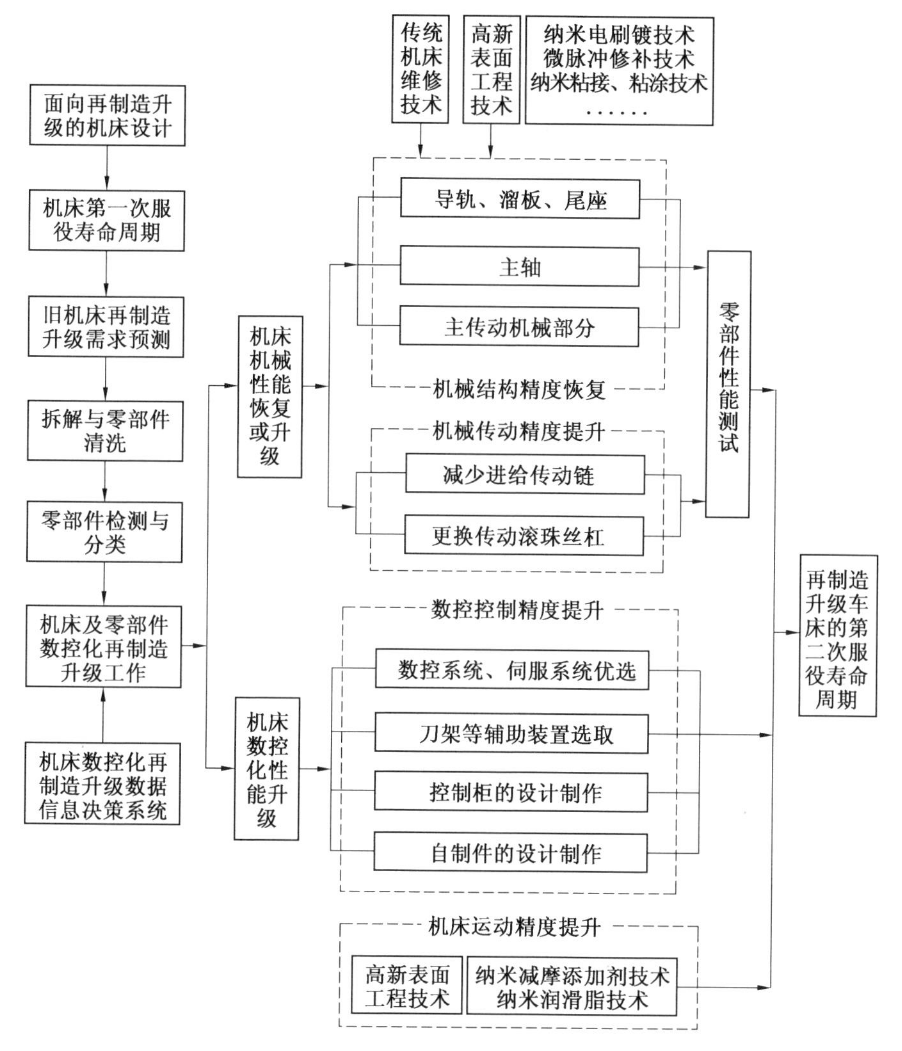


图9.14 机床数控化再制造升级实施技术方案

规划配置再制造升级所需要的保障资源,进行机床再制造技术设计和工艺设计,明确针对所需达到的数控化机床精度和自动控制目标,确定所需要的技术手段、采取的技术设备、准备的备件资源及生产的工艺规程等,详细进行总体实施方案设计。

### 9.2.3.2 机床数控化再制造升级预处理阶段

机床数控化再制造升级预处理阶段主要是按照升级方案的设计内容,完成零部件升级加工前的拆解、清洗、检测及分类等预先处理内容,为再制造升级加工的核心处理步骤提供条件。其主要包括：

(1)老旧机床的无损化拆解。根据无损拆解的原则，将老旧机床逐步拆解为模块或零部件级水平，并在拆解过程中，对于明确的易损件(需新品替换的)、老化无法恢复或升级的零部件、将被升级功能模块或零部件替换的旧件，直接进行资源化材料回收，或者废弃后进行环保处理；对于可以利用的零部件则进入清洗环节；对于拆解过程中旧机床中的废油等进行资源回收。旧机床的拆解要做到不同零部件的层次化利用，即尽最大努力进行核心零部件或高附加值零部件的恢复利用，对于确实无法利用的零部件，可以回收材料，对于无法回收材料资源的零部件，则进行环保处理，避免对环境的危害，实现最大化的资源回收。

(2)老旧机床的零部件清洗。根据机床零部件拆解后的表面形状及污垢形态的要求，以满足废旧零部件升级加工和装配要求为目标，采用物理或化学方法对零部件进行清洗。为避免对环境的污染，尽量采用物理清洗方式，同时避免清洗过程中对机床零部件的二次损坏，减少再制造升级的加工工作量。

(3)老旧机床零部件的检测与分类。根据再制造升级机床零部件的质量要求，为满足升级后机床的配合要求，需要对零部件的设计尺寸进行检测，尤其要保证配合件的配合间隙，对于结构没有变动的机床部位，要满足零部件的设计质量要求，用设计标准来进行几何与性能参数的检测。例如，可对老旧机床的主轴、导轨等关键部件开展探伤检测分析，根据检测结果对机床零部件进行分类存储。

#### 9.2.3.3　机床再制造升级加工阶段

机床数控化再制造升级的加工阶段是实现老旧机床性能提升的核心阶段，该阶段不但要按照传统的再制造工艺进行损伤零部件的性能和尺寸恢复，还需要围绕机床数控系统及其控制精度的升级、机床机械结构精度的恢复与提升、机床传动系统精度的恢复与提升3方面的内容开展工作。

1. 机床数控系统及其控制精度的升级

目前，机床数控化再制造升级需要选择合适性价比的数控系统和对应的伺服系统。考虑再制造升级的费用要求，数控系统可以采用我国自行研制的经济型数控系统，可采用步进电机作为伺服系统，其步进脉冲当量值大多为0.010 mm，实际加工后测得的零部件综合误差不大于0.050 mm，升级后的控制精度要高于当前手工操作时获得的精度。升级主要完成下列工作：

(1)选定再制造升级的数控系统和伺服系统。以满足升级后功能要求为目标,确保系统工作的可靠性质量要求,合理选择适当的数控系统;按所选数控系统的档次和进给伺服所要求的机床驱动扭矩大小来选取伺服驱动系统,如低档经济型数控系统在满足驱动力矩的情况下,一般都选用步进电动机的驱动方式,通常数控系统和伺服驱动系统都要由一家公司配套供应。

(2)选取再制造升级的辅助装置。根据机床的控制功能要求来选取适当的机床辅助装置,包括刀架等内容。一般来说,为保证刀具的自动换刀,可选四工位或六工位的电动刀架;对于一般的数控机床辅助装置,通常可选国内的辅件生产商,在选择时可根据其产品说明书要求,在升级过程中在机床上安装调试。

(3)设计和制作强电控制柜。机床数控化升级通常要求对原有电器控制部分全部更换,升级中机床的强电控制部分线路设计主要根据数控系统输入输出接口的功能和控制要求进行,需要时可配置 PLC 可编程控制器;升级中的有些控制功能应尽量由弱电控制来完成,因为强电控制会造成失效率高。

2. 机床机械结构精度的恢复与提升

老旧机床经过了长期服役,在升级前必然存在着一些损伤,如机床导轨等摩擦副存在不同程度的磨损,需要进行尺寸精度恢复或性能强化,以恢复其机械精度,确保零部件加工的精度要求。机床机械结构精度的恢复与提升包括:

(1)再制造恢复机床导轨和拖板。传统的机床导轨维修主要通过导轨磨床重磨并刮研拖板的方法来恢复其精度,但传统工艺很难恢复淬火后机床导轨的精度。所以在机床再制造升级中可以采用先进的表面工程技术来修复缺损导轨,达到较高的性价比。例如,可以采用纳米复合电刷镀技术来修复与强化老旧机床导轨(图 9.15)、溜板、尾座等配合面的磨损超差量,恢复其原始设计尺寸、形状和位置精度。若机床床面局部小范围划伤和局部碰伤,一般可采用微脉冲冷焊技术进行再制造恢复(图 9.16)。在有条件的地方采用传统的导轨磨削修复损伤机床的导轨,采用刮研工艺修配溜板(拖板)的部分精度(图 9.17)。

(2)再制造恢复主轴旋转精度。主要采用更换主轴轴承和纳米电刷镀技术恢复轴承座孔磨损及调整锥形螺纹松紧度等方式来达到恢复主轴旋转精度的目的。

(3)升级主传动机械部分。若原主轴电动机满足原来的性能要求,则可以利用原来的主轴交流电动机,再升级加装一定的变频器,实现交流变

(a) 再制造前导轨

(b) 导轨的再制造过程

(c) 再制造后导轨

图9.15　老旧机床导轨磨损表面的电刷镀再制造

图9.16　导轨划伤的微脉冲冷焊加工恢复

频调速;通过在主轴旋转的部位升级加装主轴旋转编码器,可以实现每转同步进给切削;需要采用电磁离合器换挡的,需改进主轴齿轮箱,通过改造采用无级变速来减少变换挡数。

图9.17 拖板精度的手工刮研工艺修配

3. 机床传动系统精度的恢复与提升

机械传动部分的再制造升级和精度恢复,需要根据机床的结构特点和要求,完成下列工作:

(1)将普通机床的梯形螺纹丝杠更换为滚珠丝杠,保障运动精度,提高运动灵活性。

(2)更换原进给箱,增加传动元件,换成仅一级减速的进给箱或同步带传动,减少传动链各级之间的误差传递,同时增加消除间隙的装置,提高反向机械传递精度。

(3)采用纳米润滑脂对传动部件减摩。对于具有相对运动的部分,可采用润滑减摩技术,提高运动部位的减摩性能,降低摩擦对运动精度的干扰。例如,可在滚珠丝杠上滴加自修复减磨添加剂(图9.18),减少磨损,并实现及时的自修复。

(4)加入纳米润滑添加剂。为提高升级后机床服役的原位自修复能力,在机床床头齿轮箱等需要采用油润滑的部位,可以加入纳米润滑添加剂,进一步减小服役中的配合件摩擦,提高配合副的可靠性和质量。例如,在床头齿轮箱内加入纳米润滑添加剂(图9.19),可使齿轮之间的摩擦减小,有利于提高机械效率和延长齿轮的使用寿命。

### 9.2.3.4 机床数控化再制造升级后处理阶段

(1)数控化机床的装配。按照技术要求对再制造零部件进行尺寸、形状和性能检验,将满足质量要求的零部件进行装配,完成数控化机床的组件、部件和整个机床的装配,保证整体配合件的公差配合精度。机床各个部件改装完毕后可进入总体性能调试阶段,通常先对机床的电气控制部分进行联机调试。由于机床数控化再制造升级可能有多种方案,随着机床类型及状态的差别,再制造升级的内容也不会完全相同,需要根据实际情况

图9.18 在滚珠丝杠上滴加纳米润滑添加剂

图9.19 在齿轮箱中加入纳米润滑添加剂

反复调试,直至达到要求为止。

(2)升级后机床性能的检测。对升级后的机床需与新出厂的产品一样按标准执行检测,需进行整体性能检测,最后还要进行实际加工检验(图9.20),包括各个部件自身的精度和零部件加工精度,一般应以相应的国家标准为准。

(3)数控化再制造升级机床涂装。对满足质量要求的再制造升级机床进行涂装(图9.21),准备相关的备件及其说明书、保修单等附件资料。

(4)再制造升级机床的销售及售后服务。通过售后服务来保障数控化再制造机床的正常服役,适时进行人员培训、机床质量保证、备件供应以及长期技术支持等各种配套服务,提高数控化再制造机床的利用率。

### 9.2.4 机床数控化再制造升级方案评价

机床再制造方案的评价优选,对于机床资源最终再利用率的提高以及设备能力的提升具有重要意义。经过对影响机床再制造方案的各种因素进行分析,分析并建立机床再制造升级方案评价指标体系,包括技术性指

图 9.20　再制造车床实际加工精度检验

图 9.21　涂装后的数控化再制造机床

标、经济性指标、资源性指标和环境性指标，如图 9.22 所示。

机床再制造升级方案的技术性指标($T$)是废旧机床再制造升级方案评价优选最关键的指标，经分析可知，功能指标、精度指标、效率指标、绿色性指标是影响废旧机床再制造升级方案的主要技术性指标。功能指标升级，即是通过该方案对废旧机床进行再制造后，再制造机床在功能提升方面的能力，如信息化功能等；精度指标，即是通过该方案，再制造新机床在加工精度和加工质量方面的程度；效率指标，即是通过该方案，再制造新机床的加工效率的提高；绿色性指标，即是通过该方案，再制造新机床在资源消耗、环境排放等方面的改进，如降低噪声、节能等。

机床再制造升级方案的经济性指标($C$)主要从成本指标和效益指标两个方面进行体现，当废旧机床再制造的经济效益远远大于投入成本时，说明再制造在经济上是成功的，而且效益成本的比值越大，该再制造方案的经济性越好。

机床再制造升级方案的资源性指标($R$)是指采用某种机床再制造方

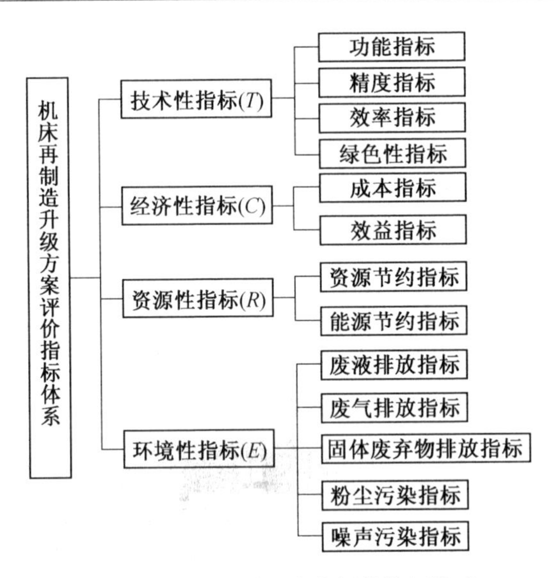


图9.22　机床再制造升级方案评价指标体系

案,在再制造过程中资源和能源节约的指标,主要包括钢铁等原材料的消耗以及能源(主要是电能)的消耗。

机床再制造升级方案的环境性指标($E$)是指该再制造方案的环境友好性能,主要包括再制造过程中的废液排放、废气排放、固体废弃物排放、粉尘污染及噪声污染等方面。

结合机床再制造方案综合评价指标体系的特点,采用专家打分法结合加权叠加法对机床再制造升级方案进行综合评价优选。各指标评价需进行大量的调研和数据收集,由有关专家根据试验值和经验值对不同零部件针对不同指标进行评语评价。评价评语集取{优,良,中,及格,差},对应评语值为{95,85,75,65,55}。评价值的计算可以采用加权叠加法并归一化处理得到,其计算公式为

$$W_{jk} = \left(\sum_{m=1}^{m_k} w_{km}\lambda_m\right)/100 \tag{9.1}$$

$$G_j = \sum_{k=1}^{4} W_{jk}\lambda_k \tag{9.2}$$

式中　$W_{jk}$——再制造方案$j$指标$k$的综合评价值;

$w_{km}$——指标$k$对应子指标$m$的评价值;

$\lambda_m$——子指标$m$的权重值;

$m_k$——指标$k$的子指标个数;

$\lambda_k$—— 指标 $k$ 的权重值；

$G_j$—— 再制造方案 $j$ 的综合评价值。

## 9.2.5 机床数控化再制造升级辅助决策系统

机床数控化再制造是一项涉及再制造理论、维修、机械、自动控制、电气、液压等多方面技术的系统工程,需多方面的技术支持。而在每个技术方面都有大量不同的技术项目及相应的技术指标和性能参数,因此,开发建立一个机床数控化再制造升级辅助信息决策系统,可以很方便地查询到机床数控化再制造需要的各种信息,辅助决策形成科学的再制造升级方案,提高机床数控化再制造水平。在机床数控化再制造过程中,利用国内外设计并初步开发了机床数控化再制造升级辅助决策信息系统。

### 9.2.5.1 再制造升级数据库系统结构

机床数控化再制造升级是一个涉及数控系统、伺服系统、电动刀架、编码器、滚珠丝杠、维修方法、数控机床附件等很多方面信息的系统工程,这些信息之间既相互独立又有一定的关联,因此在设计库结构的时候,为了减少数据的重复性,避免不一致性,也考虑到强化数据的标准化和完整性,在设计表单时,将厂家情况、伺服系统、电动刀架、编码器、滚珠丝杠、维修方法、数控机床附件等创建为独立的表格,各个表格之间又通过相同字段关联起来,便于使用查询。机床数控化再制造升级数据库的总体结构如图 9.23 所示。

机床数控化再制造升级辅助决策信息系统是在 Windows 操作系统下的全中文界面,利用它可以了解国内外数控系统、伺服系统、电动刀架、编码器、滚珠丝杠、维修方法、数控机床附件等方面的信息,用户也可以在大量的信息中方便、快捷地查询到恰当的系统型号、性能指标、厂家情况等,这样不仅提高了工作效率,而且还节省了大量资金。

### 9.2.5.2 再制造升级数据库系统的基本特点

建立了机床数控化再制造升级数据库系统,其数据量大,结构设计合理,库类型容易转换。在系统中,用户除了可以进行信息查询外,还可以在授权下,对数据库中的数据进行添加、修改、删除、打印等操作。

采用 Visual Basic 6.0 设计的机床再制造数据库升级系统具有界面友好、使用方便、功能容易扩展、查询方便等优点,充分考虑了数据的安全性和完整性,采用口令登录的方式来保证数据的安全性,并且根据不同的安全级别,给用户分配不同的访问权限,保证了数据的完整性。

该信息系统具有查询数控系统、伺服系统等为机床数控化再制造升级

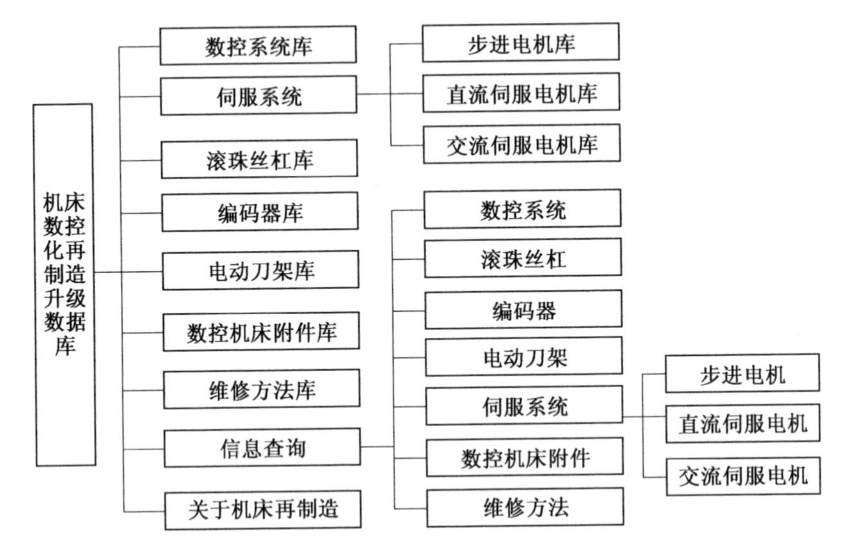


图9.23 机床数控化再制造升级数据库的总体结构

服务的各种信息,可以快捷地查询到系统的生产厂家、技术指标、外观等,也可以根据技术指标很方便地查询到系统型号等,对旧机床的数控化再制造升级具有十分重要的意义。机床数控化再制造升级涉及很多方面的内容,信息繁杂,包括数控系统、伺服系统、电动刀架等内容,建立机床数控化再制造升级信息系统的主要目的,就是希望在旧机床再制造时能够快捷、方便地查询到所需的信息,因此信息查询是本系统的一个主要功能,它可快速地查询到数控系统、伺服系统等多方面的内容及相应的生产厂家、系统精度等情况,供旧机床再制造决策时采用。本系统可以查询数控系统、伺服系统、电动刀架、编码器、滚珠丝杠、维修方法、数控机床附件等多方面的信息。

#### 9.2.5.3 数控系统的查询功能

国内外数控系统生产厂家众多,每个厂家又有多种数控系统的型号,每种型号具有不同的性能指标。如果想了解这方面的信息,单击数控系统按钮,将会出现查询窗体。从下拉列表框可以了解该信息库收集的数控厂家,目前大约有30家,选定一个厂家名称,按下厂家情况按钮,即可了解该数控系统生产厂家的情况介绍,按下厂家产品按钮,即可了解该厂生产的系列数控系统的名称、性能指标。选定某个具体的数控系统后,还可进一步了解该系统的操作面板等。随着技术的不断进步,数控厂家及数控系统还会不断发展,为了适应这种状况,系统还可以对这些数据进行添加、修改、删除等操作。但出于维护系统数据的安全性、完整性,数据编辑功能必须经过授权才能进行,否则编辑按钮不起作用。

通过该系统还可以查询滚珠丝杠、电动刀具、编码器、表面维修技术等各方面的信息。在机床再制造的过程中,一般先确定机床再制造后想要达到的技术指标,那么怎样来选取系统呢?这就是已知系统的性能参数、如何决定采用什么系统的问题。本系统具有根据性能参数查询相应系统情况及生产厂家、价格等情况的功能。

### 9.2.6 机床数控化再制造升级效益分析

(1)废旧机床数控化再制造周期短,性能提升明显。一般的经济型数控机床价格为普通机床价格的数倍,而全功能数控机床的价格则是普通机床价格的十几倍,甚至几十倍。与购置新机床相比,数控再制造的机床一般可节省60% ~80% 的费用,相比于大型特殊机床则可节约更多费用。一般大型机床的再制造费用只为新机床购置费用的1/3。采用自行再制造或与再制造公司联合的方法,可缩短再制造周期。在一些特殊情况下(如改造高速主轴、刀具自动交换装置、托盘自动交换装置等),其制作与安装虽然较费时、费钱,使再制造的成本增加,但与新购置机床相比,还是能节省投资50%左右。另外,在加工零部件时,只要程序正确,数控车床的成品率几乎可达100%,而普通车床的成品率与车工的操作水平、车工操作时的情绪、操作时的工作环境等有关,所以废品率比数控车床要高,因而加工成本增加。再制造升级机床加工的零件精度得到较大提升。

(2)废旧机床数控化再制造升级节省培训操作和维修经费。由于旧设备已使用多年,机床操作者和维修人员已对其机械性能和结构了解透彻,对机床的加工能力也心中有数。在机床数控化再制造时,可根据企业自身的技术力量和条件,自行改造或委托专业公司进行改造,但也可以采用与原设备维修人员共同改造的方法。这样既可在数控机床再制造过程中培养并提高相关人员的数控技术水平,又便于合理选择原机床设备中需要更换的部分元器件,更主要的是通过再制造可大大提高企业自身对数控机床维修的技术能力,并大大缩短了机床操作和维修方面的培训时间。

(3)数控化再制造升级合理选用数控功能,发挥资源的最大效能。合理选用数控功能,就是要依据数控机床的类型、再制造的技术指标及性能选择相应的数控系统。本着全面配置、长远考虑的基本原则,对数控功能的选择应进行综合比较,以经济、实用为目的。对一些价格增加不多,但给使用带来较多便利的附件,应尽可能配置齐全,以保证机床再制造后具有较多功能,但不片面追求新颖,应避免增加不必要的费用。相对于购买通用型数控机床来说，采用再制造方案可灵活选取所要的功能，也可根据生产加工要求，采用组合的方法增添某些部件，设计制造成专用数控机床。数控系统是整体提高机床控制性能与控制精度、实现加工制造自动化或半自动化操作的关键。因此，要注意数控系统与各种制图软件相兼容，若条件允许可考虑与计算机进行远程网络通信，实现加工代码的网上传输及资源共享，进一步向数字化工厂或无人车间方向发展。

(4)机床数控再制造后的经济效益明显。机床数控再制造后，具有对加工对象适应性强、精度高、质量稳定、生产效率高、自动化程度高的特点，并能实现复杂零部件的加工，有利于实现现代化生产管理。由于数控机床的高效率，可减少设备数量、厂房面积、维修保养经费以及操作人员数量，还可提高产品的精度和质量，减少产品的次品率和机床的失效率。

(5)数控化再制造社会效益分析。由于机床本身的特点，机床再制造所利用的床身、立柱等基础件都是重而坚固的铸铁构件，而不是焊接构件。以车床为例，结构与质量占机床大部分的床身、主轴箱、尾座等零部件都能再利用。而这些铸铁件年代越久，自然时效越充分，内应力的消除使得稳定性比新铸件的稳定性更好。另外，机床大部分铸铁件的重复使用节约了社会资源，减少了重新生产铸件时对环境的污染。再制造机床还可以充分利用原有地基，不需要重新构筑地基，同时也能利用工夹具、样板及外围设备，可节约大量社会资源。

## 9.3　废旧工业泵的再制造

### 9.3.1　概述

泵作为一种通用机械，在国民经济各个领域中都得到了广泛的应用。例如，在各种上船舶辅助机械设备中，各种不同用途的船用泵总量占舰船机械设备总量的20% ~30%。船用泵的能耗占全船总能耗的5% ~15%，船用泵的费用占全船设备总费用的4% ~8%，一般一艘中型以上船舶的船用泵购置费可达1 000万元以上。据统计，在全国的总用电量中，有21%左右是泵耗用的。由此可见，泵在我国国民经济建设中的地位和作用。

泵产业是机械制造业的一个重要部分。2012年，世界泵产品市场规模超过700亿美元，其中工业泵约占60%。据国家统计局统计，我国泵行业有 1 303 家规模以上企业,2014 年前三季度,主营业务收入为 1 515 亿元,产品数量为 9 000 多万台,全国共有泵业生产企业 6 000 余家,约生产 450 个系列、5 000 余个品种。所以我国在泵的生产量和种类上具有巨大的再制造潜力。

工业泵再制造是指将退役的老旧泵经过批量拆解、清洗、检测、加工、装配等再制造过程,生产成性能不低于新品泵标准的再制造泵的全部工程活动。泵再制造可以最大化地回收退役泵所蕴含的在制造过程中注入的附加值,并以最小的费用和技术投入来获得等同于新品的再制造泵,而且泵在社会上的巨大保有量也为这个产业提供了较好的发展基础。

国外已经有公司从 1985 年就开始从事泵的再制造生产,能够对各种型号的泵进行再制造,对再制造泵提供 6 ~ 12 个月的质量保证期。我国每年也有大量的泵超期服役或退役,退役后多进行材料的再循环,造成了环境污染和资源浪费,这也为开展泵的再制造提供了良好的工业基础。

### 9.3.2 工业泵再制造的可行性分析

(1)工业泵的社会保有量巨大,每年退役数量大,为进行批量再制造生产提供了可能。

(2)工业泵的技术发展相对稳定,设备更新换代较慢,所以技术淘汰类报废较少,这为再制造泵提供了广阔的市场及技术基础。

(3)工业泵结构相对简单,报废退役产品的零部件的失效原因主要包括腐蚀、磨损、变形等,而这些大多数的泵零部件都可以通过再制造中的表面技术等方法进行性能和尺寸恢复,而且往往经过表面强化后,会提高零部件的耐磨性能,进而提高再制造产品质量。

(4)工业泵在使用过程中性能劣化后会因漏油、噪声等对环境及工作人员造成危害,因此对工业泵进行再制造具有明显的环境效益。再制造泵的价格相对较低,经济效益显著,促进了工业泵再制造的开展。

### 9.3.3 工业泵的再制造工艺

工业泵的再制造过程要求工艺合理、经济性好、效率高和生产可行,根据生产企业的实际设备条件和技术水平、保障资源,择优确定出最合适的再制造工艺方案。工业泵退役后可采用的再制造工艺流程如图 9.24 所示。另外,还可以根据需要在再制造过程中进行泵的再制造升级,通过优化改造来提升泵本身的工作效率和性能。

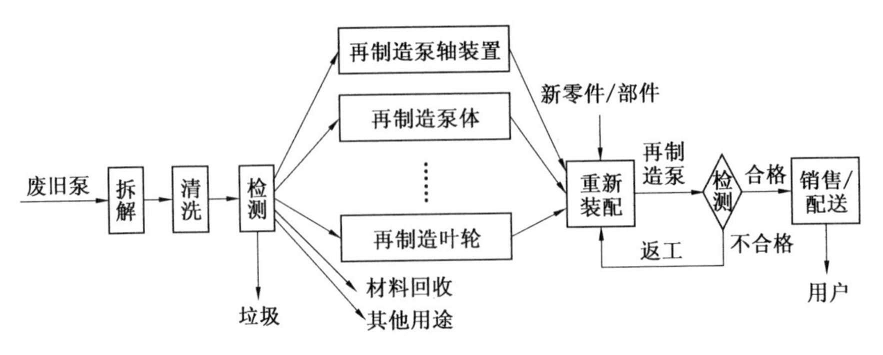


图9.24　工业泵退役后可采用的再制造工艺流程

#### 9.3.3.1　废旧泵的初步分析

当批量的废旧泵到达再制造生产企业后，按工作计划进行总体退役情况的分析，了解服役经历和退役原因，是因性能劣化还是因故障而退役，初步确定其再制造方案。

#### 9.3.3.2　废旧泵的拆解

将废旧泵拆解为全部的零部件。在拆解过程中进行初步的判断，对于明显无法再制造或再利用的产品，直接抛弃进行材料的再循环或环保处理，而避免进入清洗等再制造环节，减少工艺费用。这类明显无法再制造的零部件主要包括老化的高分子材料、严重变形的零部件及一次性的密封元件等。对于高附加值的零部件判断要谨慎，一般要通过后续工艺中专用的仪器设备来检测判断。

#### 9.3.3.3　废旧零部件的清洗

全面清洗拆解后的零部件。例如，离心泵的清洗即是刷洗或刮去叶轮内外表面及密封环和轴承等处所积存的水垢及铁锈等物，再用水或压缩空气清洗、吹净；清洗壳体各接合表面上积存的油垢和铁锈；清洗水封管并检查管内是否畅通；清洗轴瓦及轴承，除去油垢，再清洗油圈及油面计等，滚珠轴承应用汽油清洗等。

#### 9.3.3.4　零部件尺寸及性能检测

严格按照零部件制造时的尺寸要求，对清洗后的所有零部件进行检测。检测后如果其尺寸及性能符合制造时的标准要求，不用再制造就可直接在装配工艺中使用的零部件，如暂时不进入再制造泵的装配工序，要将其涂油后保存，防止锈蚀或碰伤。在零部件检测中主要检测零部件口环、叶轮、平衡装置、轴封装置、泵轴、轴承及泵体等。

#### 9.3.3.5　失效零部件的再制造加工

再制造加工主要是对废旧泵的核心件进行再制造修复，恢复其几何尺寸及性能,满足再制造装配的质量要求。核心件是指附加值高、对产品价格影响大的零部件。对产品核心零部件的再制造加工修复,是获取再制造最大利润的关键,也是产品能够再制造的基础。下面对泵轴类件、壳体件、叶轮、平衡装置等核心件的再制造方法进行说明。

1. 泵轴的再制造

泵轴是转子的主要部件,轴上装有叶轮、轴套等零部件,借助轴承支撑在泵体中做高速旋转,以传递转矩。泵轴材料一般不低于35钢,大多用45钢或40Cr钢等经热处理制成,附加值高,对再制造泵的价格影响较大。泵轴的主要失效形式有磨损和弯曲等。在清洗后,要进行裂纹、表面缺陷、轴颈尺寸及弯曲度的检查。对磨损常用的再制造方法有电刷镀、热喷涂、堆焊、镀铬等,弯曲失效可通过热校直法和冷压法进行加工,但一般只对弯曲程度较小的泵轴进行再制造。如有弯曲程度较大而无法校直的,产生裂纹的及影响轴强度而无法修复的损伤,则需要进行更换。

例如,循环水泵的轴承部位会发生磨损及烧伤,单边磨损量一般为0.05～0.5 mm,若发生轴承烧伤事故,则深度可达1.0 mm。若更换新轴,则费用较高,会增加再制造泵的费用投入,减少再制造利润。而如果根据轴颈的磨损量分别采用电刷镀或热喷涂的方法进行再制造,则可以恢复原来的尺寸要求,保证泵轴满足再制造质量要求。假如轴与轴承相配的轴颈在使用过程中磨损量为0.01～0.06 mm,则对其进行电刷镀再制造恢复的工艺过程如下:

(1)水泵轴安装。将水泵轴支承于两个支架上,使之能方便转动。

(2)表面预加工。用细 $Al_2O_3$ 砂布打磨轴颈被镀表面,除去表面氧化膜和疲劳层直到基本光整,表面粗糙度小于2.5 μm。

(3)清洗、除油、除锈。用丙酮清洗待镀表面及附近区域,之后用自来水冲洗。

(4)表面保护。对不需刷镀的完好部位用涤纶胶带粘牢,达到保护目的。

(5)电净处理。待刷镀及附近表面需用电净液进一步除油。镀笔接电源正极,工件接电源负极,工作电压为12 V,镀笔与工件的相对运动速度为10 m/min。在电净处理中依靠机械作用、析氢作用、皂化作用和乳化作用把轴颈表面的油清除干净,电净后用自来水冲洗残留电净液。

(6)活化处理。先采用1#活化液活化。镀笔接电源负极,工件接电源正极,镀笔相对工件的运动速度为10 m/min,工作电压为12 V,活化时间约为30 s。自来水冲洗后选用3#活化液活化,工作电压取15 V。处理后的被镀表面应保持表面洁净,无花斑,呈银白色,随后用自来水冲洗,彻底除去残余活化液。

(7)镀起镀层。选用特殊镍为起镀层镀液。镀笔接电源正极,工件接电源负极,工作电压为14 V,镀笔相对工件的运动速度为12 m/min,刷至0.001 ~0.002 mm厚的特殊镍。

(8)镀工作层。选用快速镍为工作镀层。镀笔接电源正极,工件接电源负极,镀笔相对工件的运动速度为13 m/min,工作电压为15 V,刷镀达到尺寸为 $\phi 200^{+0.025}_{+0.015}$ mm 为止。

(9)镀层清洗。用自来水彻底清洗已镀表面和邻近部位,吹干工件后涂上防锈油。

2. 壳体件的再制造

水泵泵壳一般都是用灰口铸铁铸造,其主要失效形式为锈蚀、气蚀、磨损、裂纹或局部损坏等,主要的再制造修复方法有热补焊法、冷补焊法、环氧树脂玻璃丝布粘贴法及柔软陶瓷复合材料修复法等。

例如,水泵件经常会造成严重的气蚀,叶轮外壳处出现蜂窝形带状圆周形的气蚀沟。对此缺陷,可采用柔软陶瓷复合材料对气蚀部位进行再制造修复,方法简便、修复速度快、工作效率高且费用低。

柔软陶瓷复合材料是高分子聚合物、陶瓷粉末和弹性材料等的复合物。高分子聚合物与金属表面经物理与化学键的结合,表现为黏结强度高,收缩力小,并可在常温完全固化,收缩小,线胀系数受温度变化影响很小,因此黏结尺寸稳定性好。高分子聚合物分子排列紧密,耐溶剂、耐水、耐腐蚀,特别耐碱性,混合性、涂刷性、浸润性好,渗透力强,无毒、无味,对人体无害。因复合材料含有陶瓷粉末,所以既有很高的耐磨性,又有很高的抗冲击韧性。

用柔软陶瓷复合材料再制造修复气蚀部位前,首先用气动磨料喷射叶轮外壳气蚀蜂窝状表面,进行除锈处理,使金属表面全部露出灰白色光泽。然后根据气蚀部位的深度及面积确定柔软陶瓷复合材料的用量,充分拌匀后用刮板涂抹在气蚀部位,使其充分进入气蚀蜂窝孔中。待柔软陶瓷复合材料初步固化后(4 h),再对其进行第二遍涂抹,使复合材料涂层厚度高于该部位的基础表面。待其完全固化后(24 h),用靠模(原基础球形表面模型)测量并确定加工余量,然后用电动砂轮机进行修整,也可用车床对修复后的表面进行车削加工,使其达到设计要求。

采用柔软陶瓷复合材料对水泵机组叶轮外壳气蚀进行修复,经4 000 h

的输水运行后进行局部检查,未发现气蚀现象,表明再制造修复后的机组具有良好的抗气蚀能力。

3. 叶轮叶片再制造

离心泵能输送液体,主要是靠泵体内叶轮的作用。退役后的泵叶轮可能的失效形式有腐蚀、气蚀、冲蚀磨损等,常采用补焊等表面技术来进行再制造修复。当叶轮产生裂纹或影响强度的缺陷时,无修复价值,则可以进行更换。以下为采用环氧树脂高分子复合涂料来再制造修复水泵叶片表面由气蚀引起的蚀坑的案例。

采用环氧树脂高分子复合涂料进行再制造修复分为工件母材的表面处理、配料及涂刷工艺、工件固化及涂层的表面整修3个阶段:

(1)工件母材的表面处理工艺、工件母材的表面处理对涂层的黏结强度影响很大,不允许有铁锈、油污、水迹及粉尘,要完全露出新鲜的金属母材表面。采用人工除锈和压缩空气喷砂除锈(风压为3~3.5 kgf/cm$^2$)相结合的方法进行除锈。经喷砂处理后的工件尽快放进烘房,加热至150 ℃左右后取出工件,再进行快速喷砂,除去加热过程中产生的氧化物,最后放入工作间,再用丙酮擦洗工件表面,工作间温度应保持在45 ℃左右,相对湿度控制在75%以下,工件温度保持在50~60 ℃。温度过高会造成涂料的早期固化,降低涂料的机械强度,温度过低则不利于涂护。

(2)配料及涂刷工艺。环氧涂料的配方很多,基本上大同小异,表9.10所示的配方在实际应用中较多,且使用效果较好。

**表9.10 环氧材料配方(质量比)**

| 材料类别 | 材料 | 底层 | 中层 | 面层 |
| --- | --- | --- | --- | --- |
| 环氧基液 | 环氧树脂6101 | 100 | 100 | 100 |
| 增韧剂 | 丁腈橡胶-40 | 15 | 15 | 15 |
| 固化剂 | 二乙烯三氨 | 9~15 | 9~15 | 9~15 |
| 填充剂 | 铁红粉 | 30 | — | — |
| | 氧化铝粉 | 15 | — | — |
| | 金刚砂 | — | 300~450 | — |
| | 二硫化钼 | — | — | 25 |

在实际涂护中,往往是同样的配方,由于施工工艺不同,其结果也大不一样。因此首先要正确配料,精确计量,按“环氧树脂→增韧剂→填料→固化剂→施涂”的工艺流程操作。注意每个环节都要充分搅拌,并在30 min

内用完配料，否则将影响黏结强度。其次要控制好温度，配料时，除固化剂外，其他材料亦需预热，填料必须烘干。

施涂时，要使用专用的涂刷工具，分底、中、面3层进行。底层涂料用毛刷涂匀，凹凸不平的破损处不应有遗漏和积液。呈胶化(不粘手)时，将中层涂料涂刷至水泵零部件的轮廓线，中层是抗磨层，工作量大，要保持涂料的密实和尺寸精度。涂护叶轮时，不能破坏其静平衡。中层涂护后，经1～2 h固化，用毛刷涂刷面层，使涂层表面光洁平顺，减少气蚀源，提高抗气蚀磨损性能。

(3)工件固化及涂层的表面修整。叶轮叶片再制造修复工艺流程图如图9.25所示。涂护结束后，工件要充分固化，加温至60～80 ℃，固化5～6 h。然后对轮廓线及面层上少量的凸起的遗漏砂粒和涂层进行少许修整，再缓慢冷却至室温，视气温情况再自然固化2～6 d，充分固化有利于涂料分子间进一步交联，提高机械强度。采用该方法再制造后的叶轮，当其工作5年后对其检查发现，叶片完好无损，清除污垢后，光亮如初。

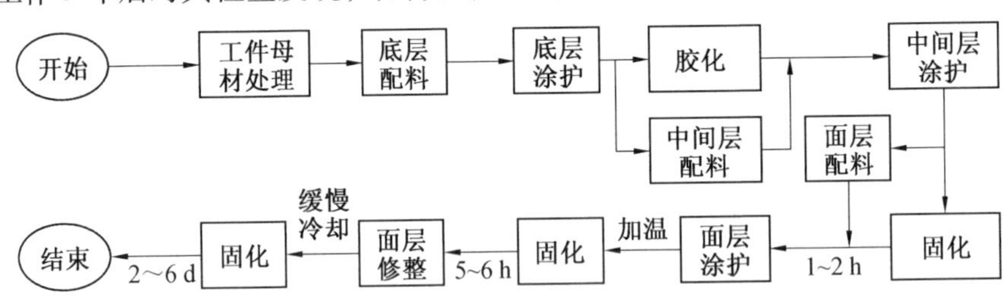


图9.25　叶轮叶片再制造修复工艺流程图

4. 平衡装置的再制造

泵在运转过程中往往会造成平衡盘与平衡板之间、平衡盘轮毂与平衡套之间的磨损，磨损后可用着色法进行检查，主要采用表面技术进行再制造修复，磨损较严重而无修复价值的，应更换成新件。例如，可以采用金属喷涂技术来再制造修复螺杆轴及平衡套：

(1)螺杆轴填料密封处修复。可先将需要修理的部位拉毛后进行金属喷镀，再进行磨削加工，其加工尺寸公差应以未磨损前轴径为基准。

(2)平衡活塞与壳体固定盘的配合修复。由于在实际使用过程中，平衡活塞与壳体固定盘相互作用，均有不同程度的磨损，在修理过程中可采用扩大固定盘内孔，并作为配合基准，对平衡活塞外圆进行金属喷镀处理后加工，加工尺寸公差可采用H8/d7。

(3)从动杆轴端处与衬套的配合修复。衬套与从动杆轴端配合间隙的磨损程度是螺杆泵使用寿命的关键，其配合间隙超过0.5 mm时，应及时进行修复，以延长设备寿命。当泵衬套与从动杆轴端的材质、硬度均一样时，不宜更换新衬套以确保配合间隙，可使用金属喷镀技术修复，这样比较快速经济。在修复时可采用扩大衬套内孔，喷镀轴端后进行机加工，配合公差可采用 H7/d8。

#### 9.3.3.6 再制造泵的装配

将质量检测合格的再制造修复零部件、可直接利用的零部件和更换的新件，严格按照新品制造的装配要求进行装配，保证各配合面的安装要求。因泵主要用来传输液体，所以一定要注意装配过程中的密封性要求，保证其在寿命周期内，在正常服役的情况下无泄漏。

#### 9.3.3.7 再制造泵的检测

对装配后的再制造泵进行整体性能测试，性能符合要求的进入包装工序，性能不合格的则分析原因后重新进入再制造工序。

#### 9.3.3.8 再制造泵的包装及销售

主要对再制造泵进行喷漆，印刷质保书及说明书等相关资料，完成包装后进入销售环节，并提供再制造泵质保期的售后服务。再制造泵的包装要体现绿色产品的理念，体现再制造泵的环保价值，采用绿色营销理念。

### 9.3.4 轴流泵的再制造升级案例

#### 9.3.4.1 基本情况

某灌溉工程安装高邮水泵厂生产的16CJ-80 型全调节轴流泵 7 台(泵的性能见表 9.11)、上海水泵厂生产的 362LB-70 型轴流泵 2 台，累计运行91 223台时，抽水 $1.972\times10^9$ $m^3$。

表 9.11 16CJ-80 型轴流泵性能

| 流量 $Q$ /($m^3\cdot s^{-1}$) | 扬程 $H$ /m | 叶片安装角 $\alpha$/(°) | 转轮直径 $D_1$/mm | 比转速 $n_1$ | 轴功率 $P$ /kW |
|---|---|---|---|---|---|
| 4.33 ~ 10.25 | 3.21 ~ 9.56 | -10 ~ 2 | 1 540 | 500 | 670 |

16CJ-80 型轴流泵是按清水介质设计，但该灌溉工程要抽送含沙量高的黄河水，该泵在运行过程中出现了诸多问题，主要表现为：

(1)技术供水装置设计不合理，泥沙水流侵入橡胶导轴承，使泵主轴轴颈过快偏磨，机组运行中出现振动，噪声超过 90 dB，维修周期平均仅 368.92 h，以致泵站难以形成生产能力，严重影响灌区的正常灌溉。

(2)水泵转轮叶片为普通碳钢制造,且表面加工粗糙,型线不准,一般运行2 000 ~2 500 h就磨蚀报废。

(3)水泵转轮采用国外20世纪40年代的水力模型,机组装置效率低。

(4)技术供水耗量大。经测试,每台机组运行需水量为45 t/h,是设计要求(10 t/h)的4.5倍。

#### 9.3.4.2 泵再制造升级改造方案的确定

1. 泵再制造升级试验研究目标

16CJ-80型泵运行许多年,泵体老化,各项技术性能指标严重下降,已无法满足灌区要求。1996 ~2002年,对7台16CJ-80型泵进行了全面的再制造技术升级。在装置扬程为5 m左右时,泵改的目标是:水泵单机流量为8.0 ~8.5 $m^3/s$,机组装置效率不小于65%,水泵维修周期为500 h。

2. 泵再制造升级的关键环节和主要部位

该项再制造升级保留原电动机、原水泵60°弯管,其他埋入件、混凝土结构不变,只对原水泵的技术供水装置、转轮、转轮室、导叶体、主轴连接方式等部件的水力性能和结构进行改造,重新进行设计和制造。其主要工作包括以下方面:

(1)加设主轴套管,改造下水导轴承技术供水装置,在水泵主轴上水导轴承与下水导轴承之间加装一个密封套管,技术供水由下水导轴承进入,经过套管,在下水导轴承底部排出。供水压力在0.2 ~0.25 MPa,从而使含沙水流完全隔绝在套管之外,防止泥沙进入轴承内部,确保了主轴不过早偏磨。

(2)采用性能优良的水力模型来设计、制造水泵转轮和新型导叶。

(3)将全调节式转轮改为定桨式转轮;将球形转轮室改为圆柱形转轮室。

(4)用0Cr13Ni5Mo不锈钢替代普通碳钢制作叶轮叶片;用Q235钢板替代铸铁材质制作导叶和转轮室。

#### 9.3.4.3 再制造升级泵零部件的加工与质量控制

对各件的几何尺寸、型线误差、静平衡度、表面粗糙度提出了比较严格的质量标准,并要求按照国际电工委员会(International Electrotechnical Commission, IEC)的水轮机制造标准对泵零部件进行再制造加工。

1. 泵改部件加工采用的技术标准

(1)水轮机基本的技术条件。

(2)小型水轮机通流部件的技术条件。

(3)水轮发电机组的安装技术规范。

(4)组焊件结构的焊接规范。

2. 质量控制及验收

(1)叶片型线按坐标尺寸加工,叶型误差为±1.0 mm。叶片成形后与转轮体组焊。转轮直径在 $\phi$1 560 mm 时静平衡值不大于 25 g。

(2)主轴与转轮连接结构由法兰连接改为锥度轴连接。要求主轴与转轮连接段的配合面的研合接触面积在 85% 以上。

(3)导叶叶片采用型线压模两次热压成形,进出水边用型线样板修正合格后和导叶体组焊成整体,以保证流道的匀称性和进出水边的形位尺寸。

(4)分半转轮室采用大型分半电机壳体工艺制作,先整圆成形,退火后采用等离子切割分面;再精加工,确保转轮室的加工精度。经过验收,加工质量符合 IEC 的标准,可以出厂交付安装。

#### 9.3.4.4 再制造升级改造后泵的特点

再制造升级改造泵组运行后和原泵组相比较,具有以下特点:

(1)水泵运行平稳,噪声小,基本无振动。在河床水位变动、泵站扬程变幅较大时泵运行工况没有明显变化。

(2)通过技术供水装置的改造,使黄河水与水泵下导轴承彻底隔绝,泥沙无法进入下导轴承。水泵累计运行超过 6 000 h,水泵主轴轴颈检查光滑无偏磨,运行 6 年无维修。

(3)技术供水量明显降低,原泵的耗水量为 45 $m^3/h$,而改造泵的耗水量保持在 10 $m^3/h$,仅是原泵耗水量的 22.2%。

(4)改造泵在运行中能以较小的功率消耗提供较大的流量输出,原泵流量为 7.04 $m^3/s$ 时,轴功率为 710 ~ 720 kW;而改造泵流量为 8.0 ~ 8.37 $m^3/s$时,轴功率只有 602 ~642 kW。

(5)原泵轮毂和叶片之间有 3 ~6 mm 的间隙,杂草缠绕叶轮后,难以除掉,水泵运行振动剧烈,影响水泵效率和其正常运行。改造泵抗草能力明显好于原泵。

(6)由于改造泵叶轮具有良好的水力特性,运行大于 6 000 h,叶型仍然保持完好,而原泵运行 2 000 ~2 500 h 后叶片即报废,使用寿命提高 2 ~ 3 倍。

## 9.4 复印机再制造工艺设计

复印机集机械、光学、电子和计算机等方面的先进技术于一身,是普遍使用的一种办公用具。在国际上,许多国家的政府都把复印机的再制造列为再制造重点发展的行业,并给予政策和税收方面的支持。例如,日本政府颁布《资源有效利用促进法》把复印机的再制造列为特定再制造行业,即重点再利用零部件和再生利用的行业。政府对废物再生处理设备的固定资产税减收,对复印机部件再制造设备在购置后3年内,固定资产税减收1/3。

随着国际上绿色再制造工程的兴起,复印机巨头之一美国施乐公司成功地实施了复印机再制造策略,该公司从再制造业务中不仅获得了可观的利润,而且在保护环境、节约资源、节省能源方面做出了巨大贡献,其成功的经验对其他产品领域的再制造商来说具有很好的研究和学习价值。

### 9.4.1 复印机的再制造方式

被回收的废旧复印机通常检验后分为4种类型,然后进入不同的再制造方式,分别是:

(1)使用时间很短的产品(通常只用了2个月),如用于检验和示范的样品或消费者因反悔而退回的产品。总之,这些产品的状况良好,且在被再次投入市场销售前,它们仅仅只需要进行清理整修工作,必要时对其有缺陷或损坏的部件进行更换。

(2)目前仍在生产线生产的复印机产品。这类产品报废回收后在被拆解到大约剩50%时,其核心部件和可再利用的部件被清理、检查和检验,然后它们和新部件一起被放回装配生产线。总体来说,这些被移动或替换的部件是那些被认为易磨损的部件,如调色墨盒、输纸辊等。它们的状况和剩余寿命预测决定其他部件是否也被替换。

(3)市场上虽有销售但已不被生产的复印机产品。这类产品的再制造价值较小,因此,除了部分作为备用件使用外,这类回收的产品被拆解成部件和(或)组件,在经过检验和整修后,被出售给维修人员。

(4)老型号的、市场上已不再销售的产品。这类产品设计已过时,且回收价值相对更低,它们被拆解后进入材料循环。

大约75%的废旧复印机按第(2)类进行再制造。再制造时,被暴露在外的部分被重新刷漆或仅仅只是进行清洁,一些状况良好的组件经检查、检验,将损坏的部分替换。有些需要特别技术和装备(如直流电动机)进行再制造的部件不会在施乐公司内部被恢复,它们被返回到曾经将这些部件卖给施乐公司并对该部件具有核心竞争力的原始制造厂商。原始制造厂商对其进行再制造后,在和新品具有同样的担保和工艺质量的情况下,以更低的价格卖给施乐公司。

施乐公司面向再制造的商业模式已显著改变了它与其部件供货商的关系。首先,由于部件的标准化设计,施乐公司减少了部件的数量,而且对原生材料的需求减少,就在最近几年,部件供货商的数量从5 000家下降到了400家。这些供货商与施乐公司密切合作,在新品销售中造成的损失通过对回收的部件进行再制造而得到了补偿。其次,供货商也参与到施乐公司的产品设计程序,这是为了使施乐公司提高其产品的再制造潜力。再次,供货商已融入施乐公司的原始部件质量控制和装配环节,在进行装配工作时将不必在施乐公司的制造工厂进行检测。相反,施乐公司与供货商们进行合作,保证了对处于生产线上的产品的质量控制,且产品在被输送到施乐公司前已在供货商处进行质量检测。施乐公司出于对产品质量和环境因素的考虑,要求部件与今后的再制造过程具有和谐一致性,这些在供货商环节就因通过严格的质量控制和检验程序而得到了保证。

## 9.4.2 复印机再制造工艺流程及内容

### 9.4.2.1 复印机再制造工艺流程

复印机再制造工艺流程图如图9.26所示。

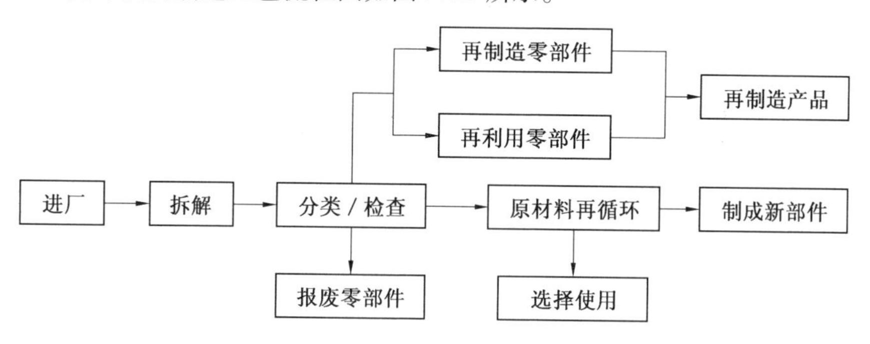


图9.26 复印机再制造工艺流程图

### 9.4.2.2 复印机再制造的主要内容

1. 墨盒组件

墨盒作为耗材是复印机再制造最发达的产业。1993~1998年激光耗材和喷墨耗材再制造的统计见表9.12和表9.13。

表9.12 1993~1998年激光耗材再制造的统计

| | 北美 | 欧洲 | 亚洲和澳洲 | 非洲和中东 |
|---|---|---|---|---|
| 总耗量/t | 6 850 | 4 400 | 2 900 | 850 |
| 再制造耗材/t | 1 900 | 1 170 | 460 | 94 |
| 再制造比例/% | 27.7 | 26.5 | 16 | 11 |

表9.13 1993~1998年喷墨耗材再制造的统计

| | 北美 | 欧洲 | 亚洲和澳洲 | 非洲和中东 |
|---|---|---|---|---|
| 总耗量/t | 9 600 | 4 800 | 3 100 | 930 |
| 再制造耗材/t | 1 050 | 530 | 350 | 35 |
| 再制造比例/% | 14 | 11 | 11 | 4 |

2008~2013年我国国内再制造打印耗材发展趋势见表9.14。

表9.14 2008~2013年我国国内再制造打印耗材发展趋势

| 品种 | 2008年 | 2009年 | 2010年 | 2011年 | 2012年 | 2013年 |
|---|---|---|---|---|---|---|
| 再生喷墨盒/万只 | 1 774.8 | 1 800 | 1 900.5 | 2 005 | 2 015 | 2 200 |
| 再生鼓粉盒组件/万只 | 720 | 750 | 820 | 950 | 1 010 | 1 200 |

2. 光学系统

光学系统主要由曝光灯、镜头、反光镜片和驱动系统组成，其作用是将稿台玻璃上的原稿内容传递到感光鼓上。复印机使用一段时间或达到使用年限后，曝光灯、反光镜片、镜头和稿台玻璃上会沾染灰尘，尤其是稿台玻璃和稿台盖板的白色衬里，更容易受到灰尘和其他脏物的污染，影响复印效果。这些部件的再制造(再利用)可以采用电子快速清洗技术。

3. 鼓组件

鼓组件由感光鼓、电极丝、清洁刮板等组成，其主要作用是将光学系统传递到感光鼓上的影像着墨后转印到复印纸上。鼓组件中再制造的部分主要是感光鼓和电极丝。电极丝有两根，一根在感光鼓的上方，另一根在感光鼓的下方，作用是将感光鼓充电和转印分离。由于所处位置的原因，容易受到墨粉的污染。电极丝受污染后容易使感光鼓充电不均和转印不良，影响复印效果。

4. 定影系统

定影系统主要由上/下定影辊、定影灯等组成，其作用是将墨粉通过热压固定在复印纸上。复印机使用了一段时间,尤其是双面复印或在定影辊处卡纸时,定影辊就会被墨粉污染,时间一长,墨粉就会变成黑色颗粒固定在定影辊上,不仅影响复印效果,还会使定影辊受到磨损而降低寿命。再制造定影系统时,需要对定影辊上的墨粉污染进行有效清除。

5. 机械装置的减摩自修复

复印机中机械装置所占的比例很大,包括开关支点、离合器、齿轮、辊轴等,这些转动、传动、滑动部件虽然在出厂时加注普通的润滑油脂,但随着机器使用时间的延长,这些油脂会因为灰尘等原因而失去作用,致使复印机在运转时噪声变大甚至损坏复印机。复印机的这类零部件在再制造中,一般可以使用纳米自修复润滑油,以减少零部件的磨损。

### 9.4.3 环境效益

根据相关资料显示,生产一个再制造打印耗材比生产一个全新的产品可以节能 95%。据统计,制造一个全新的鼓粉盒组件需要消耗 3 L 的石油,一个全新的喷墨盒要消耗 0.6 L 的石油。这也就意味着,生产一个再生鼓粉盒组件仅仅需要耗费 0.15 L 石油,可节省 2.85 L;而生产一个再生喷墨盒则仅仅耗费 0.03 L 石油,可节省 0.57 L。

据估计,若某市每年需要消耗喷墨盒 400 万只、鼓粉盒组件 100 万只。其中政府采购量约占全市消耗量的 30%,即喷墨盒 120 万只、鼓粉盒组件 30 万只。如果每年政府采购耗材时能使用 30% 的再生耗材,减少原装耗材的使用量,节能减排的效果是极其明显的:每年可节约 46 万 L 石油。以每升石油排放 2.5 kg 二氧化碳为计算标准,每年将少排放二氧化碳约 1 150 t。

## 9.5 废旧齿轮变速箱的再制造

### 9.5.1 概述

齿轮变速箱作为一种重要的机械传动部件,是汽车传动系统中改变传动比和传动方向的机构,其运行正常与否直接影响整车的工作。在实际的工程应用中,许多报废齿轮箱中齿轮、轴承和轴等零部件的磨损、腐蚀、裂纹和变形等失效均发生在表面或从表面开始,表 9.15 给出了在变速箱中各类零部件及其失效率。可见,废旧齿轮变速箱的失效主要发生在齿轮、轴承和轴等零部件上，要对变速箱实施绿色再制造后使其重新使用，必须对这些零部件运用表面工程技术手段进行修复和性能升级。

因此，适当地运用绿色再制造的工程理念，采用先进的表面工程技术手段，对废旧齿轮变速箱实施最佳化的再制造，对解决我国资源与环境问题、推行可持续发展战略有重要的影响。

**表9.15　变速箱的失效零部件及其失效率**

| 失效零部件 | 失效率/% |
| --- | --- |
| 齿轮 | 60 |
| 轴承 | 19 |
| 轴 | 10 |
| 箱体 | 7 |
| 紧固体 | 3 |
| 油封 | 1 |

## 9.5.2　废旧齿轮变速箱的再制造工艺

废旧齿轮箱产品进入再制造工序后，可采取与发动机再制造相似的工艺方案。

1. 全面拆解旧机

齿轮变速箱拆解按照“变速箱后盖→输入轴后轴承→变速箱轴承支座→输入轴总成→输出轴总成→主传动轴和差速器→变速箱壳体”的步骤进行拆解。在拆解过程中直接淘汰旧机中简单、附加值低的易损零部件，一般这些零部件因磨损、老化等原因不可再制造或者没有再制造价值，装配时直接用新品替换。

2. 清洗拆解后保留的零部件

根据零部件的用途和材料，选择不同的清洗方法（如高温分解、化学清洗、超声波清洗、振动研磨、液体喷砂、干式喷砂等）对拆解后的零部件进行检测。

3. 对清洗后的零部件进行严格的检测

采用各种量具，对清洗后的废旧零部件进行尺寸及性能的检测。将检测后的零部件分为3类：可直接用于再制造变速箱装配的零部件；可再制造修复的失效零部件；需用新品替代的淘汰件。

4. 失效零部件的再制造加工

对失效零部件的再制造加工，则可利用表面工程技术进行再制造。通常根据废旧零部件的失效原因，选择不同的表面工程技术达到再制造的目的：

（1）增材制造。对于磨损失效类零部件，通过增材制造使零部件获得新的加工余量，以便可采用机加工技术重新加工，使其达到原设计的尺寸、形位公差和表面质量要求。

（2）性能恢复。对于失效形式是腐蚀、划伤、变形或出现裂纹的零部件，可以采用先进的表面处理技术进行恢复，如采用高速电弧喷涂技术，在零部件表面形成致密的、具有高结合强度的组织以恢复其使用性能。

5. 再制造装配

严格按照新品生产要求，将全部检验合格的零部件与加入的新零部件装配成再制造产品。

6. 整机磨合和试验

对再制造产品按照新机的标准进行整机性能指标测试，应满足新机设计的性能要求。

7. 涂装

对新机外表喷漆和包装入库，并根据客户订单发送至用户。

## 9.6 计算机再制造与资源化

### 9.6.1 计算机再制造与资源化分析

随着技术的快速发展，计算机的平均使用寿命不断缩短，大量废弃的计算机设备逐渐变成“电子垃圾”，成为电子废物的主要种类之一。计算机生产厂家制造一台个人计算机需要约700种化学原料，这些原料大约有一半对人体有害。电子产品包含了多种重金属、挥发性有机物及颗粒物等有害物质，相较于其他生活类固体废弃物，电子垃圾的回收处理过程比较特殊。当电子废物被填埋或焚烧时，会产生严重的污染问题，有害物质将会被释放到环境中，对地下水、土壤等造成污染，也会严重危害人类的身体健康。同时，填埋或焚烧也会造成资源浪费，不符合社会可持续发展战略。

计算机再制造与资源化技术的研究应用可将传统模式产品从摇篮至坟墓的开环系统，变为从摇篮到再现的闭环系统，从而可在产品的全寿命周期中,合理利用资源,降低生产成本和用户费用支出,减少环境污染,保护生态环境,实现社会的可持续发展。

许多国家已起草法规,要求制造商面向用户回收旧计算机。不少计算机制造商已采取积极措施开发材料的回收技术。最简单的资源化回收方法就是将整台计算机破碎以便回收黑色金属及有色金属等材料。这种情况对各种机型都用同样的方式来处理,工艺相当简单,但浪费了原零部件的附加值,总体效益不高,并存在较大的能源消耗和一定的环境污染。另一方面, 可以对计算机进行再制造,对大部分或者全部零部件进行再使用。这种方式需要再制造商根据市场需求和计算机发展,设计规划特点的再制造方案,为满足用户需要,可对老计算机在再制造过程中通过新模块升级替换而实现再制造计算机的性能提升。

总体来说,老旧计算机资源化的最佳方案是根据最后产品所增加的价值和所付出的成本进行回收与再制造决策。总体思路为:首先要根据市场情况及本身状态评判计算机整体是否有再制造的价值,如果整体有价值,则采用产品再制造的方式处理;如果计算机整体不具有再制造的价值,则进一步评判计算机内部的零部件是否具有再制造的价值,如果有,则将其拆解后回用其零部件,否则直接对计算机进行材料的资源化回收。

## 9.6.2　元器件的再制造与资源化分析

### 9.6.2.1　计算机的拆解分析

通过对计算机进行全面的拆解分析,考虑元件的可分离性和可能的拆解技术,对连接方法、零部件层次和拆解顺序进行分析。然后对拆解后的旧计算机零部件进行详细分析,做出相应的回收决策,鉴别出有价值的、可以再使用的材料和元件。

### 9.6.2.2　元器件的再制造与资源化方案

旧计算机虽然在技术上往往已经过时,但其中一些电子元件仍可再使用,不能再使用的元器件则进行材料回收。其中,硬盘驱动器是一个具有再制造价值的部件,它的元器件很复杂,且材料价值较低,但经过再制造过程却可取得很高的附加值。硬盘驱动器的生产需要具备可控环境的洁净车间。需要开发拆解与回收生产线,以便可以提供与原件精度相同的再制造部件。

### 9.6.2.3　回收材料的资源化方案

如果计算机太旧,可以考虑拆去可用元件的计算机的剩余部分和没有可用元件的旧机器进行原材料的资源化回收。一台计算机大约40%由塑料组成,40%由金属构成,20%为玻璃、陶瓷和其他材料。

## 9.6.3 计算机再制造

### 9.6.3.1 计算机的再制造分析

随着技术的更新换代发展,当前计算机退役,大多并不是因为机器损坏或者达到物理寿命,而是由于性能或功能的落后,这些落后的计算机的剩余价值通过再制造升级来开发利用。

与其他设备产品的回收相比,计算机再制造工艺不太复杂,主要包括拆解、清洗、电子模块的检查及新模块的更换与整机装配,最后进行病毒清除和软件安装。第一级的拆解完全由原设计确定,如果采用了面向装配的设计,通常计算机就易于拆解。根据再制造目标要求,可以采用较大的硬盘驱动器,增加内存,基于更高级的模块进行配置更换。这种类型的再制造是以机器的完好性为特征的,除了升级或由于故障进行的更换以外,它的全部零部件都要求是如新品一样完好的零部件。

### 9.6.3.2 计算机的再制造工艺

图9.27所示为计算机回收与再制造工艺流程。计算机再制造要求每个零部件都需要遵循专门的回收路径。这些路径会随着工艺规划及再制造目标,以及回收开发及最终产品所具有的类型要求而有所变化。在任何情况下,再制造厂商都必须具备环境意识,诸如采用低功耗线路、低辐射显示器等这些节能、低污染零部件,这对于增加市场和客户非常重要。再制造厂要经常进行技术经济分析,确定部件是否值得使用,以及根据市场需要规划再制造升级工艺。总体上来说,制造商需要在新机中进行再制造性设计,以便于增加计算机末端时再制造的便利性,使得高附加值的元器件、零部件都可以进行再制造。

退役计算机可能是由于病毒感染、电源故障和显示器退化等原因。大多数问题随着故障或者老旧模块的更换能够得到解决。但为了满足客户更高需求,需要考虑是否更换更大的硬盘和显示器,以及再制造升级其他的部件,以便提升再制造计算机功能,使其满足客户的更高需求。但由于在输入设备、输出设备和CPU的限制,因为兼容问题,并非所有硬件都可以升级。

### 9.6.3.3 再制造计算机的市场分析

再制造一台旧计算机的成本比首次制造新产品的成本要低得多,其主要挑战不在于再制造工艺,而在于市场的认同。计算机的主流市场对老旧计算机较为封闭。因此,计算机再制造商要为升级后的再制造计算机选择

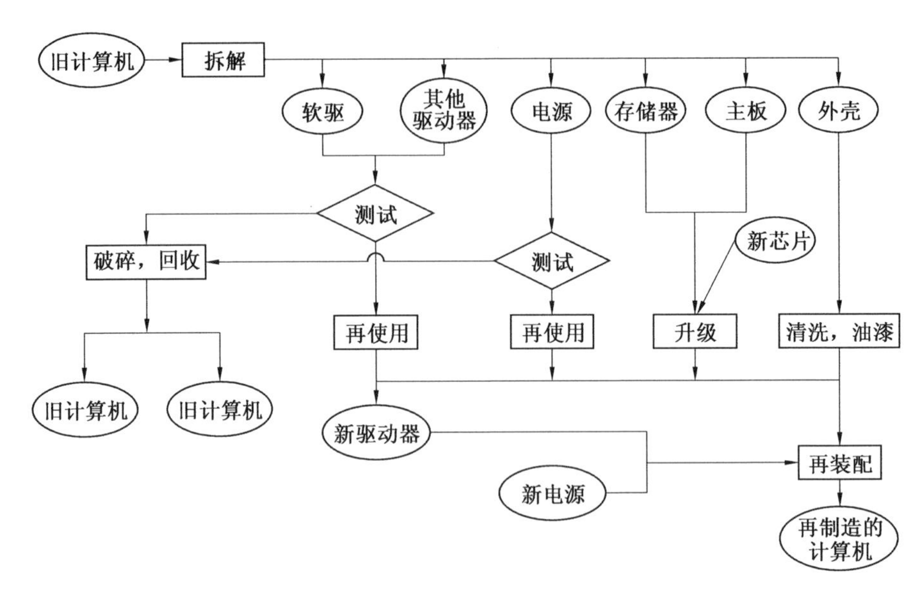


图9.27　计算机回收与再制造工艺流程

市场,要根据市场需求变化来进行计算机的再制造升级,满足再制造计算机的市场需求。再制造计算机要充分考虑用户在开放环境中,所面临的软硬件的兼容性限制。为了能在网络中运行,用户必须跟踪所属区域采用的软件升级。软件升级要求硬件更新,这将消耗更多的计算机资源。因此,再制造计算机可能在个人用户中面临着市场的困境,但可以从大量的公用客户中进行选择,例如学校或者工商企业要求计算机性能稳定、费用较低和满足特定要求,不会追逐当前网络上新兴的软件或者硬件趋势。再制造计算机需要谨慎选择市场及再制造目标,制定合理的再制造升级规划。

## 9.6.4　计算机再制造体系的建立

### 9.6.4.1　建立稳定的老旧计算机物流体系。

建立以生产厂商为主体的上门回收服务、以零售商为中心的废旧计算机回收服务、以现有个体家电回收者为主体的上门或定点收购服务等老旧计算机的逆向物流回收体系,形成网络化节点及检测站,方便快速收集用户的老旧计算机,使之能够顺利批量化返回计算机再制造和资源化中心,为再制造及资源化提供生产毛坯。

### 9.6.4.2　建立准确的再制造计算机市场分析反馈模式。

能够及时对再制造计算机市场进行分析预测,并及时反馈到再制造生产设计部门,科学确定正确的老旧计算机再制造升级方式与目标,使得再制造计算机及时适应多变市场的需求。

**9.6.4.3 加强对再制造计算机的宣传与推销。**

市场是再制造产品盈利的主要动力,要加强对特定客户群的市场宣传,树立再制造计算机的正面形象,建立稳定的客户群,做好售后保障模式。在营销中要开创新模式,例如,推销中可以采用销售服务的模式,即针对客户需求,提供必需的计算机服务,而不是提供计算机产品等。

## 9.7 典型零部件的再制造

### 9.7.1 油田储罐再制造延寿

据统计,全世界发达国家每年因腐蚀造成的损失价值占这些国家国民生产总值的1% ~4%。在石油化工行业中,腐蚀介质对生产储罐的破坏很大。由于储存的油品中含有机酸、无机盐、硫化物及微生物等杂质,使油罐因腐蚀而缩短了使用寿命,严重者一年左右就报废,如某油田 579 座油罐仅 1986 年就有 215 座出现穿孔现象。这种腐蚀穿孔不仅泄漏油品,造成能源浪费和环境污染,甚至可酿成火灾爆炸等事故。因此,必须采取有效的防护措施对储油罐加强防腐处理,确保油田安全生产。与此同时,也需要将很多失效报废储罐进行再制造处理以恢复其功能,做到不破坏生态环境,减少资源浪费,减少停产,同时又能对服役期满的储罐进行再制造利用。

采用金属罐薄壁不锈钢衬里技术对油田储罐进行再制造修复延寿,增强了防腐性能,延长了使用寿命,通过近几年在油田中实际应用,取得了良好的社会效益和经济效益。薄壁不锈钢衬里技术是根据储罐存储介质的腐蚀性、承受的压力温度和储罐的容积,选择衬里的不锈钢型号与规格,针对不同储罐的结构附件及储罐壁材质,通过设计与计算,确定在储罐内壁上特殊接头的形式与分布位置,利用特殊接头将衬里固定在储罐的内壁上形成不锈钢防腐层。

**9.7.1.1 储罐不锈钢衬里结构**

金属罐与非金属罐衬里采用厚度为 0.21 ~1 mm 的薄壁不锈钢板,用焊接工艺方法将其周边固定在罐体内壁预先布置的特殊接头上,由特殊接头将各部分衬里连成一个全封闭的、非紧贴式的、长效的薄壁不锈钢防腐空间,使储罐防腐层的附着力、物理机械性能和施工性能得到了提高。其结构如图9.28所示。

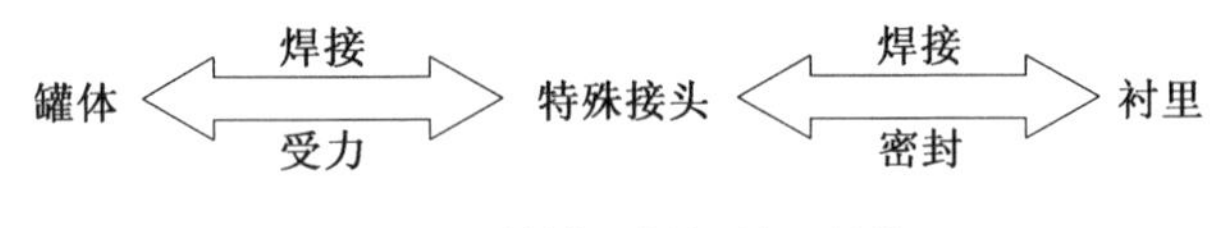


图9.28 储罐不锈钢衬里结构

#### 9.7.1.2 薄壁不锈钢衬里的特点

利用金属防腐材料防腐,其寿命长,价格适宜,性能价格比高,维护费用低,属于对介质无环境污染的绿色防腐工程。

用焊接工艺技术完成防腐工程施工。直接把不锈钢焊接到罐体上,不老化、不脱落,防腐寿命长达20~30年。

防腐质量可靠,防腐层厚度易检验,薄壁不锈钢厚度规范(0.2~0.4 mm)均匀一致。只要焊缝严密就防腐,焊接工艺可靠,防腐质量有保证。

防腐性价比高,在经济上合理。衬里罐比纯不锈钢罐的价格低70%,节约基建投资。比涂料防腐一次性投资大,但长期运行费用低。

金属罐不锈钢衬里适用于油、气、水储罐的内衬防腐。它用于油田三元复合介质储罐可节约70%的建罐投资;用于水罐可防止水质污染,提供无二次污染的水;用于旧罐维修节约投资50%,只要在用罐报废前,就可用不锈钢衬里修复,比厚碳钢罐还耐用。

#### 9.7.1.3 薄壁不锈钢衬里技术的应用

金属罐与非金属罐不锈钢衬里技术是一种新型储罐再制造技术。通过对旧储罐实施薄壁不锈钢衬里技术,提高了原储罐的表面工程标准和再制造产品质量,提高储罐防腐等级。因此,它使旧储罐恢复原有功能,并延长了使用寿命,从而形成再制造产品。在对新、旧储罐进行衬里的施工及存储介质时,对环境和介质均达到几乎零污染的程度,优化了资源配置,提高了资源利用率,做到投入少(50%左右)、产出高(新罐的水平和利用价值)。

### 9.7.2 发酵罐内壁再制造

某葡萄酒厂低温发酵车间的16个发酵罐是采用一般不锈钢板焊接而成的,使用后发现发酵罐内壁出现点状腐蚀,并导致酒中铁离子超标,影响了产品的质量,只能存放中低档葡萄酒。为了解决内壁防腐蚀问题,该厂曾采用过环氧树脂涂料涂刷工艺,但使用一年后,涂层大片脱落,尤其在罐底部,涂层几乎全部脱落。在该车间进行技术改造时,为了防止酒罐内壁继续腐蚀及铁离子渗出问题,采用现场火焰喷涂塑料涂层对葡萄酒罐进行保护,取得了良好的效果。

葡萄酒罐要求内壁涂层材料无毒、无味,不影响葡萄酒质量,具有一定的耐酸性和耐碱性,涂层与罐壁结合良好,使用中不得脱落。涂层最好与酒石酸不粘或粘后易于清除,表面光滑,具有一定的耐磨性。根据以上工况要求,特做以下材料及工艺再制造工程设计。

#### 9.7.2.1 涂层材料的选择

根据低温发酵罐的工作情况及厂方的要求,选择了白色聚乙烯粉末作为葡萄酒罐内壁涂层材料。

#### 9.7.2.2 火焰喷塑工艺

1. 喷涂设备及工艺流程

聚乙烯粉末火焰喷涂使用塑料喷涂装置,包括喷枪、送粉装置等。工艺流程为:喷砂→预热→喷涂→加热塑化→检查。

2. 喷砂预处理

在喷涂塑料前,采用压力式喷砂设备,使用刚玉砂处理。

3. 表面预热

基体表面预热的目的是除去表面潮气,使熔融塑料完全浸润基体表面,与基体表面结合良好。通常将基体预热至接近粉末材料的熔点。

4. 喷涂

葡萄酒罐内壁火焰喷塑施工采用由上到下的顺序进行,即顶部→柱面→底部。在经预热使基体表面温度达到要求后,即可送粉喷涂。喷涂时,应保持喷枪移动速度均匀、一致,时刻注意涂层的表面状态,使喷涂涂层出现类似于火焰喷熔时出现的镜面反光现象,与基体表面浸润并保持完全熔化。葡萄酒发酵罐内壁火焰喷涂聚乙烯涂层的喷涂参数见表9.16。

**表9.16 葡萄酒发酵罐内壁火焰喷涂聚乙烯涂层的喷涂参数**

| 喷涂材料 | 氧气压力/MPa | 乙炔压力/MPa | 空气压力/MPa | 距离/mm |
|---|---|---|---|---|
| 聚乙烯 | 1~2 | 0.5~0.8 | 1 | 150~250 |

**5. 加热塑化**

喷涂聚乙烯涂层,由于聚乙烯熔化缓慢,涂层流平性略差,因此在喷涂后,需用喷枪重新加热处理或者喷涂后停止送粉使涂层完全熔化,流平后再继续喷涂。加热时,应防止涂层过热变黄。

**6. 涂层检查**

在喷涂过程中及喷涂完一个罐后,对全部涂层进行检查,主要检查是否有漏喷、表面是否平整光滑和是否有机械损伤等可见缺陷,然后进行修补。葡萄酒罐在装酒前应经酸液和碱液消毒清洗,再进行检查,对查出结合不良的部位进行修补。

### 9.7.3 铰吸挖泥船铰刀片的再制造

#### 9.7.3.1 基本情况

铰吸挖泥船是我国河道疏浚作业的主要船型,铰刀片是其主要的易损部件之一。铰吸挖泥船铰刀片通常焊接于刀架上使用,分为前、中、后3段,材质为ZG35SiMn,质量为104 kg。由于焊接性的要求,其耐磨性能受到限制。调研表明:前、中、后3段铰刀片磨损程度基本上为3∶2∶1,前段铰刀片磨损最为严重,在某工地土质主要为粗砂、板结黏土的工况下,ZG35SiMn前段铰刀片磨损至刀齿根部(剩余质量为17 kg左右),其疏浚方量为119 631 $m^3$(全寿命为266.15 h)。更换铰刀片一般需2~3 d,且安装过程中危险性高、劳动强度大,其间挖泥船主机处于空耗状态。可见,铰刀片在疏浚挖泥时受到严重的泥沙磨粒磨损作用,寿命短、更换频率高、工作效率低,严重制约了挖泥船整体效益的发挥。

铰刀片再制造技术是采用新设计、新材料、新工艺的特殊制造技术,解决原铰刀片耐磨性与焊接性的矛盾,在延长铰刀片寿命的同时,又利于铰刀片的再制造,可充分发挥资源效益。铰刀片的再制造过程从铰刀片的全寿命周期费用最少、具有可再制造性、再制造的成本、环境及资源负荷最小等易损件再制造的基本原则出发,对位于铰吸挖泥船铰刀架前端、工作时首先接触泥沙、吃泥深度及工作负荷最大、磨损最为严重的前段铰刀片进行了再制造研究。

#### 9.7.3.2 铰刀片再制造设计

提高铰刀片刀齿的耐磨性和使用寿命是铰刀片再制造技术的关键。再制造设计时既要考虑铰刀片所用材料的耐磨性等使用性能,还要考虑其再制造工艺性。根据铰刀片不同的工况条件及性能要求,可对铰刀片的刀齿与刀体采用不同材料和工艺分别进行设计和制造,通过焊接的方法将刀齿和刀体连接成一体。刀齿磨完后仅更换新刀齿而无须更换整个铰刀片,使其再制造性能得以改善。

1. 刀齿再制造设计

综合铰刀片的工作环境、再制造性、耐磨性、工作效率及制造成本费用等因素,刀齿基体选用ZG35SiMn材料铸造成型,该材料可满足对刀齿焊接性能和力学性能及制造工艺性能的要求。在刀齿基体上采用焊接的方法制备特种耐磨层,提高其抗磨粒磨损能力和使用寿命。刀齿头部可设计成图9.29所示的不同结构形式,它由基体和耐磨层组成,按刀齿基体形状特征可划分为6种基本结构形式,每种结构形式各有其特点。

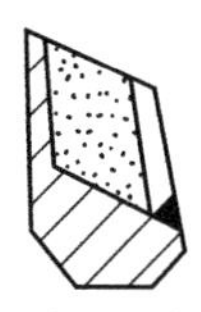

(a) 金属基陶瓷复合材料U形结构

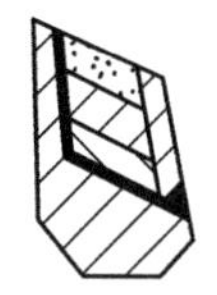

(b) 梯度耐磨堆焊U形结构

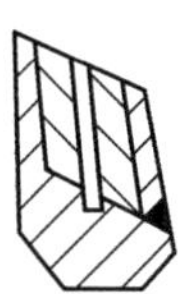

(c) 金属基陶瓷复合材料E形结构

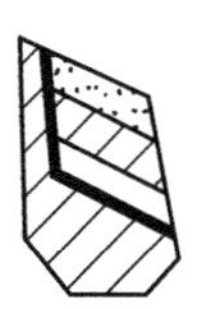

(d) 梯度耐磨堆焊L形结构

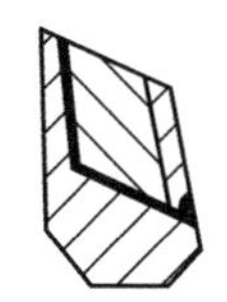

(e) 均匀耐磨堆焊U形结构

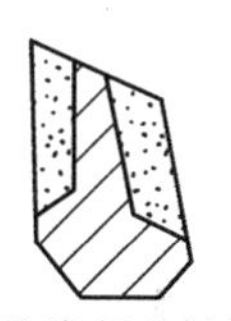

(f) 金属基陶瓷复合材料T形结构

图9.29　再制造铰刀刀齿头部结构

针对1 750 $m^3/h$ 铰吸挖泥船工地的工况特点,选用U形结构采用梯度耐磨堆焊的再制造方法。刀齿部位的成分和性能具有一定的梯度变化,大大降低了因刀体和刀齿间的成分及性能突变而产生的焊接应力与相变应力,同时保证了刀齿兼有强韧性和高的耐磨性及刀齿工作的可靠性。采用梯度堆焊的再制造方法工艺简单,成本低,刀体与刀齿整体性强,刀齿性能易于保证,使传统铰刀片整体更换转化为局部刀齿更换,节约了资源,并且刀齿的更换过程更加快捷、方便、安全。刀齿设计(图9.30)采用了适当的耐磨层厚度以提高刀齿的使用寿命及抗折断能力。刀齿前端耐磨堆焊层总厚度设计为50 mm,采用3种成分和性能不同的耐磨堆焊材料进行梯度化堆焊,即过渡耐磨堆焊层(厚度为10 mm)、高耐磨堆焊层(厚度为20 mm)和陶瓷复合耐磨堆焊层(厚度为20 mm)。

2. 铰刀片刀体设计

铰刀片刀体是焊接在刀架上使用的,铰刀挖泥时,刀体受到较大应力作用,且在泥流中运行,因此要求刀体材料具有良好的焊接性、强度和韧性,又具有一定的耐磨性。综合对刀体的性能要求以及刀体不规则曲面难以机加工的特点,选用ZG35SiMn作为铰刀片的刀体材料,铸造成形。该材料综合力学性能良好,具有良好的铸造工艺性能且成本低廉。

#### 9.7.3.3　铰刀片再制造工艺及组织性能

刀齿耐磨层堆焊时考虑到稀释率的影响,采用小规范多层多道堆焊以减小焊缝的熔合比和焊接应力。铰刀片刀齿再制造工艺流程图如图9.31所示。

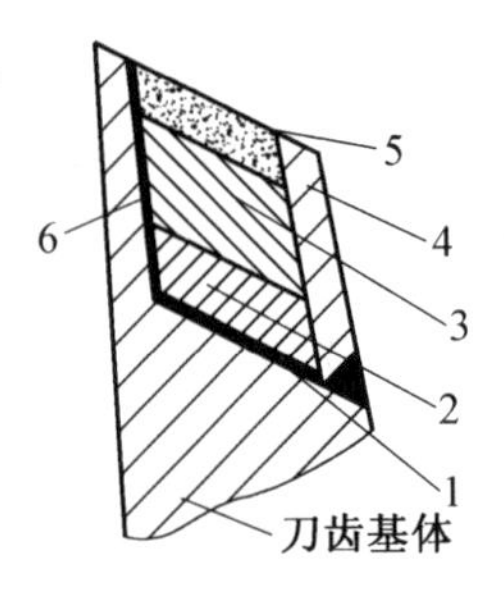


图9.30　再制造铰刀片刀齿设计

1,6—打底层焊缝;2—过渡耐磨堆焊层;3—高耐磨堆焊层;4—成形板;5—陶瓷复合耐磨堆焊层

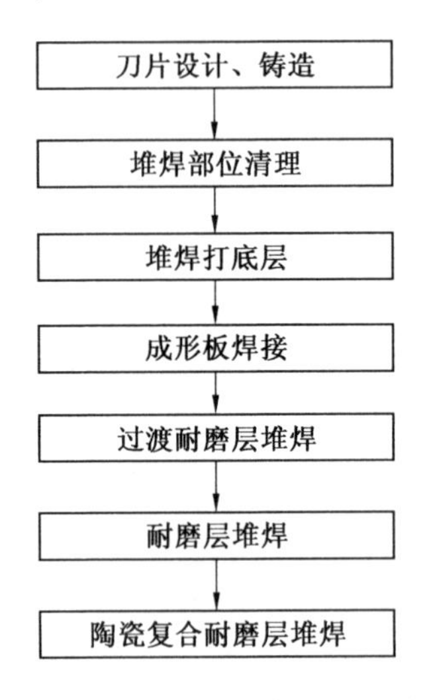


图9.31　铰刀片刀齿再制造工艺流程图

待再制造刀齿基本磨完时,清理其残余部分,更换新的再制造刀齿。

#### 9.7.3.4　再制造铰刀片的工程应用效果

目前国内普遍采用的是ZG35SiMn刀片,正火态使用,硬度为HBS170～220。根据吸扬14号挖泥船提供的ZG35SiMn铰刀片的使用数据和研制的再制造铰刀片在同一工地应用实测的数据,得出表9.17所列的分析结果。

表9.17表明,再制造铰刀片质量较原铰刀片的质量约减轻24.4%,平均疏浚效率较原铰刀片的平均疏浚效率约提高54%;原铰刀片的质量磨损率约是再制造铰刀片质量磨损率的13.6倍;再制造铰刀片平均单位质量疏浚方量约是原铰刀片平均单位质量疏浚方量的20.6倍。

**表 9.17　再制造刀片与原 ZG35SiMn 铰刀片的性能对比**

| 性能指标 | 再制造铰刀片 | 原铰刀片 |
| --- | --- | --- |
| 刀片质量/kg | 78.6 | 104 |
| 平均疏浚效率/($m^3 \cdot h^{-1}$) | 691.9 | 449.5 |
| 质量磨损率/($kg \cdot h^{-1}$) | 0.024 | 0.327 |
| 单位方量的质量磨损率/($kg \cdot m^{-3}$) | $0.35\times10^{-4}$ | $7.27\times10^{-4}$ |
| 平均单位刀齿质量疏浚方量/($m^3 \cdot kg^{-1}$) | 28 307 | 1 375 |
| 刀齿比磨损质量/($kg \cdot h^{-1} \cdot m^{-3}$) | $0.352\times10^{-4}$ | $7.725\times10^{-4}$ |

刀齿比磨损质量(单位时间内单位疏浚方量刀齿的磨损质量)是反映铰刀片耐磨性与疏浚效率综合性能的重要指标,刀齿的比磨损质量越小,其综合性能越优异。再制造铰刀片的刀齿比磨损质量约是原铰刀片的刀齿比磨损质量的 4.56%,具有优异的综合性能,能够显著延长使用寿命。

## 本章参考文献

[1] 徐滨士,刘世参,史佩京,等. 汽车发动机再制造效益分析及对循环经济贡献研究[J]. 中国表面工程,2005(1):1-7.

[2] 梁志杰,姚巨坤. 发动机再制造综述[J]. 新技术新工艺,2004(10):35-37.

[3] 朱胜,姚巨坤. 再制造设计理论及应用[M]. 北京:机械工业出版社,2009.

[4] 胡仲翔,张甲英,时小军,等. 机床数控化再制造技术研究[J]. 新技术新工艺,2004(8):17-19.

[5] 曹华军. 废旧机床再制造关键技术及产业化应用[J]. 中国设备工程,2010(11):7-9.

[6] 王望龙,胡仲翔,时小军,等. 机床数控化再制造信息数据库研究[J]. 中国表面工程,2006,19(5+):86-89.

[7] 郑小松. 利用环氧树脂复合涂料修复水泵过流部件气蚀麻面[J]. 排灌机械,2006,24(3):39-41.

[8] 张世伟,高和平,张允达. 16CJ-80 型轴流泵技改试验研究[J]. 水泵技术,2004(3):40-45.

[9] 徐滨士. 再制造工程基础及其应用[M]. 哈尔滨:哈尔滨工业大学出版社,2005.

[10] 曾寿金. 废旧齿轮变速箱绿色再制造方法初探[J]. 中国科技信息,2006(23):77-78.

[11] FATIMAH Y A, BISWAS W K. Sustainability assessment of remanufactured computers[C]. 13th Global Conference on Sustainable Manufacturing-Decoupling Growth from Resource Use., 2016: 150-155.

[12] WILLIAMS E, KAHHAT Z, ALLENBY B, et al. Environmental, social, and economic implications of global reuse and recycling of personal computers[J]. Environ. Sci. Technol., 2008,42(17): 6446 - 6454.

[13] GERALDO F. The economics of personal computer remanufacturing[J]. Resources, Conservation and Recycling, 1997(21):79-108.

[14] 杜学铭,施雨湘,李爱农,等. 铰吸挖泥船铰刀片再制造技术及应用研究[J]. 武汉理工大学学报(交通科学与工程版),2002,26(1):4-7.

# 名词索引